21世纪高等院校

云计算和大数据人才培养规划教材

云计算平台管理与应用

肖伟◎主编

郑海清 廖大强◎副主编

The Management and Application of Cloud Computing Platform

人民邮电出版社

北京

图书在版编目（CIP）数据

云计算平台管理与应用 / 肖伟主编. -- 北京 : 人民邮电出版社, 2017.4
21世纪高等院校云计算和大数据人才培养规划教材
ISBN 978-7-115-44766-1

Ⅰ. ①云… Ⅱ. ①肖… Ⅲ. ①云计算－高等学校－教材②计算机网络管理 高等学校－教材 Ⅳ. ①TP393.027②TP393.07

中国版本图书馆CIP数据核字(2017)第022911号

内 容 提 要

本书系统地介绍了云计算平台的安装和应用技术。内容包括云计算基础、OpenStack 云平台、CloudStack 云平台、小型企业云平台搭建、校园云平台搭建、校园云平台应用和轩辕汇云服务平台解决方案。

本书内容通俗易懂，理论够用为度，强调实践，可以作为计算机相关专业云计算平台课程的教材，也可作为云计算初学者的自学用书。

◆ 主　　编　肖　伟
副 主 编　郑海清　廖大强
责任编辑　桑　珊
执行编辑　左仲海
责任印制　焦志炜

◆ 人民邮电出版社出版发行　　北京市丰台区成寿寺路 11 号
邮编　100164　　电子邮件　315@ptpress.com.cn
网址　https://www.ptpress.com.cn
北京盛通印刷股份有限公司印刷

◆ 开本：787×1092　1/16
印张：16　　2017 年 4 月第 1 版
字数：405 千字　　2024 年 8 月北京第 9 次印刷

定价：45.00 元

读者服务热线：(010)81055256　印装质量热线：(010)81055316
反盗版热线：(010)81055315
广告经营许可证：京东市监广登字 20170147 号

云计算技术与应用专业教材编写委员会名单

（按姓氏笔画排名）

序

信息技术正在步入一个新纪元——云计算时代。云计算正在快速发展，相关技术热点也呈现百花齐放的局面。2015 年 1 月，国务院印发的《关于促进云计算创新发展培育信息产业新业态的意见》提出，到 2017 年，我国云计算服务能力大幅提升，创新能力明显增强，在降低创业门槛、服务民生、培育新业态、探索电子政务建设新模式等方面取得积极成效，云计算数据中心区域布局初步优化，发展环境更加安全可靠。到 2020 年，云计算技术将成为我国信息化重要形态和建设网络强国的重要支撑。

为进一步推动信息产业的发展，服务于信息产业的转型升级，教育部颁布的《普通高等学校高等职业教育（专科）专业目录（2015 年）》中设置了“云计算技术与应用（610213）”专业，国家相关职能部门正在组织相关高职院校和企业编制专业教学标准，这将更好地指导高职院校的云计算技术与应用专业人才的培养。作为高层次 IT 人才，学习云计算知识、掌握云计算相关技术迫在眉睫。

本套教材由广东轩辕网络科技股份有限公司策划，联合全国多所高校一线教师及国内多家知名 IT 企业的高级工程师编写而成。全套教材紧跟行业技术发展，遵循“理实一体化”“任务导向”和“案例驱动”的教学方法；围绕企业实际项目案例，注重理论与实践结合，强调以能力培养为核心的创新教学模式，加强学生对内容的掌握和理解。知识内容贴近企业实际需求，着眼于未来岗位的要求，注重培养学生的综合能力及良好的职业道德和创新精神。通过学习这套教材，读者可以掌握服务器、虚拟化、数据存储和云安全等基本技术，能够成为在生产、管理及服务第一线，从事云计算项目实施、开发、运行维护、基本配置、迁移服务等工作的高技能应用型专门人才。

本套教材由《云计算技术与应用基础》《云计算基础架构与实践》《云计算平台管理与应用》《云计算虚拟化技术与应用》《云计算安全防护技术》《云计算数据中心运维与管理》六本组成。六本教材之间相辅相成，承上启下，紧密结合。教材以高技能应用型专门人才培养为目标，将能力与创新融合为一体，为云计算产业培养和挖掘更多的人才，服务于各行各业，从而促进和推动云计算产业建设的蓬勃发展。

相信这套教材的问世，一定会受到广大教师的青睐与学生的喜欢！

云计算技术与应用专业教材编写委员会

前 言

云计算已是信息技术中最热门最流行的技术之一，其中的云计算基础设施即服务（IaaS）框架，可以对大规模的计算资源、存储资源和网络资源进行有效管理，为用户提供按需服务，具有高可用性和高扩展性等特点，成为数据中心的主流管理平台。因而，与此相关的虚拟化、云平台管理等技术成为网络技术人员必须掌握的关键技术之一。

目前关于云计算平台的教材严重欠缺，这不利于培养企业需要的云计算平台应用型人才。本书便是为改变这一现状而编写的，适合以前没有接触过云计算平台的初学者学习使用。

本书作者既有院校的专职教师、信息中心管理人员，也有IT企业工程师，他们有着丰富的教育教学经验和多年的云计算平台安装管理经验。本书在编写过程中得到了广东轩辕网络科技股份有限公司的大力支持。

本书分为三个部分，第一部分引导读者了解云计算的基本概念，并简要介绍两个最流行的开源云计算平台——OpenStack和CloudStack。第二部分是本书的重点，这部分以CloudStack为平台，介绍了云平台的安装、配置与应用。第三部分以轩辕汇云平台为例介绍了一个实际的云计算平台解决方案。

相对其他开源云计算平台来说，CloudStack具有简单易用的管理界面，但作为一个云基础架构管理平台，CloudStack不再是一个简单的单机软件，而是能管理大规模硬件设备、兼容各种虚拟化管理软件（Hypervisor）、支持各种存储类型、通过软件和虚拟机可实现很多网络功能的平台软件。为了更好地学习和掌握CloudStack云平台的使用技能，对于学习本书的读者，我们有两个建议。

（1）学习本书前，读者应具有四方面的基础知识。

- 了解Linux操作系统的配置与管理；
- 了解KVM、VMware和XenServer三种虚拟化管理软件中的一种软件的安装与使用；
- 了解网络基础知识；
- 了解服务器、存储和网络设备的使用与管理。

（2）在学习过程中，读者要事先规划好自己的配置方案，严格按照步骤及规划进行操作与配置，从而尽可能保证系统正常运行，否则很容易出现各种问题。

本书由肖伟任主编，郑海清、廖大强任副主编，郑海清编写第1、2、3章，肖伟编写第4章，并做了全书的统稿工作，廖大强编写第5章，周永塔编写第6章，杨艺（广东轩辕网络科技股份有限公司）编写第7章。

由于编者水平有限，书中难免有不妥或错误之处，殷切希望广大读者批评指正。

编者

2016 年 10 月

目　录　CONTENTS

第1章　云计算基础　1

第2章　OpenStack云平台　23

第3章　CloudStack云平台　45

第4章　小型企业云平台搭建　59

第 7 章　轩辕汇云服务平台解决方案　222

PART 1

第1章 云计算基础

1.1 云计算概述

云计算（Cloud Computing）是基于互联网相关服务的增加、使用和交付模式，通常涉及通过互联网来提供动态扩展且经常是虚拟化的资源。云是网络、互联网的一种比喻说法。过去在网络拓扑图中往往用云来表示电信网，后来也用来表示互联网和底层基础设施的抽象概念。对云计算的定义有多种说法。现阶段广为接受的是美国国家标准与技术研究院（NIST）定义：云计算是一种按使用量付费的模式，这种模式提供可用的、便捷的、按需的网络访问，进入可配置的计算资源共享池（资源包括网络、服务器、存储、应用软件、服务），这些资源能够被快速提供，只需投入很少的管理工作，或与服务供应商进行很少的交互。云计算是通过网络使计算分布在大量的分布式计算机上，而非本地计算机或远程服务器中，企业数据中心的运行将与互联网更相似，这使得企业能够将资源切换到需要的应用上，根据需求访问计算机和存储系统。

云计算有以下特点。

（1）超大规模。

“云”具有相当的规模，Google 云计算已经拥有 100 多万台服务器，Amazon、IBM、微软、阿里巴巴等的“云”均拥有几十万台服务器。企业私有云一般拥有数百上千台服务器。“云”能赋予用户前所未有的计算能力。

（2）虚拟化。

云计算支持用户在任意位置、使用各种终端获取应用服务。所请求的资源来自“云”，而不是固定的有形的实体。应用在“云”中某处运行，但实际上用户无需了解，也不用担心应用运行的具体位置。只需要一台笔记本电脑或者一部手机，就可以通过网络服务来实现人们需要的一切，甚至包括超级计算这样的任务。

（3）高可靠性。

“云”使用了数据多副本容错、计算节点同构可互换等措施来保障服务的高可靠性，使用云计算比使用本地计算机可靠。

（4）通用性。

云计算不针对特定的应用，在“云”的支撑下可以构造出千变万化的应用，同一个“云”可以同时支撑不同的应用运行。

（5）高可扩展性。

“云”的规模可以动态伸缩，满足应用和用户规模增长的需要。

（6）按需服务。

“云”是一个庞大的资源池，按需购买；云可以像自来水、电、煤气一样计费。

（7）极其廉价。

由于“云”的特殊容错措施，可以采用极其廉价的节点来构成云，“云”的自动化集中式管理使大量企业无需负担日益高昂的数据中心管理成本，“云”的通用性使资源的利用率较之传统系统大幅提升，因此用户可以充分享受“云”的低成本优势，经常只要花费几百美元、几天时间就能完成以前需要数万美元、数月时间才能完成的任务。

（8）潜在的危险性。

云计算服务除了提供计算服务外，还必然提供了存储服务。但是云计算服务当前掌握在私人机构（企业）手中，而它们仅仅能够提供商业信用。对于政府机构、商业机构（特别像银行这样持有敏感数据的商业机构），选择云计算服务应保持足够的警惕。一旦商业用户大规模使用私人机构提供的云计算服务，无论其技术优势有多强，都不可避免地让这些私人机构以“数据（信息）”的重要性“挟制”整个社会。对于信息社会而言，“信息”是至关重要的。另一方面，云计算中的数据对于数据所有者以外的其他用户、云计算用户是保密的，但是对于提供云计算的商业机构而言确实毫无秘密可言。所有这些潜在的危险，是商业机构和政府机构选择云计算服务，特别是国外机构提供的云计算服务时，不得不考虑的一个重要的前提。

1.2 云计算架构

云计算的体系结构由 5 部分组成，分别为应用层、平台层、资源层、用户访问层和管理层，云计算的本质是通过网络提供服务，所以其体系结构以服务为核心，如图 1–1 所示。

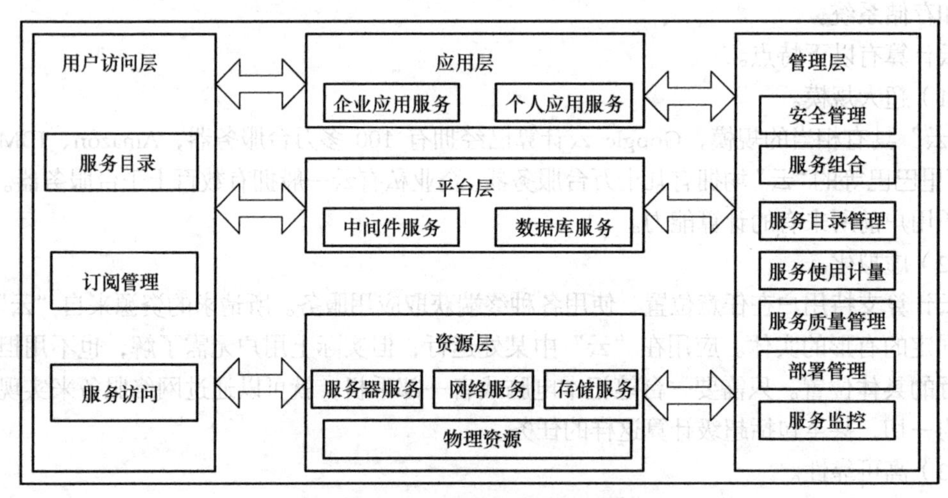

图 1–1 云计算的体系结构示意图

（1）资源层。

资源层是指基础架构层面的云计算服务，这些服务可以提供虚拟化的资源，从而隐藏物理资源的复杂性。

物理资源指的是物理设备，如服务器等。

服务器服务指的是操作系统的环境，如 Linux 群集等。

网络服务指的是提供的网络处理能力，如防火墙、VLAN、负载等。

存储服务为用户提供存储能力。

（2）平台层。

平台层为用户提供对资源层服务的封装，使用户可以构建自己的应用。

数据库服务提供可扩展的数据库处理的能力。

中间件服务为用户提供可扩展的消息中间件或事务处理中间件等服务。

（3）应用层。

应用层提供软件服务。企业应用是指面向企业用户的服务，如财务管理、客户关系管理、商业智能等。个人应用是指面向个人用户的服务，如电子邮件、文本处理、个人信息存储等。

（4）用户访问层。

用户访问层是方便用户使用云计算服务所需的各种支撑服务，针对每个层次的云计算服务都需要提供相应的访问接口。服务目录是一个服务列表，用户可以从中选择需要使用的云计算服务。订阅管理是提供给用户的管理功能，用户可以查阅自己订阅的服务，或者终止订阅的服务。服务访问是针对每种层次的云计算服务提供的访问接口，针对资源层的访问可能是远程桌面，针对应用层的访问，提供的接口可能是 Web。

（5）管理层。

管理层提供对所有层次云计算服务的管理功能。安全管理提供对服务的授权控制、用户认证、审计、一致性检查等功能。服务组合提供对云计算服务进行组合的功能，使得新的服务可以基于已有服务。服务目录管理服务可以提供服务目录和服务本身的管理功能，管理员可以增加新的服务，或者从服务目录中除去服务。服务使用计量对用户的使用情况进行统计，并以此为依据对用户进行计费。服务质量管理对服务的性能、可靠性、可扩展性进行管理。部署管理提供对服务实例的自动化部署和配置，当用户通过订阅管理增加新的服务订阅后，部署管理模块自动为用户准备服务实例。服务监控提供对服务的健康状态的记录。

1.3 云服务模式

云计算平台的操作系统、平台软件和云应用软件三个技术层次，分别对应于云基础设施即服务（IaaS）、云平台即服务（PaaS）、云软件即服务（SaaS）三种服务模式，如图 1-2 所示。

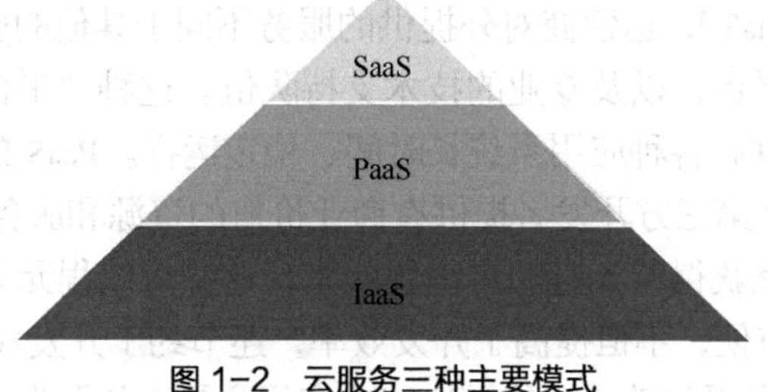

图 1-2　云服务三种主要模式

1.3.1 IaaS

IaaS（Infrastructure as a Service），即基础设施即服务。消费者通过 Internet 可以从完善的计算机基础设施获得服务。这类服务称为基础设施即服务。基于 Internet 的服务（如存储和数据库）是 IaaS 的一部分。

IaaS 通常分为三种用法：公有云、私有云和混合云。Amazon EC2 在基础设施云中使用公共服务器池（公有云）。更加私有化的服务会使用企业内部数据中心的一组公用或私有服务器池（私有云）。如果在企业数据中心环境中开发软件，那么公有云、私有云、混合云都能使用，而且使用 EC2 临时扩展资源的成本也很低。

同时，IaaS 也存在安全漏洞，例如服务商提供的是一个共享的基础设施，也就是说一些组件或功能，例如 CPU 缓存、GPU 等对于该系统的使用者而言并不是完全隔离的，这样就会产生一个后果，即当一个攻击者得逞时，全部服务器都向攻击者敞开了大门，即使使用了 Hypervisor，有些客户机操作系统也能够获得基础平台不受控制的访问权。解决办法：开发一个强大的分区和防御策略，IaaS 供应商必须监控环境是否有未经授权的修改和活动。

1.3.2 PaaS

PaaS 是 Platform as a Service 的缩写，意思是平台即服务，是把服务器平台作为一种服务提供的商业模式。通过网络进行程序提供的服务称之为 SaaS（Software as a Service），而云计算时代相应的服务器平台或者开发环境作为服务进行提供就成为了 PaaS（Platform as a Service）。

PaaS 能将现有各种业务能力进行整合，具体可以归类为应用服务器、业务能力接入、业务引擎、业务开放平台，向下根据业务能力需要测算基础服务能力，通过 IaaS 提供的 API 调用硬件资源，向上提供业务调度中心服务，实时监控平台的各种资源，并将这些资源通过 API 开放给 SaaS 用户。PaaS 主要具备以下三个特点。

（1）平台即服务（PaaS），所提供的服务与其他服务最根本的区别是 PaaS 提供的是一个基础平台，而不是某种应用。在传统的观念中，平台是向外提供服务的基础。一般来说，平台作为应用系统部署的基础，是由应用服务提供商搭建和维护的，而 PaaS 颠覆了这种概念，由专门的平台服务提供商搭建和运营该基础平台，并将该平台以服务的方式提供给应用系统运营商。

（2）平台即服务（PaaS），运营商所需提供的服务，不仅仅是单纯的基础平台，而且包括针对该平台的技术支持服务，甚至针对该平台而进行的应用系统开发、优化等服务。PaaS 的运营商最了解他们所运营的基础平台，所以由 PaaS 运营商所提出的对应用系统优化和改进的建议也非常重要。而在新应用系统的开发过程中，PaaS 运营商的技术咨询和支持团队的介入，也是保证应用系统在以后的运营中得以长期、稳定运行的重要因素。

（3）平台即服务（PaaS），运营商对外提供的服务不同于其他的服务，这种服务的背后是强大而稳定的基础运营平台，以及专业的技术支持队伍。这种“平台级”服务能够保证支撑 SaaS 或其他软件服务提供商各种应用系统长时间、稳定运行。PaaS 的实质是将互联网的资源服务化为可编程接口，为第三方开发者提供有商业价值的资源和服务平台。有了 PaaS 平台的支撑，云计算的开发者就获得了大量的可编程元素，这些可编程元素有具体的业务逻辑，这就为开发带来了极大的方便，不但提高了开发效率，还节约了开发成本。有了 PaaS 平台的支持，Web 应用的开发变得更加敏捷，能够快速响应用户需求的开发能力，也为最终用户带来了实实在在的利益。

平台即服务（PaaS）已存在了相当长的一段时间，这是一种在基于云计算的系统中使用一套被提供的工具来开发和部署应用程序的高效既定方法。

如果一家企业承受着把应用程序软件迁移至网络或移动设备的压力，那么 PaaS 则具有明显的优势。企业业务进入市场的时间更短，这样也就避免了开发时间冗长、上市时间过长的产品开发过程。这样的产品必定是高质量的，同时也必须能够被快速提供。PaaS 可让企业更专注于他们所开发和交付的应用程序，而不是管理和维护完整的平台系统。

1.3.3 SaaS

SaaS 是 Software as a Service（软件即服务）的缩写，是随着互联网技术的发展和应用软件的成熟，在 21 世纪开始兴起的一种完全创新的软件应用模式。它与 on-demand software（按需软件），application service provider（ASP，应用服务提供商），hosted software（托管软件）具有相似的含义。它是一种通过 Internet 提供软件的模式，厂商将应用软件统一部署在自己的服务器上，客户可以根据自己实际需求，通过互联网向厂商定购所需的应用软件服务，按定购的服务多少和时间长短向厂商支付费用，并通过互联网获得厂商提供的服务。用户不用再购买软件，而改为向提供商租用基于 Web 的软件，来管理企业经营活动，且无需对软件进行维护，服务提供商会全权管理和维护软件。软件厂商在向客户提供互联网应用的同时，也提供软件的离线操作和本地数据存储，让用户随时随地都可以使用其定购的软件和服务。对于许多小型企业来说，SaaS 是采用先进技术的最好途径，它替代了企业购买、构建、维护基础设施和应用程序的需要。

1．SaaS 的功能

SaaS 有什么特别之处呢？其实在云计算还没有盛行的时代，人们已经接触到了一些 SaaS 的应用，通过浏览器就可以使用 Google、百度等搜索系统，可以使用 E-mail，不需要在自己的计算机中安装搜索系统或者邮箱系统。典型的例子，在计算机上使用的 Word、Excel、PowerPoint 等办公软件，这些都是需要在本地安装才能使用的；而在 Google Docs（DOC、XLS、ODT、ODS、RTF、CSV 和 PPT 等）、Microsoft Office Online（Word Online、Excel Online、PowerPoint Online 和 OneNote Online）网站上，无需在本机安装，打开浏览器，注册账号，可以随时随地通过网络来使用这些软件编辑、保存、阅读自己的文档。用户只需要自由自在地使用，不需要自己去升级软件、维护软件等操作。

SaaS 提供商通过有效的技术措施，可以保证每家企业数据的安全性和保密性。

SaaS 采用灵活租赁的收费方式。一方面，企业可以按需增减使用账号；另一方面，企业按实际使用账户和实际使用时间（以月或年计）付费。由于降低了成本，SaaS 的租赁费用较传统软件许可模式更加低廉。

企业采用 SaaS 模式在效果上与企业自建信息系统基本没有区别，但节省了大量资金，从而大幅度降低了企业信息化的门槛与风险。

2．SaaS 的特性

SaaS 拥有以下特性。

- 服务的收费方式风险小，灵活选择模块、备份、维护、安全、升级等；
- 让客户更专注核心业务；
- 灵活启用和暂停，随时随地都可使用；
- 按需定购，选择更加自由；
- 产品更新速度加快；
- 市场空间增大；
- 订阅式的月费模式；
- 有效降低营销成本；
- 准面对面使用指导；
- 在全球各地，7×24 全天候网络服务；
- 不需要额外增加专业的 IT 人员；

- 大大降低客户的总体拥有成本。

3．SaaS 的安全性

辨别具体的一种 SaaS 是否安全，需要把握以下几点。

传输协议加密。首先，要看 SaaS 产品提供使用的协议是 https://还是一般的 http://，别小看这个 s，这表明所有的数据在传输过程中都是加密的。如果不加密，网上可能有很多“嗅探器”软件能够轻松地获得您的数据，甚至是您的用户名和密码；实际上网上很多聊天软件账号被盗大多数都是中了“嗅探器”的“招”了。其次，传输协议加密还要看是否全程加密，即软件的各个部分都是 https://协议访问的，有部分软件只做了登录部分，这是远远不够的。比如 Salesforce、XToolsCRM 都是采取全程加密的。

服务器安全证书。服务器安全证书是用户识别服务器身份的重要标识，有些不正规的服务厂商并没有使用全球认证的服务器安全证书。用户对服务器安全证书的确认，表示服务器确实是用户访问的服务器，此时可以放心地输入用户名和密码，彻底避免“钓鱼”网站，大多数银行卡密码泄露都是被“钓鱼”网站钓上的。

URL 数据访问安全码技术。对于一般用户来说，复杂的 URL 看起来只是一串没有意义的字符而已。但是对于一些 IT 高手来说，这些字符串中可能隐藏着一些有关于数据访问的秘密，通过修改 URL，很多黑客可以通过 SQL 注入等方式攻入系统，获取用户数据。

数据的管理和备份机制。SaaS 服务商的数据备份应该是完善的，用户必须了解自己的服务商提供了什么样的数据备份机制，一旦出现重大问题如何恢复数据等。服务商在内部管理上如何保证用户数据不被服务商所泄露，也是需要用户和服务商沟通的。

运营服务系统的安全。在评估 SaaS 产品安全度的时候，最重要的是看公司对于服务器格局的设置，只有这样的格局才是可以信任的，包括运营服务器与网站服务器分离。

服务器的专用是服务器安全最重要的保证。试想，如果一台服务器安装了 SaaS 系统，但同时又安装了网站系统、邮件系统、论坛系统等，它还能安全吗？从黑客角度来说，越多的系统就意味着越多的漏洞，况且大多数网站使用的网站系统、邮件系统和论坛系统都是在网上能够找到源代码的免费产品，有了源代码，黑客就可以很容易攻入。很多网站被攻入都是因为论坛系统的漏洞。

因此，一个优秀的软件 SaaS 运营商，运营服务器和网站服务器应该是完全隔离的，甚至域名也应该分开。

1.4 云计算关键技术

1.4.1 虚拟化技术

虚拟化（Virtualization）是指通过虚拟化技术将一台物理计算机虚拟为多台逻辑计算机。在一台计算机上同时运行多个逻辑计算机，每个逻辑计算机可运行不同的操作系统，并且应用程序都可以在相互独立的空间内运行而互不影响，从而显著提高计算机的工作效率，如图 1–3 所示。

虚拟化技术最早出现在 20 世纪 60 年代的 IBM 大型机系统，在 70 年代的 System 370 系列中逐渐流行起来，这些机器通过一种叫虚拟机监控器（Virtual Machine Monitor，VMM）的程序在物理硬件之上生成许多可以运行独立操作系统软件的虚拟机（Virtual Machine）实例。随着近年多核系统、群集、网格甚至云计算的广泛部署，虚拟化技术在商业应用上的优势日益体现，不仅降低了IT成本，而且还增强了系统安全性和可靠性，虚拟化的概念也逐渐深入到人们日常的工作与生活中。

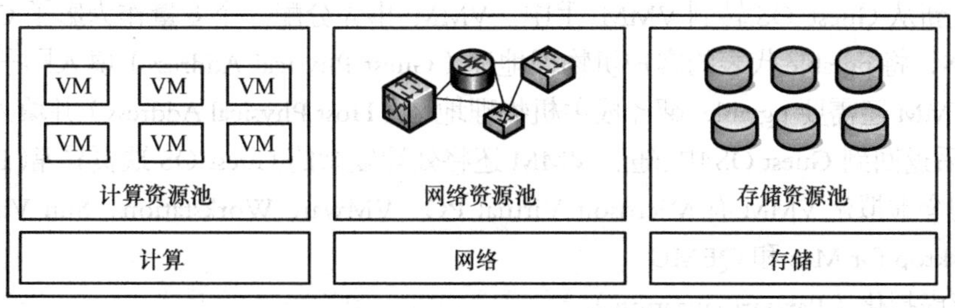

图 1-3 虚拟化技术示意图

虚拟化使用软件的方法重新划分IT资源，可以实现IT资源的动态分配、灵活调度、跨域共享，提高IT资源利用率，使IT资源能够真正成为社会基础设施，服务于各行各业中灵活多变的应用需求。

虚拟化是一个广义的术语，对于不同的人来说可能意味着不同的东西，这要取决他们所处的环境。在计算机科学领域中，虚拟化代表着对计算资源的抽象，而不仅仅局限于虚拟机的概念。例如对物理内存的抽象，产生了虚拟内存技术，使得应用程序认为其自身拥有连续可用的地址空间（Address Space），而实际上，应用程序的代码和数据可能是被分隔成多个碎片页或段），甚至被交换到磁盘、闪存等外部存储器上，即使物理内存不足，应用程序也能顺利执行。

虚拟化技术主要分为以下几个大类。

- 平台虚拟化（Platform Virtualization），针对计算机和操作系统的虚拟化。
- 资源虚拟化（Resource Virtualization），针对特定的系统资源的虚拟化，例如内存、存储、网络资源等。
- 应用程序虚拟化（Application Virtualization），包括仿真、模拟、解释技术等。

通常所说的虚拟化主要是指平台虚拟化技术，通过使用控制程序（Control Program，也被称为Virtual Machine Monitor或Hypervisor），隐藏特定计算平台的实际物理特性，为用户提供抽象的、统一的、模拟的计算环境（称为虚拟机）。虚拟机中运行的操作系统被称为客户机操作系统（Guest OS），运行虚拟机监控器的操作系统被称为主机操作系统（Host OS），当然某些虚拟机监控器可以脱离操作系统直接运行在硬件之上（如VMware的ESX产品）。运行虚拟机的真实系统通常称之为主机系统。

平台虚拟化技术又可以细分为以下几个子类。

（1）全虚拟化（Full Virtualization）。

全虚拟化是指虚拟机模拟了完整的底层硬件，包括处理器、物理内存、时钟、外设等，使得为原始硬件设计的操作系统或其他系统软件完全不做任何修改就可以在虚拟机中运行。操作系统与真实硬件之间的交互可以看成是通过一个预先规定的硬件接口进行的。全虚拟化VMM（虚拟机监控器）以完整模拟硬件的方式提供全部接口（同时还必须模拟特权指令的执行过程）。举例而言，x86体系结构中，对于操作系统切换进程页表的操作，真实硬件通过提供一个特权CR3寄存器来实现该接口，操作系统只需执行“mov pgtable，%%cr3”汇编指令即可。全虚拟化VMM必须完整地模拟该接口执行的全过程。如果硬件不提供虚拟化的特殊支持，那么这个模拟过程将会十分复杂。一般而言，VMM必须运行在最高优先级来完全控制主机系统，而 Guest OS（客户操作系统）需要降级运行，不能执行特权操作。当 Guest OS 执行前面的特权汇编指令时，主机系统产生常规保护异常（General Protection Exception），执行控制权重新从 Guest OS 转到 VMM 手中。VMM 事先分配一个变量作为影子 CR3 寄存器给 Guest OS，将 pgtable 代表的客户机物理地址（Guest Physical Address）填入影子 CR3 寄存器，然后 VMM 还需要 pgtable 翻译成主机物理地址（Host Physical Address）并填入物理 CR3 寄存器，最后返回到 Guest OS 中。随后 VMM 还将处理复杂的 Guest OS 缺页异常（Page Fault）。比较著名的全虚拟化 VMM 有 Microsoft Virtual PC、VMware Workstation、Sun Virtual Box、Parallels Desktop for Mac 和 QEMU。

（2）超虚拟化（Paravirtualization）。

这是一种修改 Guest OS 部分访问特权状态的代码以便直接与 VMM 交互的技术。在超虚拟化虚拟机中，部分硬件接口以软件的形式提供给客户机操作系统，这可以通过 Hypercall（VMM 提供给 Guest OS 的直接调用，与系统调用类似）的方式来提供。例如，Guest OS 把切换页表的代码修改为调用 Hypercall 来直接完成修改影子 CR3 寄存器和翻译地址的工作。由于不需要产生额外的异常和模拟部分硬件执行流程，超虚拟化可以大幅度提高性能，比较著名的 VMM 有 Denali、Xen。

（3）硬件辅助虚拟化（Hardware Assisted Virtualization）。

硬件辅助虚拟化是指借助硬件（主要是主机处理器）的支持来实现高效的全虚拟化。例如有了 Intel-VT（Intel 公司的虚拟化技术）的支持，Guest OS 和 VMM 的执行环境自动地完全隔离开来，Guest OS 有自己的"全套寄存器"，可以直接运行在最高级别。因此在上面的例子中，Guest OS 能够执行修改页表的汇编指令。Intel-VT 和 AMD-V（AMD 公司的虚拟化技术）是目前 x86 体系结构上可用的两种硬件辅助虚拟化技术。

（4）部分虚拟化（Partial Virtualization）。

VMM 只模拟部分底层硬件，因此客户机操作系统不做修改是无法在虚拟机中运行的，其他程序可能也需要进行修改。在历史上，部分虚拟化是通往全虚拟化道路上的重要里程碑，最早出现在第一代的分时系统 CTSS 和 IBM M44/44X 实验性的分页系统中。

（5）操作系统级虚拟化（Operating System Level Virtualization）。

在传统操作系统中，所有用户的进程本质上是在同一个操作系统的实例中运行，因此内核或应用程序的缺陷可能影响其他进程。操作系统级虚拟化是一种在服务器操作系统中使用的轻量级的虚拟化技术，内核通过创建多个虚拟的操作系统实例（内核和库）来隔离不同的进程，不同实例中的进程完全不了解对方的存在。比较著名的有 Solaris Container（容器），FreeBSD Jail（FreeBSD 操作系统层虚拟化技术）和 OpenVZ（一种基于 Linux 内核和作业系统的操作系统级虚拟化技术）等。

这种分类并不是绝对的，一个优秀的虚拟化软件往往融合了多项技术。例如 VMware Workstation 是一个著名的全虚拟化的 VMM，但是它使用了一种被称为动态二进制翻译的技术把对特权状态的访问转换成对影子状态的操作，从而避免了低效的 Trap-And-Emulate 的处理方式，这与超虚拟化相似，只不过超虚拟化是静态地修改程序代码。对于超虚拟化而言，如果能利用硬件特性，那么虚拟机的管理将会大大简化，同时还能保持较高的性能。

1.4.2 分布式海量数据存储

云存储是在云计算概念上延伸和发展出来的一个新的概念，是指通过群集应用、网格技术或分布式文件系统等功能，将网络中大量不同类型的存储设备通过应用软件集合起来协同工作，共同对外提供数据存储和业务访问功能的一个系统。当云计算系统运算和处理的核心是大量数据的存储和管理时，云计算系统中就需要配置大量的存储设备，那么云计算系统就转变成为一个云存储系统，所以云存储是一个以数据存储和管理为核心的云计算系统。

云存储中的存储设备数量庞大且分布在不同地域，如何实现不同厂商、不同型号甚至于不同类型（如 FC 存储和 IP 存储）的多台设备之间的逻辑卷管理、存储虚拟化管理和多链路冗余管理将会是一个巨大的难题，这个问题得不到解决，存储设备就会是整个云存储系统的性能瓶颈，结构上也无法形成一个整体，而且还会带来后期容量和性能扩展难等问题。

云存储中的存储设备数量庞大、分布地域广造成的另外一个问题就是存储设备运营管理问题。虽然这些问题对云存储的使用者来讲根本不需要关心，但对于云存储的运营单位来讲，却必须要通过切实可行和有效的手段来解决集中管理难、状态监控难、故障维护难、人力成本高等问题。因此，云存储必须要具有一个高效的类似网络管理软件的集中管理平台，可实现云存储系统中设有存储设备、服务器和网络设备的集中管理和状态监控。

1.4.3 海量数据管理技术

为保证高可用、高可靠和经济性，云计算采用分布式存储的方式来存储数据，采用冗余存储的方式来保证存储数据的可靠性，即为同一份数据存储多个副本。

另外，云计算系统需要同时满足大量用户的需求，并行地为大量用户提供服务。因此，云计算的数据存储技术必须具有高吞叶率和高传输率的特点。

云计算系统由大量服务器组成，同时为大量用户服务，因此云计算系统采用分布式存储的方式存储数据，用冗余存储的方式保证数据的可靠性。云计算系统中广泛使用的数据存储系统是 Google 的 GFS 和 Hadoop 团队开发的 GFS 的开源实现 HDFS（Hadoop 分布式文件系统）。

GFS 即 Google 文件系统（Google File System），是一个可扩展的分布式文件系统，用于大型的、分布式的对大量数据进行访问的应用。GFS 的设计思想不同于传统的文件系统，是针对大规模数据处理和 Google 应用特性而设计的。它运行于廉价的普通硬件上，但可以提供容错功能。它可以给大量的用户提供总体性能较高的服务。

云计算的数据存储技术未来的发展将集中在超大规模的数据存储、数据加密和安全性保障以及继续提高 I/O 速率等方面。

在 GFS 文件系统中，采用冗余存储的方式来保证数据的可靠性。每份数据在系统中保存 3 个以上的备份。为了保证数据的一致性，对于数据的所有修改需要在所有的备份上进行，并用版本号的方式来确保所有备份处于一致的状态。

当然，云计算的数据存储技术并不仅仅只是 GFS，其他 IT 厂商，包括微软、Hadoop 开发团队也在开发相应的数据管理工具。其本质是一种海量数据存储管理技术，以及与之相关的虚拟化技术，对上层屏蔽具体的物理存储器的位置、信息等。快速的数据定位、数据安全性、数据可靠性及底层设备存储数据量的均衡等都密切相关。

1.4.4 并行编程技术

并行计算（Parallel Computing）是指同时使用多种计算资源解决计算问题的过程，是提高计算机系统计算速度和处理能力的一种有效手段。它的基本思想是用多个处理器来协同求解同一问题，即将被求解的问题分解成若干个部分，各部分均由一个独立的处理机来并行计算。

并行计算系统既可以是专门设计的、含有多个处理器的超级计算机，也可以是以某种方式互连的若干台独立计算机构成的群集。通过并行计算群集完成数据的处理，再将处理的结果返回给用户。

并行计算技术是云计算最具挑战性的核心之一，多核处理器增加了并行的层次结构和并行程序开发的难度，当前尚无有效的并行计算解决方案。可扩展性是并行计算的关键技术之一，将来的很多并行应用必须能够有效扩展到成千上万个处理器上，必须能随着用户需求的变化和系统规模的增大进行有效扩展，这对开发者是一个巨大的挑战，短期内很难开发出成熟的产品。

互联网上的信息呈指数级增长，网络应用需要处理信息的规模越来越大。云计算上的编程模型必须是简单、高效，具备高可用性的。这样，云计算平台上的用户才能更轻松地享受云服务，云开发者能利用这种编程模型迅速地研发云平台上相关应用程序。这种编程模型应该具备的功能是：保证后台的并行处理和任务调度对用户和云开发人员透明，从而使得他们能更好地利用云平台的资源。分布式系统和并行编程模型能够支持网络上大规模数据处理和网络计算，其发展对云计算的推广具有极大的推动作用，为发挥 GFS 群集的计算能力，Google 提出了 Map Reduce（映射&归纳）并行编程模型。目前，云计算上的并行编程模型均基于 Map Reduce，编程模型的适用性方面还存在一定局限性，需要进一步研究和完善。

1.5 虚拟化技术产品

1.5.1 Citrix Xen Desktop

二十多年之前，桌面系统掀起的革命浪潮席卷整个世界，由此迎来一种全新的计算模式，告别了集中式主机的束缚，游走于网络边缘的个人计算机成为新时代的主流。而 VDI（虚拟桌面基础设施）也随着这股洪流的进一步推动焕发了第二春。利用虚拟化技术，IT 部门如今得以将各种不同类型的计算平台加以整合，同时也为用户访问带来更加理想的控制力与灵活性。Citrix XenDesktop 是一套桌面虚拟化解决方案，可将 Windows 桌面和应用转变为一种按需服务，向任何地点、使用任何设备的任何用户交付。使用 XenDesktop，不仅可以安全地向 PC、Mac、平板设备、智能电话、笔记本电脑和手机客户端交付单个 Windows、Web 和 SaaS 应用或整个虚拟桌面，而且可以为用户提供高清体验，如图 1-4 所示。

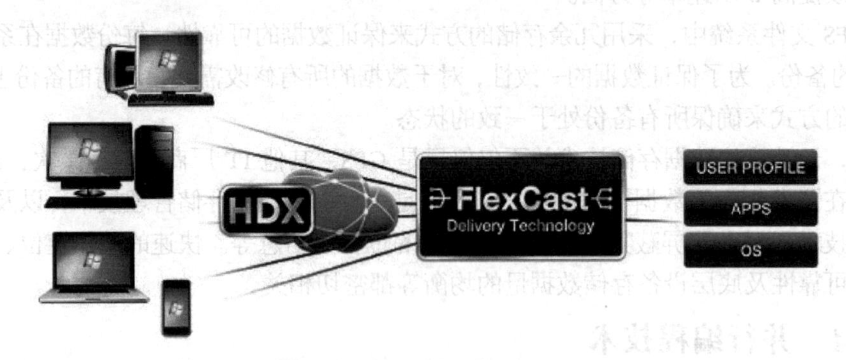

图 1-4 Citrix Xen Desktop

XenDesktop 能帮助企业：

（1）实现虚拟工作方式，提高员工在任何地点的办公效率。

（2）利用最新的移动设备，在整个企业内推动创新。

（3）快速适应各种变化，通过快速、灵活的桌面和应用交付，实现外包、M&A、分支机构扩展及其他计划。

（4）采用集中的交付、管理和安全性对桌面计算进行转型。

1.5.2 VMware ESX/VMware ESXi

VMware ESX 服务器是在通用环境下分区和整合系统的虚拟主机软件。它是具有高级资源管理功能，高效灵活的虚拟主机平台。VMware ESX Server 为适用于任何系统环境的企业级的虚拟计算机软件。大型机级别的架构提供了空前的性能和操作控制。它能提供完全动态的资源可测量控制，适合各种要求严格的应用程序的需要，同时可以实现服务器部署整合，为企业未来成长所需扩展空间，也提供存储虚拟化的能力。除了能够兼并服务器减少设备购买及维护成本外，也能满足效能的尖峰离峰需求，以 VMotion 技术在各服务器或刀片服务器之刀板间弹性动态迁移系统平台，让 IT 人员做更有效的资源调度，并获得更好且安全周密的防护，当系统发生灾难时，可以在最短时间（无须重新安装操作系统）迅速复原系统的运作，逻辑架构如图 1-5 所示。VMotion 是可以将正在运行的虚拟机从一台物理服务器移动至另一台物理服务器，而不影响最终用户运行业务的技术。

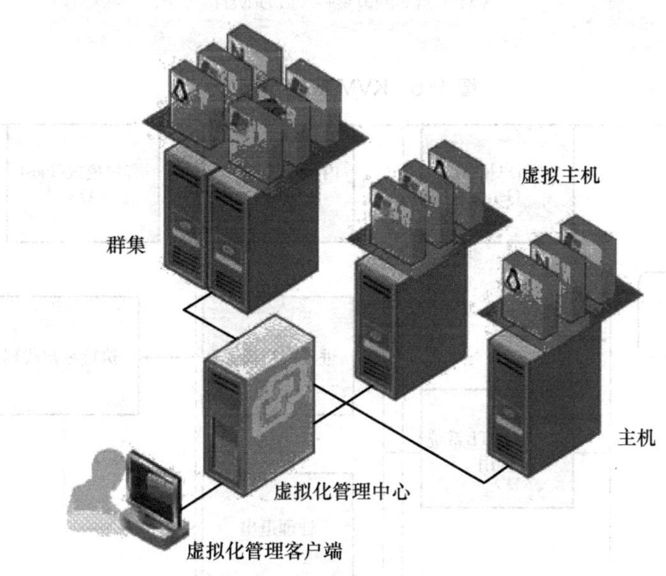

图 1-5 VMware ESXi

1.5.3 KVM

1．KVM 架构

KVM 基本结构如图 1-6 所示，由两个部分构成。

KVM 驱动，现在已经是 Linux kernel（Linux 内核）的一个模块了。它主要负责虚拟机的创建，虚拟内存的分配，VCPU（虚拟 CPU）寄存器的读写以及 VCPU 的运行。

QEMU，用于模拟虚拟机的用户空间组件，提供 I/O 设备模型，访问外设的途径。

2．KVM 工作原理

KVM 基本工作原理概述。

用户模式的 QEMU 利用 LibKVM 通过 ioctl 进入内核模式，KVM 模块为虚拟机创建虚拟内存、虚拟CPU后执行VMLAUCH指令进入客户模式。加载Guest OS并执行。如果Guest OS发生外部中断或者影子页表缺页之类的情况，会暂停Guest OS的执行，退出客户模式进行异常处理，之后重新进入客户模式，执行客户代码。如果发生I/O事件或者信号队列中有信号到达，就会进入用户模式处理。工作原理流程图如图1-7所示。

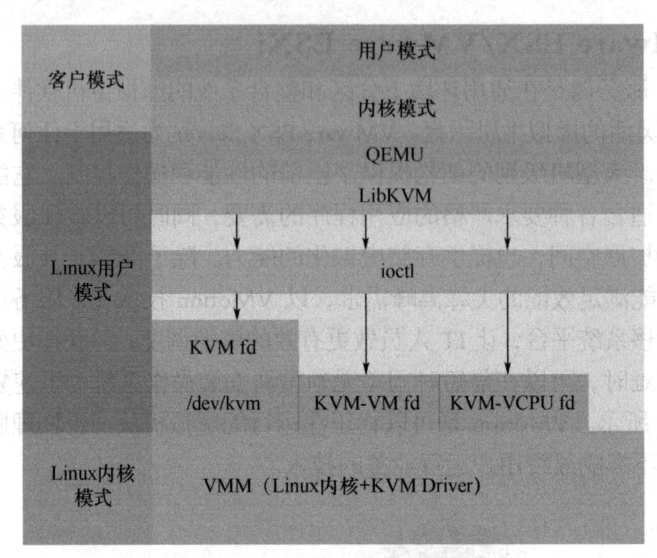

图1-6 KVM基本结构

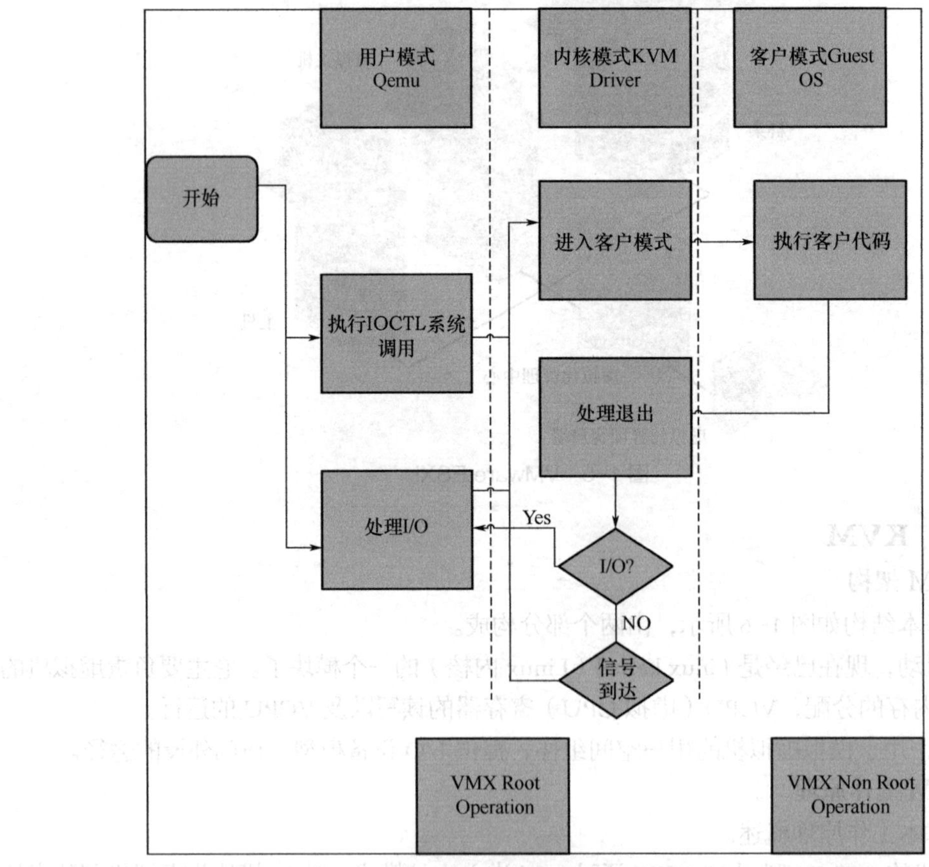

图1-7 KVM工作原理流程图

1.5.4 Microsoft Hyper-V

Hyper-V 是微软的一款虚拟化产品，是微软第一个采用类似 VMware 和 Citrix 开源 Xen 一样的基于 Hypervisor 的技术，如图 1-8 所示。这意味着微软会更加直接地与市场先行者 VMware 展开竞争，但竞争的方式会有所不同。Hyper-V 是一种系统管理程序虚拟化技术，能够实现桌面虚拟化。Windows Server 2008 在 2008 年 3 月发布的时候，包含了 Hyper-V 的 BETA 版，2008 年 6 月发布了 Hyper-V 的 RTM 版（Release to Manufacture，给工厂大量压片的版本）。目前最新的版本是 Hyper-V Server 2012。

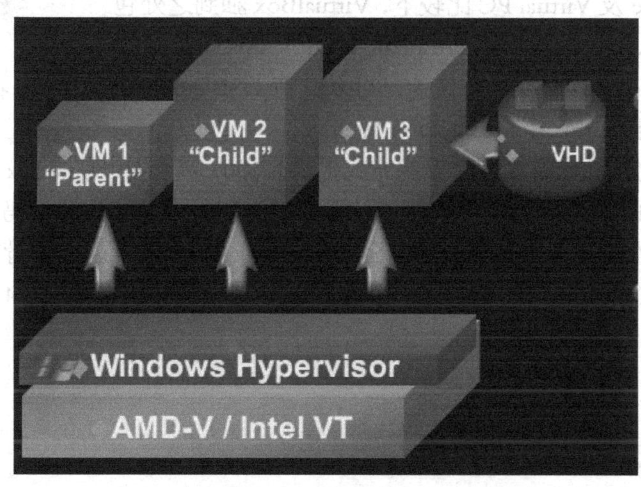

图 1-8 Hyper-V 技术示意图

Hyper-V 采用微内核的架构，兼顾了安全性和性能的要求。Hyper-V 底层的 Hypervisor 运行在最高的特权级别下，微软将其称为 ring-1（而 Intel 则将其称为 root mode），而虚拟机的 OS 内核和驱动运行在 ring-0，应用程序运行在 ring-3 下，这种架构就不需要采用复杂的 BT（二进制特权指令翻译）技术，可以进一步提高安全性。

由于 Hyper-V 底层的 Hypervisor 代码量很小，不包含任何第三方的驱动，非常精简，所以安全性更高。Hyper-V 采用基于 VMbus（虚拟机总线）的高速内存总线架构，来自虚拟机的硬件请求（显卡、鼠标、磁盘、网络），可以直接经过 VSC（虚拟服务客户机），通过 VMbus 总线发送到根分区的 VSP（虚拟服务提供者），VSP 调用对应的设备驱动，直接访问硬件，中间不需要 Hypervisor 的帮助。

这种架构效率很高，不再像以前的 Virtual Server，每个硬件请求，都需要经过用户模式、内核模式的多次切换转移。更何况 Hyper-V 现在可以支持 Virtual SMP（虚拟对称多处理器），Windows Server 2008 虚拟机最多可以支持 4 个虚拟 CPU；而 Windows Server 2003 最多可以支持 2 个虚拟 CPU。每个虚拟机最多可以使用 64GB 内存，而且还可以支持 x64 操作系统。

1.5.5 VirtualBox

VirtualBox 是一款开源虚拟机软件。VirtualBox 是由德国 Innotek 公司开发，由 Sun Microsystems 公司出品的软件，使用 Qt 编写，在 Sun 被 Oracle 收购后正式更名成 Oracle VM VirtualBox，如图 1-9 所示。Innotek 以 GNU 通用性公开许可证（General Public License，GPL）释出 VirtualBox，并提供二进制版本及 OSE（嵌入式）版本的代码。使用者可以在 VirtualBox 上安装并且执行 Solaris、Windows、DOS、Linux、OS/2 Warp、BSD 等系统作为客户端操作

系统。现在则由甲骨文公司进行开发，是甲骨文公司 xVM 虚拟化平台技术的一部分。

VirtualBox 号称是最强的免费虚拟机软件，LOGO 如图 1-9 所示，它不仅具有丰富的特色，而且性能也很优异。它简单易用，可虚拟的系统包括 Windows（从 Windows 3.1 到 Windows 10、Windows Server 2012，所有的 Windows 系统都支持）、Mac OS X、Linux、OpenBSD、Solaris、IBM OS2 甚至 Android 等操作系统。使用者可以在 VirtualBox 上安装并且运行上述的这些操作系统。与同性质的 VMware 及 Virtual PC 比较下，VirtualBox 独到之处包括远端桌面协定（Remote Desktop Protocol，RDP）、iSCSI 及 USB 的支持，VirtualBox 在客户端操作系统上已可以支持 USB 2.0 的硬件装置，不过要安装 VirtualBox Extension Pack。

图 1-9　VirtualBox

VirtualBox 最初是以专有软件协议的方式提供。2007 年 1 月，InnoTek 以 GNU 通用公共许可证发布 VirtualBox 而成为自由软件，并提供二进制版本及开放源代码版本的代码。2008 年 2 月，InnoTek 软件公司由太阳微系统公司所并购。2010 年 1 月，甲骨文公司完成对太阳微系统公司的收购。2015 年 5 月 17 日，甲骨文公司发布了 VirtualBox 的 4.3.28 版本。

1.6　云管理平台

1.6.1　OpenStack

OpenStack 是一个由 NASA（美国国家航空航天局）和 Rackspace 合作研发并发起的，以 Apache 许可证授权的自由软件和开放源代码项目。

OpenStack 是一个开源的云计算管理平台项目，由几个主要的组件组合起来完成具体工作。OpenStack 支持几乎所有类型的云环境，项目目标是提供实施简单、可大规模扩展、丰富、标准统一的云计算管理平台。OpenStack 通过各种互补的服务提供了基础设施即服务（IaaS）的解决方案，每个服务提供 API 以进行集成。

OpenStack 是一个旨在为公共云及私有云的建设与管理提供软件的开源项目。它的社区拥有超过 130 家企业及 1350 位开发者，这些机构与个人都将 OpenStack 作为基础设施即服务（IaaS）资源的通用前端。OpenStack 项目的首要任务是简化云的部署过程并为其带来良好的可扩展性。

OpenStack 的典型环境架构如图 1-10 所示，包含两个主要模块：Nova 和 Swift，前者是 NASA 开发的虚拟服务器部署和业务计算模块；后者是 Rackspace 开发的分布式云存储模块，两者可以一起用，也可以分开单独用。OpenStack 除了有 Rackspace 和 NASA 的大力支持外，还有包括 Dell、Citrix、Cisco、Canonical 等重量级公司的贡献和支持，发展速度非常快，有取代另一个业界领先开源云平台 Eucalyptus 的态势。

1.6.2　CloudStack

CloudStack 是一个开源的具有高可用性及扩展性的云计算平台。支持管理大部分主流的 Hypervisor，如 KVM 虚拟机、XenServer、VMware、Oracle VM、Xen 等。同时 CloudStack 是一个开源云计算解决方案，可以加速高伸缩性的公共和私有云（IaaS）的部署、管理、配置。使用 CloudStack 作为基础，数据中心操作者可以快速方便地通过现存基础架构创建云服务。

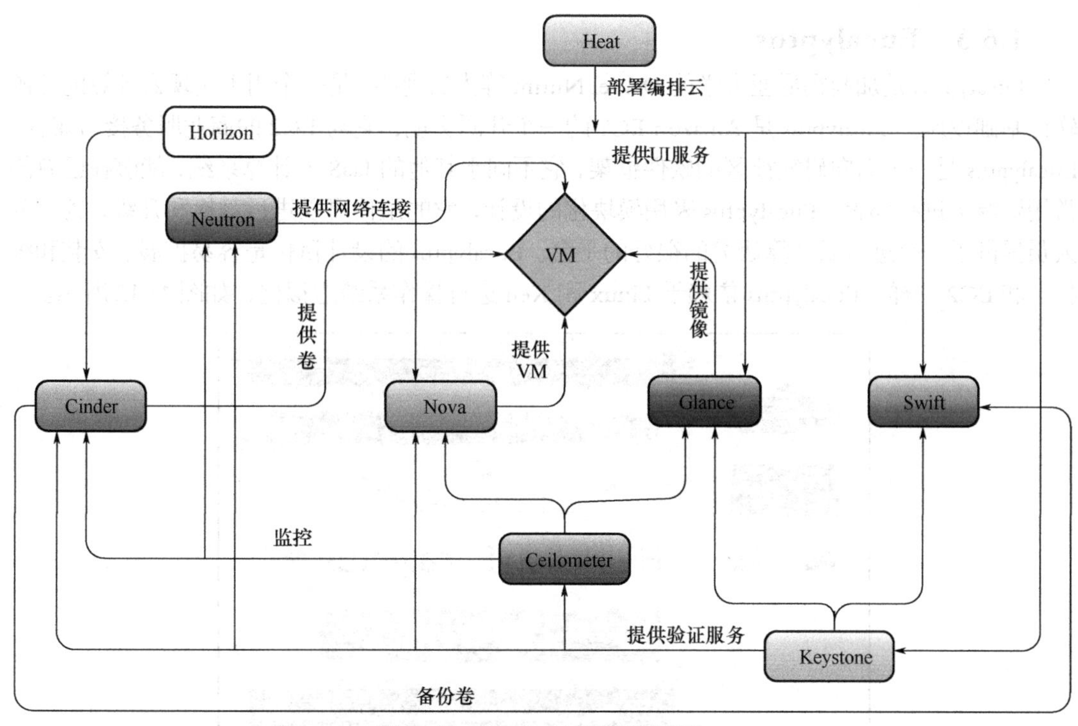

图 1-10 OpenStack 典型环境架构

CloudStack 是一个开源的云操作系统，它可以帮助用户利用自己的硬件提供类似于 Amazon EC2 那样的公共云服务。CloudStack 可以通过组织和协调用户的虚拟化资源，构建一个和谐的环境。CloudStack 具有许多强大的功能，可以让用户构建一个安全的多租户云计算环境。CloudStack 兼容 Amazon API 接口。CloudStack 可以让用户快速和方便地在现有的架构上建立自己的云服务。CloudStack 可以帮助用户更好地协调服务器、存储、网络资源，从而构建一个 IaaS 平台。CloudStack 的前身是 Cloud.com，后被思杰收购。英特尔、阿尔卡特-朗迅、瞻博网络、博科等都已宣布支持 CloudStack。2011 年 7 月，Citrix 收购 Cloud.com，并将 CloudStack 全部开源。2012 年 4 月 5 日，Citrix 又宣布将其拥有的 CloudStack 开源软件交给 Apache 软件基金会管理。CloudStack 已经有了许多商用客户，包括 GoDaddy、英国电信、日本电报电话公司、塔塔集团、韩国电信等。作为国内首家提供 CloudStack 技术支持及商业版销售的北京天云趋势科技有限公司，也收到了大量公司和个人对 CloudStack 软件架构进行技术交流的要求。因此，天云趋势与 Citrix 达成战略合作协议，共推 CloudStack 社区在中国的发展，并成立了 CloudStack 中国社区，商标如图 1-11 所示。

图 1-11 Apache CloudStack

目前 CloudStack 已成为 Apache 基金会最大的顶级项目之一，最新发布的版本为 4.9.0.1。

1.6.3 Eucalyptus

Eucalyptus 是加利福尼亚大学的 Daniel Nurmi 等人实现的，是一个用于实现云计算的开源软件基础设施。Eucalyptus 是 Amazon EC2 的一个开源实现，它与 EC2 的商业服务接口兼容。Eucalyptus 是一个面向研究社区的软件框架，它不同于其他的 IaaS 云计算系统，能够在已有的常用资源上进行部署。Eucalyptus 采用模块化的设计，它的组件可以进行替换和升级，为研究人员提供了一个进行云计算研究的很好的平台。Eucalyptus 的设计目标是容易扩展、安装和维护。和 EC2 一样，Eucalyptus 依赖于 Linux 和 Xen 进行操作系统虚拟化，如图 1-12 所示。

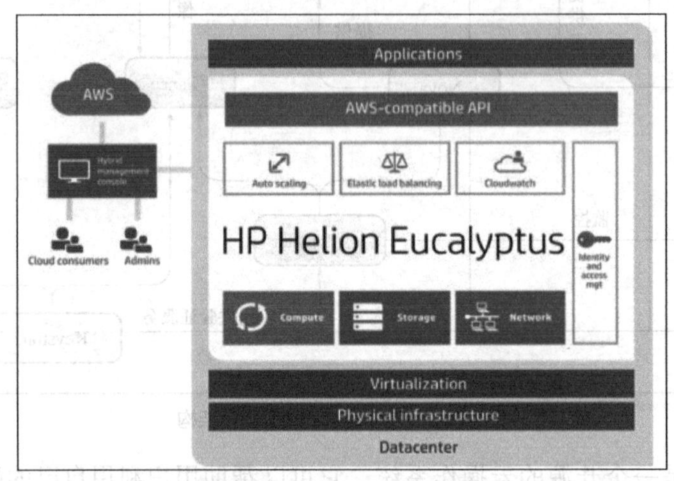

图 1-12　Eucalyptus 示意图

1.6.4 OpenNebula

OpenNebula 是一款为云计算而打造的开源工具箱。OpenNebula 总体架构如图 1-13 所示。它允许用户与 Xen、KVM 或 VMware ESX 一起建立和管理私有云，同时还提供 Deltacloud 适配器与 Amazon EC2 相配合来管理混合云。除了像 Amazon 一样的商业云服务提供商，在不同 OpenNebula 实例上运行私有云的 Amazon 合作伙伴也同样可以作为远程云服务供应商。目前版本可支持 Xen、KVM 和 VMware，以及实时存取 EC2 和 ElasticHosts，它也支持映像档的传输、复制和虚拟网络管理网络。

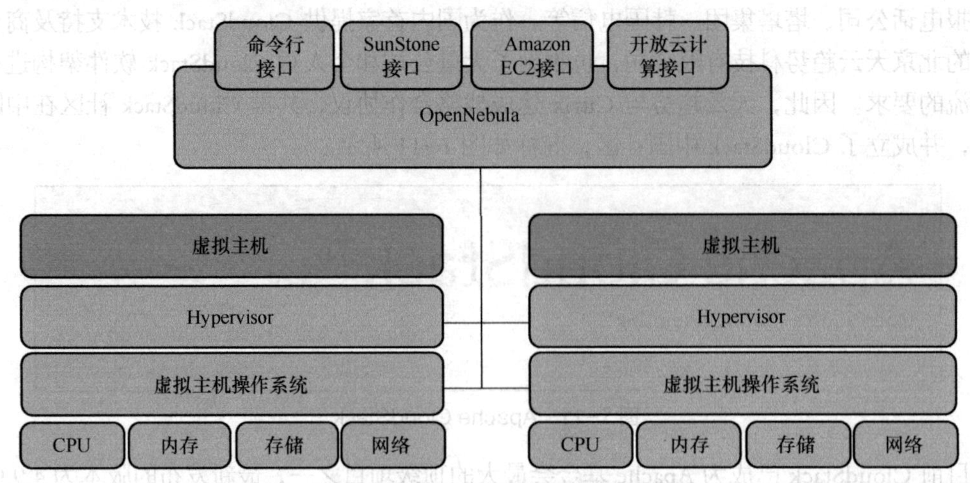

图 1-13　OpenNebula 总体架构图

OpenNebula 可以构建私有云、公有云、混合云。

1.7 云应用形式

1.7.1 私有云

私有云（Private Cloud）是为一个客户单独使用而构建的，因而提供对数据、安全性和服务质量的最有效控制。部署私有云的公司拥有基础设施，并可以控制在此基础设施上部署应用程序的方式。私有云可部署在企业数据中心的防火墙内，也可以将它们部署在一个安全的主机托管场所，私有云的核心属性是专有资源，如图 1-14 所示。

私有云可由公司自己的 IT 机构，也可由云提供商进行构建。在后一种模式中，像 Sun、IBM 这样的云计算提供商可以安装、配置和运营基础设施，以支持一个公司企业数据中心内的专用云。此模式赋予公司对于云资源使用情况的极高水平的控制能力，同时带来建立并运作该环境所需的专门知识。

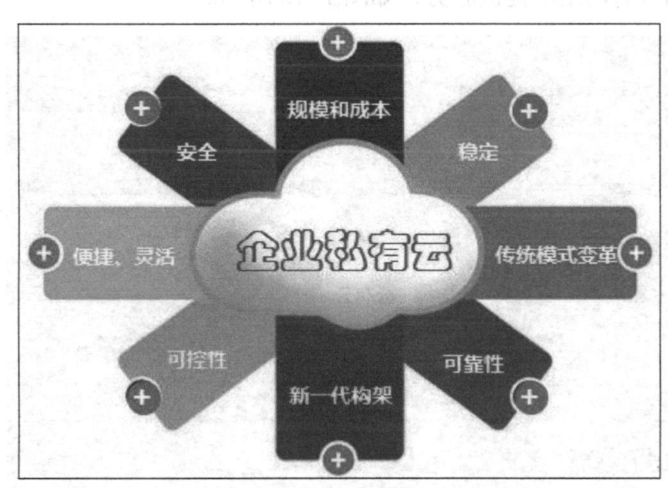

图 1-14 私有云

私有云具有以下优点。

（1）数据安全。

虽然每个公有云的提供商都对外宣称，其服务在各方面都是非常安全的，特别是对数据的管理。但是对企业，特别是大型企业而言，和业务有关的数据是其生命线，不能受到任何形式的威胁，所以短期而言，大型企业是不会将其核心业务放到公有云上运行的。而私有云在这方面是非常有优势的，因为它一般都构筑在防火墙后。

（2）QoS（服务质量）。

因为私有云一般在防火墙之后，而不是在某一个遥远的数据中心中，所以当公司员工访问那些基于私有云的应用时，它的 SLA（服务品质）应该会非常稳定，不会受到 2009 年 5 月 19 日“暴风门”这种导致大规模断网的事件的影响。

（3）充分利用现有硬件资源和软件资源。

每个公司特别是大公司都会有很多历史悠久（legacy）的应用，而且 legacy 大多都是其核心应用。虽然公有云的技术很先进，但却对 legacy 的应用支持不好，因为很多都是用静态语言编写的，以 Cobol、C、C++和 Java 为主，而现有的公有云对这些语言支持很一般。但私有云在这方面就不错，比如 IBM 推出的 cloudburst，通过 cloudburst，能非常方便地构建基于 Java 的私有云。而且一些私有云的工具能够利用企业现有的硬件资源来构建云，这将极大降低企业的成本。

（4）不影响现有 IT 管理的流程。

对大型企业而言，流程是其管理的核心，如果没有完善的流程，企业将会成为一盘散沙。不仅与业务有关的流程非常繁多，而且 IT 部门的流程也不少，比如那些和 Sarbanes-Oxley 相关的流程，并且这些流程对 IT 部门非常关键。在这方面，公有云很吃亏，因为假如使用公有云的话，将会对 IT 部门流程有很多的冲击，比如在数据管理和安全规定等方面。而对于私有云，因为它一般在防火墙内，所以对 IT 部门流程冲击不大。

1.7.2 公有云

公有云通常指第三方提供商为用户提供的能够使用的云。公有云一般可通过 Internet 使用，可能是免费或成本低廉的。公有云的核心属性是共享资源服务。这种云有许多实例，可在当今整个开放的公有网络中提供服务，如图 1-15 所示。

图 1-15　公有云服务

企业通过自己的基础设施直接向外部用户提供服务。外部用户通过互联网访问服务，并不拥有云计算资源。

公有云被认为是云计算的主要形态。在国内发展如火如荼，根据市场参与者类型分类，可以分为五类。

（1）传统电信基础设施运营商提供的云服务，包括中国移动、中国联通和中国电信。

（2）政府主导下的地方云计算平台，如各地如火如荼的各种“XX 云”项目。

（3）互联网巨头打造的公有云平台，如腾讯云、阿里云。

（4）部分原 IDC（互联网数据中心）运营商提供的云服务，如世纪互联。

（5）具有国外技术背景或引进国外云计算技术的国内企业，如风起亚洲云。

由于目前国内并未开放外国公司在中国直接进行云计算业务，因此像亚马逊、IBM、Joyent、Rackspace 等国外已有多年云计算业务经验的厂商在进入中国市场途中仍障碍重重。2012 年 11 月 1 日，微软终于实现旗下公有云计算平台 Windows Azure 在中国的落地，这将掀开外资企业进军中国云计算市场的序幕。

尽管对于云的怀疑仍有很多，但 IDC（国际数据公司）2012 年的研究表明：全球在公有云 IT 服务上的花销到 2016 年将达到 1000 亿美元，软件即服务（SaaS）将会占到未来五年云服务花销的大头，平台即服务将增长得更快，而基础设施即服务（IaaS）已经走上正轨，成为商业化的产品。

1.7.3 混合云

混合云融合了公有云和私有云，如图 1-16 所示，是近年来云计算的主要模式和发展方向。私企主要是面向企业用户，出于安全考虑，企业更愿意将数据存放在私有云中，但是同时又希望可以获得公有云的计算资源，在这种情况下混合云被越来越多采用，它将公有云和私有云进行混合和匹配，以获得最佳的效果。这种个性化的解决方案，达到了既省钱又安全的目的。

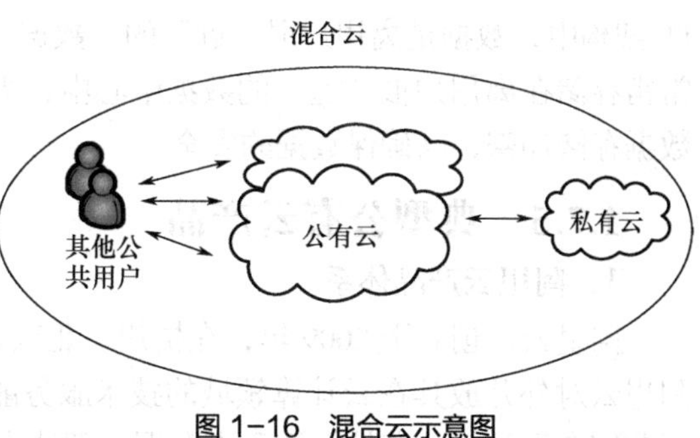

图 1-16 混合云示意图

私有云的安全性是超越公有云的，而公有云的计算资源又是私有云无法企及的。在这种矛盾的情况下，混合云完美地解决了这个问题，它既可以利用私有云的安全，将内部重要数据保存在本地数据中心，同时也可以使用公有云的计算资源，更高效快捷地完成工作。相比私有云或是公有云，混合云还具有以下特点。

（1）可扩展。

混合云突破了私有云的硬件限制，利用公有云的可扩展性，可以随时获取更高的计算能力。企业通过把非机密功能移动到公有云区域，可以降低对内部私有云的压力和需求。

（2）更节省。

混合云可以有效地降低成本。它既可以使用公有云又可以使用私有云，企业可以将应用程序和数据放在最适合的平台上，获得最佳的利益组合。

1.7.4 云安全与风险

“云安全”（Cloud Security）计划是网络时代信息安全的最新体现，它融合了并行处理、网格计算、未知病毒行为判断等新兴技术和概念，通过网状的大量客户端对网络中软件行为的异常监测，获取互联网中木马、恶意程序的最新信息，传送到 Server 端进行自动分析和处理，再把病毒和木马的解决方案分发到每一个客户端。在云计算的架构下，云计算开放网络和业务共享场景更加复杂多变，安全性方面的挑战更加严峻，一些新型的安全问题变得比较突出，如多个虚拟机租户间并行业务的安全运行，公有云中海量数据的安全存储等。由于云计算的安全问题涉及面广，以下仅就几个主要方面进行介绍。

（1）用户身份安全问题。

云计算通过网络提供弹性可变的 IT 服务，用户需要登录到云端来使用应用与服务，系统需要确保使用者身份的合法性，才能为其提供服务。如果非法用户取得了用户身份，则会危及合法用户的数据和业务。

（2）共享业务安全问题。

云计算的底层架构（IaaS 和 PaaS 层）是通过虚拟化技术实现资源共享调用，优点是资源利用率高，但是共享会引入新的安全问题。一方面需要保证用户资源间的隔离，另一方面需要面向虚拟机、虚拟交换机、虚拟存储等虚拟对象的安全保护策略，这与传统的硬件上的安全策略完全不同。

（3）用户数据安全问题。

数据的安全性是用户最为关注的问题，广义的数据不仅包括客户的业务数据，还包括用户的应用程序和用户的整个业务系统。数据安全问题包括数据丢失、泄露、篡改等。传统的IT 架构中，数据是离用户很“近”的，数据离用户越“近”则越安全。而云计算架构下数据常常存储在离用户很“远”的数据中心中，需要对数据采用有效的保护措施，如多份拷贝、数据存储加密，以确保数据的安全。

1.7.5 典型公有云产品

1．阿里云产品体系

阿里云，创立于 2009 年，在杭州、北京、硅谷等地设有研发中心和运营机构。2010 年，阿里云对外开放其在云计算领域的技术服务能力。用户通过阿里云，用互联网的方式即可远程获取海量计算、存储资源和大数据处理能力。阿里云服务的客户遍布互联网、移动 APP、音视频、游戏、电商等各个领域。根据 IDC 调研报告，阿里云是国内最大的公共云计算服务提供商。基于新一代的云平台远程部署系统业务，已经成为互联网公司和开发者的首选。随着云计算的安全性、稳定性不断地被实践证明，越来越多的政府机构、央企、大型民营企业纷纷开始拥抱云计算和大数据。

阿里云独立研发的飞天开放平台（Apsara），如图 1–17 所示，负责管理数据中心 Linux 群集的物理资源，控制分布式程序运行，隐藏下层故障恢复和数据冗余等细节，从而将数以千计甚至万计的服务器联成一台“超级计算机”，并且将这台超级计算机的存储资源和计算资源，以公共服务的方式提供给互联网上的用户。

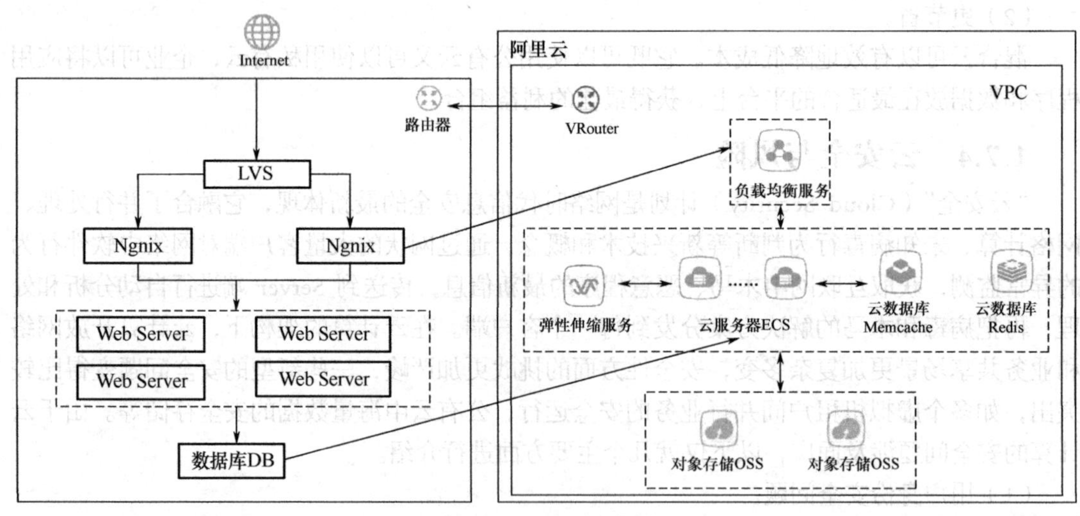

图 1–17 阿里云平台

2．亚马逊 AWS 云产品体系

AWS（Amazon Web Services）是亚马逊（Amazon）公司的云计算 IaaS 和 PaaS 平台服务，提供了一整套基础设施和应用程序服务，几乎能够在云中运行一切应用程序：从企业应用程序和大数据项目，到社交游戏和移动应用程序。亚马逊云产品如图 1–18 所示，AWS 面向用户提供包括弹性计算、存储、数据库、应用程序在内的一整套云计算服务，能够帮助企业降低 IT 投入成本和维护成本。

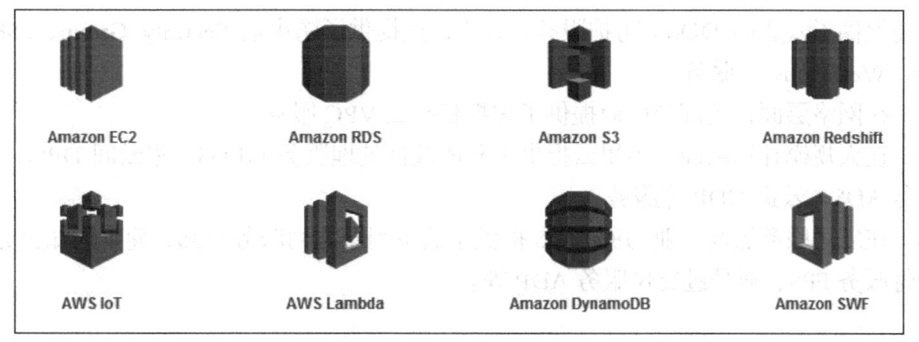

图 1-18 亚马逊 AWS 云产品

3．青云的云产品体系

青云是一家创业公司，提供的云服务产品接近 20 个，主要是 IaaS 领域的产品。青云提供的产品有几个特点，第一是虚拟机部署快，第二是系统支持自愈，第三是全软件实现虚拟存储、虚拟网络。青云的云主机如图 1-19 所示，它为主机提供虚拟 CPU、内存、块级的原始存储设备，包括硬盘 Volume、Virtual SAN 和备份 Snapshot。

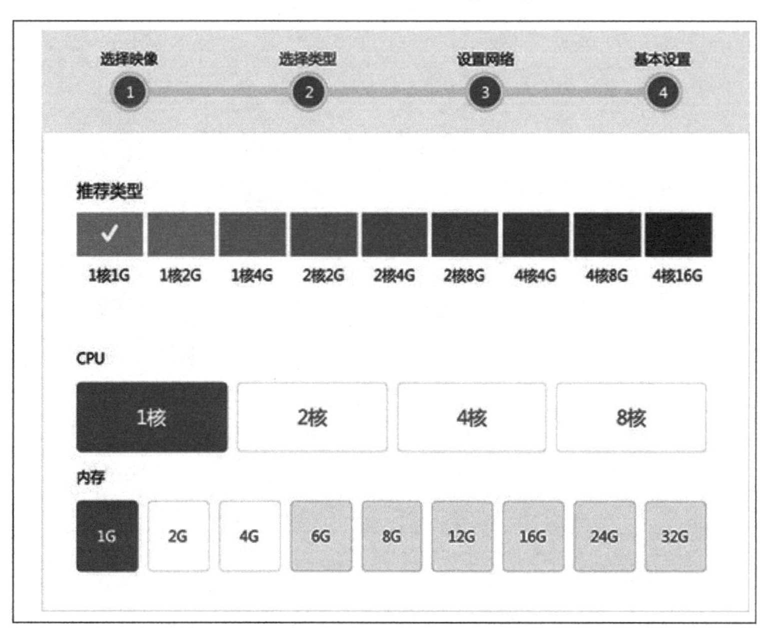

图 1-19 青云的云主机产品

4．主流公有云提供商产品体系比较

（1）在弹性计算层面，阿里云、亚马逊、青云、金山云均提供弹性云主机服务、负载均衡服务、弹性伸缩服务。除此之外，亚马逊还提供了 Elastic IP Addresses 弹性 IP 地址和 Elastic MapReduce 服务。

（2）在数据存储层面，阿里云、亚马逊、青云、金山云均提供关系型数据库服务、云存储服务、NoSQL 数据库服务。

另外，阿里云还提供了开放缓存服务 OCS、分布式关系型数据库服务 DRDS、内容分发网络 CDN、开放归档服务 OAS。亚马逊 AWS 还提供 EBS 弹性数据块存储服务。

（3）在云安全与管理层面，阿里云、亚马逊、青云、金山云均提供云监控服务。另外，阿里云还提供了云盾和 DDoS 防护服务，金山云还提供了防火墙 Security Group、SSH 密钥 Keypair、Web Console 服务。

（4）在网络层面，大部分厂商提供了虚拟私有云 VPC 服务。

（5）在大规模计算层面，阿里云提供了开放数据处理服务 OPDS、采云间 DPC、分析数据库服务 ADS、云道 CDP 等服务。

（6）在应用服务层面，亚马逊 AWS 提供了简单消息队列服务 SQS、简单通知服务 SNS、灵活支付服务 FPS、亚马逊支付服务 ADP 等。

1.8 本章小结

在这个信息爆炸的新时代，云计算可以向组织提供确保财务稳定和高质量服务所需的信息处理革命性新方法，所有人都必须准备好应对这次革命。本章介绍了云计算架构、云计算模式、云计算关键技术、虚拟化技术产品、云管理平台、云应用形式等，帮助大家对云计算有一个初步的了解。

PART 2 第2章 OpenStack云平台

2.1 OpenStack概述

OpenStack是一个开源软件，以Apache许可证授权。OpenStack的版本由OpenStack基金会整理和发布，同时应用厂商对核心的要求也不断反馈给OpenStack基金会的技术委员会，并进一步促使拥有更强大功能的新版本推出。OpenStack的开放性使其能够在推动技术创新的同时，达到与应用厂商共赢的局面。此外，由于开源软件的源代码是公开的，若源代码有质量方面的问题，则更易于被发现并被修正，从而源代码的安全漏洞也易于被发现并被修正。OpenStack主要用Python编写，其代码质量相当高，带有一个完全文档化的API，开发者可以很方便地从OpenStack的官方网站获取代码和文档。由此可见，OpenStack的社会化研发、OpenStack基金会的有效管理、Apache许可证授权等原则和机制有力地保证了OpenStack的发展和创新。

由于OpenStack可帮助服务商实现类似亚马逊EC2和S3这种基础设施服务，因此被越来越多的厂家和云计算服务提供商采纳并应用到生产环境中。Rackspace已经采用OpenStack提供虚拟机和云存储服务，其中云存储Swift已经达到100PB。HP推出的公有云服务也是基于OpenStack的。IBM作为OpenStack基金会的白金会员，于2013年推出首个基于OpenStack的产品SmartCloud Orchestrator。SmartCloud是基于数据中心运行云部署的平台名称，Orchestrator则为用户提供云应用所需的计算、存储和网络资源交付服务。通过SmartCloud Orchestrator，用户可以在基础设施和平台层面进行端到端的服务部署，可以自定义工作流用于过程自动化和IT管理、资源监控、成本管理等。eBay在使用OpenStack构建其私有云之前，有自己研发的云，现在他们的一大工作是将之前开发的云的一些代码迁移到现在OpenStack环境中。从下面几个数字可以看出eBay OpenStack云的规模：8个地理位置分散的完全隔离的可用域、7000多个Hypervisor、65000个虚拟机、1.3PB块存储、90TB对象存储。

OpenStack提供了公有云及私有云部署的解决方案，同时也逐渐成为混合云部署的标准。在实践应用中，很少企业有能力将其整个基础架构移至公有云，对于大多数企业而言，混合部署将成为常态。2015年Google加入OpenStack基金会，将加速OpenStack的深入推广以及与GCE（Google Compute Engine）等公有云的互联互通，使OpenStack成为企业级市场和互联网巨头共同认可的开放云、混合云平台标准。

2.1.1 OpenStack的历史与发展

OpenStack（http://www.openstack.org）是由Rackspace和NASA（美国国家航空航天局）共同研发的云计算平台，是一个旨在为公有云及私有云的建设与管理提供软件的开源项目。OpenStack项目最初包括两个模块，一是NASA开发的计算服务模块Nova，另一个是Rackspace开发的云存储（对象存储）模块Swift。在2010年10月，用于镜像管理的部件Glance加入其中，形成了 OpenStack 的核心架构。

Rackspace 是全球三大数据中心之一，公司总部位于美国，在全球拥有 10 个以上数据中心，管理超过 10 万台服务器，是全球领先的托管服务器及云计算提供商。而美国国家航空航天局（NASA）的星云计划 Nebula 是 NASA 埃姆斯研究中心的一项云计算重点开发项目，它整合了一系列的开源组件，形成无缝自助平台，利用虚拟化、可扩展技术提供了高性能计算、存储和网络。

Rackspace 和 NASA 合作时决定 OpenStack 由 Rackspace 管理，为了使 OpenStack 更好地发展，Rackspace 联合部分成员于 2011 年成立了 OpenStack 基金会，其下有三个分支：技术委员会、用户委员会、董事会。OpenStack 基金会作为一个独立的组织，确保 OpenStack 在长期内获得更好的发展，保护、培育和提升 OpenStack 软件和社区，包括用户、开发者和整个生态系统。会员既包括 IT 厂商、公司成员，也包括以个人名义或代表公司加入的个人成员。OpenStack 发展迅速，除了得到 Rackspace 和 NASA 的支持，还吸引了 IBM、惠普、戴尔以及英特尔等著名 IT 巨头们的加入和支持，而且拥有 5600 位个人会员，其社区活跃度也已经超越了 Eucalyptus 和 CloudStack，成为仅次于 Linux 的世界第二大开源基金会。OpenStack 的技术更新和版本发行速度很快，从机构成立至第一个版本发布仅用了很短的时间，之后基本上每 6 个月发布一个新版本。OpenStack 的版本发展如表 2-1 所示。

表 2-1 OpenStack 版本发展

时间	成果
2010 年 6 月	Rackspace 和 NASA 成立 OpenStack
2010 年 7 月	超过 25 名合作伙伴
2010 年 10 月	首个版本发布，代号 Austin，35 名合作伙伴
2011 年 2 月	代号 Bexar 版本发布
2011 年 4 月	代号 Cactus 版本发布
2011 年 9 月	代号 Diablo 版本发布，该版本相对比较稳定，可以大规模部署应用
2012 年 4 月	代号 Essex 版本发布
2012 年 9 月	发布 Folsom 版本，融合 Quantum 网络服务
2013 年 4 月	发布 Grizzly 版本，将 Melang 和 Quantum 融合起来支撑网络服务
2013 年 10 月	发布 Havana 版本，正式发布 Ceilometer 项目，网络服务 Quantum 变更为 Neutron
2014 年 4 月	发布 Icehouse 版本，新项目 Trove 成为版本的组成部分
2014 年 10 月	发布 Juno 版本，实现对 Hadoop 和 Spark 群集管理和监控的自动化服务，以及对 Docker 和裸机的支持
2015 年 4 月	发布 Kilo 版本，实现首个完整版的 ironic 裸机服务，增加互操作性
2015 年 10 月	发布 Liberty 版本，引入了 Magnum 容器管理，支持 Kubernetes、Mesos 和 Docker Swarm
2016 年 4 月	发布 Mitaka 版本，重点在用户体验上简化了 Nova、Keynote 的使用，以及使用一致的 API 调用创建资源

2.1.2 OpenStack社区

自2006年首次提出云计算概念以来，10年来云计算解决了“有和无”的问题，将要解决的是“有和优”的问题。云服务的对象从初创企业、互联网企业起步，已逐渐呈现行业化和大客户化趋势；云计算技术从封闭走向开放，更多的行业客户和大型企业开始采用开源云架构去全面拥抱云计算，意味着云计算正跨越边缘创新走向主流市场，云计算的大时代已经到来。

作为开源云技术的事实标准，OpenStack经过6年的发展获得了爆发式增长，成为全球仅次于Linux的第二大开源社区，并迅速进入主流市场：超过585家企业，接近4万人通过各种方式支持这个超过2000万行的开源项目，世界100强企业中50%的企业均采用了OpenStack。据IT经理网整理的最新报告显示：65%的受访企业表示它们的OpenStack项目已经完全进入生产环境阶段。

2.1.3 OpenStack基金会

OpenStack基金会包括以下三类会员。

（1）个人会员：包括那些以个人名义加入社区，或者代表公司加入的个人。加入基金会是免费的，而且个人会员可以竞选或者投票来参与领导角色。

（2）白金会员：包括那些以战略性角度参与并投入资金和资源的公司。每个白金会员可以指定一个董事会的代表来参与重大决策。

（3）黄金会员：包括那些投入资金和资源，但是比白金会员低一级的公司。它们作为一类群体来选举董事会。

董事会的选举规则如下。

（1）个人会员选举1/3席位。

（2）黄金会员选举1/3席位。

（3）白金会员任命1/3席位。

图2-1所示为OpenStack基金会的白金会员。

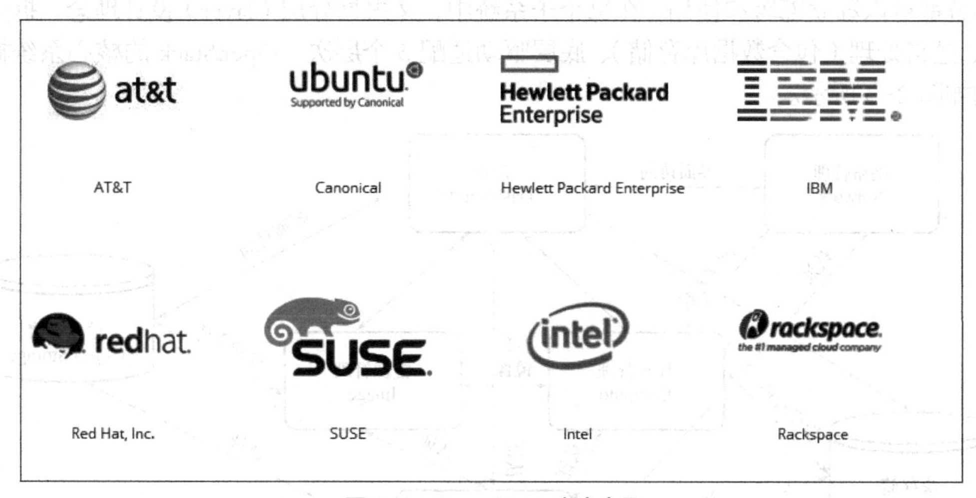

图2-1 OpenStack白金会员

图2-2所示为OpenStack基金会的黄金会员。

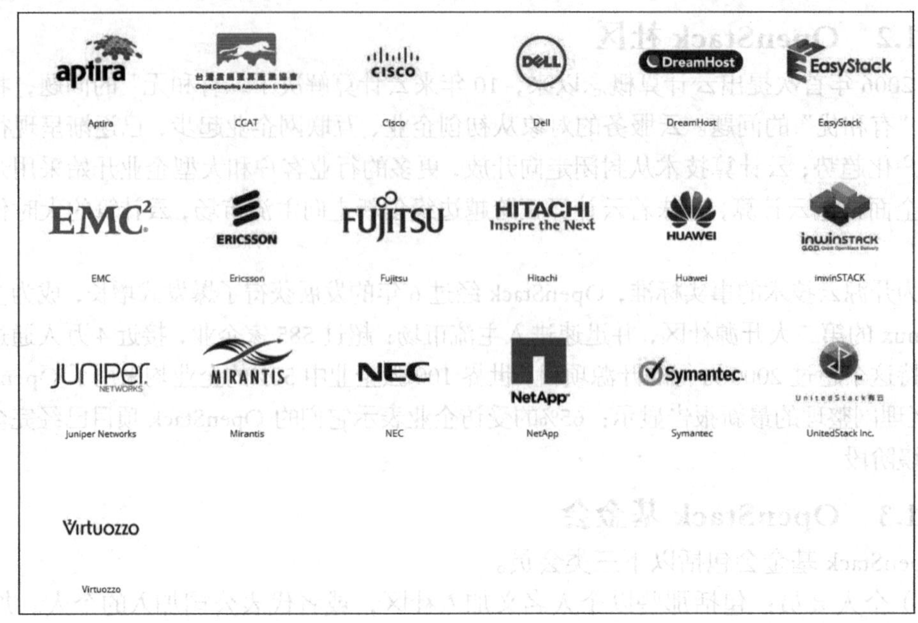

图 2-2　OpenStack 黄金会员

2.2　OpenStack 架构与组件

关键需求决定架构，在分析 OpenStack 架构前，需要再次深入理解 OpenStack 的业务背景。OpenStack 项目被设计为可大规模灵活扩展的云计算操作系统，任何组织均可通过 OpenStack 创建和提供云计算服务。为了达到该目标，OpenStack 需要具有以下功能：项目所有的构成子系统和服务均被集成起来，一起提供 IaaS 服务；通过标准化公用服务接口 API 实现集成；子系统和服务之间可以通过 API 互相调用。

OpenStack 采用了职责拆分的设计理念，根据职责不同拆分成 7 个核心子系统，每个子系统都可以独立部署和使用。在每个子系统中，又根据分层（layer）设计理念，拆分为 API、逻辑处理（包含数据库存储）、底层驱动适配 3 个层次。OpenStack 的核心系统概念架构如图 2-3 所示。

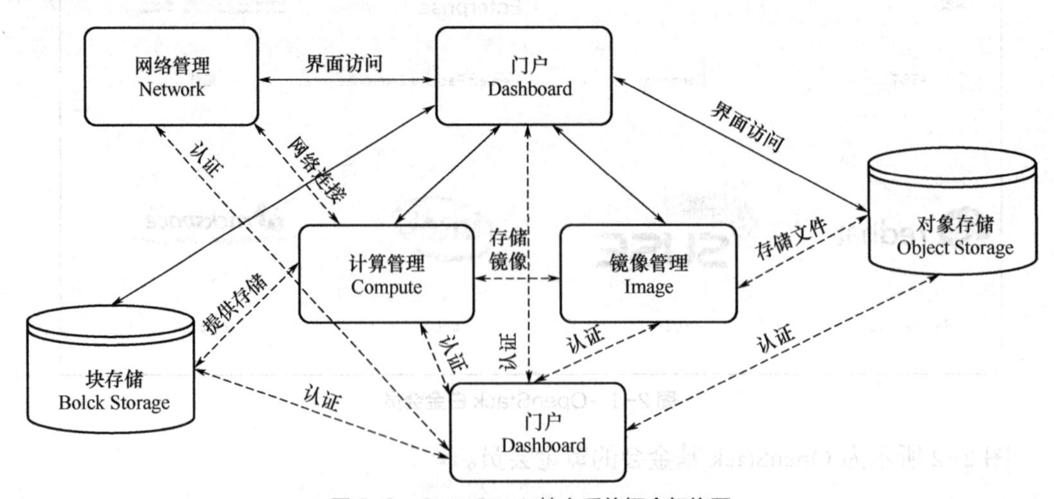

图 2-3　OpenStack 核心系统概念架构图

OpenStack的核心项目包括：

（1）对象存储（Object Storage）：系统名称是Swift，通过简单的key/value的方式实现对象文件的存储和读取，适用于“一次写入，多次读取，无需修改”的情况，例如图片、视频、邮件附件等海量数据的存储。对象存储俗称云存储，国外的dropbox以及国内的云盘等均是云存储的应用，而dropbox则是基于亚马逊S3 API接口开发的典型案例。

（2）镜像管理（Image）：系统名称为Glance，提供虚拟磁盘镜像的目录分类管理以及镜像库存储管理，用于OpenStack虚拟机。

（3）计算管理（Compute）：系统名称为Nova，提供虚拟主机，包括虚拟机、弹性云硬盘等服务。通过虚拟化技术，例如KVM、Xen、VMware ESXi等实现计算、网络、存储等资源池的构建及应用，将计算能力通过虚拟机的方式交付用户。虚拟机的诞生很大程度上改变了IT支撑运维的管理模式，带来了诸如采购、管理、运维等的变革。

（4）网络管理（Network）：系统名称为nova-network和Neutron，其实现了虚拟机的网络资源管理，包括网络连接、子网IP管理、L3的公网映射、后续的负载均衡等。

（5）块存储（Block Storage）：系统名称为nova-volume和Cinder，其实现了对块存储的管理，为虚拟机提供云硬盘（块设备）服务。块存储将物理存储根据需要划分成不同的存储空间提供给虚拟机，虚拟机将其识别为新的硬盘。该系统的规划支持主流的IP-SAN、FC-SAN等存储网络，以及NAS存储设备。Essex版本中nova-volume实现了块存储（云硬盘）的管理，在Folsom版本后，独立新增加的Cinder项目增强了该方面的管理能力。

（6）认证管理（Identity）：系统名称为Keystone，其为OpenStack所有的系统提供统一的授权和身份验证服务。

（7）界面展示：系统名称为Horizon，是基于OpenStack API接口开发的Web呈现。

整个OpenStack对终端用户提供两大类访问入口：界面Horizon和API。所有子系统提供标准化API终端用户（包括开发人员）通过API访问和调用不同子系统的服务。子系统内部划分API、逻辑处理（Manager）和底层驱动适配（Driver）。

不同子系统通过API实现交互，这里主要是指表述性状态传递（Representational State Transfer，REST）风格的API。RESTful风格的接口设计理念基于HTTP协议，类似于WebService，但更简单。REST提出了一些设计概念和准则，包括网络上的所有事物都被抽象为资源（Resource）；每个资源对应一个唯一的资源标识（Resource Identifier）；通过通用的连接器接口（Generic Connector Interface）对资源进行操作；对资源的各种操作不会改变资源标识；所有的操作都是无状态的（Stateless）。

由于OpenStack不同子系统之间采用标准的接口（REST）实现交互，那么在架构上就天然具备了一些优势，如具有高可用性和高可扩展性，具备分布式部署能力，具备基于HTTP的负载均衡能力，从而实现大规模灵活扩展的设计目标；面向接口服务开发的模式，不同子系统间实现低耦合；具备灵活的扩展能力，可以灵活调整具体接口实现；具备优秀的集成能力，开发人员可以通过API实现应用定制开发，特别是定制符合客户需求的界面、原生API等。国内已经有不少公司基于OpenStack研发出适合于自己及相关市场的门户界面。

2.2.1 Keystone

OpenStack Identity 提供了对其他所有 OpenStack 项目进行身份验证的一种常见方法。每项多用户服务都需要一些机制来管理哪些人可以访问应用程序，以及每个人可以执行哪些操作，私有云也不例外。OpenStack 已经将这些功能简化为一个单独的称为 Keystone 的项目。

Keystone 是 OpenStack Identity 的项目名称，该服务通过 OpenStack 应用程序编程接口 API 提供令牌、策略和目录功能。与其他 OpenStack 项目一样，Keystone 表示一个抽象层。它并不实际实现任何用户管理功能，而是会提供插件接口，以便使用者可以利用其当前的身份验证服务，或者从市场上的各种身份管理系统中进行选择。

Keystone 集成了用于身份验证、策略管理和目录服务的 OpenStack 功能，这些服务包括注册所有租户和用户，对用户进行身份验证并授予身份验证令牌，创建横跨所有用户和服务的策略，以及管理服务端点目录。身份管理系统的核心对象是用户，也就是使用 OpenStack 服务的个人、系统或服务的数字表示。用户通常被分配给称为租户的容器，该容器会将各种资源和身份项目隔离开来。租户可以表示一个客户、账户或者任何组织单位。

身份验证是确定用户是谁的过程。Keystone 确认所有传入的功能调用都源于声明发出请求的用户，通过测试凭证形式的声明来执行这一验证。凭证数据的显著特性就是它应该只供拥有数据的用户访问，该数据中可以只包含用户知道的数据（用户名称和密码或密钥）、用户通过物理方式处理的一些信息（硬件令牌），或者是用户的一些“实际信息”（视网膜或指纹等生物特征信息）。在 OpenStack Identity 确认用户的身份之后，它会给用户提供一个证实该身份并且可以用于后续资源请求的令牌。每个令牌都包含一个作用范围，列出了对其适用的资源。令牌只在有限的时间内有效，如果需要删除特定用户的访问权限，也可以删除该令牌。

安全策略是借助一个基于规则的授权引擎来实施的。用户经过身份验证后，下一步就是确定身份验证的级别。Keystone 利用角色的概念封装了一组权利和特权。身份服务发出的令牌包含一组身份验证的用户可以假设的角色，然后由资源服务将用户角色组与所请求的资源操作组相匹配，并做出允许或拒绝访问的决定。

Keystone 的一个附加服务是用于端点发现的服务目录。该目录提供一个可用服务清单及其 API 端点。一个端点就是一个可供网络访问的地址（如 URL），用户可在其中使用一项服务。所有 OpenStack 服务，包括 OpenStack Compute（Nova）和 OpenStack Object Storage（Swift），都提供了 Keystone 的端点，用户可通过这些端点请求资源和执行操作。

Keystone 作为 OpenStack 的核心组件，为云主机管理 Nova、镜像管理 Glance、对象云存储 Swift 和界面仪表盘 Horizon 提供认证服务。以上这些组件的交互方式如图 2-4 所示。

2.2.2 Glance

Glance 实现虚拟机镜像模板的管理，是 Nova 系统架构中非常重要的模块。镜像管理的目标就是提供镜像的存储访问管理，OpenStack 将 Glance 独立出来的一个原因是尽可能将镜像存储至多种存储设备上。Glance 提供一个完整的适配框架，支持亚马逊对象存储

S3、OpenStack 自有的 Swift 对象存储，以及常用的文件系统存储。当然也可以自行开发拓展到别的存储上，例如 HDFS。下面对 Glance 的基本功能进行剖析。

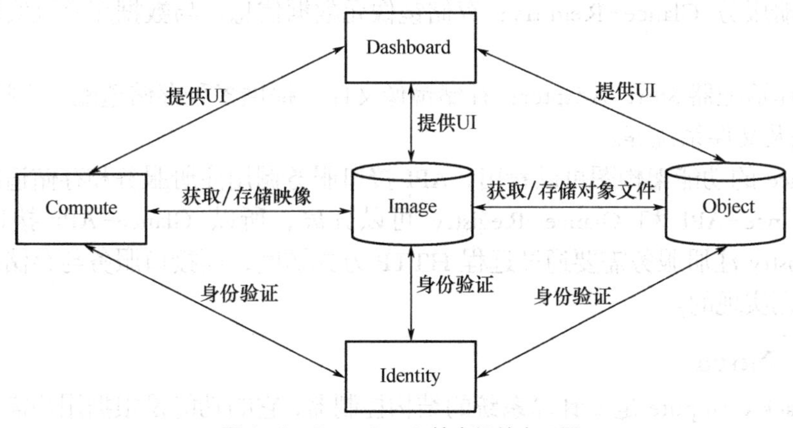

图 2-4 OpenStack 核心组件交互图

（1）镜像管理：包括镜像创建，基本信息更新，镜像文件上传、下载等。镜像可以看成虚拟机的模板，用于生成虚拟机实例。

（2）快照管理：快照也是一种镜像，对虚拟机创建快照后，可以基于快照部署虚拟机实例。例如，部署一台 Linux 虚拟机，其上运行 Ubuntu，在该虚拟机上安装 Web 应用，安装调试完毕后，为该虚拟机当前状态做一个快照。以后如果需要部署该 Web 应用，可以直接通过该快照部署，几分钟内 Web 应用即可部署完毕，并且增加至负载均衡里面可实现应用处理能力的水平扩展。

（3）镜像的存储管理：镜像特别是虚拟机快照类镜像，随着使用规模的扩大，镜像的数量和容量需求在不断扩大，对存储要求越来越高。用传统的文件系统难以解决大规模海量存储需求，所以镜像的存储需要进行扩展，可以通过分布式文件系统或对象云存储的方式实现镜像文件存储。

镜像管理包括三个组成部分，分别是 API 接口服务、注册服务和存储适配器，其功能架构如图 2-5 所示。

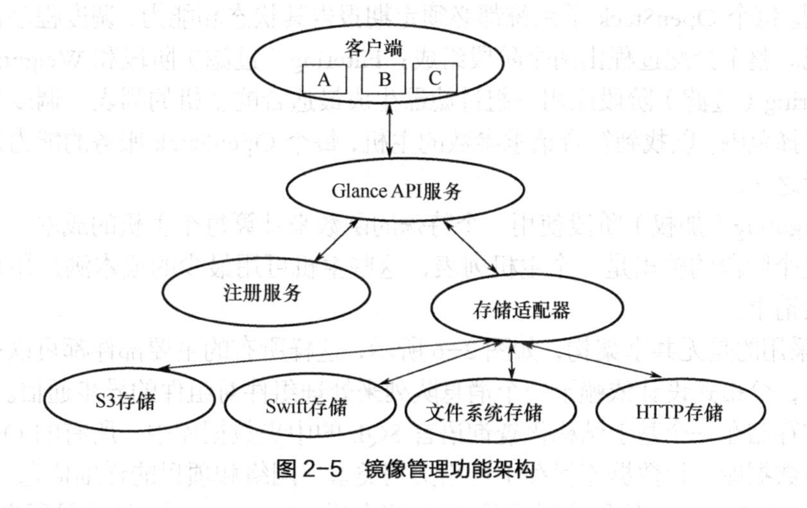

图 2-5 镜像管理功能架构

（1）API 接口服务 Glance-API：对外提供镜像接口服务，包括镜像的上传和下载、更改信息，以及虚拟机、云硬盘快照管理等接口服务；

（2）注册服务 Glance-Registry：存储镜像元数据信息，与数据库交互实现镜像基础信息存储；

（3）存储适配器 Store Adapter：存储镜像文件，提供多种存储适配，支持 S3 存储、Swift 存储以及文件系统等。

从 Glance 的功能架构图可以看出，API 接口服务调用注册服务和存储适配。在实际部署中，Glance-API 和 Glance-Registry 可以分离，所以 Glance-API 接口服务访问 Glance-Registry 注册服务需要通过远程 HTTP 方式访问，而接口服务与存储适配是通过本地接口调用实现的。

2.2.3 Nova

OpenStack Compute 是云计算系统的结构控制器，它的功能是根据用户需求提供计算服务，配置虚拟机规格，负责对虚拟机进行创建并管理虚拟机实例的整个生命周期。OpenStack Compute 这个名称指的是一个特定的项目，该项目也被称为 Nova，但与计算和运行计算相关的组件有两个：镜像管理 Glance 和计算管理 Nova。其中 Glance 包含可执行代码和操作环境的静态磁盘镜像，Nova 用以管理正在运行的虚拟机实例。

Nova 是基础架构服务核心，也是 OpenStack 家族中最复杂的组件，具有高度分散的性质和多个流程。Nova 与其他几个 OpenStack 服务都有一些接口：它使用 Keystone 来执行其身份验证，使用 Horizon 作为其管理接口，并用 Glance 提供其镜像。Nova 与 Glance 的交互最为密切，它需要下载镜像，以便通过镜像来创建虚拟机。虽然 Nova 本身不包括任何虚拟化软件，但它可以通过与虚拟化技术有关联的驱动程序来集成许多常见的虚拟机管理程序。

启动虚拟机实例涉及识别并指定虚拟硬件模板（在 OpenStack 中称为 Flavor）。模板描述被分配给虚拟机实例的计算（虚拟 CPU）、内存（RAM）和存储配置（硬盘）。OpenStack 的默认安装提供了五种模板，它们由管理员配置。

Nova 通过将执行分配给某个特定的计算节点（在 OpenStack 中称为主机）来调度被请求的实例。每个 OpenStack 子系统都必须定期报告其状态和能力，调度程序使用数据来优化其分配。整个分配过程由两个阶段组成：Filtering（过滤）阶段和 Weighting（加权）阶段。Filtering（过滤）阶段应用一组过滤器生成最适合的主机的列表。调度程序将会缩小主机的选择范围，以找到符合请求参数的主机，每个 OpenStack 服务的能力是影响选择的重要因素之一。

在 Weighting（加权）阶段使用一个特殊的函数来计算每个主机的成本，并对结果进行排序。这个阶段的输出是一个主机列表，这些主机可用最少的成本满足用户对给定数量的实例的请求。

Nova 采用的是无共享架构，如图 2-6 所示，这样所有的主要部件都可以在不同的服务器上运行，分布式设计依赖于一个消息队列来处理组件对组件的异步通信。Nova 将虚拟机的状态存储在一个基于结构化查询语言 SQL 的中央数据库中，所有的 OpenStack 组件都使用该数据库。该数据库保存了可用实例类型、网络和项目的详细信息。

OpenStack Compute 的用户界面是 Web 仪表板（Dashboard），这也是所有 OpenStack

模块的中央门户，为所有项目提供图形界面，并执行应用程序编程接口（API）来调用被请求的服务。

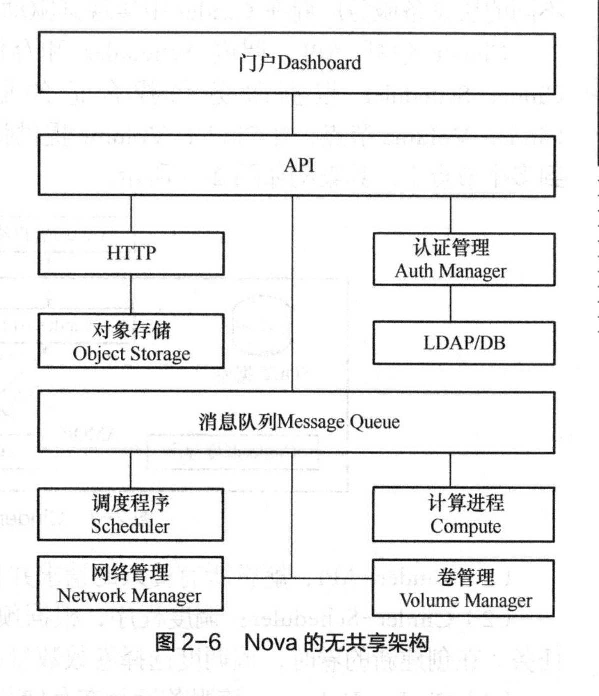

图 2-6　Nova 的无共享架构

Nova API 负责接收 HTTP 请求，处理命令，然后将任务通过消息队列或 HTTP（在使用对象存储的情况下）委派给其他组件。Nova API 支持 OpenStack Compute API、Amazon Elastic Compute Cloud（Amazon EC2）API，以及面向特权用户的 Admin API。

Authorization Manager 负责身份验证，每个 HTTP 请求都需要一个特定的身份验证凭据。它暴露了用户、项目和角色的 API 授权使用情况，并与 OpenStack Keystone 进行通信，以便获得详细信息。任何 OpenStack 组件都可以使用它进行身份验证。

Object Storage 是一个基于 HTTP 或基于对象的简单存储（如 Amazon Simple Storage Service），专门针对镜像，通常可以用 OpenStack Glance 取代它。

消息队列 Message Queue 是为 Nova 中的所有组件提供相互通信、相互协调的一种手段，是所有 Nova 组件都共享和更新的一个任务列表。Nova 的组件都在一个非阻塞的基于消息的架构上运行，只要它们使用了相同的消息队列服务，就可以在相同或不同的主机上运行。这些组件使用高级消息队列协议（Advanced Message Queuing Protocol，AMQP），以面向回调的方式进行交互。

Nova 有两个主要的守护进程：调度程序 Scheduler 和计算进程 Compute。调度程序 Scheduler 确定为虚拟机请求分配哪个计算主机。它采用了过滤和调度算法，并考虑多种参数，包括亲和性（与共置相关的工作负载）、反亲和性（分发工作负载）、可用区、核心 CPU 使用率、系统内存等。计算进程 Compute 是一个执行守护进程，用于管理虚拟机管理程序和虚拟机的通信。它从消息队列中检索其订单，并使用虚拟机管理程序的 API 执行虚拟机的创建和删除任务。计算进程还在中央数据库中更新其任务状态。

Network Manager 负责管理 IP 转发、网桥和虚拟局域网。它是一个守护进程，从消息队列读取与网络有关的任务。

Volume Manager 负责处理将持久存储的块存储卷附加到虚拟机，以及从虚拟机分离块存储卷（类似于 Amazon Elastic Block Store）。此功能现在已被分离到 OpenStack Cinder。

2.2.4　Cinder

在 OpenStack 的 Folsom 版本中，将之前 Nova 中的部分持久性块存储功能（Nova-Volume）分离了出来，独立为新的组件 Cinder。Cinder 的功能是实现块存储服务，根据实际需要快速为虚拟机提供块设备的创建、挂载、回收以及快照备份控制等。它并没有实现对块设备的管理和实际服务，而是为后端不同的存储结构提供了统一的接口，不同的块设备服务厂商在 Cinder 中实现其驱动支持，以与 OpenStack 进行整合。

Cinder 包括 API、调度 Scheduler 和存储适配 Cinder-Volume 三项服务，其中 Cinder-Scheduler 根据服务寻找合适的服务器 Cinder-Volume，发送消息到 Cinder-Volume 节点，由 Cinder-Volume 提供弹性云存储服务。Cinder-Volume 可以部署到多个节点上。其架构如图 2-7 所示。

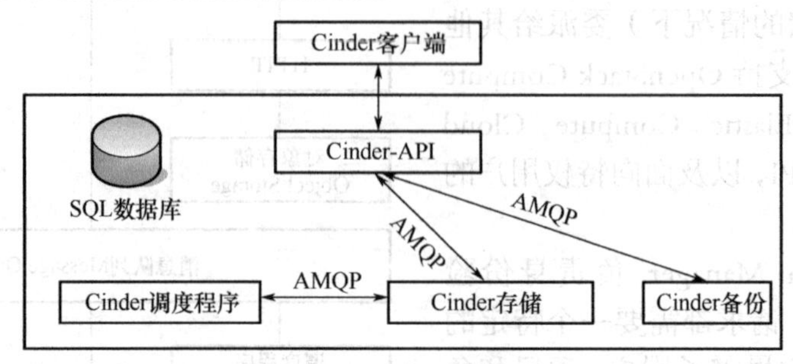

图 2-7 Cinder 的架构图

（1）Cinder-API：解析所有传入的请求并将它们转发给消息队列。

（2）Cinder-Scheduler：调度程序，根据预定策略选择合适的块存储服务节点来执行任务。在创建新的卷时，该调度选择卷数数量最少的一个活跃节点来创建卷。

（3）Cinder-Volume：该服务运行在存储节点上，负责管理存储空间，通过消息队列直接在块存储设备或软件上与其他进程交互。每个存储节点都有一个块存储服务，若干个这样的存储节点联合起来可以构成一个存储资源池。

Cinder 通过添加不同厂商的指定驱动来支持不同类型和型号的存储，目前能支持的商业存储设备有 EMC 和 IBM 的几款产品，也能通过 LVM 支持本地存储。对于本地存储，Cinder-Volume 使用 LVM 驱动，需要在主机上事先用 LVM 命令创建一个 Cinder-Volumes 的卷组，当该主机接收到创建卷请求的时候，Cinder-Volume 在该卷组上创建一个逻辑卷，并且用 OpeniSCSI 将这个卷当成一个 iSCSI TGT 输出。虽然从管理的角度来看可以解决存储共享的问题，但是这样的设计对于本地存储的管理会产生较大的性能损耗，因为和直接访问相比，通常 iSCSI 导出会增加 30%以上的 IO 延迟。从目前的实现来看，Cinder 对本地存储和 NAS 的支持比较好，可以提供完整的 Cinder API V2 支持，而对于其他类型的存储设备，Cinder 的支持会受到一些限制。

2.2.5 Neutron/Quantum

OpenStack Networking 管理其他 OpenStack 项目之间的连接性。要在计算节点之间建立连接并访问外部网络，可以利用现有的网络基础架构来分配 IP 地址并在节点之间传输数据。但在多租户环境中，已有的网络管理系统无法高效安全地在用户之间隔离流量，这是构建公有云和私有云时面临的一个巨大的问题。

OpenStack 解决此问题的一种方式是，构建一个详尽的网络管理堆栈，用以处理所有网络相关请求。此方法面临的挑战是，每个实现都可能拥有一组独特的需求，包括与其他各种工具和软件的集成。OpenStack 为此采取了创建抽象层的方法，这个抽象层被称为 OpenStack Networking，可容纳大量与其他网络服务集成的插件。它为云租户提供了一个应用编程接口（API），租户可使用它配置灵活的策略和构建复杂的网络拓扑结构，例如用它来支持多级 Web 应用程序。

OpenStack Networking 支持使用第三方插件来引入高级网络功能，例如 L2-in-L3 隧道和端到端的服务质量支持。它们还可以创建网络服务，例如负载平衡、虚拟专用网或插入 OpenStack 租户网络中的防火墙。

在 OpenStack 的早期版本中，网络组件位于 OpenStack Nova （Compute）项目中。之后大部分组件被拆分为一个单独项目，最初称为 Quantum，后来重命名为 Neutron，以避免与公司 Quantum Corporation 的任何商标混淆。所以，在 OpenStack Networking 参考资料中经常会同时出现名称 Nova、Quantum 和 Neutron，这三个术语都与描述 OpenStack 的网络服务有关。

（1）模型。

OpenStack Networking API 基于一个简单的模型（包含虚拟网络、子网和端口抽象）来描述网络资源。网络是一个隔离的 2 层网段，类似于物理网络中的虚拟 LAN（VLAN）。具体来讲，它是为租户而保留的一个广播域，或者被显式地配置为共享网段。端口和子网始终被分配给某个特定的网络。子网是一组 IPv4 或 IPv6 地址以及与其有关联的配置。它是一个地址池，OpenStack 可以从地址池中为虚拟机（VM）分配 IP 地址。每个子网被指定为一个无类别域间路由（Classless Inter-Domain Routing，CIDR）范围，必须与一个网络相关联。除了子网之外，租户还可以指定一个网关、一个域名系统（DNS）服务器列表以及一组主机路由。这个子网上的 VM 实例随后会自动继承该配置。

端口是一个虚拟交换机连接点，一个 VM 实例可通过此端口将它的网络适配器附加到一个虚拟网络。在创建之后，一个端口可以从指定的子网收到一个固定 IP 地址，API 用户可以从地址池请求一个特定的地址，或者由 Neutron 分配一个可用的 IP 地址。在取消分端口后，所有已分配的 IP 地址都会被释放并返回到地址池。OpenStack 还可以定义接口使用的媒体访问控制地址。

（2）插件。

最初的 OpenStack Compute 网络实现采用一种基本模型，通过 Linux VLAN 和 IP 表执行所有隔离操作。OpenStack Networking 引入了插件的概念，插件是 OpenStack Networking API 的一种后端实现，可使用各种不同的技术来实现逻辑 API 请求。插件架构使云管理员可以非常灵活地自定义网络的功能。第三方可通过 API 扩展提供额外的 API 功能，这些功能最终会成为核心 OpenStack Networking API 的一部分。

Neutron API 向用户和其他服务公开虚拟网络服务接口，但这些网络服务的实现位于一个插件中，插件向租户和地址管理等其他服务提供隔离的虚拟网络。任何人都能够通过 Internet 访问 API 网络，而且该网络实际上可能是外部网络的一个子网。Neutron API 公开了一个网络连接模型，其中包含网络、子网和端口，但它并不实际执行工作，Neutron 插件负责与底层基础架构交互，以便依据逻辑模型来传送流量。

一些 OpenStack Networking 插件可能使用基本的 Linux VLAN 和 IP 表，这些插件对于小型和简单的网络通常已经足够，但更大型的客户可能拥有更复杂的需求，涉及多级 Web 应用程序和多个私有网络之间的内部隔离。例如，需要自己的 IP 地址模式（这可能与其他租户使用的地址重复），用来允许应用程序在无须更改 IP 地址的情况下迁移到云中。在这些情况下，就需要采用更高级的技术，比如 L2-in-L3 隧道或 OpenFlow。

现在 Network 组件已有大量包含不同功能和性能参数的插件，而且插件数量仍在增长。目前包含的插件有：Open vSwitch、Cisco UCS/Nexus、Linux Bridge、Nicira Network

Virtualization Platform、Ryu OpenFlow Controller、NEC OpenFlow。云管理员可自行选择插件，他们可评估各个选项并根据具体的安装需求进行调整。

（3）架构。

Neutron 的系统架构及内部组成如图 2-8 所示。

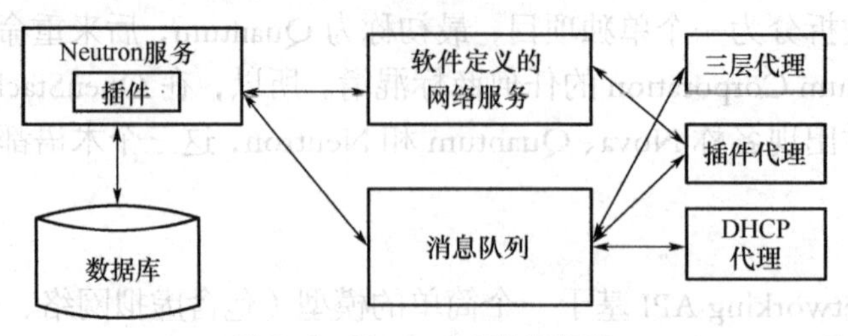

图 2-8 Neutron 系统架构图

Neutron Server 包含守护进程 neutron-server 和各种插件 neutron-*-plugin，它们既可以安装在控制节点也可以安装在网络节点。neutron-server 提供 API 接口，并把对 API 的调用请求传给已经配置好的插件进行后续处理。插件需要访问数据库来维护各种配置数据和对应关系，例如路由器、网络、子网、端口、浮动 IP 和安全组等。

OpenStack Networking 包含三个代理，它们通过消息队列或标准 OpenStack Networking API 与主要 Neutron 进程进行交互。这三个代理分别是 DHCP 代理 neutron-dhcp-agent、三层代理 neutron-l3-agent 和插件代理 neutron-*-agent。DHCP 代理向所有租户网络提供动态主机配置协议（Dynamic Host Configuration Protocol，DHCP）服务；三层代理执行 L3/网络地址转换（Network Address Translation）转发，以支持访问租户网络上的 VM；插件代理是一个特定于插件的可选代理（neutron-*-agent），在每个虚拟机管理程序上执行本地虚拟交换机配置。一般来说每一个插件都有对应的代理，选择了什么样的插件，就需要选择对应的代理。

OpenStack Networking 与其他 OpenStack 组件之间的交互方式是：OpenStack Dashboard（Horizon）提供图形用户界面，以便管理员和用户能够访问创建和管理网络服务的功能。这些服务也依照 OpenStack Identity（Keystone）对所有 API 请求执行身份验证和授权。当 Nova 启动了一个虚拟机实例时，Nova 服务会与 OpenStack Networking 通信，将每个虚拟网络接口接入到一个特定的端口中。

2.2.6 Swift

Swift 是 OpenStack 开源云计算项目的子项目之一，它并不是文件系统或者实时的数据存储系统，它称为对象存储，主要用于永久类型的静态数据的长期存储，这些数据可以检索、调整或更新。Swift 前身是 Rackspace Cloud Files 项目，随着 Rackspace 加入到 OpenStack 社区，其于 2010 年 7 月贡献给 OpenStack，作为该开源项目的一部分。

Swift 具有极高的数据持久性（Durability）和很强的可扩展性，这里的可扩展性表现在两方面，一是数据存储容量的扩展，二是 Swift 性能的线性提升（如每秒查询率 QPS、吞吐量等）。由于通信方式采用非阻塞式 I/O 模式，所以极大地提高了系统吞吐和响应能力。

Swift 采用完全对称、面向资源的分布式系统架构设计，所有组件都可以扩展，并且整个 Swift 群集中没有一个角色是单点的，能够有效地避免因单点失效而扩散并影响整个系统运转。对称架构意味着 Swift 中各节点可以完全对等，能极大地降低系统维护成本，并且易于扩容，只需简单地新增机器，系统便会自动完成数据迁移等工作，使各存储节点重新达到平衡状态。Swift 的元数据存储是完全均匀随机分布的，并且与对象文件存储一样，元数据也会存储多份，在架构和设计上保证了元数据信息的可靠存储。

Swift 的物理架构如图 2-9 所示，主要有三个组成部分：Proxy Server、Storage Server 和 Consistency Server。其中 Storage 和 Consistency 服务均允许部署在 Storage Node 上。为了统一 OpenStack 各个项目间的认证管理，认证服务目前使用 OpenStack 的认证服务 Keystone。

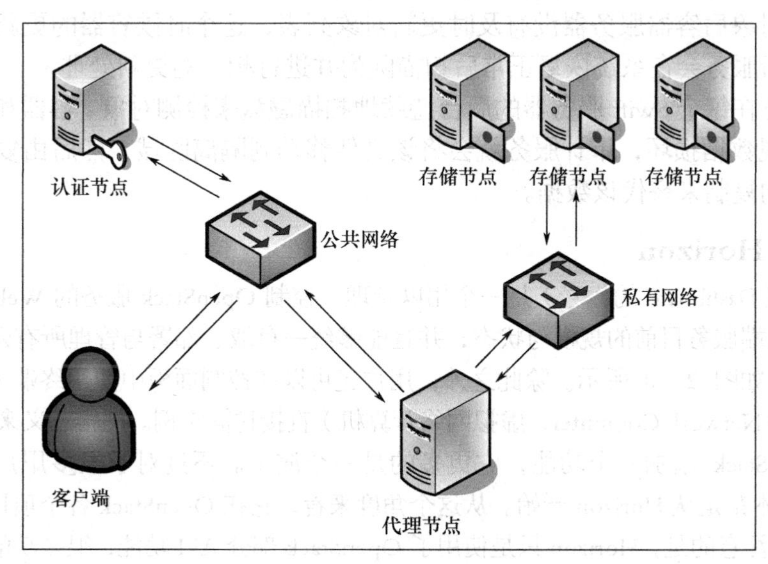

图 2-9　Swift 物理架构

（1）Proxy Server（代理服务）：用于对外提供对象服务 API，负责 Swift 其余组件间的相互通信，会根据环（Ring）的信息来查找服务地址，并转发用户请求至相应的账户、容器或者对象服务。由于采用无状态的 REST 请求协议，所以可以进行横向扩展来均衡负载。Proxy Server 也负责处理大量的失败，比如一个服务器不可用，它就会要求环为它寻找下一个接替的服务器，并把请求转发到那里。

（2）Storage Server（存储服务）：提供了磁盘设备上的存储服务。在 Swift 中有三类存储服务：对象服务（Object Server）、容器服务（Container Server）和账户服务（Account Server）。

其中对象服务（Object Server）提供对象元数据和内容服务，每个对象的内容会以文件的形式存储在文件系统中，元数据会作为文件属性来存储，一般采用支持扩展属性的 XFS 文件系统。

容器服务（Container Server）提供容器元数据和统计信息，并维护所含对象列表的服务，每个容器的信息存储在一个 SQLite 数据库中。

账户服务（Account Server）提供账户元数据和统计信息，并维护所含容器列表的服务，每个账户的信息也被存储在一个 SQLite 数据库中。

（3）Consistency Server：用于查找并解决由数据损坏和硬件故障引起的错误。主要有三项服务：审计服务（Auditor）、更新服务（Updater）和复制服务（Replicator）。

审计服务（Auditor）主要检查对象、容器和账户的完整性，如果发现比特级的错误，那么文件将被隔离，并复制其他副本以覆盖本地损坏的副本，其他类型的错误会被记录到日志中。

复制服务（Replicator）用以检测本地分区副本和远程副本是否一致，具体是通过对比散列文件和高级水印来完成，发现不一致时会采用推式（Push）更新远程副本，另外一个任务是确保被标记删除的对象从文件系统中移除。

更新服务（Updater）主要负责更新处理，当对象由于高负载的原因而无法立即更新时，任务将会被序列化到本地文件系统中进行排队，以便服务恢复后进行异步更新。例如成功创建对象后容器服务器没有及时更新对象列表，这个时候容器的更新操作就会进行排队，更新服务会在系统恢复正常后扫描队列并进行相应的更新处理。

审计服务在每个 Swift 服务器的后台持续地扫描磁盘来检测对象、容器和账号的完整性。如果发现数据损坏，审计服务就会将该文件移动到隔离区域，然后由复制服务负责用一个完好的复制来替代该数据。

2.2.7 Horizon

Horizon（Dashboard 的代号）是一个用以管理、控制 OpenStack 服务的 Web 控制面板，它可以综观云端服务目前的规模与状态，并且能够统一存取、部署与管理所有云端服务所使用到的资源，如图 2-10 所示。除此之外，用户还可以在控制面板中使用终端（console）或 VNC（Virtual Network Computer，虚拟网络计算机）直接访问实例。严格意义来说，Horizon 不会为 OpenStack 增加一个功能，它更多的是一个演示。不过对于很多用户来说，了解 OpenStack 基本都是从 Horizon 开始。从这个角度来看，它在 OpenStack 各个项目里，显得非常重要。需要注意的是，Horizon 只是使用了 OpenStack 部分 API 功能，很多功能可以根据个人的需求去实现。

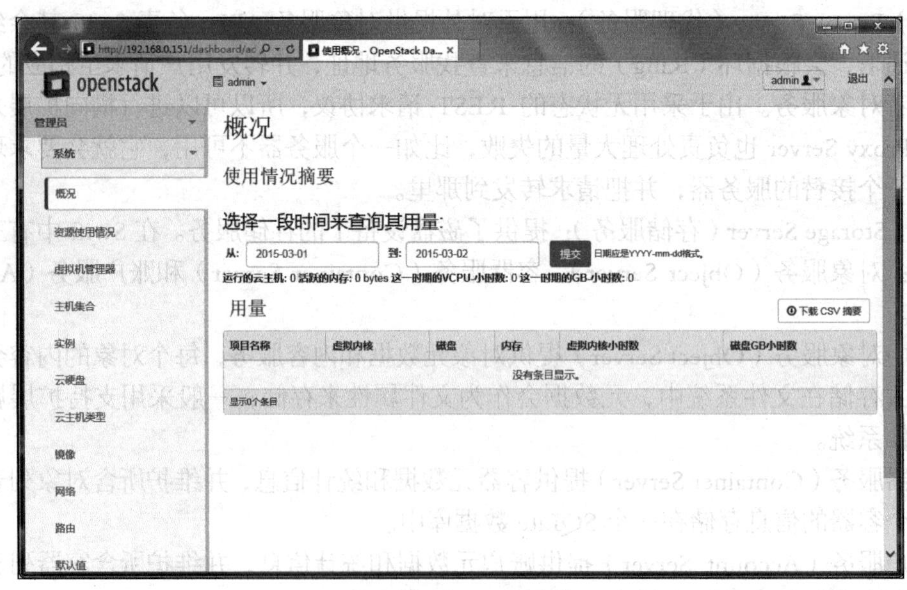

图 2-10 Horizon 界面

Horizon 具有以下功能。

（1）实例管理：创建、终止实例，查看终端日志，VNC 连接，添加卷等。

（2）访问与安全管理：创建安全群组，管理密匙对，设置浮动 IP 等。

（3）偏好设定：对虚拟硬件模板可以进行不同偏好设定。

（4）镜像管理：编辑或删除镜像。

（5）查看服务目录。

（6）管理用户、配额及项目用途。

（7）用户管理：创建用户等。

（8）卷管理：创建卷和快照。

（9）对象存储处理：创建、删除容器和对象。

（10）为项目下载环境变量。

Horizon 套件是个可扩展的网页式 App。它可以整合第三方的服务或是产品，如计费、监控或是额外的管理工具。

2.3 OpenStack 应用

2.3.1 OpenStack+KVM

目前 IaaS 的实现有各种开源的和商业的云方案，常用的开源 IaaS 云平台有：Eucalyptus、OpenNebula、CloudStack 和 OpenStack。本节主要介绍以 OpenStack 和 KVM 为主的云平台。

云计算中的核心技术是虚拟化，可以说虚拟化是云计算区别于传统计算模式的重要特点。正是由于虚拟化技术的成熟和广泛应用，云计算中的计算、存储、应用和服务都变成了资源，这些资源可以被动态扩展和配置，云计算最终才能在逻辑上以单一整体的形式呈现。

KVM 是一个集成到 Linux 内核的 Hypervisor，很明显，宿主操作系统必须是 Linux，支持的客户机操作系统包括 Linux、Windows、Solaris 和 BSD，运行在支持虚拟化扩展的 x86 和 x86_64 硬件架构上，这意味着 KVM 不能运行在老式 CPU 上，新 CPU 如果不支持虚拟化扩展也不能运行（如英特尔的 Atom 处理器）。在大多数情况下，对于数据中心来说，这些限制都不是问题，因为每隔几年硬件都会升级换代。KVM 作为一个轻量级的虚拟化管理程序模块，利用 Linux 做大量 Hypervisor 能做的事情，如任务调度、内存管理与硬件设备交互等。KVM 具有高性能、高扩展与高安全性特点，适合运行 Linux 或 Windows 的环境，在异构环境也能很好地进行管理，而在虚拟化桌面方面，可以提供可靠的可扩展的镜像服务器。

KVM 有以下特点。

（1）KVM 和 Linux 内核高度集成，可以在内核内部进行部署，这样可以容易控制虚拟化进程。

（2）KVM 更加灵活：由操作系统直接和整合到 Linux 内核中的虚拟化管理程序交互，所以在任何情况下虚拟机都是直接与底层的硬件进行交互，不用修改虚拟机的系统，这是 KVM 在虚拟机运行方面的优势。

（3）KVM 逐渐得到更广泛的支持：如之前支持 Xen 的厂商也在改变风向，业内知名 Linux 厂商红帽在 Red Hat Enterprise Linux 5（RHEL 5）时还采用的是 Xen Hypervisor，在 RHEL 6 中就移除了所有 Xen 相关组件，只用 KVM，并且提供 Xen 到 KVM 虚拟机迁移工具。另一家 Linux 厂商 Ubuntu 则明确表示选择 KVM 作为其 Hypervisor。

由于以上特点，使用 KVM 作为虚拟化软件，并且结合 OpenStack 部署，不需要特别配置，可以降低云平台部署的难度。

由图 2-11 可知，该私有云平台的构建可以分为三层，分别为基础设施层、云中间件层和云门户层。其中云门户层分为用户访问界面和用户访问接口，用户访问界面以 Web 界面的形式展示给用户，让普通用户可以方便进行私有云平台的使用，用户访问接口则是调用 API 来完成相关操作，一般用于功能扩展或高级用户操作。云中间件层包括资源监测、资源预测、虚拟资源自适应、安全管理、用户管理和云存储这几个模块，通过云中间件的开发，用户可以使用 OpenStack 云平台未提供的功能，满足当前业务需求。最底层是基础设施层，主要包括物理资源和虚拟资源，通过 KVM 和 OpenStack 在物理资源上的部署，为上层提供虚拟化的服务器、网络等虚拟资源。

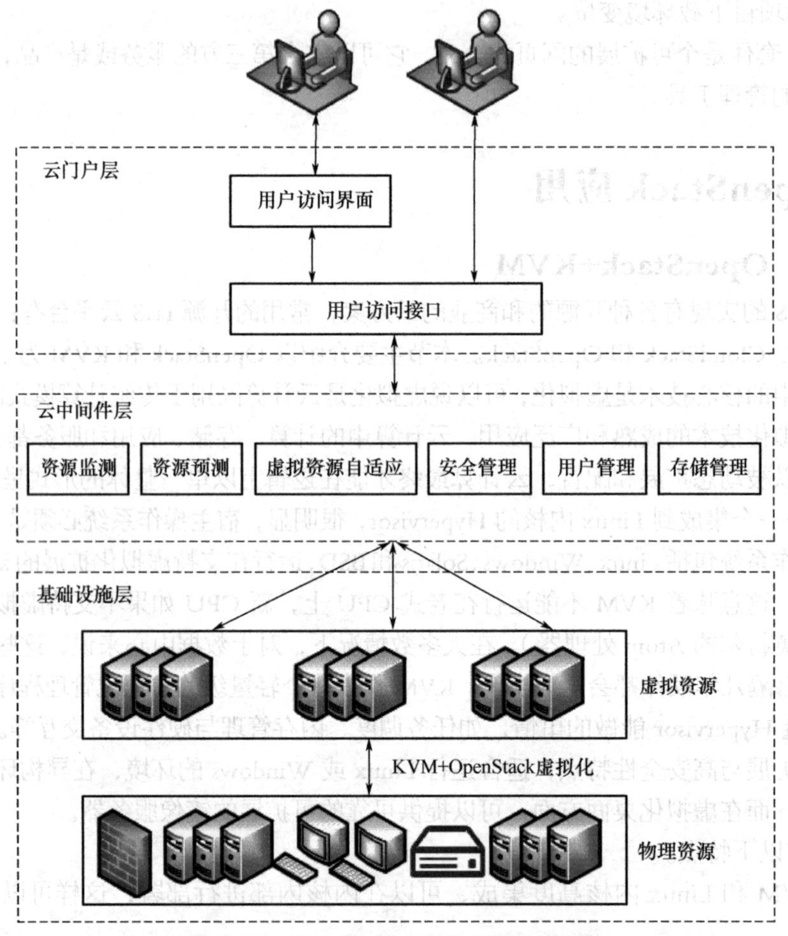

图 2-11　OpenStack+KVM 云平台架构图

使用 KVM 作为虚拟化软件，构建基于 OpenStack 的云平台，云平台的体系结构如图 2-12 所示。

其中，最底层是资源层，主要包括服务器、存储、网络等物理资源。虚拟化层主要包括 KVM 虚拟化技术和 OpenStack 云平台，KVM 虚拟化技术将资源层的物理资源进行虚拟化，并利用 OpenStack 构建出云平台，通过将下层的物理资源虚拟化并整合，向上层提供虚拟机服务。管理层主要包括虚拟机监控、虚拟资源自适应、身份认证和镜像管理，通过对虚拟化层提供的虚拟机进行监控，并结合虚拟资源自适应模型进行调度，为上层用户提供可以进行自适应伸缩的虚拟群集，开层部署等服务。服务层主要包括部署服务、计算服务、存储服务和认证服务，用户在使用中用到的服务不止这些，此处仅列举出常用的几个服务。最上层是用户层，用户层分 Dashboard 用户和 OpenStack APIs 用户，Dashboard 用户是指通过 Dashboard 提供的 Web-based 用户界面进行启动实例、分配 IP 地址等操作，OpenStack APIs 用户则是通过 OpenStack 的 API 直接对云平台进行相关的操作。

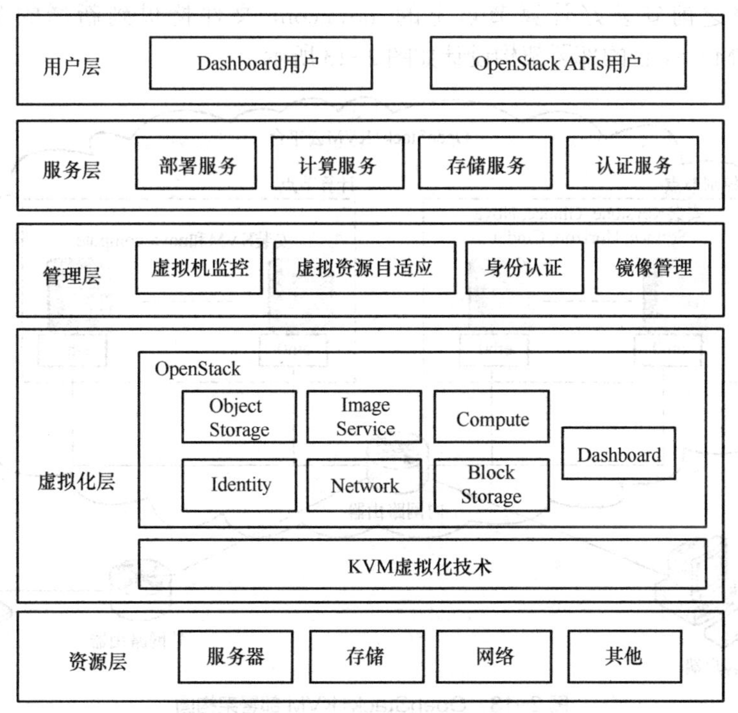

图 2-12 云平台体系结构图

OpenStack 可以有多种部署方式，根据节点数的不同，有以下几种部署架构。

单节点：网络控制器（运行 nova-network）与计算（运行 nova-compute，或者更确切地说，运行虚拟机实例）部署在一个主机。这样就不需要控制节点与计算节点之间的通信，也就少了很多网络概念，这也是入门者常用的方式。

双节点：一个 cloud controller 节点运行除 nova-compute 外的所有 nova-service，compute 节点运行 nova-compute。这种配置主要用于概念和开发环境的证明。

多节点：在两节点的基础上，添加更多的 compute 节点，也可以将 cloud controller 节点中的 network controller 和 volume controller 分离出来，分别增加一个 volume controller 和一个 network controller 作为额外的节点。对于运行多个需要大量处理能力的虚拟机实例，至少有 4 个节点是最好的。由于网络控制器与计算节点分别在不同主机，普通部署方式下（不是 multi_host），只有 nova-network 控制网络，而它仅仅在控制节点运行。因此，所有计算节点的实例都需要通过控制节点来与外网通信。

根据网卡数的不同，可以分为单网卡和双网卡。双网卡时，一个网卡作为 public 网络的接口使用，另一个作为 flat 网络的接口使用。单网卡时，这一个网卡需要作为 public 网络的接口使用，同时也需要作为 flat 网络的接口，因此需要处于混杂模式。不过建立的网络与双网卡类似，都分为 flat 网络和 public 网络。使用单网卡，需要在 nova.conf 中使 public_interface 和 flat_interface 都为 eth0。

使用单块网卡，不只是可以降低成本，而且还可以减少系统的复杂性，布线等。比如Facebook 机房的机器，都是单块网卡，这是比较值得思考和借鉴的地方。

实验案例可以采用单网卡多节点的方式部署，控制节点安装部署除 nova-compute 以外的所有 OpenStack 组件，所有计算节点都安装 nova-compute 组件。当需要添加新的计算节点到云平台时，将之前安装好计算节点上的 nova.conf 文件拷贝到新增的节点上即可。OpenStack+KVM 云平台的部署架构设计如图 2-13 所示。

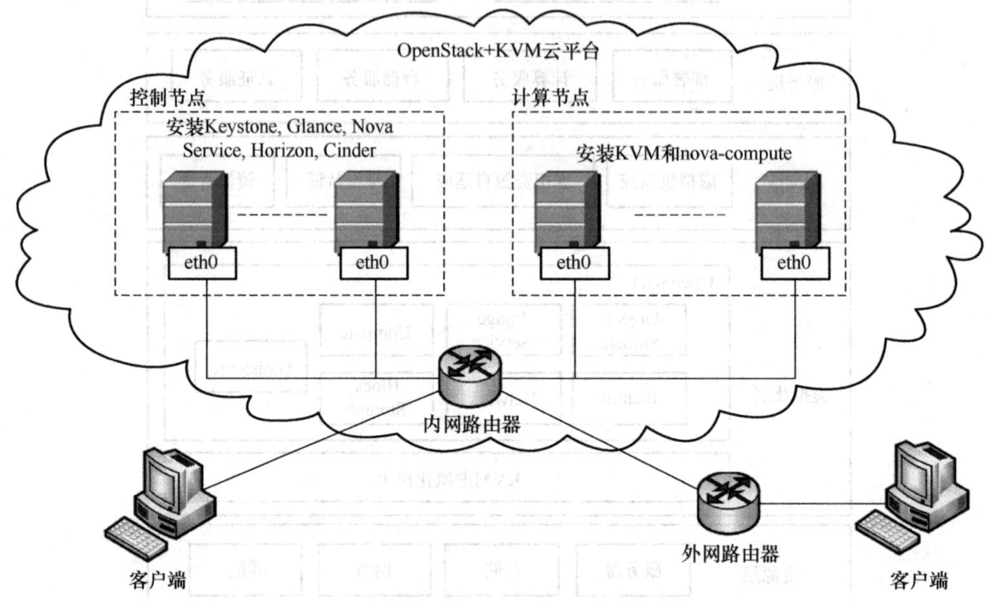

图 2-13　OpenStack+KVM 部署架构图

2.3.2　OpenStack+Docker

Docker 是 PaaS 提供商 dotCloud 开源的一个基于 LXC（Linux Container）的应用容器引擎，让开发者可以将应用程序、依赖的运行库文件打包并移植到一个新的容器中，然后发布到任何系统为 Linux 的机器上，也可以实现虚拟化解决方案，LOGO 如图 2-14 所示。容器是完全沙箱机制的实现方式，任意容器之间不会有任何接口，具有安全访问资源的特性，而且容器的运行资源开销小，可以很容易地在机器和数据中心中运行。最重要的是 Docker 容器不依赖于任何特定需求实现的编程语言、编程框架或已打包的系统。

图 2-14　Docker 的 LOGO

Docker 扩展了 LXC 特性并使用高层的 API，提供轻量级虚拟化解决方案来实现所有容器间的隔离机制。Docker 相对于全虚拟化和半虚拟化技术而言，是基于操作系统级别的轻量级虚拟化技术，而且其底层所依赖的 LXC 技术完全属于内核特性，与 VM（virtual machine）相比不需要对硬件进行仿真就可以共享宿主机所使用的系统内核，没有任何中间层资源的开销，对于资源的利用率非常高且接近物理机的性能，并且使用联合文件系统（Another Union File System，AUFS）和 LXC 技术进行虚拟化的实现。

Docker 容器采用图 2-15 所示的客户端与服务器（Client-Server）的架构模式。Docker 服务端会处理复杂的操作任务，例如创建（pull）、运行（run）、保存（commit）Docker 容器等；Docker 客户端则作为服务端的远程控制器，可以用来连接并控制 Docker 的服务端进程。一般情况下，Docker 客户端和守护进程可以运行在同一个宿主机的系统上，也可以使用 Docker 客户端连接一个远程的 Docker 守护进程。Docker Daemon 和 Docker Client 之间可以通过 RESTful API 或者 socket 进行进程间通信。

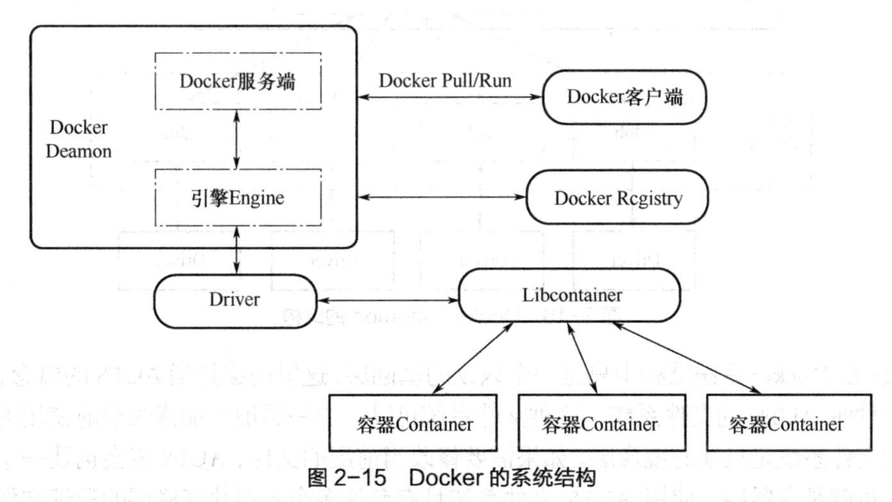

图 2-15 Docker 的系统结构

Docker Registry 是存储容器镜像的管理仓库，而容器镜像是在容器被创建时，被用来加载并初始化容器的文件系统与目录。在容器的运行过程中，Docker Daemon 会与 Docker Registry 进行进程间通信，具有搜索镜像、下载镜像、上传镜像等基本功能。

在 Docker 系统结构中，可以使用公有的 Docker Registry，即 Docker Hub。Docker 获取公有的容器镜像文件时，必须通过互联网访问共有的管理仓库；也允许用户构建本地私有的 Docker Registry，这样可以保证容器镜像可以在本地网络获得。

Docker 容器（Docker container）是 Docker 系统结构中服务交付的最终体现方式。通过 Docker 的需求与下发的命令，订制相应的服务并运行容器：指定容器镜像，Docker 容器可以自定义 rootfs 等文件系统；指定计算资源的配额，Docker 容器只能使用指定范围内的资源；配置网络参数及其安全策略模式，容器具有安全且相互独立运行的网络运行环境；指定运行的命令参数，使得 Docker 容器可以执行所需的服务进程。

Docker Daemon 的结构如图 2-16 所示，可以分为三部分：Docker Server、Engine 和 Job。Docker Daemon 是服务端中一个常驻留在后台的守护服务进程，该守护进程在后台启动了一个 Server 进程，其工作职责是接受客户端发送的请求；在 Engine 模块中根据客户端的请求类型，Server 通过路由与分发调度机制，找到相应的 job 来处理客户端的请求。Engine 是系统结构中的运行引擎，同时也是容器运行的核心模块，通过创建 job 的方式来操纵管理所有客户端发送的请求。

Libcontainer 是 Docker 系统结构中使用 Go 编程语言实现的库，其设计目标是希望不依靠任何其他库文件，可以直接访问内核中与容器相关的 API。由 Docker 可以直接调用 Libcontainer 库文件，从而直接操纵容器的 namespace、cgroups、apparmor、网络设备以及防火墙规则等。

Docker 需要解决的核心问题是利用 LXC 来实现类似于虚拟机的功能，从而使用更加节省的硬件资源来给用户提供更多的可利用的资源。与 VM 的工作原理不同的是 LXC 并不是一套基于硬件虚拟化的方法，也就是无法归类到半虚拟化、部分虚拟化或者全虚拟化中的任意一个范畴，而是一个基于系统级的虚拟化方法。

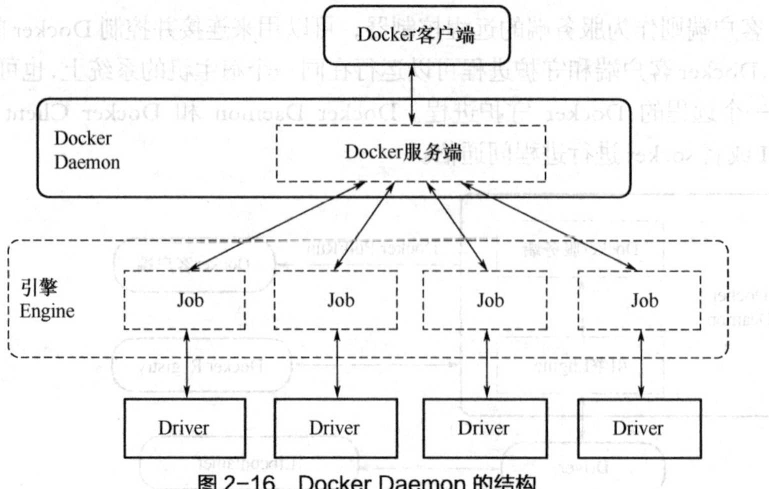

图 2-16　Docker Daemon 的结构

Image 在 Docker 系统结构中只是一个只读的基础层，这里的层是指 AUFS 的概念，Docker 使用了一种叫 AUFS 的文件系统，这种文件系统可以一层一层地叠加修改当前使用的文件，最底下的文件系统是只读的镜像层，如果需要修改当前层的文件，AUFS 将会创建一个可读可写的层，也就是容器层。使用 AUFS 文件系统具有允许多个容器共享底层的只读文件系统，但可以同时启动多个可运行的容器。

Docker 可以运行在 64 位 Linux 发行版以及苹果和微软系统上，但后两者只能使用虚拟机作为宿主机。所有的可运行的容器运行在宿主机系统的内核之上，但是锁定在自己的运行环境中，与主机以及其他容器的运行环境是隔离的。

Docker 底层的两个核心技术分别是 Namespaces 和 Cgroups（Control groups），并且使用了一系列 Linux 内核提供的特性来实现容器的基本功能，包含命名空间、群组控制、联合文件系统以及 LXC 等特性。

（1）命名空间（Namespaces）。

命名空间的作用是为容器提供进程间隔离的技术，每个容器都有独立的运行空间，比如 pid，net，mnt，uts，ipc 等命名空间，以及为每个容器提供不同的主机名。命名空间可以保证不同的容器之间不会相互干扰，每个容器都像是一个独立空间且有可使用的系统。利用命名空间提供了一个隔离层，每一个应用服务都是在它们自己的命名空间中运行而且不会访问到命名空间之外的资源。

（2）群组控制（Cgroups）。

Docker 使用到了群组控制技术来管理可利用的资源，其主要具有对共享资源的分配、限制、审计及管理等功能，例如可以为每个容器分配固定的 CPU、内存以及 I/O 等资源。群组控制特性使得容器能在物理机上互不干扰地运行，并且平等使用物理资源。

（3）联合文件系统（AUFS）。

联合文件系统是一个分层的轻量级且高性能的文件系统，Docker 使用该文件系统叠加分层的构造容器。

Docker 可以使用很多种类的文件系统，包括 AUFS，btrfs，vfs 以及 DeviceMapper 等。正是具有构建 Docker 镜像基础的 AUFS 文件系统，将具有不同文件系统结构的镜像层进行叠加挂载，让它们看上去就像是一个文件系统。

（4）LXC（Linux Container）。

LXC目标是提供一个共享宿主机内核的系统级虚拟化方法，在运行时不用重复加载系统内核，并且具有很多的容器共享主机一个内核的优势，因此可以提高容器的启动速度，并且大大减少占用主机的物理资源。

图2-17给出Docker在OpenStack云平台中的应用，可以通过在Nova模块中以driver的形式，把Docker容器当作虚拟机来使用。在OpenStack云平台环境中可以调用LibvirtAPI或者DockerAPI来创建虚机，可以为租户提供进程服务的容器。

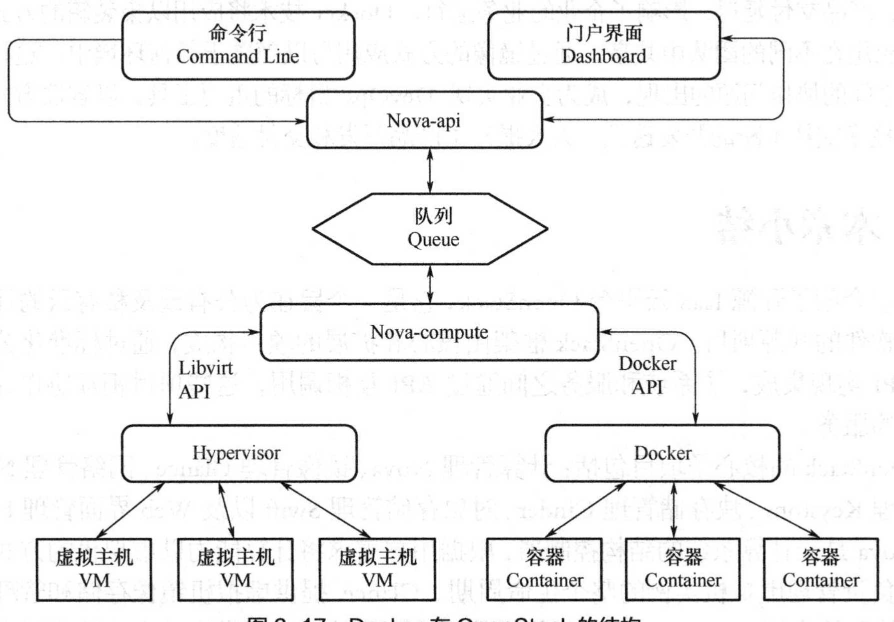

图2-17　Docker在OpenStack的结构

如图2-18所示，作为基于LXC技术构建的应用程序容器，Docker Container与普通虚拟机Image相比，最大的区别是它并不包含操作系统内核。普通虚拟机将整个操作系统运行在虚拟的硬件平台上，进而提供完整运行环境供应用程序运行，而Docker则直接在宿主平台上加载运行应用程序。本质上，Docker在底层使用LXC启动一个Linux Container，通过Cgroups等机制对不同的Container内运行的应用程序进行隔离、权限管理和quota分配等。每个Container拥有独立的命名空间，包括：PID进程、MNT文件系统、NET网络、IPC、UTS主机名等。由于Docker通过操作系统层虚拟化实现隔离，所以Docker容器在运行时，不需要类似虚拟机（VM）额外操作系统开销，提高资源利用率，并且提升IO等方面的性能。

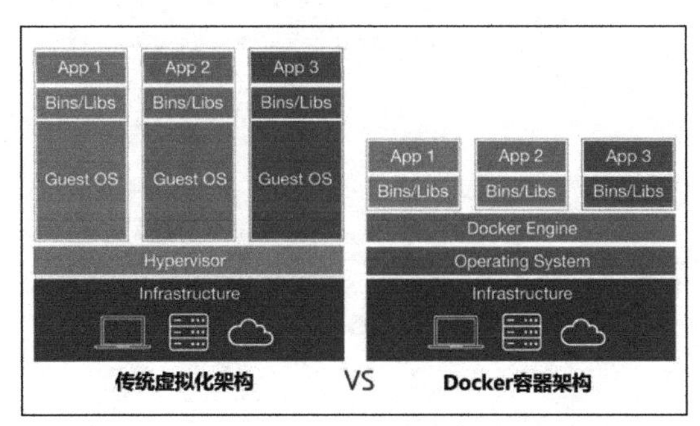

图2-18　Docker容器架构和传统虚拟化架构对比

云计算、大数据，移动技术的快速发展，加之企业业务需求的不断变化，导致企业架构要随时更改以适合业务需求，跟上技术更新的步伐。毫无疑问，这些重担都将压在企业开发人员身上；团队之间如何高效协调，快速交付产品，快速部署应用，以及满足企业业务需求，是开发人员亟须解决的问题。Docker 技术恰好可以帮助开发人员解决这些问题。

为了解决开发人员和运维人员之间的协作关系，加快应用交付速度，越来越多的企业引入了 DevOps（development & operations）这一概念。但是传统的开发过程中，开发、测试、运维是三个独立运作的团队，团队之间沟通不畅，开发运维之间冲突时有发生，导致协作效率低下，产品交付延迟，影响了企业的业务运行。Docker 技术将应用以集装箱的方式打包交付，使应用在不同的团队中共享，通过镜像的方式应用可以部署于任何环境中。这样避免了各团队之间的协作问题的出现，成为企业实现 DevOps 目标的重要工具。以容器方式交付的 Docker 技术支持不断的开发迭代，大大提升了产品开发和交付速度。

2.4 本章小结

本章介绍了开源 IaaS 云平台 OpenStack，它是一个旨在为公有云及私有云的建设与管理提供软件的开源项目。OpenStack 框架由核心和扩展的项目构成，通过标准化公用服务接口 API 实现集成，子系统和服务之间通过 API 互相调用，这些项目相互协作为用户提供特定的服务。

OpenStack 的核心子项目包括：计算管理 Nova、镜像管理 Glance、网络管理 Neutron、认证管理 Keystone、块存储管理 Cinder、对象存储管理 Swift 以及 Web 界面管理 Horizon。其中 Nova 是云计算系统的结构控制器，根据用户需求将计算能力以虚拟机的方式提供给用户，负责管理虚拟机实例的整个生命周期。Glance 提供虚拟机镜像存储和管理，如查询、存储和检索等。Neutron 实现虚拟机的网络资源管理，提供比较完善的多租户环境下的虚拟网络模型。Keystone 为 OpenStack 所有的系统提供统一的授权和身份验证服务。Cinder 实现块存储服务，根据实际需要快速为虚拟机提供块设备的创建、挂载、回收以及快照备份控制等。Swift 主要用于永久类型的静态数据的长期存储，这些数据可以检索、调整或更新。Horizon 是基于 OpenStack API 接口开发的 Web 呈现，是用户使用云平台的界面。并介绍了 OpenStack 云平台的两种典型的应用。

PART 3

第3章 CloudStack云平台

3.1 CloudStack概述

3.1.1 CloudStack的历史与发展

CloudStack始于Cloud.com，其目标是使服务供应商和企业创建、运营其能力类似于亚马逊公司的公有云、私有云。2012年Cloud.com提供了基于GPLv3的社区版本，供用户免费下载，并随后发布了两个支持版本。

思杰（Citrix）公司在2011年7月收购了Cloud.com。思杰公司是OpenStack社区早期成员之一，但在2012年决定离开OpenStack社区。据媒体报道，做出这一决定是因为思杰公司认为，最初由Cloud.com提供的代码相比OpenStack更稳定，可为用户提供更多的功能。

2012年4月，思杰公司提交了Cloud.com的代码给Apache软件基金会，现在在Apache基金会的Apache 2.0许可证下进行代码开发，思杰公司将继续提供版本支持及解决方案支持。由于过渡到了Apache，其他厂商也纷纷加入到了开发队伍，增加功能和增强核心软件。还有一点不同的是，OpenStack的基金会中会有供应商的名单，不同于CloudStack的发布者名单。因为Apache基金会负责了大量的项目，而Apache项目成员均以个人名义被列入，而不是他们所代表的公司。

在Apache项目中，由感兴趣的公司制定独立工作人员的工作项目。当前，CloudStack项目成员中有一些思杰公司的员工和一些目前不太知名的公司，如Sungard、Schuberg Philis、TCloud Computing和EPAM System等。项目的发展方向由个别参与者所代表的雇主的意愿来决定。Cloud.com被Citrix收购并捐献给Apache之后，越来越多的企业投身CloudStack之中。通过CloudStack构建自己的公有云和私有云服务的用户很多，包括电信运营商、云服务提供商、跨国大型企业、大学等很多重量级用户。而在CloudStack成为Apache的开源项目之后，国外又涌现了一批云解决方案提供商来推动CloudStack项目的落地。一些公司开发了第三方插件，帮助完善CloudStack的功能，如对存储设备和网络设备的支持、计费模块、其他管理功能模块等。还有一些公司提供基于CloudStack的商业发行版本，如Citrix的商业发行版叫作CloudPlatform。这些公司集合在一起，形成了比较完整的CloudStack生态圈。

目前，使用CloudStack作为生产环境的公司有Zynga、KT、Tata、LeaseWeb、SAP、迪斯尼、中国电信等。据Citrix的官方统计，CloudStack已经部署在至少200个大型生产系统中，其中最大的一个云的规模超过4万台，已经运行了很多年，并在持续扩展。

3.1.2 CloudStack社区

每一个开源社区的背后都有一个开源项目，但不是每一个开源项目都会产生一个社区。社区由开发者、测试人员、使用者、用户等组成。开源社区是一个开源项目赖以生存的土壤，没有良好的社区基础，再优秀的项目都会衰落。社区一般包括项目站点、邮件列表或者技术交流论坛，以及报告问题和提交代码的入口。

CloudStack 的官方网站是最权威的 CloudStack 资源中心，网址是 http://cloudstack.apache.org。通过 CloudStack 的官方网站，可以找到与 CloudStack 有关的大部分信息，如软件及源代码、软件使用文档、软件开发文档等。

CloudStack 的官方网站还提供了 CloudStack 社区博客。CloudStack 社区博客的地址是 https://blogs.apache.org/CloudStack/。该博客会不定期发布目前的 Bug 统计、新的 Feature 统计、CloudStack 版本的开发进度、近期的开发计划、近期世界各地与 CloudStack 有关的活动、新的社区 Commitor、PMC Member 的变化等比较全面的社区活动介绍。通过该博客，我们可以对 CloudStack 的近期发展有一个总体了解。如果要跟踪 CloudStack 的发展，阅读社区周报是最好的方法之一。

刚开始使用 CloudStack 时面临的第一个问题就是下载 CloudStack 软件。CloudStack 的源码下载地址是 http://CloudStack.apache.org/downloads.html。下载源码之后，需要进行编译。对于需要进行二次开发的人员，建议使用源码的方式编译安装。对于初学者，建议下载已经编译好的二进制包，下载地址如下。

- 基于 RHEL 或 CentOS 的 RPM 安装包：http://CloudStack.apt-get.eu/rhel/。
- 基于 Ubuntu 的 DEB 安装包：http://CloudStack.apt-get.eu/ubuntu。

在该网站内，可以看到很多已经编译好的二进制安装包。需要注意的是，在 CloudStack 的代码中，部分对 VMware 提供支持的代码不符合 Apache 2.0 协议，因此官方发布的代码中剔除了该部分代码。如果需要 CloudStack 支持 VMware，就要自行编译代码，或者找到带有“nonoss”标记的二进制安装包。

在使用 CloudStack 的过程中，总会遇到这样或那样的问题，到底是操作问题、系统环境问题，还是 CloudStack 的 Bug，需要进行深入的研究和判断。当无法确认是否是 CloudStack 的问题时，可以访问 CloudStack 的 Bug 管理系统，通过搜索相关问题来获得帮助。如果确认其他人发现了同样的问题，可以检查这个问题是否已被修复，以及在哪个版本中得到了解决。如果确认是一个新问题，可以将问题描述清楚并提交，由社区帮助解决。CloudStack 的 Bug 管理系统是通过 Jira 进行管理的，地址为 https://issues.apache.org/jira/browse/CLOUDSTACK。在这个问题管理系统中，除了可以了解目前已经发现的问题、社区成员对问题的讨论及处理状态，还可以查看开发路线图等。

2012 年 5 月，在天云趋势公司的支持下，由李学辉牵头，成立了 CloudStack 中国用户组，并创建了用于发布信息的网站，同时建立了 QQ 群，将爱好者集合起来，一起讨论和学习 CloudStack。从 2012 年至今，社区一直坚持每月举办一次技术沙龙，分享相关技术知识与经验，主要集中在北京和上海两地。社区活动聚集了大量的参与者，已经成功举办了 24 次。社区每个月的活动会在当月的第一周公布，如果有兴趣参加，可在每月月初关注社区网站发布的新活动。

到 2014 年 3 月为止，CloudStack 中国用户组的网站已经发布了技术及新闻报道共 110 篇；QQ 群的数量共 5 个，参与者达 3000 人，每天群内讨论会话超过 1000 条；社区中文用户邮件列表中的邮件数量近 3000 封；新浪微博粉丝数超过 2300 人；近 1500 人次参与线下活动。

以下是参与 CloudStack 中国用户组在线交流入口。

- 中国用户组网站的网址为 http://www.cloudstack-china.org/。

- 新浪微博用户名为“CloudStack 中国”。

3.1.3 Apache 软件基金会

Apache 软件基金会（Apache Software Foundation，ASF）是专门为支持开源软件项目而举办的一个非营利性组织。在它所支持的 Apache 项目与子项目中，所发布的软件产品都遵循 Apache 许可证（Apache License 2.0）。Apache 软件基金会的前身是 Apache 组织（Apache Group）。Apache 软件基金会基于成员制，以保证 Apache 项目在个人志愿者参与之外能够继续存在。

如果一个人承诺参与开源软件的开发，并不断地为 Apache 软件基金会的项目做出贡献，就有资格成为 Apache 软件基金会的成员。只有获得 Apache 基金会现有大部分成员的赞同和任命，个人才能成为软件基金会的成员。因此，Apache 软件基金会由它所直接服务的社区来管理，成员都对社区内的项目进行协作。

Apache 软件基金会的成员按照基金会的规章制度，每隔一段时间选举一个董事会来管理基金会的组织事务，董事会成员将监管基金会的日常事务，社区可以公开获取 Apache 基金会的运营记录。

Apache 为人们所熟知的不仅包括 Apache 软件基金会管理的项目，还包括 Apache 2.0 协议。Apache 2.0 协议以其对商业的友好性著称。所有 Apache 项目的版权都归 Apache 软件基金会所有，并使用 Apache 2.0 协议发放许可。同时，Apache 软件基金会和项目管理委员会采用各种方法来保证没有非法绑定。

Apache 的代码中不包含由第三方拥有知识产权的代码，并且发布的软件的修改权受 Apache 2.0 协议的保护。值得注意的是，虽然 Apache 掌握一个项目的整体版权，但是项目中某个部分的版权可能归个人贡献者所有，并基于 Apache 软件基金会的条款发放许可。

Apache 2.0 协议是一个自由的软件许可证，它基于传统的 BSD 和 MIT 软件许可证，增加了符合时代要求的一些重要条款，满足自由软件和开源软件所有已经被接受的定义。当谈到“软件自由”时，一般都会有“言论自由”的感觉。软件自由主要体现在任何人都有想做什么就做什么的自由。源代码开放也是软件自由的一个必要组成部分。软件价格和软件自由无关。Apache 基金会内的各种项目可能会通过各种价格获得——从免费下载到捆绑在一个商业软件包中，甚至付费购买由商业组织以修改的方式开发的软件产品。

Apache 许可证是一个自由软件许可证，可能会有一些专利终止的情况。对于技术开发者来说，当今最大的“危险”就来自专利，这种情况在美国尤为突出。在美国，专利系统一直被看作维护经济垄断的工具——为公司申请成千上万的专利，然后通过世界贸易组织（World Trade Organization，WTO）的条约将这些专利执行，以期获得全球竞争优势。结果就是，美国专利局要处理大量专利事务，导致没有办法对每个专利进行详细的审查和质量控制，因此很多专利掌握在对技术没有丝毫兴趣的人手上（他们希望从合法的商业行为中获利）。

Apache 2.0 协议的一个非同寻常的限制就是尽可能地处理这种情况。接受 Apache 的许可，意味着不能有任何反对 Apache 软件基金会和损害 Apache 用户专利权的行为。从目前的情况看，Apache 从未被卷入知识产权案件中。Apache 的知识产权通过版权和许可证进行保护。同时，Apache 不会侵犯其他人的知识产权，这一点也很重要，这意味着所有对 Apache 的重要贡献都必须是通过正确的方式捐赠的。

3.1.4 CloudStack 版本管理

CloudStack 最初由 VMOps 公司（后改名为 Cloud.com）开发。在 2010 年 5 月，Cloud.com 同时发布了 CloudStack 的开源版（采用 GPLv3 许可）与企业版（保留 5%左右的私有代码）。2011 年 7 月，Citrix 用 2 亿美元收购了 Cloud.com，并退出了 OpenStack 组织。

2012 年 4 月，Citrix 将 CloudStack 贡献给 Apache 软件基金会，成为 Apache 孵化项目之一，采用 Apache licence 2 协议开源，此时 CloudStack 版本是 3.0。2013 年 3 月，CloudStack 孵化成功，成为 Apache 的顶级项目。CloudStack 版本和发布时间如表 3-1 所示。

表 3-1 CloudStack 版本和发布时间

CloudStack 版本号	发布时间
4.9	2016.8.23
4.8.1	2016.8.8
4.7	
4.6	2015.12.2
4.5	2015.5.12
4.4	2014.8.6
4.3	
4.2	2013.10.2
4.1	2013.6.8
4.0	2012.9.26

3.2 CloudStack 架构

3.2.1 CloudStack 的功能与特点

CloudStack 这个开源项目设计的初衷，就是提供基础架构即服务（IaaS）的服务模型，建成一个硬件设备及虚拟化管理的统一平台，将计算资源、存储设备、网络资源进行整合，形成一个资源池，通过管理平台进行统一管理，弹性增减硬件设备。根据云环境中的 5 个特点，CloudStack 进行了功能上的设计和优化，为了适应云的多租户模式，设计了用户的分级权限管理机制，通过各种技术手段保证用户数据的安全，保护用户的隐私。用户可以直接通过浏览器访问，在一定权限下自由使用自己的资源，实现自服务模式。在多租户环境下，用户使用资源的计量计费功能也是必不可少的，CloudStack 会通过多种手段尽可能地记录用户使用的所有资源的情况，并将其保存下来，供计费时使用。对于云系统管理员来说，绝大部分管理工作通过浏览器就可完成。CloudStack 提供资源池化管理、高可靠性等功能，帮助云系统管理员尽可能地将管理工作简化和自动化，减少切换界面的次数。

CloudStack 既可以直接对用户提供虚拟机租用服务，也开放 API 接口为 PaaS 层提供服务，所以就有了一个简化的概念图，如图 3-1 所示。

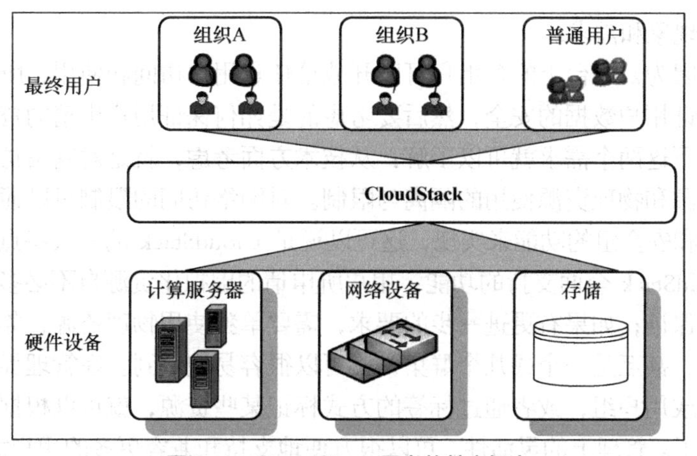

图 3-1　CloudStack 平台的基本概念

通过图 3-1 可以看出，最终用户只要在 CloudStack 的平台上直接申请和使用虚拟机就可以了，无须关注底层硬件设备是如何被设计和使用的，也不用关心自己使用的虚拟机到底在哪个计算服务器或哪个存储上。

先了解一下 CloudStack 系统向下管理这一层。CloudStack 的管理是比较全面的，且尽可能地兼容，可以管理多种 Hypervisor 虚拟化程序，包括 XenServer、VMware、KVM、OracleVM、裸设备，如图 3-2 所示。凡是这些虚拟化程序支持的计算服务器，CloudStack 都可以正常支持，这样就具有了非常广泛的兼容性。

图 3-2　CloudStack 支持的设备类型

CloudStack 可以使用的存储类型也非常广泛。虚拟机所使用的主存储可以使用计算服务器的本地磁盘，也可以挂载 iSCSI、光纤、NFS；存放 ISO 镜像及模板文件的二级存储可以使用 NFS，也可以使用 OpenStack 的 Swift 组件，如图 3-3 所示。

图 3-3　CloudStack 支持的存储类型

CloudStack 除了支持各种网络连接方式外，其自身也提供了多种网络服务，不需要硬件设备就可以实现网络隔离、防火墙、负载均衡、VPN 等功能，如图 3-4 所示。

图 3-4　CloudStack 支持的网络功能

多租户是云计算架构的一个基本特点，支持多租户是一个 IaaS 云管理平台应该具备的基本条件之一。CloudStack 支持不同的组织和个人在同一平台上申请和使用资源；CloudStack 也必须通过一定的手段保证资源使用的限制和通畅。这两个看起来矛盾的描述，在云平台上却是十分正常的现象和需求。

先说限制。因为云平台上的多租户可以开放给任意用户访问和使用，所以首先要解决的问题就是如何保证用户数据的安全，然后要考虑的是如何保证用户申请的资源不会被其他用户占用。分析一下这两个需求就可以了解：从技术方面考虑，就是对网络访问方式的限制，以及对虚拟化资源和物理资源使用的隔离与限制。对网络访问的限制可以通过网络架构的设计及虚拟防火墙和安全组的功能来实现，这可以说是 CloudStack 的一大特点。对所使用资源的限制也是 CloudStack 全面支持的功能：用户所申请的虚拟化资源自不必多说，由多个成熟的虚拟化程序来保证；如果有更进一步的要求，需要单独使用物理资源，如某几台配置不同的服务器和存储，甚至是一个或几个群集，都可以很容易地做到。在管理界面上将资源直接指定给某个用户或用户组，或者通过标签的方式标记某些资源，就可以根据用户和应用场景的需求分开使用了。管理上的灵活性，可以很方便地支持和兼容更多的用户需求和使用场景。

再来看看 CloudStack 是如何在多租户之间保证使用的通畅的。在云平台上申请使用资源的用户，不仅可能是一个个单独的个体，也可能是以组织或公司为名义的多个用户。CloudStack 设计了用户组的概念，组内的用户可以设置管理员，进行一定权限内的自治管理。用户组可以平级创建扩展，也可以在用户组下建立子用户组。理论上，无论是横向扩展还是纵向扩展，都没有限制，都可以无限扩展下去。某资源可以直接分配给用户组使用，用户组内的用户可以共享该资源。另外，CloudStack 还有一个“项目”（Project）功能，即不同用户组下的用户以项目为前提共享一个资源集合（包括物理资源及网络）。

3.2.2 CloudStack 的主要组成部分

从物理设备相互连接的角度看，CloudStack 的结构其实很简单，可以抽象地理解为：一个 CloudStack 管理节点或群集，管理多个可以提供虚拟化计算能力的服务器，服务器使用内置磁盘或外接存储，如图 3-5 所示。接触过虚拟化的读者很容易理解这样一个抽象的架构，尤其是计算服务器和存储，这是传统虚拟化技术中必须使用的结构。

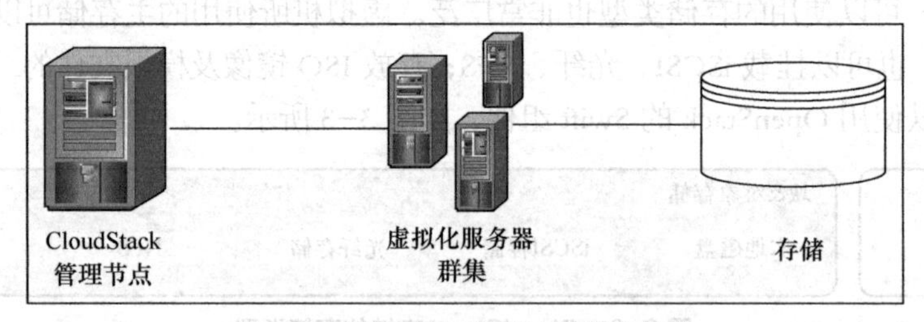

图 3-5　CloudStack 节点的基本结构

但这样肯定是不够的，作为管理节点不可能这么简单地对所有服务器的管理一把抓。这样的架构太过单一，除了一些应用场景外，不能适应大部分灵活、复杂、多变的云环境。在云环境里，网络的设计方式千变万化，一个云管理平台必须有很好的适用性和通用性、异构的兼容性和灵活的可扩展能力。

登录 CloudStack 的 Web 界面，在资源域的管理界面内可以找到图 3-6 所示的架构图。

通过图 3-6 可以很好地理解 CloudStack 各部件之间的关系，其中资源域（Zone，也称作区域）、提供点（Pod）、群集（Cluster）属于逻辑概念，既可以对照实际环境进行理解，也可以根据需求灵活配置使用。以下是对这几个概念的详细介绍。

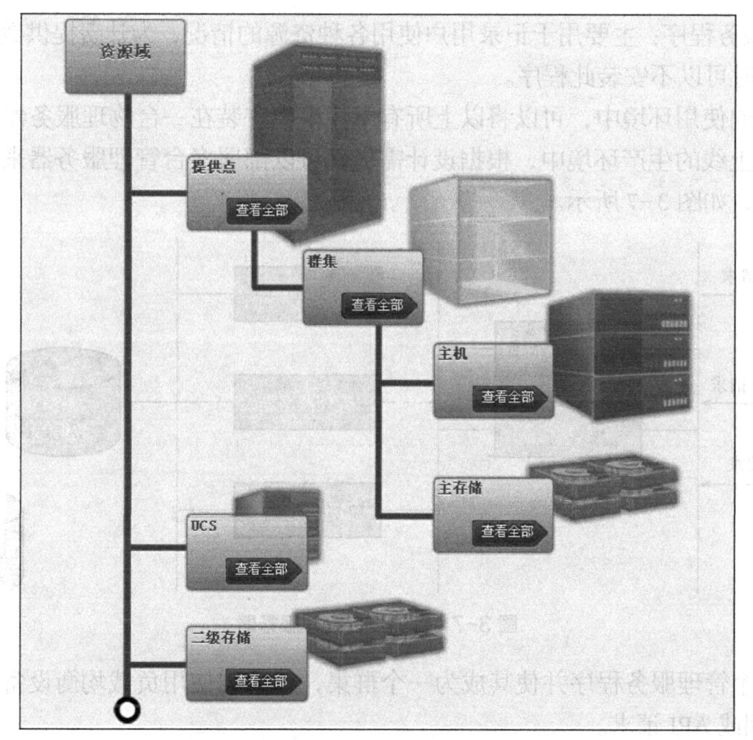

图 3-6 CloudStack 各种部件的架构图

1．管理服务节点

管理服务节点（Management Server）是 CloudStack 云管理平台的核心，整个 IaaS 平台的工作统一汇总在管理服务节点中处理。管理服务节点接收用户和管理员的操作，包括对硬件、虚拟机和网络的全面管理操作。管理服务节点会对收到的操作请求进行处理，并将其发送给对应的计算节点或系统虚拟机去执行。管理服务节点还会在 MySQL 数据库中记录整个 CloudStack 系统的所有信息，并监控计算节点、存储及虚拟机的状态，以及网络资源的使用情况，从而帮助用户和管理员了解目前整个系统各个部分的运行情况。

CloudStack 管理程序是用 Java 语言编写的。前端界面是用 JavaScript 语言编写的，做成了 WebAPP 的形式，通过 Tomcat 这个容器对外发布。在安装 CloudStack 管理程序的时候，会自动安装和配置 Tomcat 的相关参数，这样就可以省去用户手工配置和发布 Web 页面的相关操作了。当安装完 CloudStack 程序后，剩下的所有管理工作就是直接打开浏览器，访问 CloudStack 管理程序的页面，在友好的 Web 图形化页面上进行单击、输入等管理操作。后台程序的逻辑及数据完全通过 Web 页面展现，用户对后台程序的操作也都在 Web 页面上进行。

简单的访问和操作方式，使用户不再需要安装任何程序。这也是近些年互联网和云计算领域比较流行的一种思想——网站即软件。

由于 CloudStack 采用集中式管理架构，所有的模块都封装在管理节点的程序中，便于安装和管理，安装的时候使用几条命令就可以完成管理程序的安装，所以在节点上只需要分别安装管理服务程序、MySQL 数据库和 Usage 服务程序（可选）即可。

- 管理服务程序：基于 Java 语言编写，包括 Tomcat 服务、API 服务、管理整个系统工作流程的 Server 服务、管理各类 Hypervisor 的核心服务等组件。
- MySQL 数据库：记录 CloudStack 系统中的所有信息。

• Usage 服务程序：主要用于记录用户使用各种资源的情况，为计费提供数据，所以当不需要计费功能时可以不安装此程序。

在小规模的使用环境中，可以将以上所有组件集中安装在一台物理服务器或虚拟机上。而在一个计划上线的生产环境中，根据设计需求，可以部署多台管理服务器来分担不同的功能，举例如下，如图 3–7 所示。

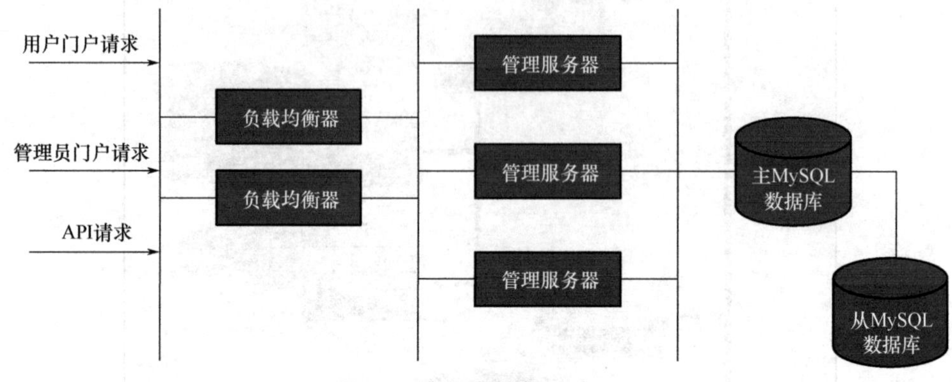

图 3–7　部署多台管理服务器

• 安装多个管理服务程序并使其成为一个群集，在前端使用负载均衡设备，可以负载大量的 Web 访问或 API 请求。

• 将 MySQL 数据库安装在独立的服务器中，并搭建主从方式（master–slave）的 MySQL 数据库（作为一种备份方案）。

• 将 Usage 服务程序安装在独立服务器上，用于分担管理服务器的压力。

CloudStack 在设计中还有一个优点，就是管理服务器本身并不记录 CloudStack 的系统数据信息，而是全部存储在数据库中。所以，当管理服务程序停止或所在节点宕机，所有的计算节点、存储及网络功能会在维持现状的情况下正常运行，只是可能无法接收新的请求，用户所使用的虚拟机仍然可以在计算服务器上保持正常的通信和运行。

CloudStack 管理程序的停止并不影响平台的工作，但数据库就不一样了。MySQL 数据库中所记录的数据是整个云平台的全部数据，包括整个云平台的规划、物理设备、虚拟机、存储文件、IP 使用信息等，因此，在使用过程中一定要注意保护数据库。不得不说 CloudStack 在这方面的设计并不完善，到 CloudStack 4.5.2 版本为止，CloudStack 管理程序或群集只能连接单一的数据库，解决方法是为此数据库搭建一个实时同步的从属数据库。在做好 MySQL 数据库备份的情况下，如果主数据库出现故障，只需手工进行切换，恢复整个系统的正常运行还是可以实现的。所以，保护好数据库中的数据、维持数据库的稳定运行是非常重要的。

2. 资源域

资源域（区域，Zone）可以理解为一个数据中心或机房，是 CloudStack 系统中逻辑范围最大的组织单元，由一组提供点（Pod）、二级存储（Secondary Storage）及网络架构组成。在完成管理服务器的安装后，登录 CloudStack 的管理界面，第一步就是创建资源域，完成整个 IaaS 平台的初步整合。创建资源域的步骤包括网络架构的选择、网络的各种规划和配置、添加计算服务器和存储。对管理员来说，创建资源域的时候会设置该资源域的所有重要参数，所以必须要对整个资源域有一个很好的规划，使资源域的架构可以满足目前的使用需求，并适应未来的扩展需求。在完成创建资源域的步骤后，随着需求的变化，还可以继续添加提供点、群集、计算服务器和存储。在一个资源域内，提供点的数量是没有限制的。

在一个 CloudStack 系统中可以添加多个资源域，资源域之间可以完全实现物理隔离，硬件资源、网络配置、虚拟机也都是独立的。在建立一个资源域的时候，只能选择一种网络架构——或是基本网络（Basic Zone），或是高级网络（Advanced Zone）。如果系统中有多个资源域，每个资源域还可以使用不同的网络架构。根据这一特点，就可以实现 CloudStack 对多个物理机房的统一管理。从业务的需求上说，也可以在一个机房内划分出两个独立的资源域，供需要完全隔离的两个系统使用。由于资源域之间是相互独立的，所以如果需要进行通信，只能在网络设备上配置打通资源域的公共网络。资源域之间只能复制 ISO 和模板文件，虚拟机不能进行资源域之间的迁移操作，如果需要进行这些操作，应将虚拟机转换为模板，然后复制到另一个资源域中使用。另外，资源域对用户是可见的，管理员创建资源域的时候可以配置该资源域是对所有用户可见的公共资源域，或者是只对某组用户可见的私有资源域。如果一个用户能够看到多个资源域，在创建虚拟机时就可以选择在某个资源域中创建虚拟机。

3．提供点

提供点（Pod）是 CloudStack 资源域内的第二级逻辑组织单元，可以理解为一个物理机架，包含交换机、服务器和存储。所以，参照物理机架的概念，在 CloudStack 的提供点中也有网络边界的概念，即所有提供点内的计算服务器、系统虚拟机都在同一个子网中。一般来说，提供点上的服务器连接在同一个或一组二层（Layer 2）交换机上，所以在很多实际部署中基本也都是以一个物理机架来进行规划的。一个资源域内可以有多个独立的提供点，提供点的数量没有上限。一个提供点可以由一个或多个群集构成，一个提供点中的群集数量也没有上限。为了实现网络的灵活扩展，提供点是 CloudStack 不可或缺的一个层级。另外，机架对最终用户而言是不可见的。

4．群集

群集（Cluster）是 CloudStack 系统中最小的逻辑组织单元，由一组计算服务器及一个或多个主存储组成。同一个群集内的计算服务器必须使用相同的 Hypervisor 虚拟化管理程序，硬件型号也必须相同（带有高级功能的 XenServer 和 vSphere 可以兼容异构的 CPU）。提供点内的群集之间使用任何计算服务器、Hypervisor 程序都不会产生冲突，所以一个提供点内可以包含使用不同 Hypervisor 程序的群集。群集内的虚拟机可以在群集内的不同主机之间实现动态迁移（Live Migrate）。虽然 CloudStack 不限制群集的数量，但由于提供点所划分的子网范围有限，所以提供点内的群集和主机数量不会是完全无限制的。根据最佳实践的结果，不同类型的计算服务器的建议数量也是不同的，请参考 KVM、XenServer 和 vSphere 的相关文档。

需要注意的是，vSphere 群集由 vCenter 服务器进行统一管理，每个 vCenter 服务器可以管理多个 vSphere 群集。

群集内可以添加多个作为共享存储所使用的主存储（Primary Storage），主存储的类型没有限制，只要能够与计算服务器正常通信即可。在新版本中，CloudStack 可以将虚拟机的镜像文件在多个主存储之间进行迁移，但进行该操作需要关闭虚拟机电源。

5．计算节点

计算节点（Host）又称计算服务器，是 CloudStack 中最基本的硬件模块之一，用于提供虚拟化能力和计算资源，运行用户创建的虚拟机，可以根据系统压力的变化进行弹性增减。计算服务器上需要安装 Hypervisor 程序用以支持虚拟化技术的实现和功能，目前 CloudStack 4.5.1 支持 Citrix XenServer、VMware ESXi、KVM（包括 RHEL 和 Ubuntu）、Oracle VM 等

Hypervisor，具体支持的 Hypervisor 程序及版本可以在 CloudStack 的图形界面上找到，如图 3-8 所示。

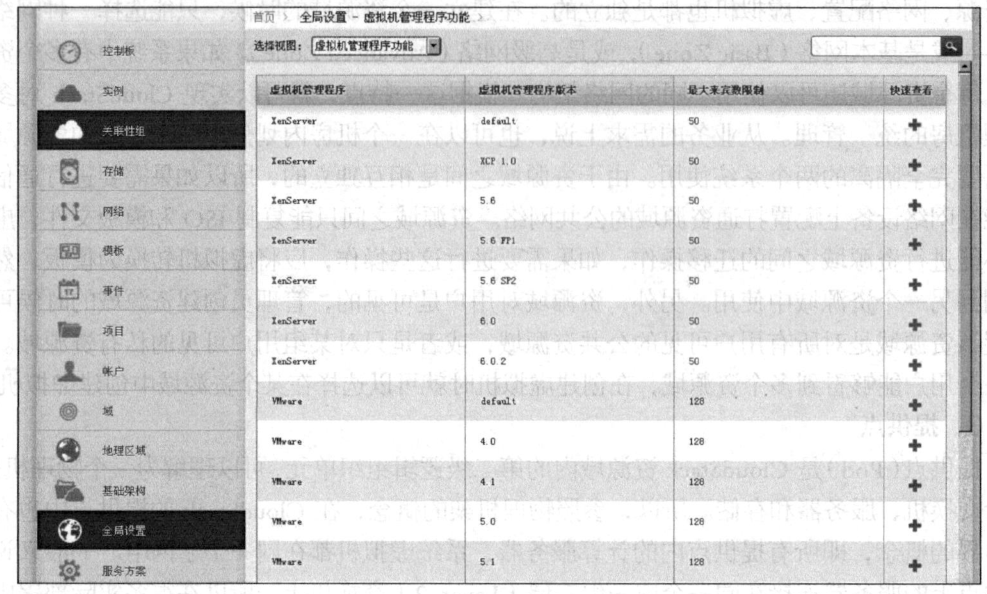

图 3-8 Hypervisor 程序及版本

计算服务器具有以下特点。

- 提供虚拟机需要的所有 CPU、内存、存储和网络资源。
- 互相通过高速网络互联互通，并与 Internet 连接。
- 可以位于不同地理位置的不同数据中心。
- 可以具有不同的规格（如不同的 CPU 速度、内存大小等）。
- 高性能通用 x86 兼容服务器，自身相对可靠，但规模较大时允许出现个别服务器故障的情况。

CloudStack 可以兼容绝大多数硬件设备，其实就是指所使用的绝大多数硬件能够被 Hypervisor 程序兼容。在安装 Hypervisor 程序之前，需要确定该服务器所使用的 CPU 能够支持虚拟化技术，并在 BIOS 中打开 CPU 对虚拟化技术的支持功能。要想知道服务器上的所有硬件是否与 Hypervisor 程序兼容，可到 Citrix、VMware 等官方网站查询。

6. 主存储

主存储（Primary Storage）一般作为每个群集中多台计算服务器共同使用的共享存储存在。一个群集中可以有一个或者多个不同类型的存储，主存储用于存储所有虚拟机内数据的镜像文件和数据卷文件。主存储分为两种，分别是共享存储和本地存储。

共享存储一般是指独立的集中存储设备，它允许对所属群集中的所有计算节点进行访问，集中存储该群集内所有虚拟机的数据。使用共享存储可以实现虚拟机的在线迁移（Live Migrate）和高可用性（High Available），通过专业的存储设备或技术可以保证较高的数据安全性，但相应地会牺牲一定的读写性能。

本地存储是指使用计算节点服务器内置的磁盘存储虚拟机的运行数据文件，可以使虚拟机磁盘拥有很高的读写性能，但无法解决因主机或磁盘故障导致的虚拟机可能无法启动或数据丢失等严重问题。

7. 二级存储

二级存储（Secondary Storage）又称辅助存储，是 CloudStack 根据 IaaS 平台的架构和使用特点专门划分出来的一种存储。二级存储可以支持 NFS 存储和 OpenStack 的组件——Swift 存储。每个资源域只需要一个二级存储，用于存放创建虚拟机所使用的 ISO 镜像文件、模板文件，以及对虚拟机所做的快照及卷备份文件。

为什么要单独设计一种存储呢？可以再分析一下刚刚提到的这几种类型的文件的特点。

- 占用很大的空间：安装操作系统所用的 ISO 文件，动辄都是数吉字节（GB）；而模板内除了操作系统文件外，还包含一些应用程序和数据，十几吉字节也是很常见的；快照文件大小不一，但数量可能很多。
- 读写频率很低：基本是一次性写入后只有读取操作，使用也不会非常频繁，与最终用户使用虚拟机数据卷文件的频率相比，读写频率几乎可以忽略不计。
- 文件损坏或丢失既不会影响现有系统的运行，也不会影响用户所使用的虚拟机。

所以，像这种占用空间大、读写频率低的数据文件，可以称之为冷数据。这些数据对整个系统而言并不是关键数据，所以使用配置不高的、最简单的 NFS 来存储就足够了，只需要很低的成本就能满足系统存储使用的需求。

3.2.3 CloudStack 的架构

CloudStack 管理平台是如何将这些关键组件进行统一管理，并使它们相互合作的，这得从网络通信和数据交换的角度来进一步分析 CloudStack 的架构，如图 3-9 所示。

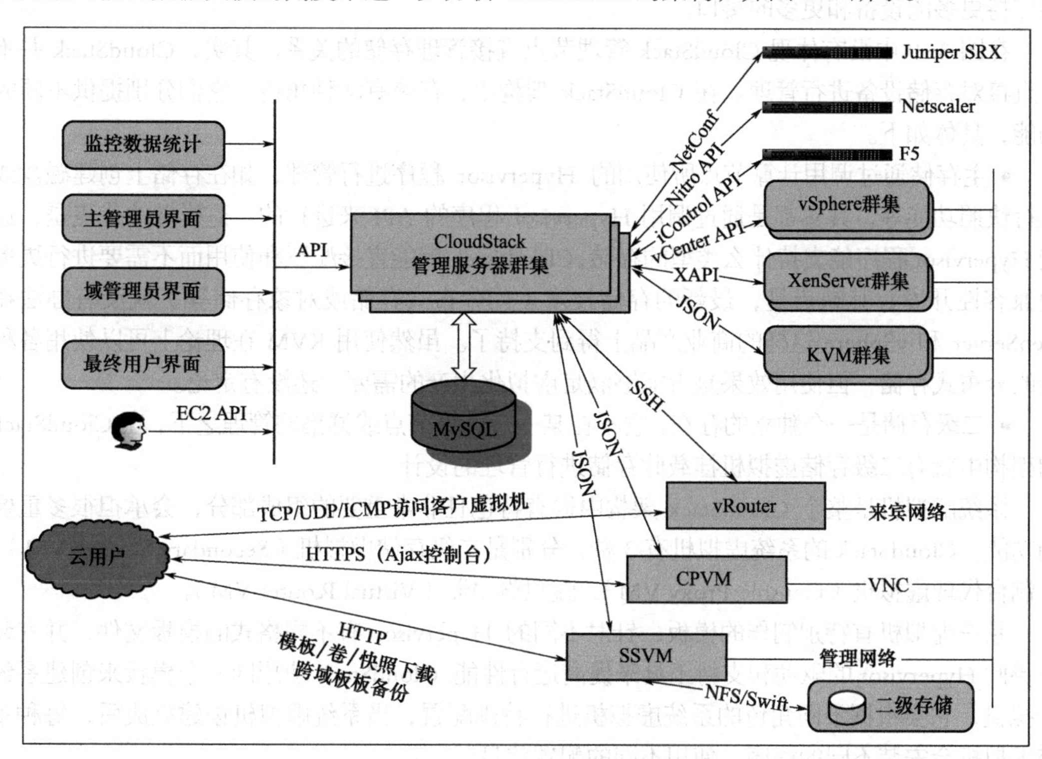

图 3-9 CloudStack 网络通信架构

从图 3-9 的左边可以看到，用户通过界面登录，前端界面与后端管理程序的交互使用了目前最流行、最通用的做法：完全调用 RESTful 风格的 API 来实现。用户所使用的 Web 界面上的任意功能都由 Web 转义为 API 命令发送给 API 服务，API 服务接收请求后交由管理服务进行处理，然后根据不同的功能将命令发送给计算节点或系统虚拟机去执行，并在数据库中进行记录，完成后将结果返回前台页面。而使用目前最通用的 RESTful API 接口也是出于对兼容性的考虑，既可以使用 CloudStack 本身进行统一管理，也支持用户根据需求开发全新的界面或通过其他平台调用 CloudStack 的 API 来管理，通用性强，在对编程语言的支持上也没有任何障碍。由 CloudStack Usage 程序所统计的监控数据可以通过 API 进行调用，为计量计费提供了很好的支持。如果用户使用亚马逊的 EC2 接口管理在亚马逊云上的虚拟机，就可以使用相同的 EC2 API 命令来管理 CloudStack 平台。

下面分析一下 CloudStack 管理服务是如何管理物理基础设施的。最简单、最直接的办法就是调用设备所开放的 API 命令，如 XenServer 的 XAPI、vCenter 的 API；而对不方便直接调用 API 的设备（如 KVM），会采取安装代理程序（Agent）的方式协助进行管理。CloudStack 有很多网络功能，这些功能在旧版本中只能由系统虚拟机实现，新版本的改进对用户的自服务有很大的帮助。但系统虚拟机毕竟只是一个虚拟的机器，就算提高资源配置，其性能也是有限的，如果遇到对网络要求较高的情况就会出现瓶颈。从 CloudStack 4.0 开始，支持使用其他物理设备扩展网络功能来代替虚拟路由器的对应功能，既保持了 CloudStack 的原有架构，又提升了性能以满足应用需求。如图 3-9 所示，包括 Juniper 的 SRX 防火墙、Citrix 的 NetScaler 设备、F5 的负载均衡设备，都是调用这些设备上开放出来的特有 API 来进行控制的。如果未来需要扩展其他可支持的设备，也会选择这两种方法之一来实现。相信 CloudStack 高版本将会支持更多的设备和更多的接口。

在图 3-9 中没有体现 CloudStack 管理节点直接管理存储的关系。其实，CloudStack 并不是直接对存储设备进行管理。在 CloudStack 架构中，存储有两种角色，它们分别提供不同的功能，具体如下。

- 主存储通过调用计算节点所使用的 Hypervisor 程序进行管理，如在存储上创建磁盘或执行快照功能等，其实都是通过调用 Hypervisor 程序的 API 来进行的。这样做的优点是，这些 Hypervisor 程序能支持什么类型的存储，CloudStack 就能直接配置和使用而不需要进行更多的兼容性开发；其缺点是，最新的存储技术（如分布式存储或对象存储等）就没有办法在 XenServer 和 vSphere 这样的商业产品上得到支持了。虽然使用 KVM 在理论上可以使用各种新的分布式存储，但使用效果是否能够满足虚拟化生产的需要，还没有定论。
- 二级存储是一个独立的存在，它不在某一个计算节点或群集的管理之下，在 CloudStack 的架构中就有二级存储虚拟机挂载此存储进行管理的设计。

系统虚拟机是整个 CloudStack 架构中很有特色且非常重要的组成部分，会承担很多重要的功能。CloudStack 的系统虚拟机有 3 种，分别是二级存储虚拟机（Secondary Storage VM）、控制台代理虚拟机（Console Proxy VM）、虚拟路由器（Virtual Router VM）。

系统虚拟机有特别制作的模板，针对不同的 Hypervisor 有不同格式的模板文件，并安装支持此 Hypervisor 的驱动和支持工具来提高运行性能。CloudStack 使用同一个模板来创建系统虚拟机，它会根据不同角色的系统虚拟机进行特殊配置，当系统虚拟机创建完成后，每种系统虚拟机会安装不同的程序，使用不同的配置信息。

CloudStack 为了保证系统的正常运行，所有的系统虚拟机都是无状态的，不会独立保存系统中的数据，所有相关信息都保存在数据库中，系统虚拟机内存储的临时数据也都是从数据库中读取的，方便系统虚拟机的运行及任务的执行。所有的系统虚拟机都带有高可用性

（HA）的功能。当 CloudStack 管理节点检测到系统虚拟机出现问题时，将自动重启或重建系统虚拟机（系统会通过数据库中记录的配置信息进行重建）。管理员也可以随时手动删除系统虚拟机，然后由系统自动重建（除虚拟路由器外），无须担心删除系统虚拟机会造成数据丢失或功能错误。系统虚拟机对普通用户而言是透明的、不可直接管理的，只有系统管理员可以检查及访问系统虚拟机。

- 二级存储虚拟机（Secondary Storage VM）用于管理二级存储，每个资源域（Zone）内有一个二级存储虚拟机。二级存储虚拟机通过存储网络连接和挂载二级存储，直接对其进行读写操作，如果不配置存储网络，则使用管理网络进行连接。通过公共网络实现 ISO 和模板文件的上传和下载、用户虚拟机的卷下载、将用户虚拟机的快照存放在二级存储上、多资源域之间 ISO 和模板文件的复制等重要功能。可以配置 SSL 加密访问，以达到保护用户数据的目的。
- 控制台代理虚拟机（Console Proxy VM）支持用户使用浏览器在 CloudStack 的 Web 界面上打开虚拟机的图形界面。每个资源域内默认生成一个控制台代理虚拟机。当 CloudStack 平台上有较多用户打开虚拟机的 Web 界面时，系统会自动建立多个控制台代理虚拟机，用以承担大量的访问进程，对应的配置可以在全局变量中找到。访问控制台默认使用域名 realhostip.com 进行访问，DNS 会将该域名解析为控制台代理虚拟机的公共网络地址。可以配置 SSL 加密访问，以达到保护用户数据的目的。用户虚拟机的图像通过管理网络从所在的主机获取，而不必关心用户虚拟机的网络架构，这样便实现了代理的目的。

虚拟路由器（Virtual Router）可以为用户提供虚拟机所使用的多种功能，它在用户第一次创建虚拟机时自动创建。在基本网络里只有 DHCP 和 DNS 转发的功能；在高级网络里除了 DHCP 和 DNS 转发的功能外，还可以实现类似防火墙的功能，包括网络地址转换（Network Address Translation，NAT）、端口转发（Port Forwarding）、虚拟专用网络（Virtual Private Network，VPN）、负载均衡（Load Balance）、网络流量监控，以保证用户虚拟机在隔离网络中与外界通信的安全。

3.3 CloudStack 网络类型

传统的数据中心里都有一整套网络拓扑。如果拿一个数据中心与 CloudStack 的一个资源域（Zone）来对比，可以认为一个资源域对应于一套物理网络设置。也就是说，CloudStack 中物理网络的设置和拓扑结构是以资源域为边界的，同一个资源域共享一套物理网络拓扑（当然，可以让多个资源域共享相同的物理网络拓扑）。

在创建某一种网络类型的资源域时，首先需要创建物理网络（Physical Network）。所谓物理网络，其实是 CloudStack 中的一个基本的逻辑概念，无论是基础网络模式还是高级网络模式都会涉及。一个物理网络将包括一种或多种类型的网络流量（Network Traffic），建议在物理设备层面对应一个物理网络接口。

在 CloudStack 中，物理网络包括 4 种网络流量，分别是公共网络（Public Network）、来宾网络（Guest Network）、管理网络（Management Network）和存储网络（Storage Network）。公共网络是高级资源域所独有的。在基本资源域里没有公共网络的概念，可认为来宾网络就是公共网络。

除此之外，CloudStack 里还有一种网络是本地链路网络（Link-local Network）。这种网络只提供给系统虚拟机使用，只负责主机与系统虚拟机之间的通信。

下面将对这几种类型的网络类型进行具体介绍。

3.3.1 公共网络

一般认为“公共网络”就是连接到 Internet，这只是一种情况，并且实际操作中这样应用的较少。因为公共 IP 池是非常昂贵的资源，所以还是需要对其进行有效的管理。

网络运营商之类的机构有能力直接使用 Internet 的 IP 资源作为公共网络，但它们不一定会这么做，因为安全性对它们而言很重要。我们所说的公共网络是 CloudStack 云环境中的一个概念，它是在高级网络模式下使用的一种网络流量类型，是经过隔离的私有来宾网络之间进行通信及对外通信的共享网络空间。所有隔离的私有来宾网络均需要经过公共网络与其他私有来宾网络通信（注意：同一来宾网络下客户虚拟机之间的通信不经过公共网络），或者经过公共网络与外部网络（如 Internet）通信。当然，在某些网络环境下，也可以直接将 Internet 网络作为公共网络使用。

3.3.2 来宾网络

来宾网络是用户虚拟机直接使用的网络，一般属于用户的私有网络空间。每一个用户所创建的虚拟机都将首先接入来宾网络。在基础网络模式中，多个用户将共用一个来宾网络（Shared 类型），彼此之间需要通过安全组进行隔离。在高级网络模式中，每个用户将拥有专属的来宾网络（Isolate 类型），这些来宾网络属于不同的 VLAN，彼此之间通过 VLAN 进行隔离，通过虚拟路由器的设置进行互访。

3.3.3 管理网络

CloudStack 内部资源之间的通信需要借助管理网络进行，这些内部资源包括管理服务器发出的管理流量、服务器主机节点的 IP 地址与管理服务器通信的流量、系统虚拟机（System VM）的管理 IP 地址与管理服务器及服务器主机节点 IP 地址之间的网络通信流量。

3.3.4 存储网络

在 CloudStack 中，存储网络并没有它的名字所代表的严格含义。相反，其实它只不过是二级存储虚拟机（SSVM）与二级存储（Secondary Storage）设备之间通信的网络流量而已。如果没有设置这个网络，默认会使用管理网络。由于这个网络主要承担模板、快照及 ISO 文件的复制或迁移工作，因此对带宽的要求很高，有条件的话可以单独设置，这样管理网络就不会受实际操作的影响了。

3.4 本章小结

本章介绍了 CloudStack 的历史与发展、基本架构和网络架构，以帮助读者对 CloudStack 形成整体的认识，这对实际规划 CloudStack 云计算系统有很大的帮助。

PART 4

第4章 小型企业云平台搭建

4.1 企业需求

1．企业IT建设的需求

在这个信息时代，企业已普遍使用各类信息系统来管理自己的业务，随着企业业务的扩展和信息系统的深入使用，企业在IT建设中出现了新的困境。

首先，复杂的基础设施需要较高的投资和维护成本。现今企业IT建设通常以针对系统的项目来运作，再加上生产环境中各业务与应用均十分重要，独立设计利于提高系统的安全稳定性，这导致企业往往拥有十几甚至几十个纵向、相对独立的IT支撑系统，应用系统之间彼此独立，即“烟囱现象”较为严重。每个系统都有各自一套专有的生产运行环境：数据库服务器、应用服务器、接口服务器、Web服务器等，再加上配套的开发、容灾等环境，使得IT硬件投资和维护成本居高不下。IT硬件投资和维护成本的投入很大程度上制约了企业在软件、应用上的IT投入，拖延企业信息化的进展。

其次，资源利用率普遍偏低，IT资源使用存在不均衡现象。企业的IT支撑系统的服务器利用率非常低，很多企业服务器平均使用率低于30%，部分甚至低至5%～8%。资源使用不均衡存在两种情况：一是服务器间不均衡，主要应用服务器的使用率较高，而接口服务器、中间件服务器应用率普遍偏低；二是峰值与非峰值间不均衡。IT系统需要根据系统的运行峰值要求选择硬件，否则就可能因为负载过高影响系统的正常运行。但是在系统低负荷运行时，服务器资源的使用率非常低，造成了严重的资源浪费。因此，企业IT都存在这样的情况，老业务扩容加上新开发的业务对资源提出了更多需求，一部分服务器处理能力明显不足需扩容，另一部分服务器的处理能力被大量闲置。

如何才能避免硬件资源的重复投入，提高资源的利用率，这是企业IT部门的普遍需求。

2．云计算的出现提供了全新的方法

云计算的出现为企业带来了新的曙光，它能够实现现有IT资源的高度虚拟化，并将大量高度虚拟化的资源集中起来进行管理。虚拟化允许将服务器、存储设备和其他硬件视为一个资源池，而不是离散系统，这样就可以根据需要来分配这些资源。虚拟化既可以将单个服务器视为多个虚拟服务器和群集（clustering），又可以把多个服务器视为单个服务器。企业可以通过以大化小（单个服务器拆分成多个虚拟服务器）和以小聚大（将多个服务整合成单个服务器）来降低IT采购和运维投入。

（1）以大化小。整合开发测试环境及接口服务器、Web服务器等利用率较低的服务器，将高端服务器划分成多个虚拟服务器，提供给开发测试、接口服务器等使用，可以大幅度降低采购和维护成本。显性收益方面，一个高端服务器比同效能的几台低端服务器的整体成本要低很多，另外开发测试机、接口服务器等的资源利用率普遍偏低，通过以大化小方式做到

“实用实得”，可以大幅减少资源闲置状况，替换下的服务器可以派做他用。隐性收益方面，通过减少服务器数量可以减少动力空调耗能以及数据中心机房空间。

（2）以小聚大。通过虚拟化技术使企业内部已拥有的丰富计算资源实现池化共享，通过IT资源共享和动态分配，使闲置资源得以充分利用，从而提高资源利用率。虚拟化技术使得整合多个IT资源成为可能，除服务器和存储整合之外，虚拟化还可整合系统架构、应用程序基础设施、数据和数据库、接口、网络、桌面系统甚至业务流程，因而可以节约成本和提高效率。在虚拟化之前，企业数据中心的服务器和存储利用率一般平均不到50%（实际利用率通常为10%~15%）。通过虚拟化，可以把工作负载封装一并转移到空闲或使用不足的系统，这就意味着可以整合现有系统，因而可以延迟或避免购买更多服务器。

3．使用公有云还是私有云？

云计算是IT技术和应用模式的一次创新，通过创新的技术实现了传统IT资源的集中整合、虚拟化和自动化，提升传统IT基础设施的利用率，同时极大地降低了企业信息化平台建设和维护成本。通过创新的应用模式使得这种IT资源由固定新产品变成了一种面向用户的定制化服务，从而使得用户不再需要花高价去购买设备，而是仅仅购买云计算服务即可。

政府、电商和运营商等规模较大单位和企业，出于信息安全、技术能力及业务发展考虑，一般会选择自建云计算平台。对于中小企业来说，云计算应用完全是为了满足企业自身业务发展需要，因此在规模上相对较小，购买公有云服务是个不错的选择。但许多企业基于以下考虑也会自建私有云。

（1）数据安全。每个公有云计算服务的供应商都宣称所提供服务的各个方面的安全性都比较高，但是其所提供的云计算服务仍然存在不小的安全隐患，一旦发生故障，企业只能寄希望于公有云计算供应商。这是企业选择使用私有云的主要理由之一。

（2）服务质量。因为私有云一般都是构建在企业的防火墙之后，所以当公司内部人员访问那些基于私有云的应用时，因为使用的是局域网，所以它的服务质量会比较稳定，不会受到网络问题的干扰。如果使用的是公有云服务，那么企业内部对于自己的应用和项目的访问，实际上是通过公有云上面的数据中心访问的。这样就对外部网络环境有很大的依赖，一旦外部网络出现问题，那么企业内部对自己项目和应用的开发和维护就会变得十分困难。

（3）充分利用现有硬件和软件资源。企业在进行云应用之前有自己的应用系统，而且这些应用通常都是企业的核心应用，支撑着企业的正常运行。虽然公有云的技术比较先进，但是现阶段对这些传统的应用支持并不是很好。私有云在这方面要比公有云强很多，企业能非常方便地构建自己的私有云，并能对传统应用有较好的支持。一些私有云工具能够利用企业现有的硬件资源来构建云计算平台，这样将极大地提高企业的硬件和软件资源的利用率，大大降低企业的成本。

（4）不影响企业现有的IT管理流程。流程是大型企业管理的核心，如果没有完善的管理流程，企业的效率将会非常低下。在企业内部，不仅与业务相关的流程非常多，而且企业的IT部门经过一段时间的发展，也都建立了自己的成熟的复杂的流程，这些流程对IT部门和企业都非常关键。在企业的流程适应性方面，公有云比较欠缺。如果企业使用公有云系统，现有的数据管理和安全规定等方面的流程都会受到较大的冲击，需要做出大量的修改，这会给企业的运营增加很大的成本和风险。而私有云一般构建在企业的防火墙内，所以对IT部门的流程冲击并不大，企业能较容易与私有云进行对接。

另外软件开发企业或设有软件开发部门的企业也会因为以下需求部署私有云平台。

（1）开发测试。对于企业中的开发团队来说，通过搭建私有云平台能够根据开发者的实际需求实现硬件资源的按需分配，能够使开发人员根据实际需求迅速申请相应的计算资源，有效提高资源的利用效率。同时，通过克隆和快照功能能够对开发过程中出现的问题进行快捷、全面的排查，确保硬件资源的充分利用以及开发质量。

（2）企业应用程序的迁徙升级。通过 Web 端快速搭建虚拟数据中心，并模拟真实的服务器群集搭建和灾备配置，从而快速实现程序迁移的测试、集成以及验证工作。同时，企业应用程序的迁徙也不会再受到硬件资源采购周期稳定性的影响。

（3）IT 程序孵化器和沙盒。传统的企业 IT 系统中，大部分应用程序对硬件和系统操作存在极大的依赖，对其进行搭建或者拆除时需要投入大量的人力、物力，而且通常需要经过较长的周期才能完成搭建和拆除工作，尤其是模型的沙盒阶段，需求的不可预测变化往往会导致出现频繁的返工。而通过提前创建模板的方式，能够在程序搭建过程中通过调用模板快速实现企业级应用的部署。

4.2 云平台规划

4.2.1 网络架构设计

对于一个 IaaS 云基础架构来说，网络结构及功能的实现是其中极为重要的部分。CloudStack 在创建区域时有两种类型的区域可以选择，分别是 Basic Zone 和 Advanced Zone，翻译为基础网络模式（以后简称基础网络）和高级网络模式（以后简称高级网络）。其中基础网络模式比较简单，安装配置较为容易，管理也简单，适合小型企业使用，将作为入门在本章介绍，高级网络则在第 5、6 章中介绍。

1．基础网络

基础网络是 CloudStack 中 Basic Zone 所使用的网络模式，其最主要的特点是类似亚马逊 AWS 风格的扁平式网络结构。这种结构可以充分利用 IP 地址资源，十分适合进行大规模的扩展。基础网络模式中所有不同租户的虚拟机将被分配到同一个网络中，并获得连续的 IP 地址，而彼此之间的安全隔离是通过安全组（Security Group）的方式实现的。另外，相对于高级网络模式，基础网络模式提供的虚拟网络服务功能较少，只能提供 DHCP、DNS 及 User Data 功能，而其他的网络服务功能（如路由转发、NAT、负载均衡）则需要通过外部物理网络设备实现。

如图 4-1 所示，为基础网络的拓扑架构，所有的资源构成一个资源域。资源域包含若干个提供点（Pod），每一个 Pod 属于一个独立的子网，包含若干台由二层交换机互连的计算服务器。这些 Pod 由核心的三层交换机互连，组成整个资源域，资源域通过防火墙连入公网。

同一租户的虚拟机可以被分配到不同的 Pod 中，虚拟机之间通过安全组的方式实现安全隔离。

2．安全组

在基础网络模式下，不同租户之间的安全隔离是通过安全组（Security Group）的方式实现的，每一个用户都拥有一个默认的安全组，当用户申请创建虚拟机后，虚拟机会被添加到默认的安全组中。同时，用户可以根据需要创建新的安全组，并将新建的虚拟机添加到其中。

什么是安全组？简单地说，安全组就是一组具有相同网络访问策略的虚拟机的集合。用户可以通过配置安全组来控制对虚拟机的网络访问。在默认情况下，安全组会拒绝所有来自外部的网络流量（称之为默认的入口策略——Ingress Rules）通过，同时允许所有对外发送的网络流量（称之为默认的出口策略——Egress Rules）通过。一旦配置了入口策略，那么相应的外部访问就会被允许；而一旦配置了出口策略，那么除了被配置为允许的网络访问，所有其他对外访问都会被拒绝。CloudStack 中提供了基于 CIDR 和基于账户的安全组防护规则，配置界面如图 4-2 所示。

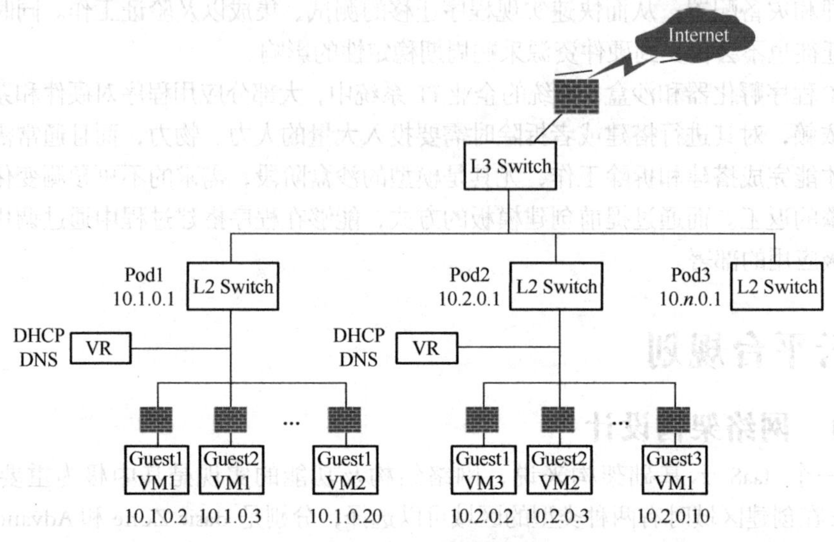

图 4-1　基础网络拓扑架构

图 4-2　CloudStack 中基于 CIDR 配置界面

配置入口策略时可以选择指定协议的起始端口和结束端口，以及 CIDR 来允许指定网段的特定协议的特定端口来访问安全组内的虚拟机。配置出口规则也是配置这些参数，以允许安全组内的虚拟机访问指定网段的特定协议的特定端口。

举个例子。用户创建了虚拟机 A（获得的 IP 地址为 192.168.10.25），并将其添加至默认的安全组“Default Security Group”中。然后，用户创建了新的安全组“New Security Group”，并将新创建的虚拟机 B（获得的 IP 地址为 192.168.10.30）添加到其中。那么此时，虚拟机 A 与虚拟机 B 是无法相互通信的。随后，用户对安全组“New Security Group”进行了配置，创建入口规则，允许 ICMP 协议的 echo 数据包进入（即 ping 请求包），那么此时，虚拟机 A 可以通过“ping”命令访问虚拟机 B（反之不可以）。用户接着对默认安全组“Default Security Group”进行配置，创建入口规则，允许访问 TCP 协议 22 端口的数据包进入（即 SSH 访问数据包），则虚拟机 B 可以通过 SSH 工具登录并访问虚拟机 A，如图 4-3 所示。

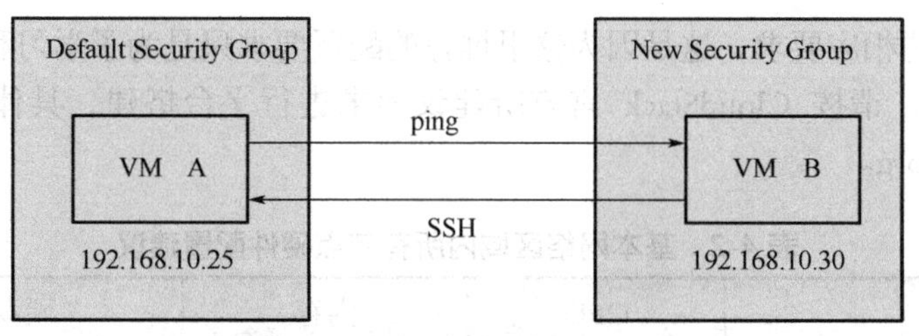

图 4-3 配置安全组后的访问结果

3. 网络架构

针对小型企业，本章搭建的云平台网络架构选用基础网络模式。作为学习云平台入门案例，其网络架构较为简单，包含一个 CloudStack 管理节点并配置 MySQL 数据库、一个群集，群集包含 2 个 XenServer 计算节点、一台独立的 NFS 服务器作为公用存储。如图 4-4 所示。

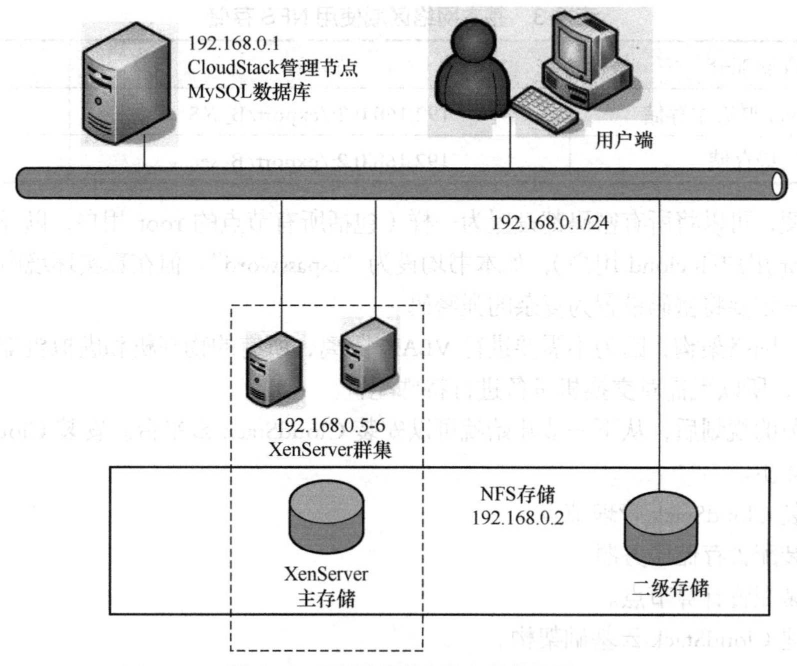

图 4-4 云平台网络架构拓扑结构图

4.2.2 配置信息

在本章规划的这个网络环境中，管理节点、计算群集、存储及客户虚拟机的 IP 地址都在同一个网段中，各节点的 IP 地址和操作系统信息如表 4-1 所示。

表 4-1 基本网络区域内所有节点配置

主机信息	操作系统版本	IP 地址规划	FQDN 主机名	用户/密码
CloudStack 管理节点	CentOS-6.5-x86_64	192.168.0.1	B-MS.cs	root/cspassword
NFS 存储设备	CentOS-6.5-x86_64	192.168.0.2	B-NFS.cs	root/cspassword
XenServer 计算节点 1	XenServer-6.5	192.168.0.5	B-XS1.cs	root/cspassword
XenServer 计算节点 2	XenServer-6.5	192.168.0.6	B-XS2.cs	root/cspassword

区域内所有节点的硬件配置建议如表 4-2 所示。这些配置要求稍低于 CloudStack 官方对

各节点硬件配置的相应要求，这是因为这里推荐的配置要求只是为了学习和测试所用。如用于实际生产运行，请按 CloudStack 官方所建议要求进行平台搭建，具体的要求可以参见 cloudstack.apache.org。

表 4-2　基本网络区域内所有节点硬件配置建议

节点	CPU	内存	硬盘	网卡
CloudStack 管理节点	1 核	2GB	50GB	1 块
XenServer 计算节点	2 核或以上	4GB 或以上	50GB	1 块
NFS 存储	1 核	1GB	100GB 或以上	1 块

区域使用 NFS 服务器提供主存储和二级存储服务，相应的存储路径信息如表 4-3 所示。

表 4-3　基本网络区域使用 NFS 存储

存储部分	路径	命名
XenServer 群集主存储	192.168.0.2:/export/B_XS	B_XS
二级存储	192.168.0.2:/export/B_sec	

为了方便，可以将所有密码都设置为一样（包括所有节点的 root 用户，以及 MySQL 数据库中的 root 用户和 cloud 用户），如本书均设为“cspassword”。但在真实环境中，出于对安全的考虑，一定要将密码设置为复杂的强密码。

对于基础网络架构，因为不需要进行 VLAN 隔离，所有的物理机和虚拟机都在一个扁平的 IP 网段中，所以无需对交换机设备进行特殊配置。

有了本节的规划后，从下一节开始就可以安装 CloudStack 云平台。安装 CloudStack 云平台分为以下 4 步。

（1）安装 CloudStack 管理节点。

（2）安装配置存储服务器。

（3）安装配置计算节点。

（4）创建 CloudStack 云基础架构。

安装 CloudStack 云平台的过程较为烦琐，命令较多，配置信息也较多，而且输入的信息要一致，因此强烈建议在安装前，要像本节一样先将系统规划好，将配置信息全部列明。这样才能避免简单的信息输入错误，也才好在出现问题时找出原因。

4.3　安装 CloudStack 管理节点

CloudStack 管理节点管理整个云平台，是云平台的大脑，十分重要。本书所使用的 CloudStack 云平台管理程序为 CloudStack 4.5.1，安装在 CentOS 6.5 操作系统上。CloudStack 管理程序也可安装在其他版本的 Linux 系统平台上，具体的安装方法与本书介绍的过程类似。下面一步一步介绍 CloudStack 管理程序的安装过程。

4.3.1　预配置管理服务器

在安装 CloudStack 管理程序前，需要事先安装服务器操作系统，并对服务器操作系统进行预配置，设置服务器的 IP 地址、主机名、SELinux 安全组件、NTP 服务和 Yum 源。

1．安装 CentOS 操作系统

CentOS 操作系统的安装过程不在此作具体介绍，只是要求注意以下几点。

- 设置静态 IP 地址，根据 4.2 节的规划，IP 地址为 192.168.0.1；
- 设置 root 用户的密码为 cspassword；
- 在选择安装软件组的时候，选择"Basic Server"安装模式，如图 4-5 所示。

CentOS 默认安装是最小安装。您现在可以选择一些另外的软件。

- ○ Desktop
- ○ Minimal Desktop
- ○ Minimal
- ◉ Basic Server
- ○ Database Server
- ○ Web Server
- ○ Virtual Host
- ○ Software Development Workstation

请选择您的软件安装所需要的存储库。

☑ CentOS

(A) 添加额外的存储库　修改库（M）

或者，

◉ 以后自定义（I）　○ 现在自定义（C）

返回（B）　下一步（N）

图 4-5　CentOS 安装模式选择

2．网络配置

如果在安装 CentOS 6.5 操作系统时没有设置 IP 地址，默认情况下新安装的 CentOS 6.5 操作系统并未启用网络，一般需要手工配置网络接口。按表 4-2 的设置，CloudStack 管理节点只有一个网络接口，该接口对应的配置文件为/etc/sysconfig/network-scripts/ifcfg-eth0。具体的配置方法：使用 root 用户登录服务器，利用 vi 命令新建一个网络接口配置文件/etc/sysconfig/network-scripts/ifcfg-eth0。具体命令如下：

```
[root@localhost ~]# vi /etc/sysconfig/network-scripts/ifcfg-eth0
```

文件的内容如下：

```
DEVICE=eth0
HWADDR=52:54:00:B9:A6:C0
NM_CONTROLLED=no
ONBOOT=yes
BOOTPROTO=none
IPADDR=192.168.0.1
NETMASK=255.255.255.0
GATEWAY=192.168.0.254
```

上述配置文件中的 MAC、IP、网关是根据自身情况而定的，具体含义可以参考 Linux 操作系统教程。配置文件修改完成后，需运行命令重新启动网络和配置开机网络自启，如下所示：

```
[root@localhost ~]# service network restart
[root@localhost ~]# chkconfig network on
```

3．配置主机名

CloudStack要求正确设置主机名。CloudStack运行时需要获取本机名称，如无法正确获取，可能导致服务无法正常启动并报一大堆的出错警告。建议在配置CloudStack环境时，如表4-1所示规范所有主机的命名，从而在使用时便于识别和管理。如果安装时接受了默认选项，主机名为localhost.localdomain，输入如下命令可以进行验证。

```
[root@localhost ~]# hostname --fqdn
```

这时命令执行的结果为localhost。要正确设置主机名，需在三个地方修改主机名，具体处理过程如下，其中涉及的主机名和IP地址见表4-1。

（1）编辑/etc/hosts文件。

使用vi命令编辑/etc/hosts主机名配置文件，在最后一行添加四条记录，指明相应IP地址所对应的主机名。配置文件的具体内容类似下面所示：

```
127.0.0.1 localhost localhost.localdomain localhost4 localhost4.localdomain4
::1 localhost localhost.localdomain localhost6 localhost6.localdomain6
192.168.0.1 B-MS.cs
192.168.0.2  B-NFS.cs
192.168.0.5  B-XS1.cs
192.168.0.6  B-XS2.cs
```

配置文件保存后，需重启系统才能生效，可以等整个环境准备好之后再重启一次就行。

（2）修改当前主机名。

命令如下。

```
[root@localhost ~]# hostname B-MS.cs
```

（3）编辑/etc/sysconfig/network配置文件。

使用vi命令编辑/etc/sysconfig/network文件，将文件中的HOSTNAME=localhost这一行的内容改为HOSTNAME=B-MS.cs，保存修改。

在上述三个地方修改主机名后，为保险起见，需要重新检查主机名。重启服务器，使用root用户登录，使用如下命令验证hostname的配置。

```
[root@localhost ~]# hostname --fqdn
```

如命令返回B-MS.cs，则配置正确。

4．关闭SELinux安全组件

SELinux是强制访问控制（MAC）系统的实现，其本身是一个功能强大的安全模块。服务器上的SELinux会拦截CloudStack的一些命令，导致CloudStack操作失败，因此安装CloudStack前需要对SELinux进行设置，将强制模式（enforcing）改为宽容模式（permissive）。

如果没有特殊配置，在默认安装的CentOS操作系统中，SELinux服务是打开的，可以使用sestatus命令进行检查。执行结果如下：

```
[root@A-MS1 ~]# sestatus
SELinux status:                 enabled
SELinuxfs mount:                /selinux
Current mode:                   enforcing
```

```
Mode from config file:          enforcing
Policy version:                 24
Policy from config file:        targeted
```

当 Current mode 这一行显示为 enforcing 时，说明 SELinux 处于强制模式。用以下方法修改 SELinux 模式。

（1）用 setenforce 命令将 SELinux 状态直接改为 permissive。

执行如下命令无需系统重启就会将 SELinux 的运行模式设置为 permissive。

```
[root@localhost ~]# setenforce permissive
```

（2）使用 vi 命令编辑/etc/selinux/config 文件。

为确保 SELinux 的运行模式在服务器重启后仍然生效，需修改配置文件/etc/selinux/config，将 SELinux 的运行模式设置为 permissive，具体命令如下所示：

```
[root@ localhost ~]#vi /etc/selinux/config
```

文件/etc/selinux/config 的内容如下所示：

```
 # This file controls the state of SELinux on the system.
  # SELINUX= can take one of these three values:
  # enforcing - SELinux security policy is enforced.
  # permissive - SELinux prints warnings instead of enforcing.
  # disabled - No SELinux policy is loaded.
SELINUX=enforcing
  # SELINUXTYPE= can take one of these two values:
  # targeted - Targeted processes are protected,
  # mls - Multi Level Security protection.
  SELINUXTYPE=targeted
```

将 SELINUX=enforcing 这一行中的 enforcing 改为 permissive，然后保存修改并退出文件编辑状态。一般情况下，如不执行第（1）步，则用户需要重启主机才可以使此修改生效。如果只执行第（1）步命令，在主机重启后，SELinux 的状态仍会回到 enforcing，因此要将以上两步都做完才能保证完全修改。

修改 SELinux 的运行模式后，应检查 SELinux 现在的状态，命令执行结果如下。

```
[root@A-MS1 ~]# sestatus
SELinux status:                 enabled
SELinuxfs mount:                /selinux
Current mode:                   permissive
Mode from config file:          permissive
Policy version:                 24
Policy from config file:        targeted
```

Current mode 这一行显示为 permissive，说明 SELinux 已经不会影响接下来的配置和使用了。

5．配置系统的本地 Yum 源

在 CentOS 操作系统中安装程序实际上是安装 RPM 包。安装 RPM 包存在依赖性问题，即安装一个 RPM 包有可能依赖很多其他的 RPM 包才可以正确安装。例如安装 A 软件包时需要先安装 B 软件包，则说明 A 软件包依赖于 B 软件包。而 Yum 是一个基于 RPM 包的字符前端软件包管理器，能够从指定的RPM源自动下载RPM包并安装，可以处理依赖性关系，且能够一次安装所有依赖的软件包，无需烦琐的一次次下载、安装。所以，在CentOS操作系统上安装程序最好使用Yum工具进行操作。而使用Yum工具进行安装需先配置Yum源。

Yum源有两种获取方法：一种是直接通过Internet获取并安装RPM包，另一种是指定本地或内网的源进行安装。考虑到安装环境中网速可能较慢或者根本不能连接Internet，本书主要介绍如何配置本地Yum源。安装CloudStack管理程序需要配置两个源：一个是CloudStack安装包的源，另一个是操作系统自带的所有RPM包的源。下面分三步配置Yum源。

（1）挂载操作系统安装光盘或ISO文件。

操作系统安装光盘内带有大量的RPM包，在系统安装过程中只选择了一些默认程序进行安装。在安装CloudStack管理程序的过程中需要安装光盘中其他的RPM包，这时只要将CentOS 6.5系统安装光盘或者ISO文件挂载到系统中就可以使用了。下面示例如何挂载光盘。

使用如下命令查找光驱的名称：

```
[root@localhost ~]#dmesg | grep CD
```

命令返回结果为：

```
ata2.00: ATAPI: VMware Virtual IDE CDROM Drive, 00000001, max UDMA/33
scsi 2:0:0:0: CD-ROM            NECVMWar VMware IDE CDR10 1.00 PQ: 0 ANSI: 5
Uniform CD-ROM driver Revision: 3.20
sr 2:0:0:0: Attached scsi CD-ROM sr0
```

由以上信息可以知道光驱设备文件名应该为/dev/sr0。由于这里使用了VMware虚拟机作为CloudStack管理节点，所以光盘的设备文件名不是/dev/cdrom。

接着创建挂载目录/mnt/CentOS，命令如下：

```
[root@localhost ~]# mkdir /mnt/CentOS
```

将光驱挂载到系统中，命令如下：

```
[root@localhost ~]# mount -t iso9660 /dev/sr0 /mnt/CentOS
```

如果返回如下信息说明挂载光驱成功：

```
mount: block device /dev/sr0 is write-protected, mounting read-only
```

此时可以在/mnt/CentOS目录中查看安装光盘提供的所有RPM包了。

（2）建立CloudStack本地源路径。

执行命令 mkdir /opt/CS4.5.1 建立一个存放 CloudStack 安装包的目录，将下载好的CloudStack软件包库以及系统虚拟机模板上传到/opt/CS4.5.1中去。上传的方法可以通过SSH Secure File Transfer Client工具上传，也可以通过FTP服务器的方法上传。具体的操作方法可参见相应的软件说明。

上传后，检查该目录的内容进行验证，命令及结果如下所示。

```
[root@Mgr ~]# ll /opt/CS4.5.1
总用量 381880
-rwxr--r--. 1 root root  49852344 8月7日 07:13 cloudstack-agent-4.5.1-
shapeblue0.el6.x86_64.rpm
-rwxr--r--. 1 root root  89590107 8月7日 07:13 cloudstack-awsapi-4.5.1-
shapeblue0.el6.x86_64.rpm
-rwxr--r--. 1 root root      5431 8月7日 07:13 cloudstack-baremetal-agent-4.5.1-
```

```
shapeblue0.el6.x86_64.rpm
    -rwxr--r--. 1 root root     54933 8月7日 07:13 cloudstack-cli-4.5.1-
shapeblue0.el6.x86_64.rpm
    -rwxr--r--. 1 root root 114399516 8月7日 07:13 cloudstack-common-4.5.1-
shapeblue0.el6.x86_64.rpm
    -rwxr--r--. 1 root root  92222506 8月7日 07:13 cloudstack-management-4.5.1-
shapeblue0.el6.x86_64.rpm
    -rwxr--r--. 1 root root     63331 8月7日 07:13 cloudstack-mysql-ha-4.5.1-
shapeblue0.el6.x86_64.rpm
    -rwxr--r--. 1 root root  44830156 8月7日 07:13 cloudstack-usage-4.5.1-
shapeblue0.el6.x86_64.rpm
    drwxr-xr-x. 2 root root      4096 8月7日 07:13 repodata
    drwxr-xr-x. 2 root root      4096 8月7日 07:13 template
```

（3）配置 Yum 源。

在安装好的 CentOS 系统中存在 4 个源配置文件，这 4 个文件存放在/etc/yum.repos.d 目录中。在安装过程不需要使用这 4 个文件，可以通过将原来的 4 个文件改名的方法来进行备份，执行命令如下：

```
[root@localhost ~]# cd /etc/yum.repos.d
[root@localhost yum.repos.d]# rename .repo .repo.bak *
```

以.repo 为后缀的 4 个文件就被批量改名，改为.bak 后缀了，可以通过列文件命令 ls 查看具体结果。下面配置 Yum 源，配置方法是创建一个新的源配置文件/etc/yum.repos.d/cloudstack.repo（文件名可以随自己命名，后缀为 repo），命令如下：

```
[root@ localhost yum.repos.d]# vi /etc/yum.repos.d/cloudstack.repo
```

在文件中添加如下信息。

```
[base]
name=CentOS-dvd-base
baseurl=file:///mnt/CentOS
enabled=1
gpgcheck=0

[cloudstack]
 name=cloudstack
 baseurl=file:///opt/CS4.5.1
 enabled=1
 gpgcheck=0
```

保存退出后，即添加了两个软件库。这里需要注意 baseurl 这一行，默认是 HTTP 的 URL 地址，只有添加了 file://才指向本地，再加上路径的标准写法，就有了 3 个“/”符号。enabled=1 表示这个源是生效的，enabled=0 表示这个源不生效。

可以执行如下命令清除默认配置，使新配置生效。

```
[root@ localhost yum.repos.d]# yum clean all
```

然后执行 yum repolist all 命令检测源是否生效，命令执行结果如下：

```
[root@ localhost yum.repos.d]# yum repolist all
Loaded plugins: fastestmirror, refresh-packagekit, security
Loading mirror speeds from cached hostfile
base                                              | 4.0 KB    00:00 ...
base/primary_db                                   | 4.4 MB    00:00 ...
cloudstack                                        | 2.9 KB    00:00 ...
cloudstack/primary_db                             | 7.1 KB    00:00 ...
repo id                   repo name                          status
base                     CentOS-dvd-base                   enabled: 6,367
cloudstack               cloudstack                        enabled:     8
repolist: 6,375
```

由上述命令执行结果可知，所配置的 CentOS-dvd-base 和 cloudstack 两个软件库都生效了（enabled）。至此配置 Yum 源成功。

6．安装配置 NTP 服务

管理节点会通过各种协议与受控节点通信，为了确保安全，受控节点接到命令后会进行一系列的校验，如果两机的时间不同步的话，会导致命令拒绝执行。NTP 服务用于保证整套系统内所有主机的时间一致。因为 CloudStack 管理节点会判断一个任务的超时时间，如果主机之间的时间差过大，会造成系统运行失败和报错，所以 CloudStack 系统中的主机都需要配置 NTP 服务。配置步骤如下。

（1）检查 NTP 服务是否已经安装。

执行如下命令，检查系统是否安装了 NTP 服务

```
[root@ localhost ~]# service ntpd status
```

如果命令执行结果为 ntpd is stopped，说明服务已经安装，但处于停止状态，此时可以跳过下面的第（2）步，直接进行第（3）步操作。如果返回的结果为 unrecognized service，则说明系统中没有安装 NTP 服务，需进行下面第（2）步安装 NTP 服务。

（2）安装 NTP 服务。

如果系统没有安装 NTP 服务，可以通过命令 yum install ntp 安装。命令执行结果如下所示：

```
[root@ localhost ~]# yum install ntp
Loaded plugins: fastestmirror, security
Repository base is listed more than once in the configuration
Loading mirror speeds from cached hostfile
...
--> Running transaction check
...
Complete!
```

安装过程中需要再次确认是否进行安装，此时手动输入 y 进行确认。当结果显示 Complete！时，表示程序安装完毕。

（3）将 NTP 服务加入开机自启动列表。

安装后需将 NTP 服务加入开机自启动列表，命令如下所示。

```
[root@ localhost ~]# chkconfig ntpd on
```

再检查是否添加成功，命令及执行结果如下所示。

```
[root@ localhost ~]# chkconfig --list | grep ntpd
ntpd        0:off   1: off  2:on    3: on   4: on   5: on   6: off
ntpdate     0: off  1: off  2: off  3: off  4: off  5: off  6: off
```

从结果可以看出 NTP 服务在系统的 2、3、4、5 运行模式下启动，说明添加成功。

（4）配置并启动 NTP 服务。

NTP 时间同步服务是 Server/Client 架构的服务，所以实现时间同步的方法是或者作为 Client 端，寻找 NTP Server 进行同步，或者作为 Server 端，配置群集内其他主机与本机同步。为了简化 CloudStack 环境中的配置，建议以 CloudStack 管理节点作为 NTP 的 Server 端，其他计算服务器作为 NTP 的 Client 与管理端进行同步。配置方法如下。

① 修改 NTP 的配置文件，使用 vi 命令编辑/etc/ntp.conf 配置文件。

在文件中添加如下内容，允许相应网段的 NTP Client 端与管理节点通信。

```
restrict 127.0.0.1
restrict -6 ::1
restrict 192.168.0.0 mask 255.255.255.0 nomodify
```

上面 192.168.0.0 网段就是云平台各节点所在的网段。NTP 服务默认是从 Internet 上的 NTP 服务器时钟同步服务，作为一个内部私有云，不需要外部的时间同步信号。所以需要将文件中的 Internet NTP Server 地址注释掉，在这些地址前添加“#”号即可。示例如下：

```
#server 0.centos.pool.ntp.org iburst
#server 1.centos.pool.ntp.org iburst
#server 2.centos.pool.ntp.org iburst
#server 3.centos.pool.ntp.org iburst
```

在文件中增加以下两条内容，表示使用系统本地时钟。

```
server 127.127.1.0
fudge 127.127.1.0 stratum 10
```

② 配置 IPTABLES 防火墙，允许 NTP 服务开放 123 端口。

NTP 服务使用 123 端口，需要设置防火墙，允许访问 123 端口的数据包进入系统，相应命令如下所示：

```
[root@ localhost ~]# iptables -I INPUT -p tcp -m tcp --dport 123 -j ACCEPT
[root@ localhost ~]# iptables -I INPUT -p udp --dport 123 -j ACCEPT
```

将上述命令添加的规则保存在文件，使主机重启后不会丢失配置。命令及执行结果如下所示：

```
[root@ localhost ~]# service iptables save
iptables：将防火墙规则保存到 /etc/sysconfig/iptables：     [确定]
```

③ 启动 NTP 服务。

启动 NTP 服务的命令及执行结果如下所示：

```
[root@ localhost ~]# service ntpd start
```

```
正在启动 ntpd:                                             [确定]
```

出现上述结果表示 NTP 服务已启动。

（5）检查 NTP 服务的状态。

可以使用 ntpstat 命令检查 NTP 服务是否按照要求运行，命令的执行结果如下所示：

```
[root@ localhost ~]# ntpstat
synchronised to local net at stratum 11
  time correct to within 7948 ms
  polling server every 64 s
```

当显示以上信息时，说明管理节点已经以本地时钟为准进行同步了。如返回结果是 unsynchronised，就表示还未能同步，这时需要返回到第（1）步重新检查。此外，新配置的 NTP 服务在启动后可能不会立刻实现同步，可以稍等几分钟再进行检查。

4.3.2 安装和配置 MySQL 数据库

CloudStack 使用 MySQL 数据库存储系统中所有的配置信息、状态信息等。根据 4.2 节的安装规划，在这里将 MySQL 数据库安装在管理节点上。CentOS 6.5 的安装光盘中带有 MySQL 5.1 版本的安装包，可以直接使用。下面分 3 步安装 MySQL 数据库。

1．安装 MySQL-Server 软件包

首先是检查下 Yum 源，命令如下所示：

```
[root@ localhost ~]# yum repolist all
```

命令执行结果中各项源的 enabled 软件包数不为 0 即可，否则需要重新挂载光驱。命令执行的具体结果参见“4.3.1 预配置管理服务器”。

运行如下命令安装 MySQL 数据库：

```
[root@ localhost ~]# yum install mysql-server
```

命令的执行结果如下所示：

```
[root@ localhost ~]# yum install mysql-server
Loaded plugins: fastestmirror, refresh-packagekit, security
Loading mirror speeds from cached hostfile
Setting up Install Process
Resolving Dependencies
--> Running transaction check
---> Package mysql-server.x86_64 0:5.1.71-1.el6 will be installed
......
Complete!
```

安装过程中需要再次确认是否进行安装，此时手工输入 y 进行确认。当显示 Complete！时，表示程序安装完毕。

2．配置 MySQL 参数

MySQL 默认有连接数限制，无法满足 CloudStack 管理节点的要求，需要手工重新设定。MySQL 安装完成后，可以通过更改其配置文件/etc/my.cnf 的内容来进行设定。

执行如下命令，编辑/etc/my.cnf 文件。

```
[root@ localhost ~]# vi /etc/my.cnf
```

在文件中的[mysqld]下添加下列参数：

```
innodb_rollback_on_timeout=1
innodb_lock_wait_timeout=600
max_connections=350
log-bin=mysql-bin
binlog-format = 'ROW'
```

在完成上述配置修改后，将配置信息保存退出。以上参数配置可根据实际需要进行调整，一般建议将"max_connections"的值设为"350*管理节点的个数"。

3．启用 MySQL 服务

修改完/etc/my.cnf 文件后，就可以启动 MySQL 服务了。启动命令为：

```
[root@ localhost ~]# service mysqld start
```

命令的执行结果如下所示：

```
[root@ localhost ~]# service mysqld start
初始化 MySQL 数据库： Installing MySQL system tables...OK
Filling help tables...OK
To start mysqld at boot time you have to copy
......
                                                        [确定]
正在启动 mysqld:                                        [确定]
```

在 CentOS 系统中，MySQL 数据库初始化的时候并没有为 root 用户设置登录密码，也就是说，无需密码就可以使用最高 root 权限来操作数据库，这是很危险的。所以强烈建议为数据库的 root 用户配置密码。配置命令如下所示，将 root 用户的密码设置为 cspassword。

```
[root@ localhost ~]#mysqladmin -u root password 'cspassword'
```

再执行命令 service mysqld restart 重启 MySQL 服务，使最新的设定生效。最后将 MySQL 加入开机自启动列表，命令如下所示，从而完成 MySQL 数据库的基本配置。

```
[root@ localhost ~]# chkconfig mysqld on
```

4.3.3 安装和配置 CloudStack 程序

经过前两节的服务器预配置和 MySQL 数据库安装后，就可以安装和配置 CloudStack 程序，具体步骤如下。

1．安装 CloudStack 管理节点的软件包

在前面的预配置过程中，已经将 CloudStack 安装软件包上传到管理节点中，并配置了相应的 Yum 源，因此可以直接运行如下命令安装管理服务器。

```
[root@ localhost ~]# yum -y install cloudstack-management
```

命令的执行结果如下：

```
[root@ localhost ~]# yum -y install cloudstack-management
Loaded plugins: fastestmirror, refresh-packagekit, security
Loading mirror speeds from cached hostfile
Setting up Install Process
Resolving Dependencies
```

```
   ...
   Installed:
     cloudstack-management.x86_64 0:4.5.1-shapeblue0.el6
   ...

Complete!
```

安装过程可能需要 10 分钟的时间，当执行结果出现 Complete!时表示程序安装完毕。

2．下载 vhd-util 文件

当计算节点是 XenServer 服务器时，需要使用 vhd-util 文件。这个文件是用来处理与模板相关的功能的，如复制模板创建虚拟机、将虚拟机系统生成为模板等。由于 vhd-util 文件是非开源的，开源的 CloudStack 版本中不能包含此文件，需要另外下载。但 CloudStack 安装文件既有开源版本也有非开源版本，非开源版本中包含了支持 CloudStack 功能的非开源软件包，所以应先查看 vhd-util 文件是否已安装。查看命令及执行结果如下所示：

```
   [root@ localhost ~]# ll /usr/share/cloudstack-common/scripts/vm/hypervisor/
xenserver | grep vhd-util
   -rwxr-xr-x. 1 root root 318977 5月  6 2015 vhd-util
```

可见文件存在，可以不用下载。如果不存在就要下载 vhd-util 文件，下载地址为：http://download.cloud.com.s3.amazonaws.com/tools/vhd-util，再将该文件复制到/usr/share/cloudstack-common/scripts/vm/hypervisor/xenserver 目录下。

3．初始化 CloudStack 数据库

CloudStack 管理程序安装完成后，需要初始化 MySQL 数据库，在 MySQL 数据库中导入 CloudStack 的数据表。数据表有两张，分别是 cloud 和 cloud_usage，以后如果 CloudStack 出现解决不了的故障，可以清除这两张表，初始化 CloudStack，再重新来过。

初始化命令如下所示：

```
   [root@  localhost  ~]#cloudstack-setup-databases  cloud:cspassword@localhost
--deploy-as=root:cspassword
```

该命令除创建两张数据表外，还创建了一个新的数据库用户 cloud，该用户的密码为 cspassword。deploy-as 参数指定安装数据库的用户名和密码，在上面的命令中，root 用户部署了数据库并创建了 cloud 用户。管理员 root 的密码是在 4.2 节中定义的 cspassword。需要注意的是 MySQL 数据库默认只允许本地访问，使用本机 IP 地址及主机名都无法连接 MySQL 数据库，因此在上述的命令中使用 localhost 参数表示本机。命令的执行结果如下所示：

```
   [root@  localhost  ~]#cloudstack-setup-databases  cloud:cspassword@localhost
--deploy-as=root:cspassword
   Mysql user name:cloud                                         [ OK ]
   Mysql user password:******                                    [ OK ]
   Mysql server ip:localhost                                     [ OK ]
   Mysql server port:3306                                        [ OK ]
   Mysql root user name:root                                     [ OK ]
   Mysql root user password:******                               [ OK ]
   Checking Cloud database files ...                             [ OK ]
```

```
......
CloudStack has successfully initialized database, you can check your database
configuration in /etc/cloudstack/management/db.properties
```

当执行结果出现 CloudStack has successfully initialized database 信息时，表示数据库已经准备好，已经安装成功。

4．自动配置 CloudStack 程序

至此可以执行以下命令，根据前面所有的设置自动配置 CloudStack 管理程序。

```
[root@ localhost ~]# cloudstack-setup-management
```

这个命令会设置 IPTABLES 防火墙，连接 MySQL 数据库，启动 CloudStack 管理服务器等。命令的执行结果如下所示：

```
[root@ localhost ~]# cloudstack-setup-management
\Starting to configure CloudStack Management Server:
Configure sudoers ...          [OK]
Configure Firewall ...         [OK]
Configure CloudStack Management Server ...[OK]
CloudStack Management Server setup is Done!
```

当出现 CloudStack Management Server setup is Done!信息时，就表示 CloudStack 程序正常启动。

5．验证 CloudStack 管理节点服务

完成以上的安装和配置后，就可以用谷歌、火狐浏览器访问管理节点了（IE 访问可能有兼容性问题），通过访问管理节点可以验证 CloudStack 管理节点是否正常安装。具体做法为：

（1）确认是否可以正常登录 CloudStack 管理界面。打开浏览器，在地址栏中输入 http://管理服务器 IP 地址:8080/client，出现图 4-6 所示的登录界面。

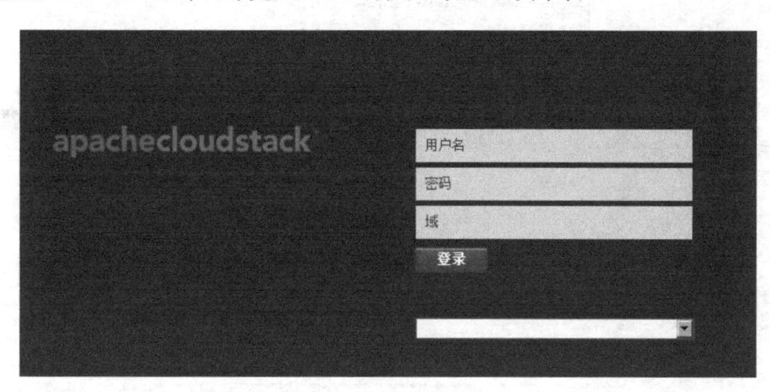

图 4-6　登录界面

使用默认的用户名 admin，默认的密码为 password 登录。初次登录时会显示图 4-7 所示的向导页面。

单击“继续执行基本安装”按钮，会一步步引导你创建第一个基础架构。由于目前准备工作尚未完成，还无法正确创建基础架构，因此这里先跳过。单击“我以前使用过 CloudStack，跳过此指南”按钮，直接进入图 4-8 所示的控制面板。

单击左边的“基础架构”选项，进入基础架构面板，如图 4-9 所示。从基础架构面板可以看出现在什么资源都没安装。

您好，欢迎使用 CloudStack™

此教程将帮助您设置 CloudStack™ 安装

什么是 CloudStack™?

CloudStack™ 简介

CloudStack™ 是一个软件平台，可将计算资源集中在一起以构建公有、私有和混合基础设施即服务（IaaS）云。CloudStack™ 负责管理组成云基础架构的网络、存储和计算节点。使用 CloudStack™ 可以部署、管理和配置云计算环境。

CloudStack™ 通过扩展商用硬件上运行的每个虚拟机映像的范围，提供了一个实时可用的云基础架构软件堆栈用于以服务方式交付虚拟数据中心，即交付构建、部署和管理多层次和多租户云应用程序必需的所有组件。开源版本和 Premium 版本都已可用，且提供的功能几乎完全相同。

CloudStack

Virtualized Servers

Networking

Storage

我以前使用过 CloudStack，跳过此指南

继续执行基本安装

图 4-7　向导页面

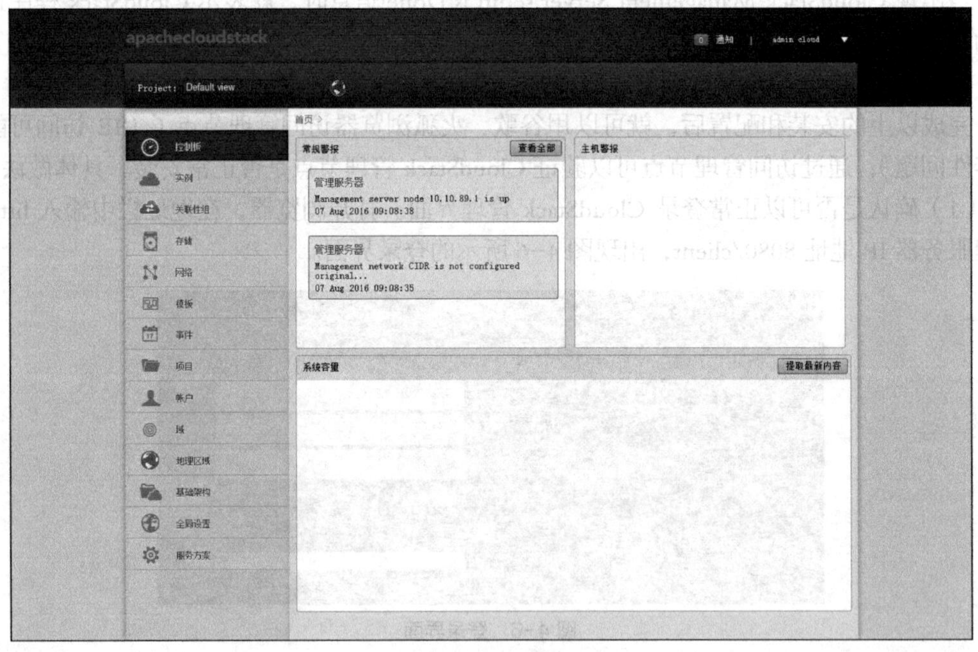

图 4-8　控制面板

（2）查看全局设置，确定 host 和 management.network.cidr 的设置是规划中的管理网段。CloudStack 管理程序会使用管理节点这台计算机上的一个网卡的 IP 地址作为云平台的管理 IP，并生成对应的管理网段。当管理节点上有多个网卡时，CloudStack 管理程序选择的 IP 可能不是所规划的管理 IP，这会造成虚拟机无法与管理节点正常通信。这个问题可以通过查看 host 和 management.network.cidr 的 IP 设置来避免。

单击控制面板左边的“全局设置”选项，进入全局设置面板，如图 4-10 所示。

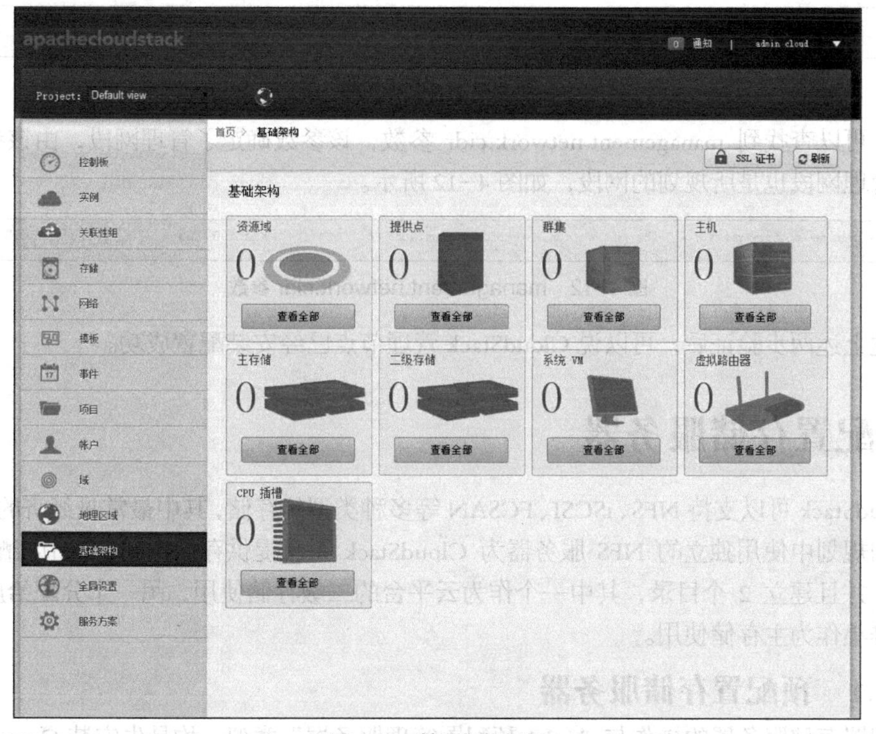

图 4-9 基础架构面板

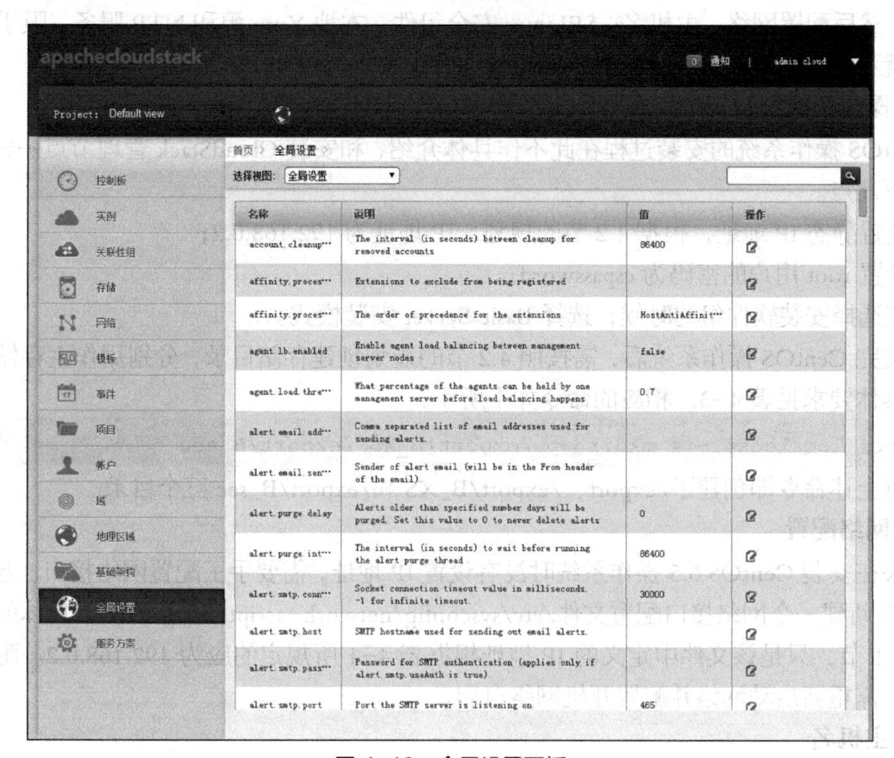

图 4-10 全局设置面板

在全局设置面板查找 host 参数，得到图 4-11 所示结果。由图 4-11 可知，host 的值就是管理节点的 IP，也是所规划的管理节点的 IP。

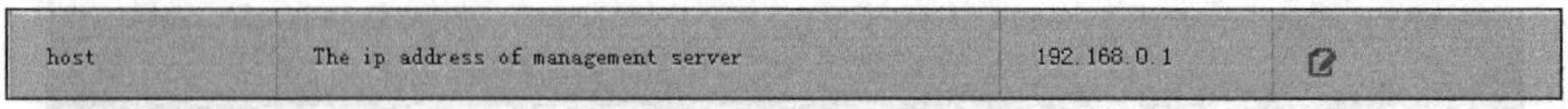

host	The ip address of management server	192.168.0.1

图 4-11　host 参数

同样可以查找到 management.network.cidr 参数，该参数确定了管理网段，由该参数的值可知，管理网段也是所规划的网段，如图 4-12 所示。

management.network.cidr	The cidr of management server network	192.168.0.0/24

图 4-12　management.network.cidr 参数

经过上述两步验证后，可以说 CloudStack 管理节点已经安装配置成功。

4.4　配置存储服务器

CloudStack 可以支持 NFS、iSCSI、FCSAN 等多种类型的存储，其中最常见经济的是 NFS。在本章的规划中使用独立的 NFS 服务器为 CloudStack 系统提供存储空间，本节将配置 NFS 服务器，并且建立 2 个目录，其中一个作为云平台的二级存储使用，另一个分配给虚拟机管理程序群集作为主存储使用。

4.4.1　预配置存储服务器

预配置存储服务器的操作与“4.3.1 预配置管理服务器”类似，均是先安装 CentOS 6.5 操作系统，然后配置网络、主机名、SELinux 安全组件、本地 Yum 源和 NTP 服务。限于篇幅的关系，就不再一一重复介绍，仅对不同点和注意事项进行说明。

1．操作系统安装

CentOS 操作系统的安装过程在此不作具体介绍，和安装 CloudStack 管理节点一样，要求注意以下几点。

- 设置静态 IP 地址，根据 4.2 节的规划，IP 地址为 192.168.0.2；
- 设置 root 用户的密码为 cspassword；
- 在选择安装软件组的时候，选择 Basic Server 安装模式。

安装完 CentOS 操作系统后，需按照 4.2 节的规划创建存储目录，分别用作主存储和二级存储，具体要求见表 4-3。相应的命令如下所示：

```
[root@ localhost ~]# mkdir -p /export/B_XS /export/B_sec
```

执行上述命令即创建了/export、/export/B_XS 和/export/B_sec 三个目录。

2．网络配置

如果在安装 CentOS 6.5 操作系统时没有设置 IP 地址，需要手工配置网络接口。方法是使用 vi 命令新建一个网络接口配置文件/etc/sysconfig/network-scripts/ifcfg-eth0，具体的配置过程见 4.3.1 节，只是该文件中定义的 IP 地址根据表 4-1 所规定的应为 192.168.0.2。配置文件生成后，需重新启动网络并配置开机网络自启。

3．主机名

需要在三个地方正确设置主机名，这时的主机名按表 4.1 所规定的应为 B-NFS.cs，具体设置方法见 4.3.1 节。设置完成后，可以通过 hostname--fqdn 命令验证是否设置正确。

4．关闭 SELinux 安全组件

SELinux 安全组件的配置与 4.3.1 节完全一样。

5．配置 Yum 源

安装 NFS 服务只需要使用 CentOS 系统光盘，因此只需挂载系统光盘，创建 Yum 源配置文件即可。具体步骤如下。

将系统光盘挂载到目录/mnt/CentOS，命令如下：

```
[root@localhost ~]# mkdir /mnt/CentOS
 [root@localhost ~]# mount -t iso9660 /dev/sr0 /mnt/CentOS
```

将/etc/yum.repos.d 目录中原来的 4 个源配置文件改名备份，命令如下：

```
[root@localhost ~]# cd /etc/yum.repos.d
[root@localhost yum.repos.d]# rename .repo .repo.bak *
```

创建/etc/yum.repos.d/NFS.repo 源配置文件，具体操作如下所示：

```
[root@ localhost yum.repos.d]# vi /etc/yum.repos.d/NFS.repo
```

在文件中添加如下信息，保存退出：

```
[base]
name=nfs-dvd-base
baseurl=file:///mnt/CentOS
enabled=1
gpgcheck=0
```

执行如下命令，清除默认配置，使新配置生效。

```
[root@ localhost ~]# yum clean all
```

配置完成后，检查新的配置源是否生效，命令与执行结果如下：

```
[root@ localhost ~]# yum repolist all
Loaded plugins: fastestmirror, refresh-packagekit, security
Loading mirror speeds from cached hostfile
base                                          | 4.0 kB    00:00 ...
base/primary_db                               | 4.4 MB    00:00 ...
repo id            repo name                  status
base               nfs-dvd-base              enabled: 6,367
repolist: 6,367
```

由结果可知，所配置的 nfs-dvd-base 软件库生效了（enabled），配置 Yum 源成功。

6．安装配置 NTP 服务

与 4.3.1 节中安装配置 NTP 服务的操作基本一样，只是 CloudStack 管理节点是作为 NTP 的 Server 端，而 NFS 服务器是作为 NTP 的 Client 端。配置步骤如下。

（1）安装 NTP 服务。

如果系统没有安装 NTP 服务，可以通过如下命令安装，否则直接进入第（2）步：

```
[root@ localhost ~]# yum install ntp
```

（2）将 NTP 服务加入开机自启动列表。

安装后需将 NTP 服务加入开机自启动列表，命令如下所示。

```
[root@ localhost ~]# chkconfig ntpd on
```

（3）配置并启动 NTP 服务。

配置 NFS 服务器为 NTP 服务的 Client 端，CloudStack 管理节点作为 NTP 服务的 Server 端。配置方法如下。

①编辑 NTP 的配置文件，指定 NTP 服务的 Server 端。

```
[root@ localhost ~]# vi /etc/ntp.conf
```

需要注释掉文件中的 Internet NTP 服务器地址，在这些地址前添加“#”号即可。示例如下：

```
#server 0.centos.pool.ntp.org iburst
#server 1.centos.pool.ntp.org iburst
#server 2.centos.pool.ntp.org iburst
#server 3.centos.pool.ntp.org iburst
```

增加以下一条内容，指明 NTP 服务器的 IP 地址为 192.168.0.1，这是管理节点的 IP 地址，即管理节点是 NTP 服务器。

```
server 192.168.0.1
```

②配置 IPTABLES 防火墙，允许 NTP 服务开放 123 端口。

```
[root@ localhost ~]# iptables -I INPUT -p tcp -m tcp --dport 123 -j ACCEPT
[root@ localhost ~]# iptables -I INPUT -p udp --dport 123 -j ACCEPT
[root@ localhost ~]# service iptables save
```

③启动 NTP 服务。

```
[root@ localhost ~]# service ntpd start
```

（4）检查 NTP 服务的状态。

配置完成后，使用 ntpstat 命令检查 NTP 服务的状态，如配置正确会显示以下信息：

```
[root@ localhost ~]# ntpstat
synchronized to NTP server(192.168.0.1) at stratum 12
  time correct to within 1515 ms
  polling server every 64 s
```

说明 NFS 服务器已经以管理节点的时钟为准进行了同步（synchronized to NTP server（192.168.0.1））。新配置的 NTP 服务在启动后可能不会立刻实现同步，需要稍等几分钟再进行检查。

4.4.2 安装和配置 NFS 服务器

在 NFS 服务器预配置后，下面进行 NFS 服务的安装和配置，具体步骤如下。

1．检查 NFS 服务是否安装

通过如下命令可以查看 NFS 服务是否已经安装。

```
[root@ localhost ~]# service nfs status
```

命令的执行结果如下所示：

```
[root@ localhost ~]# service nfs status
rpc.svcgssd 已停
rpc.mountd 已停
nfsd 已停
rpc.rquotad 已停
```

上述执行结果表明已经安装了 NFS 服务，但没有启动，这时可以跳过下面第 2 步安装 NFS 软件包，直接进行第 3 步的操作。如果返回 nfsd unrecognized service，则说明没有安装 NFS 服务，需要进行下面第 2 步操作。

2．安装 NFS 软件包

如果没有安装 NFS 服务，则可以使用如下命令安装 NFS 相关的软件包。

```
[root@localhost mnt]# yum -y install nfs-utils
```

命令的执行结果如下所示：

```
[root@localhost mnt]# yum -y install nfs-utils
Loaded plugins: fastestmirror, security
Repository base is listed more than once in the configuration
…….
Dependency Installed:  python-argparse.noarch 0:1.2.1-2.1.el6
Updated:  nfs-utils.x86_64 1:1.2.3-70.el6
Dependency Updated:  libtirpc.x86_64 0:0.2.1-11.el6
Complete!
```

当结果出现 Complete!信息时，就表示安装完成。

3．将 NFS 服务加入到自启动列表

需要将 NFS 服务加入到系统自启动列表中，当系统启动后就自动启动 NFS 服务。具体实现命令如下所示：

```
[root@ localhost ~]# chkconfig nfs on
[root@ localhost ~]# chkconfig rpcbind on
```

4．配置 NFS 服务

（1）CentOS 6.5 所提供的 NFS 程序使用了域名访问控制机制，如果主机间的域名不一致，会导致对 NFS 存储的读写失败。可以通过编辑 NFS 参数文件/etc/idmapd.conf 修改统一的域名，将一级域名改为 4.2 节所规划的统一域名 cs。命令如下所示：

```
[root@ localhost ~]#vi /etc/idmapd.conf
```

在打开的/etc/idmapd.conf 文件中查找 Domain 参数，设置 Domain=.cs，然后保存退出。

（2）配置存储文件夹的访问权限。在表 4-3 中指定 NFS 存储文件夹为/export，这个文件夹是 NFS 系统共享给客户机使用的目录，即 NFS 服务器的输出目录。需要配置该目录的访问权限，方法是使用 vi 命令编辑/etc/exports 文件，具体命令如下所示：

```
[root@ localhost ~]# vi /etc/exports
```

执行上述命令，编辑/etc/exports 文件，在文件中添加一条记录：

```
/export  *(rw,async,no_root_squash,no_subtree_check)
```

上述记录各项的含义如下：

- /export 为输出目录；
- *：表示所有主机均可访问输出目录；
- rw：设置输出目录可读写；
- no_root_squash：不将 root 用户及所属组映射为匿名用户或用户组；
- async：将数据先保存在内存缓冲区中，必要时才写入磁盘；

- no_subtree_check：即使输出目录是一个子目录，NFS 服务器也不检查其父目录的权限，这样可以提高效率。

（3）编辑/etc/sysconfig/nfs 文件，配置 NFS 服务端口。命令如下：

```
[root@ localhost ~]# vi /etc/sysconfig/nfs
```

在文件中找到下列内容，将注释去掉。

```
RQUOTAD_PORT=875
LOCKD_TCPPORT=32803
LOCKD_UDPPORT=32769
MOUNTD_PORT=892
STATD_PORT=662
STATD_OUTGOING_PORT=2020
```

NFS 启动时会随机启动多个端口并向 RPC 注册，这会造成 iptables 防火墙对 NFS 端口进行限制。通过上述配置就固定了 NFS 服务相关端口，方便防火墙进行配置。

（4）配置防火墙安全策略。

如果开启 iptables 防火墙，则需开放 NFS 服务需要的端口，可通过编辑/etc/sysconfig/iptables 文件实现。命令如下：

```
[root@ localhost ~]# vi /etc/sysconfig/iptables
```

在打开的/etc/sysconfig/iptables 文件中增加如下内容。

```
-A INPUT -s 192.168.0.0 -m state --state NEW -p udp --dport 111 -j ACCEPT
-A INPUT -s 192.168.0.0 -m state --state NEW -p tcp --dport 111 -j ACCEPT
-A INPUT -s 192.168.0.0 -m state --state NEW -p tcp --dport 2049 -j ACCEPT
-A INPUT -s 192.168.0.0 -m state --state NEW -p tcp --dport 32803 -j ACCEPT
-A INPUT -s 192.168.0.0 -m state --state NEW -p udp --dport 32769 -j ACCEPT
-A INPUT -s 192.168.0.0 -m state --state NEW -p tcp --dport 892 -j ACCEPT
-A INPUT -s 192.168.0.0 -m state --state NEW -p udp --dport 892 -j ACCEPT
-A INPUT -s 192.168.0.0 -m state --state NEW -p tcp --dport 875 -j ACCEPT
-A INPUT -s 192.168.0.0 -m state --state NEW -p udp --dport 875 -j ACCEPT
-A INPUT -s 192.168.0.0 -m state --state NEW -p tcp --dport 662 -j ACCEPT
-A INPUT -s 192.168.0.0 -m state --state NEW -p udp --dport 662 -j ACCEPT
```

其中 192.168.0.0 为云平台所用网段，除端口 111、2049 为 NFS 固定使用的端口外，其他端口均为（3）中所配置的 NFS 服务端口。另外要注意的是，上述配置内容应放在 COMMIT 记录之前。

配置完成后，需要重启 iptables 服务使配置生效，命令及执行结果如下：

```
[root@ localhost ~]# service iptables restart
iptables：将链设置为政策 ACCEPT：filter                    [确定]
iptables：清除防火墙规则：                                  [确定]
iptables：正在卸载模块：                                    [确定]
iptables：应用防火墙规则：                                  [确定]
```

要保证系统重启后所作的设置仍然生效，则需保存防火墙规则，命令及执行结果如下：

```
[root@ localhost ~]# service iptables save
iptables: 将防火墙规则保存到 /etc/sysconfig/iptables:         [确定]
```

提示：在 NFS 服务器上启动防火墙容易造成一些不易解决的问题，建议在安装测试阶段关闭防火墙。

5．启动 NFS 服务

在 NFS 配置完成后，需启动 NFS 服务使配置生效，其命令及执行结果如下：

```
[root@ localhost ~]# service rpcbind start
[root@ localhost ~]# service nfs start
启动 NFS 服务:                                          [确定]
关掉 NFS 配额:                                          [确定]
启动 NFS mountd:                                        [确定]
启动 NFS 守护进程:                                      [确定]
正在启动 RPC idmapd:                                    [确定]
```

6．检查 NFS 存储是否正常运行

检查存储是否正常运行，命令及执行结果如下：

```
[root@ localhost ~]# showmount -e
Export list for B-NFS.cs:
/export *
```

showmount 命令查看 NFS 的共享目录，参数-e 显示 NFS 服务器上所有输出的共享目录。如果命令结果显示以上内容，说明 NFS 存储路径已经准备好了。

4.4.3 上传系统虚拟机模板

正如第 3 章所述，系统虚拟机在 CloudStack 中扮演着重要的角色，它们管理二级存储、打开虚拟机的图形界面、为用户虚拟机提供各种网络服务等。如系统虚拟机没有正确导入，CloudStack 将无法管理二级存储，也就无法完成导入模板、创建新的虚拟机等操作。所以系统虚拟机模板的上传工作是整个 CloudStack 平台构建工作中的重点和难点。

系统虚拟机模板文件很大，没有包含在 CloudStack 安装程序中，需要手工下载系统虚拟机模板，并把这些模板部署（上传）到刚才创建的二级存储中。下面上传系统虚拟机模板文件到二级存储中（以下操作均在管理节点上进行）。

（1）登录管理节点，挂载 NFS 服务器的二级存储文件夹。命令如下：

```
[root@localhost ~]# mount -t nfs 192.168.0.2:/export/B_sec  /mnt
```

上述命令将 NFS 服务器的/export/B_sec 目录挂载到/mnt 目录下。如果挂载不成功，可以通过如下的方式来检查。

• 检查 NFS 服务器的/etc/sysconfig/nfs 配置文件，查看是否把指定端口都开放了；

• 检查 NFS 服务器的 iptables 防火墙设置，查看是否放行了 NFS 服务端口。在安装测试阶段可以关掉 NFS 服务器的防火墙，命令及执行结果如下所示：

```
[root@B-XS1 ~]# service iptables stop
iptables: Flushing firewall rules:                    [ OK ]
iptables: Setting chains to policy ACCEPT: filter     [ OK ]
iptables: Unloading modules:                          [ OK ]
```

（2）上传系统虚拟机模板。上传（导入）系统虚拟机模板的命令与使用的虚拟机管理程序有关，也与安装环境有关。本书已在 4.3 节配置 Yum 源时将 CloudStack 的软件包复制到管理节点的/opt/CS4.5.1 文件夹中，其中就包含了 CloudStack 系统虚拟机模板，放在/opt/CS4.5.1/template 文件夹下。可使用如下命令导入支持 XenServer 的系统虚拟机模板。

```
[root@localhost ~]# /usr/share/cloudstack-common/scripts/storage/secondary/cloud-install-sys-tmplt -m /mnt -f /opt/CS4.5.1/template/systemvm64template-4.5-xen.vhd.bz2 -h xenserver -F
```

参数 m 指定上传的目的路径，即是 NFS 服务器的二级存储文件夹。参数 f 指定本地虚拟机模板的路径和文件名，XenServer 系统虚拟机模板文件为 systemvm64template-4.5-xen.vhd.bz2。参数 h 指定虚拟机程序的类型，类型有三个，xenserver、kvm 和 vmware。参数 F 用于将二级存储内的旧模板清空。

命令的运行结果如下：

```
[root@localhost ~]# /usr/share/cloudstack-common/scripts/storage/secondary/cloud-install-sys-tmplt -m /mnt -f /opt/CS4.5.1/template/systemvm64template-4.5-xen.vhd.bz2 -h xenserver -F
Uncompressing to /usr/share/cloudstack-common/scripts/storage/secondary/caa0c682-b6ae-421d-a595-db9a0885c2e3.vhd.tmp (type bz2)...could take a long time
Moving to /mnt/template/tmpl/1/1///caa0c682-b6ae-421d-a595-db9a0885c2e3.vhd...could take a while
Successfully installed system VM template /opt/CS4.5.1/template/systemvm64template-4.5-xen.vhd.bz2 to /mnt/template/tmpl/1/1/
```

如结果返回"Successfully installed system VM template"信息就表示系统虚拟机模板上传成功。可以看出虚拟机模板存放在/mnt/template/tmpl/1/1/中，即 NFS 服务器的/export/B_sec/template/tmpl/1/1/文件夹中。此命令执行过程需要运行一定时间，运行时要求本地文件系统（管理节点）的硬盘空余大约 5GB 的空间。

如果能够连上 Internet，则对于 XenServer 来说，导入系统虚拟机模板的命令为：

```
[root@localhost ~]#/usr/share/cloudstack-common/scripts/storage/secondary/cloud-install-sys-tmplt -m /mnt -u http://download.cloud.com/template/systemvm64template-4.5-xen.vhd.bz2 -h xenserver -F
```

该命令从网址 http://download.cloud.com 下载系统虚拟机模板，参数 u 指定虚拟机模板的 URL 和文件名。

（3）导入完成后，记得卸载辅助存储，命令如下。

```
[root@localhost ~]#umount /mnt
```

4.5 安装和配置计算节点

CloudStack 支持多种虚拟化方案，包括 KVM、XenServer、VMware。其中 Citrix 公司的 XenServer 是一种全面且易于管理的服务器虚拟化平台，它与 CloudStack 配合得很好，使用简单，功能全面。管理 XenServer 节点不必像管理 KVM 节点那样需要安装 Agent；也不必像管理 vSphere 节点那样，既离不开 vCenter，又因为 vCenter 没有完全开放而无法实现全部功能。因此，本章使用 XenServer 作为计算节点的虚拟化管理程序（Hypervisor），在计算节点上安装 XenServer 6.5 程序。

4.5.1 安装前的准备工作

在安装 XenServer 系统前，先做好以下准备工作。

1．确认计算节点的硬件配置与兼容性

- 查看 Citrix 硬件兼容性列表：http://hcl.xensource.com，确认要安装的服务器通过了 XenServer 6.5 版本的兼容性认证；
- 群集中的主机必须是相同架构，CPU 的型号、数量和功能参数必须相同；
- 硬件必须支持虚拟化 HVM，BIOS 中要打开 Intel-VT 或者 AMD-V；
- 64 位 x86 CPU（多核性能更佳）；
- 4GB 及以上内存；
- 36GB 本地磁盘空间；
- 至少一块网卡；
- 静态分配的 IP 地址。

如果采用 VMware Workstation 上的虚拟机作为计算节点，则需要开启虚拟机的虚拟化功能。具体设置如下。

右键单击虚拟机名称，选择设置，出现虚拟机设置对话框，如图 4-13 所示。

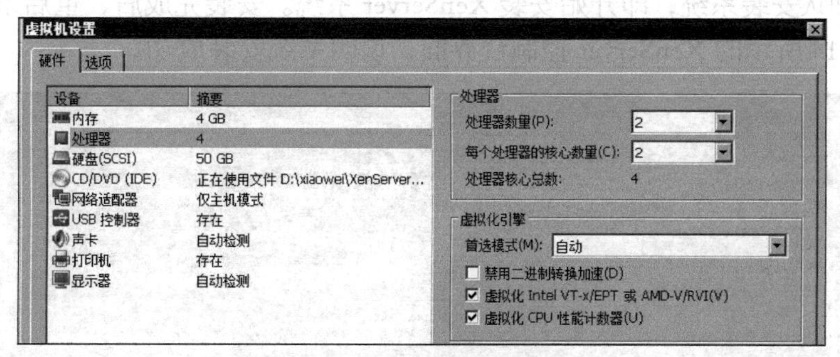

图 4-13 虚拟机设置对话框

单击对话框左边的“处理器”，将右边的“虚拟化 Intel VT-x/EPT 或 AMD-V/RVI”选项勾上，开启虚拟化。

2．获得 XenServer 6.5 系统安装软件

可以从网址 https://www.citrix.com/English/ss/downloads/下载 XenServer 6.5 安装软件。

3．确定配置信息

根据 4.2 节的规划，两台 XenServer 计算节点的配置信息如表 4-4 所示。

表 4-4 XenServer 计算节点的配置信息

主机	IP 地址	主机名	用户/密码	硬件配置
XenServer 计算节点 1	192.168.0.5	B-XS1.cs	root/cspassword	2 核、4GB、20GB、1 网卡
XenServer 计算节点 2	192.168.0.6	B-XS2.cs	root/cspassword	2 核、4GB、20GB、1 网卡

上述配置信息在安装 XenServer 系统时会使用到。

4.5.2 安装 XenServer 系统

安装 XenServer 系统与安装 Linux 系统类似，按照安装向导一步一步执行下去，比较简单。安装过程中需要进行以下参数的选择。

- 键盘布局（Select Keymap）：选择 us；
- 终端用户授权协议（End User License Agreement）：选择接受，Accept EULA；
- 安装源（Select Installation Source）：选择 Local Media；
- 安装附加软件（Supplement Packs）：选择 No；
- 设置密码（Set Password）：cspassword；
- 网络设置（Networking）：选择静态 IP 地址（Static configuration），具体地址用表 4-4 中的 IP 地址；
- 主机名和域名服务器（Hostname and DNS Configuration）：主机名用表 4-4 中设置的服务器名，DNS 的 IP 地址则由于本章没有用到 DNS 服务，可以根据实际情况填写，或填一个常见的公共 DNS 服务器的 IP 地址，如 114.114.114.114；
- 选择时区（Select Time Zone）：选择 Asia->Shanghai；
- 系统时钟（System Time）：Using NTP，使用 NTP 服务；
- NTP 服务端地址（NTP Configuration）：输入 NTP 服务器的地址，即管理节点的 IP 地址，使用管理节点作为 NTP 服务器。
- 最后确认安装系统，即开始安装 XenServer 系统。安装完成后，重启系统，登录系统出现图 4-14 所示的 XenServer 控制台界面，说明系统安装成功。

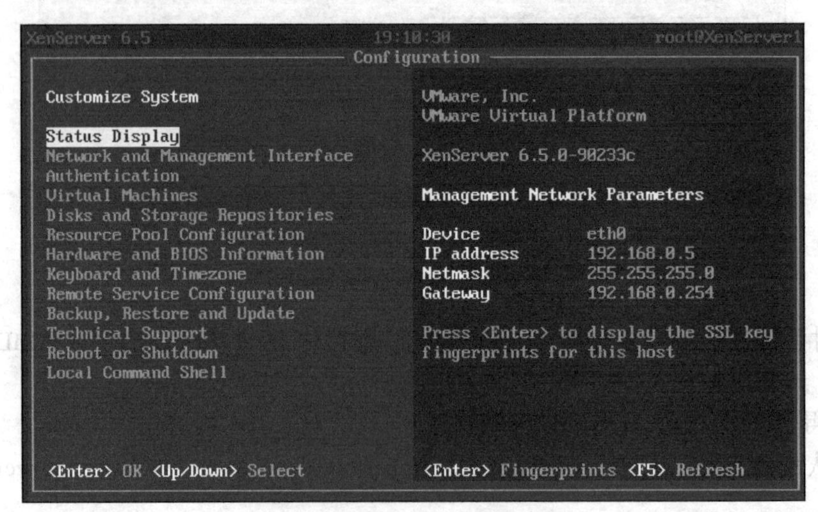

图 4-14　XenServer 控制台界面

同样的方法可以安装计算节点 2 上的 XenServer 系统。

4.5.3 配置 XenServer 系统

1．网络配置

XenServer 在系统安装过程中就已经进行了网络配置，可以根据实际环境进行修改。修改的方法是在 XenServer 控制台界面进行相应的操作。在 XenServer 控制台界面可以查看网卡的 IP 地址、网关、DNS、主机名、系统版本、系统时间、硬件信息和运行的虚拟机等内容。在命令行界面可以通过以下命令进入控制台界面：

```
[root@XenServer1 ~]#xsconsole
```

由图 4-14 可知，系统已经为网卡 eth0 配置了 IP 地址等属性，这时可根据 4.2 节的规划进行修改。要修改网卡的 IP 属性，可以选择“Network and Management Interface”进入图 4-15 所示的网络管理界面。

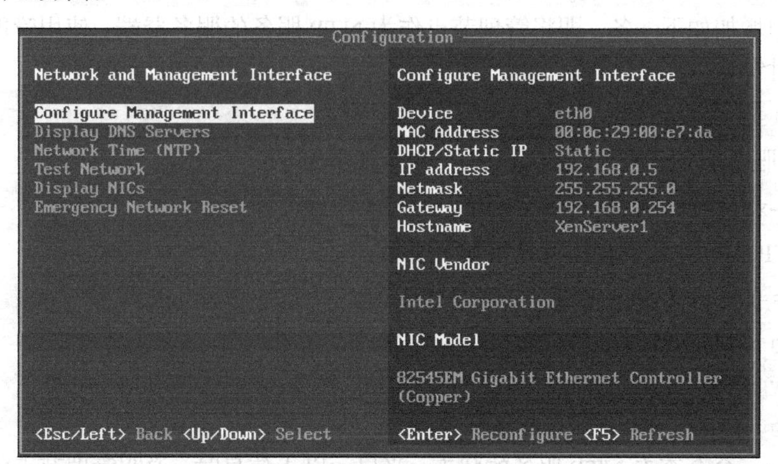

图 4-15　网络管理界面

在网络管理界面可以设置主机名、网卡的 IP 属性、DNS 和 NTP 服务。

2．配置主机名

CloudStack 中同一群集下的所有 XenServer 主机必须拥有同样的用户名和密码。XenServer 在系统安装过程中就已经设置了主机名，如果需要修改，可以使用上面介绍的 XenServer 控制台，也可以按如下步骤进行。

在图 4-14 所示的 XenServer 控制台界面选择“Local Command Shell”进入命令行模式。执行 xe host-list 命令获得主机的 UUID，命令执行结果如下所示：

```
[root@XenServer1 ~]# xe host-list
uuid ( RO)      : 8efdea68-13cf-4a91-83cb-96fc4d2c8ac0
name-label ( RW): XenServer1
name-description ( RW): Default install of XenServer
```

由此可知主机的 UUID 为 8efdea68-13cf-4a91-83cb-96fc4d2c8ac0，再使用 xe 命令修改主机名，具体命令如下所示：

```
[root@XenServer1 ~]# xe host-set-hostname-live host-uuid=8efdea68 -13cf-4a91-83cb-96fc4d2c8ac0 host-name=B-XS1.cs
```

命令执行后，执行如下命令检查主机名，结果如下所示：

```
[root@XenServer1 ~]# hostname
B-XS1.cs
```

3．配置 NTP 服务

安装 XenServer 时，默认已经将 NTP 程序安装好了，按照前面安装过程，也已经将 NTP 服务器指定为管理节点。如果在 XenServer 系统安装时没有进行 NTP 设置，则可以同 4.3 节一样编辑/etc/ntp.conf 文件来配置 NTP 服务。编辑命令如下所示：

```
[root@B-XS1 ~]#vi /etc/ntp.conf
```

执行命令打开/etc/ntp.conf文件，在文件中查找如下内容，用“#”号将这两条记录注释掉。这两条内容说明XenServer系统安装时选择了将自身作为NTP的服务器。

```
server  127.127.1.0     # local clock
fudge   127.127.1.0 stratum 10
```

在文件中增加如下一条，即将管理节点作为NTP服务的服务器端，使用管理节点系统时钟作为同步时钟。

```
server 192.168.0.1
```

将NTP服务加入开机自动启动列表，命令如下所示：

```
[root@B-XS1 ~]# chkconfig ntpd on
```

重启NTP服务，命令及执行结果如下所示：

```
 [root@B-XS1 ~]# service ntpd restart
Shutting down ntpd:                                    [ OK ]
ntpd: Synchronizing with time server:                  [ OK ]
Starting ntpd:                                         [ OK ]
```

执行ntpstat命令查看NTP服务的状态，当显示以下信息时，说明管理节点已经以管理节点的时钟为准进行同步了。

```
[root@XS1 ~]# ntpstat
   synchronised to NTP server (196.168.0.1) at stratum 12
      time correct to within 21 ms
      polling server every 64 s
```

如命令结果返回unsynchronized，就表示还未能同步，如同时返回time server re-starting信息，则表示NTP服务还在重启，需要等几分钟再进行检查，否则需要检查上述配置有无错误。另外，在安装测试阶段可以使用service iptables stop命令停掉该计算节点的iptables防火墙，再进行检查。

4．配置XenServer资源池（Resource Pool）

XenServer资源池由多个XenServer服务器组成，这些服务器绑定在一起成为单个管理实体。资源池与共享存储结合使用时，可以根据虚拟机资源需求和业务优先级灵活部署虚拟机，如允许虚拟机在运行时动态地在服务器之间移动，从而最大程度减少停机时间。如果启用了高可用性（HA）功能，则虚拟机所在服务器发生故障时，受保护虚拟机将自动移到池中其他服务器上。

另外CouldStack要求将两个以上的XenServer计算节点组成资源池，否则在CouldStack中添加不了第二台XenServer计算节点。同时一个资源池中最多可以包含16台服务器，一个CloudStack群集中计算节点最好也不要超过16台。

（1）服务器加入资源池前应满足以下要求。

- 群集中的主机必须是相同架构，CPU的型号、数量和功能参数必须相同；
- 服务器必须具有静态的IP地址；
- 服务器的系统时钟必须同步；
- 必须先关闭服务器上所有虚拟机，然后服务器才能加入资源池；
- 服务器不能配置任何共享存储；

- 服务器必须安装相同的 XenServer 版本和补丁程序；
- 不能是其他资源池的成员。

（2）将服务器加入资源池。

可以使用 XenCenter 来创建和管理资源池，XenCenter 的安装和使用请自行查看相关的说明文档。这里仅使用 xsconsole 控制台界面来创建资源池，将服务器加入资源池。

在资源池创建过程中需要指定一个服务器作为资源池的主服务器，池主服务器用于协助资源池的管理，如 CloudStack 的管理命令是由池主服务器转发给池中其他服务器的。这里将第一台 XenServer 计算节点作为主服务器，将第二台 XenServer 计算节点加入到资源池中。

登录第二台 XenServer 计算节点，在图 4-14 所示的 xsconsole 控制台界面选择“Resource Pool Configuration”，按回车键进入资源池配置界面，如图 4-16 所示。

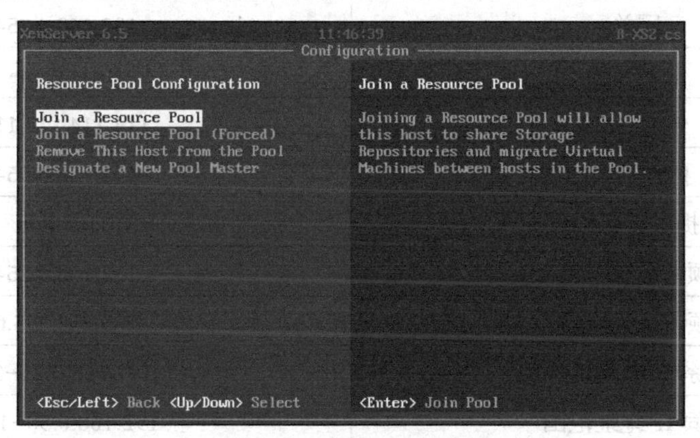

图 4-16　资源池配置界面

选择“Join a Resource Pool”，按回车键进入加入资源池对话框，如图 4-17 所示。这里要填写资源池主服务器信息，即第一台 XenServer 的相关信息，Hostname 填写第一台 XenServer 的 IP 地址，Username 为 root，Password 为 root 用户的密码。按回车键开始将第二台 XenServer 计算节点加入到资源池中。如加入成功，则出现图 4-18 所示提示框。这样就成功创建了以第一台 XenServer 计算节点为主服务器的资源池，池中有二台服务器。

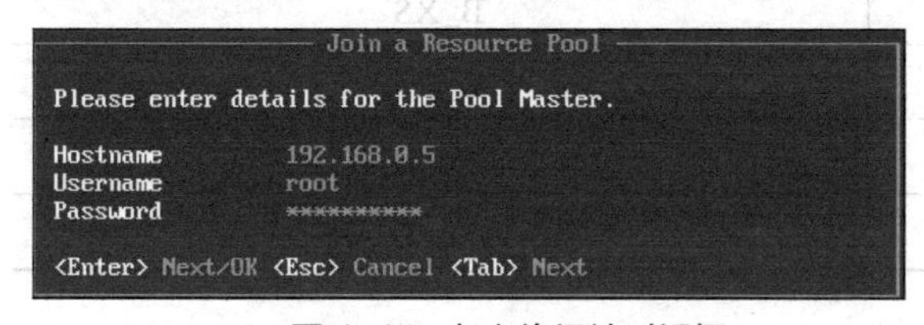

图 4-17　加入资源池对话框

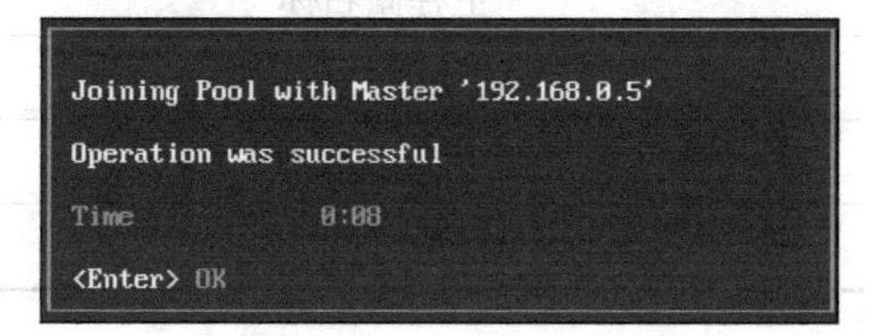

图 4-18　加入成功

至此，已经准备好了所有的节点，包括管理节点、提供存储空间的存储节点及提供虚拟化运行环境的计算节点，下面就可以将所有资源加入 CloudStack 平台进行管理了。CloudStack 要求物理设备在加入平台之前，一定要是全新的，即除了前面所安装的程序外，没有安装任何其他程序。

4.6　创建 CloudStack 云基础架构

在建立第一个资源域之前，建议进行环境规划，一个正确的环境规划可以达到事半功倍的效果。一方面，作为一个云基础设施管理系统，CloudStack 整体网络架构规划决定了这套系统是否可以稳定运行并应对未来需求的灵活变化；另一方面，IaaS 平台的目的是对资源的整合及自动化管理和分配，对 IP 地址及 VLAN ID 的管理也在 CloudStack 的管理功能之中，所以在创建一个全新的 CloudStack 资源域时，网络规划很重要。

根据 4.2 节的规划，第一个资源域的配置信息如表 4-5 所示。

表 4-5 区域配置信息表

项目	值
管理网段 IP 地址	192.168.0.0/24
子网掩码	255.255.255.0
网关	192.168.0.254
区域名称	Basic Zone
外部 DNS	114.114.114.114
内部 DNS	192.168.0.254
提供点名称	Basic Pod
预留系统网关	192.168.0.254
预留系统掩码	255.255.255.0
预留系统 IP 地址范围	192.168.0.21−30
来宾 IP 地址范围	192.168.0.50−100
虚拟机管理程序	XenServer
XenServer 群集名	Basic XS
XenServer 主机 1	192.168.0.5
XenServer 主机 2	192.168.0.6
NFS 服务器 IP	192.168.0.2
主存储名称	B_XS
辅助存储名称	B_sec
主存储路径	/export/B_XS
辅助存储路径	/export/B_sec

4.6.1 创建资源域

1. 访问 CloudStack 管理节点界面

可以通过浏览器访问：http://CloudStack 管理节点的 IP:8080/client 进入 CloudStack 登录界面，根据 4.2 节的规划，URL 的地址是 http://192.168.0.1:8080/client，登录界面如图 4-16 所示，输入用户名和密码即可登录。默认的用户名为 admin，默认密码是 password。

对于一个全新的 CloudStack 管理平台，第一次登录时可以看到图 4-7 所示的向导界面。

向导界面有两个按钮，其中“继续执行基本安装”会一步步引导你创建第一个基础架构。另一个按钮“我以前使用过 CloudStack，跳过此指南”会直接进入 CloudStack 控制台界面。由于也可以在控制台界面进行初次安装，所以可选择跳过，直接进入控制面板，如图 4-8

所示。

进入 CloudStack 控制面板，目前面板右侧是空的，只有管理节点的启动信息，这是因为 CloudStack 管理平台并没有硬件资源，在左侧导航栏中共有 14 个子菜单项，单击每一个子菜单项，右侧都会展开对应的操作界面。下面开始配置 CloudStack，创建第一个资源域。

2. 创建资源域

单击控制面板左侧导航栏中的“基础架构”菜单项进入基础架构页面，如图 4-9 所示。在这个界面中会显示加入 CloudStack 管理平台的基础资源的架构和数量，目前各种资源数量均为零。

单击图 4-9 中“资源域”框中“查看全部”按钮，就进入资源域信息显示页面，如图 4-19 所示。

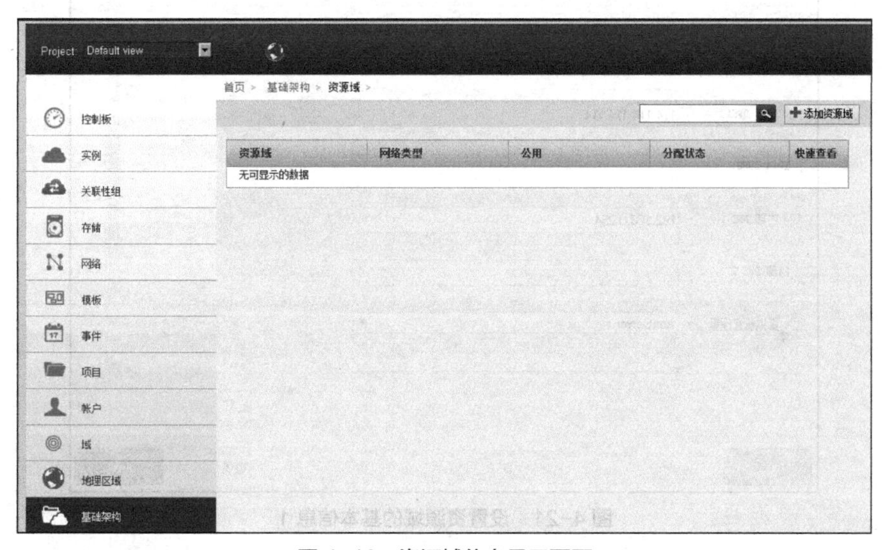

图 4-19　资源域信息显示页面

单击右上角的“添加资源域”按钮，进入资源域添加对话框，如图 4-20 所示，开始添加资源域。

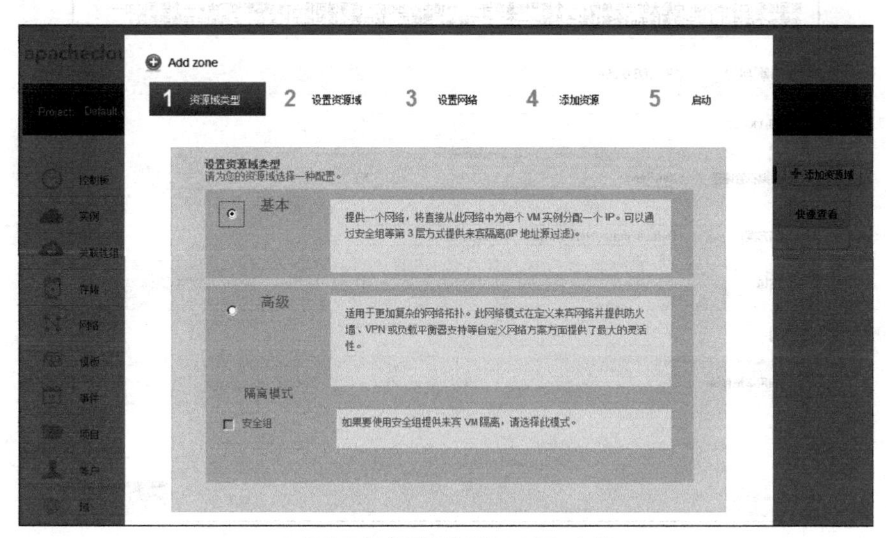

图 4-20　选择基本区域类型

（1）在对话框中选择“基本”资源域类型，然后单击“Next”按钮。

（2）设置资源域的基本信息。资源域是 CloudStack 中最大的组织单位，一个资源域通常与一个数据中心相对应。一个资源域由一个或多个提供点以及由资源域中的所有提供点共享的一个二级存储服务器组成，其中每个提供点中包含多个主机和主存储服务器。在设置资源域的基本信息中主要设置名称、IPv4 DNS、内部 DNS、虚拟机管理程序、网络方案等相关信息，具体如图 4-21 和图 4-22 所示。

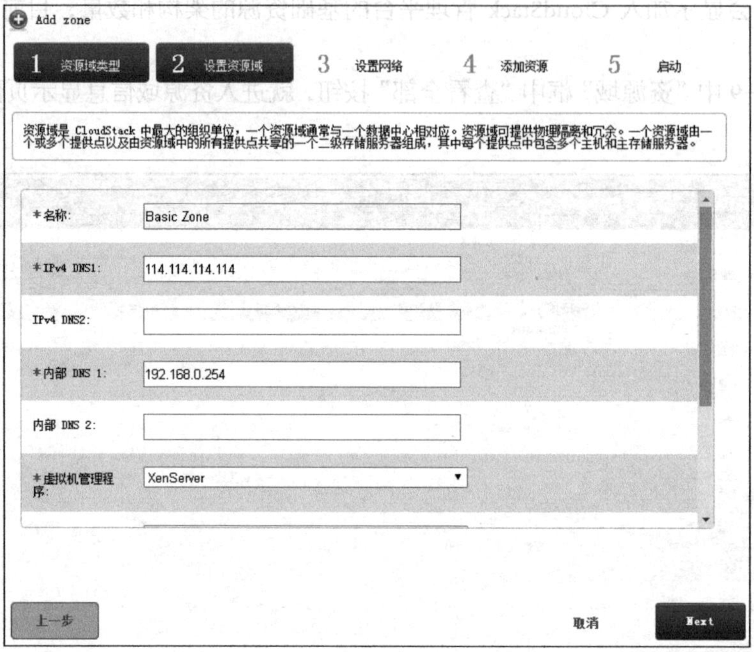

图 4-21　设置资源域的基本信息 1

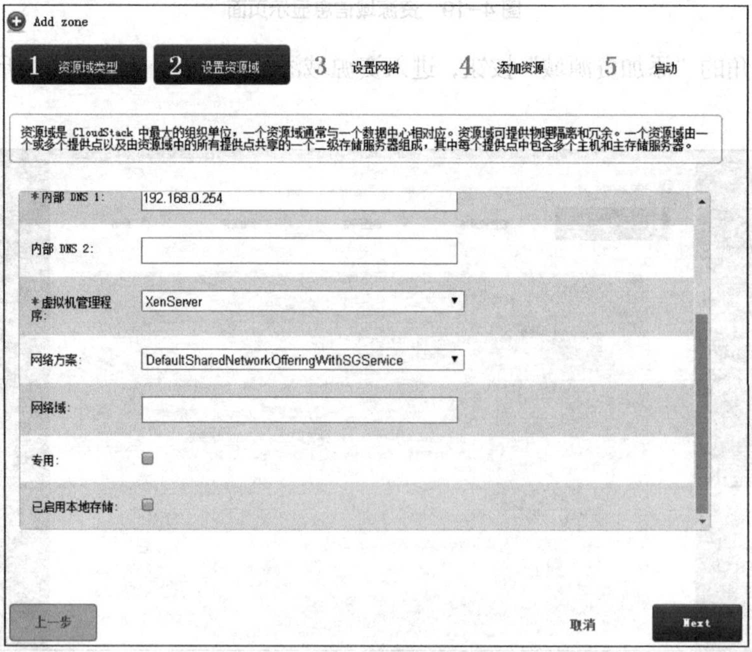

图 4-22　设置资源域的基本信息 2

资源域的基本信息可以根据表 4-5 区域配置信息表中填写。其中部分字段的含义如下。

• IPv4 DNS1 和 IPv4 DNS2 用于指定外部 DNS 服务器，供资源域内所有虚拟机实例访问外网时进行域名解析。

• 内部 DNS1 和内部 DNS2 指定内部 DSN 服务器，供 CloudStack 系统内部网络进行域名解析。

• 虚拟机管理程序：资源域中第一个计算节点的虚拟化管理程序，本章是 XenServer。

• 网络方案：有 4 种网络方案可选，常用的是“DefaultSharedNetworkOfferingWithSGService”方案。这 4 种方案分别是：

DefaultSharedNetworkOfferingWithSGService：使用安全组的默认共享方案；

DefaultSharedNetworkOffering：没有安全组的默认共享方案；

DefaultSharedNetscalerEIPandELBNetworkOffering：配合 Citrix 的 Netscaler 设备可以实现 EIP（弹性 IP）和 ELB（弹性负载均衡）功能的方案；

QuickCloudNoServices：不带服务功能的快速云部署方案。

• 网络域：确定 DNS 后缀，为客户虚拟机的网络创建一个自定义域名。可以不填。

• 专用：设置新建的资源域是否只针对某个用户。如不选择“专用”选项，则所有用户均可以访问该资源域。如选择“专用”选项，则出现图 4-23 所示的下拉菜单和账户字段，用于确定哪个域的具体账户使用该资源域。默认不选。

• 已启用本地存储：如果选择此项，则客户虚拟机的镜像文件都会默认存放在计算节点的本地磁盘中。另外，选择该选项后，会弹出一个对话框，如图 4-24 所示，提示是否将系统虚拟机的镜像文件也存放到本地磁盘上。启用本地存储后，CloudStack 的系统虚拟机可以选择在主存储中还是在本地存储中启动。如果想在本地存储中启动，则需先将全局配置中的“system.vm.use.local.storage”的值设为 true。默认不选。

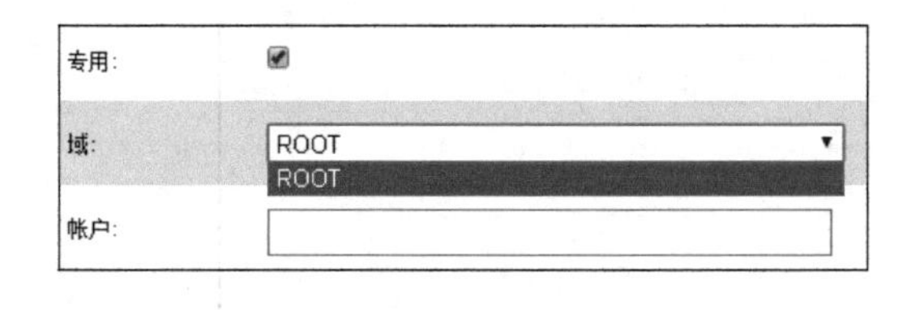

图 4-23 选择资源域所属的用户域和账户

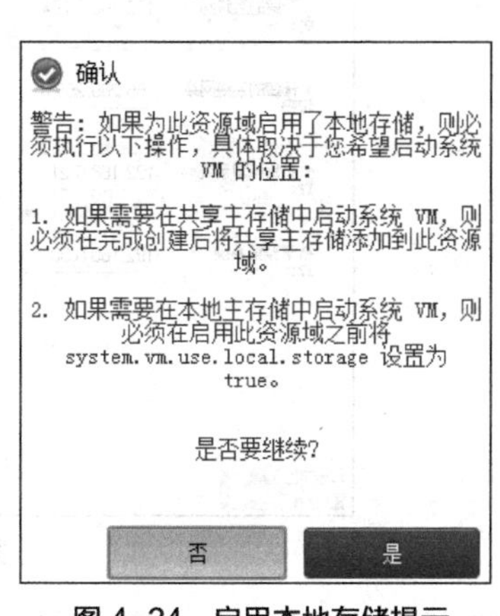

图 4-24 启用本地存储提示

以上设置确认无误后，单击“Next”进入下一步操作。

（3）设置 CloudStack 的网络流量与物理网卡的对应关系。根据 4.2 节的网络架构规划，全部网络流量从一块物理网卡上通过，因此，在这里不需要设置，直接单击“Next”按钮到下一步操作，如图 4-25 所示。

（4）配置提供点的相关参数，主要是系统虚拟机所使用的 IP 地址范围，如图 4-26 所示。可以根据表 4-5 区域配置信息表中的信息填写。起始预留系统 IP 和结束预留系统 IP 结合起来指定了一段 IP 地址范围，分配给系统虚拟机使用。在基本网络架构中，默认建立辅助存储虚拟机、控制台代理虚拟机和虚拟路由器各一个，使用的 IP 地址并不多。

图 4-25　配置网络流量与物理网卡对应关系

Add zone

1 资源域类型　2 设置资源域　3 设置网络　4 添加资源　5 启动

提供点 >　来宾流量 >

每个区域中必须包含一个或多个提供点，现在我们将添加第一个提供点。提供点中包含主机和主存储服务器，您将在随后的某个步骤中添加这些主机和服务器。首先，请为 CloudStack 的内部管理通信配置一个预留 IP 地址范围。预留的 IP 范围对云中的每个区域来说必须唯一。

*提供点名称:	Basic Pod
*预留的系统网关:	192.168.0.254
*预留的系统网络掩码:	255.255.255.0
*起始预留系统 IP:	192.168.0.21
结束预留系统 IP:	192.168.0.30

上一步　取消　Next

图 4-26　配置提供点参数

需要注意的是，CloudStack 不允许随意增删已配置的 IP 地址范围，只能再添加一段 IP 地址范围。这是由于 IP 地址是由 CloudStack 使用 DHCP 方法随机分配给虚拟机的，缩小 IP 地址范围可能会影响现有虚拟机已经获取的 IP 地址。为了避免这种情况发生，CloudStack 禁止直接对 IP 地址池进行修改，用户只能添加一段新的 IP 地址范围，添加的范围可以与前一 IP 地址范围在同一子网内，也可在不同子网内，但各 IP 地址范围在物理路由层面一定要可连通。因此建议在一开始规划 IP 地址范围的时候，可以少分配一些 IP 地址，在之后使用的过程中逐步增加。此方法适用于 CloudStack 系统内的所有 IP 地址的规划，包括公共网络、系统虚拟机所使用的管理网络和存储网络。

信息确认无误后，单击“Next”进入下一步操作。

（5）设置客户虚拟机可获取的 IP 地址段及范围。根据表 4-5 区域配置信息表填写，这里填写的 IP 地址范围不能与分配给系统虚拟机的系统预留 IP 地址范围重复，否则会造成 IP 地址冲突。如图 4-27 所示。

图 4-27 设定来宾网络流量参数

以上设置确认无误后，单击“Next”进入下一步操作。

（6）创建群集，将物理资源添加到群集中。首先设置群集名称，如图 4-28 所示。

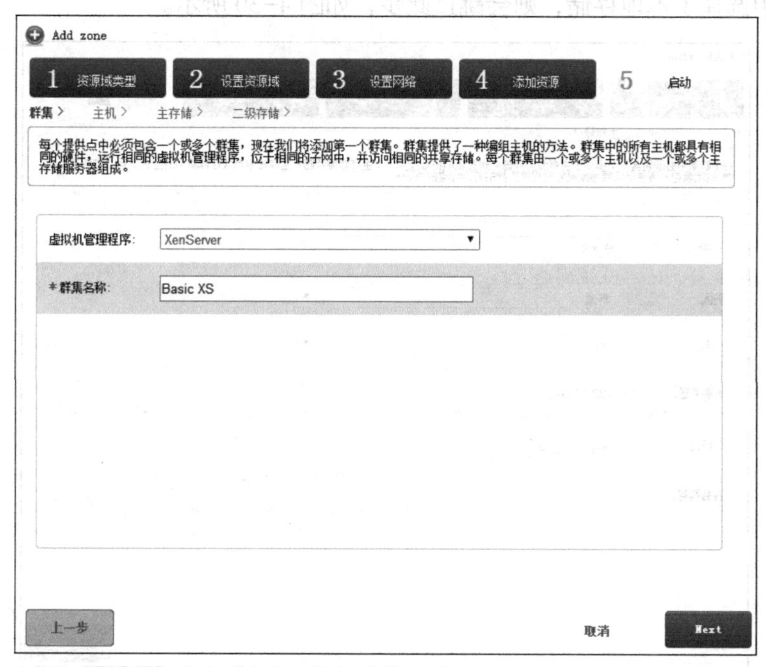

图 4-28 设置群集名称

群集名称根据表 4-5 区域配置信息表填写，确认无误后，单击“Next”进入下一步操作。

（7）在群集中添加主机作为计算节点。根据 4.2 节中的规划，直接添加 XenServer 的第一台主机（资源池中的主服务器）即可，如图 4-29 所示。

Add zone

1 资源域类型　2 设置资源域　3 设置网络　4 添加资源　5 启动

群集 >　主机 >　主存储 >　二级存储 >

每个群集中必须至少包含一个主机以供来宾 VM 在上面运行，现在我们将添加第一个主机。要使主机在 CloudStack 中运行，必须在此主机上安装虚拟机管理程序软件，为其分配一个 IP 地址，并确保将其连接到 CloudStack 管理服务器。

请提供主机的 DNS 或 IP 地址、用户名(通常为 root)和密码，以及用于对主机进行分类的任何标签。

*主机名称: 192.168.0.5

*用户名: root

*密码: ••••••••••

主机标签:

上一步　取消　Next

图 4-29　添加主机作为系统计算节点

主机名称为计算节点的 IP 地址，用户为 root，密码自然是 root 用户的密码 cspassword，主机标签不填。

（8）添加主存储，为计算节点添加一个作为共享存储使用的主存储。如果在添加资源域的第（2）步中选择了本地存储，则会跳过此步，如图 4-30 所示。

Add zone

1 资源域类型　2 设置资源域　3 设置网络　4 添加资源　5 启动

群集 >　主机 >　主存储 >　二级存储 >

每个群集中必须包含一个或多个主存储服务器，现在我们将添加第一个主存储服务器。主存储中包含在群集中的主机上运行的所有 VM 的磁盘卷。请使用底层虚拟机管理程序支持的符合标准的协议。

*名称: B_XS

范围: 群集

*协议: nfs

*服务器: 192.168.0.2

*路径: /export/B_XS

存储标签:

上一步　取消　Next

图 4-30　添加主存储

范围为群集，协议选择 NFS，存储标签不填，其他字段按表 4-5 区域配置信息表填写。

（9）添加辅助存储，如图 4-31 所示。

图 4-31　添加辅助存储

提供程序选 NFS，其他字段按表 4-5 区域配置信息表填写。

（10）完成基本资源域的所有配置，单击“Launch zone”按钮，系统会根据配置的参数自动启动整个资源域，如图 4-32 所示。

图 4-32　创建资源域

如果配置信息都是正确的，所有创建过程都顺利通过，可以看到图 4-33 所示的内容。CloudStack 会询问是否启用此资源域。如果单击“是”按钮，此资源域将正式启动，所有物理资源正式纳入管理，系统开始自动创建系统虚拟机，用户可以开始使用新建资源域内的资源创建虚拟机等；如果单击“否”按钮，资源域配置完成后，资源域内的资源都不会启用，系统虚拟机也不会创建，这个未启用的资源域处于待机状态。

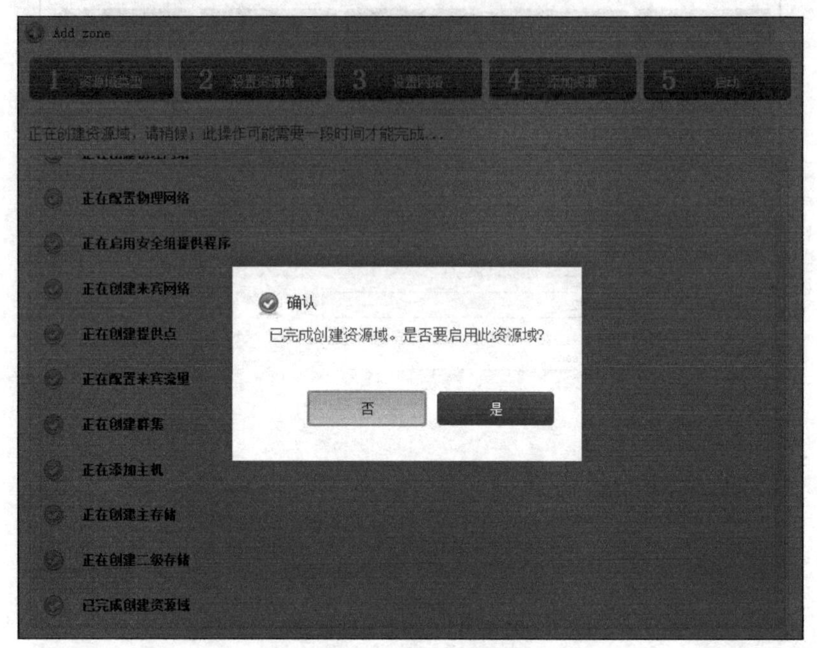

图 4-33　启动资源域

单击“是”按钮，返回控制台界面，在“基础架构”页面可以看到资源域已建好，计算节点、主存储、二级存储都加入域中，系统虚拟机已自动启动，如图 4-34 所示，说明资源域已创建成功。

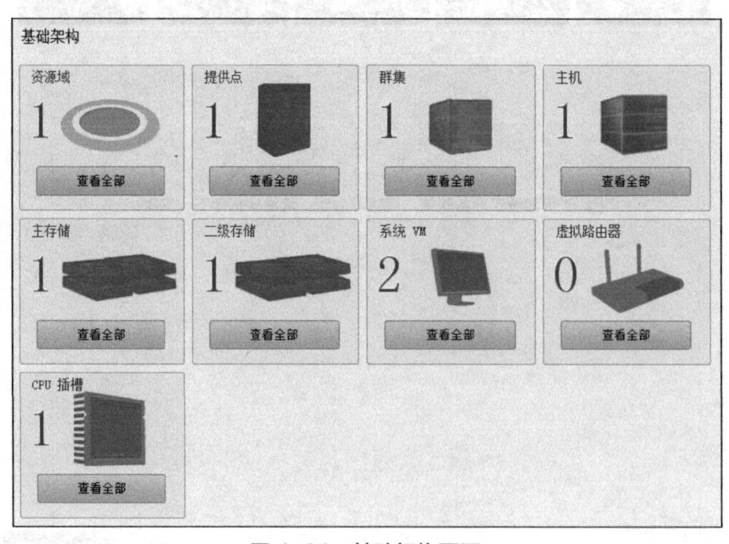

图 4-34　基础架构页面

3．常见问题排查

在 CloudStack 自动创建基本资源域的过程中，如果有错误的话，程序会暂停，出现图 4-35 所示的报错对话框。

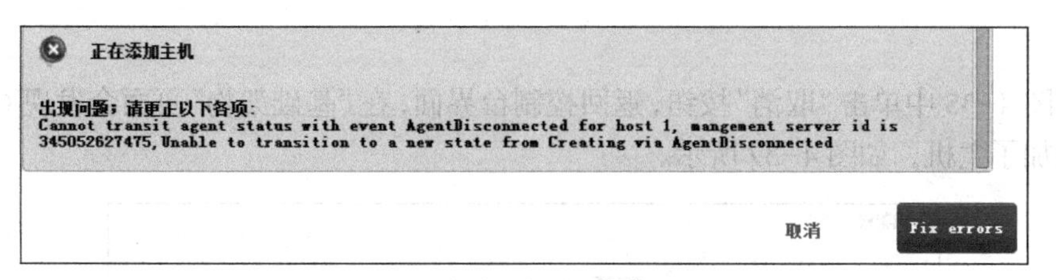

图 4-35　自动配置过程中出现错误

一般来说，CloudStack 配置过程中出现的问题分为以下三种情况。

（1）简单错误。只是在创建资源域过程中填写了错误信息，处理办法是单击“Fix errors”按钮，转到故障处理界面，根据提示信息输入正确的配置信息。

根据图 4-35 所报错误信息可知是添加主机 1（第一个计算节点）时出错。单击“Fix errors”回到添加主机的步骤，如图 4-36 所示。

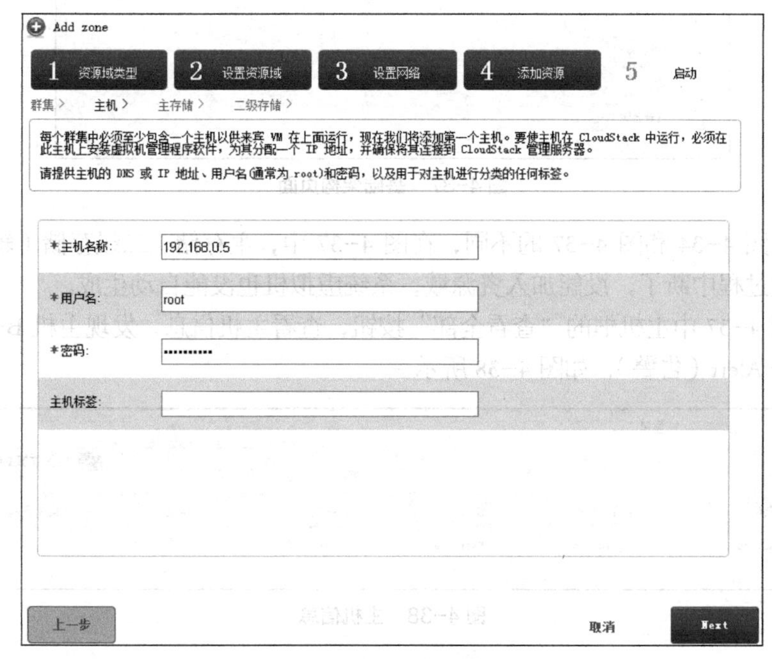

图 4-36　添加主机

输入正确信息，重新开始添加主机。

（2）常规错误。这类错误不是在资源域创建过程中填写了错误信息，而是在安装 CloudStack 管理节点、NFS 服务器和计算节点时出错，当时没有发现，在创建资源域过程中，错误暴露出来。这类错误最多。这时只能在图 4-35 中单击“取消”按钮，中断资源域创建过程，然后根据出错信息，仔细检查相应的设置是否有错。例如，这里举的错误例子，如果第（1）种情况不能解决，就需要按 4.5 节的步骤一步一步检查第一个 XenServer 计算节点的配置情况，如果还不能解决问题，就要检查 CloudStack 管理节点的配置情况。

（3）特殊错误。这类错误按照官方的安装指导手册一步一步地排查也可能解决不了。这类问题往往涉及硬件的兼容性、软件的版本；另外，在虚拟机上的虚拟化（二层虚拟化）也往往带来这类问题。

在图 4-35 中所举的主机添加错误是 CloudStack 管理 XenServer 6 主机时常常遇到的故障，它往往不能用（1）、（2）所述的常规方法解决问题，需要一个特殊的处理办法。下面介绍处理方法。

①在图 4-35 中单击“取消”按钮，返回控制台界面，在“基础架构”页面会发现 CloudStack 中已经添加了主机，如图 4-37 所示。

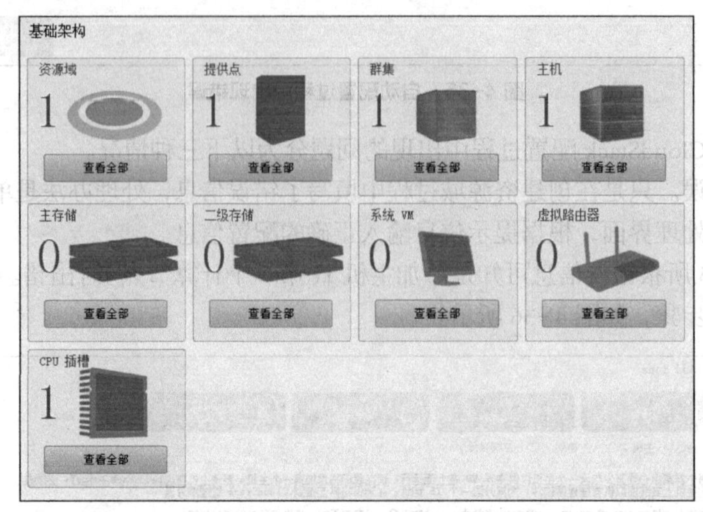

图 4-37　基础架构页面

比较一下图 4-34 和图 4-37 的不同，在图 4-37 中，主存储、二级存储（辅助存储）由于资源域创建过程中断了，没能加入资源域，系统虚拟机也没能自动生成。

②单击图 4-37 中主机框的“查看全部”按钮，查看主机信息，发现主机 B-XS1.cs 已添加，但状态是 Alert（告警），如图 4-38 所示。

首页 > 基础架构 > 主机 >

添加主机

名称	资源域	提供点	群集	状态	快速查看
XS1.cs	Basic zone	Basic Pod	Basic XS	Alert	+

图 4-38　主机信息

③将 XenServer 计算节点的网络连接模式改为 bridge（桥模式）。XenServer 主机的网络连接模式有两种，一种为 OpenvSwitch，在此模式下每个 XenServer 主机都会有自己的 OpenvSwitch 网络。另一种为网桥模式 bridge，在网桥模式下所有的 XenServer 主机在一个交换网络中。显然网桥模式对应本章的基础网络模式。而新安装的 XenServer 6 的网络连接模式默认为 OpenvSwitch，应改为网桥模式。

查看当前网络模式，命令及执行结果如下所示：

```
[root@B-XS1 ~]# cat /etc/xensource /network.conf
openvswitch
```

可见网络连接模式为 OpenvSwitch，对于基本网络架构应将网络更改为网桥 bridge 模式，命令及执行结果如下所示：

```
[root@B-XS1 ~]# xe-switch-network-backend bridge
Cleaning up old ifcfg files
Disabling openvswitch daemon
```

```
Configure system for bridge networking
You *MUST* now reboot your system
```

重启 XenServer 计算节点，过几分钟查看主机列表信息，可以看到主机的状态已改 Up，如图 4–39 所示。

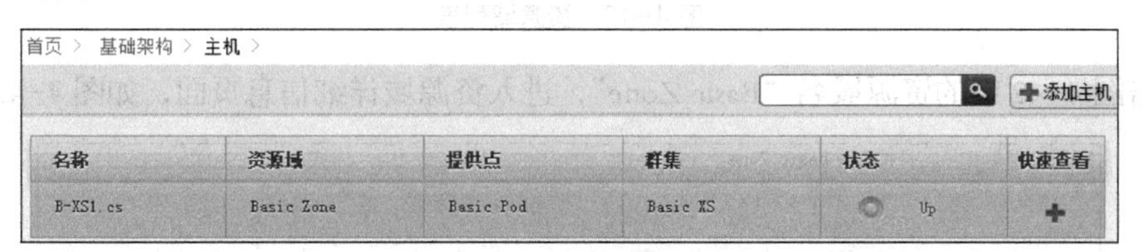

名称	资源域	提供点	群集	状态	快速查看
B-XS1.cs	Basic Zone	Basic Pod	Basic XS	Up	+

图 4–39　主机列表信息

④添加主存储和二级存储。在图 4–37 的主存储框中单击“查看全部”按钮，进入主存储列表界面，如图 4–40 所示。单击“添加主存储”按钮，进入添加主存储窗口， 输入相应的参数，单击“确定”按钮，即可添加主存储。详细过程见“5.8.3 物理资源管理”一节。同理可以添加二级存储。

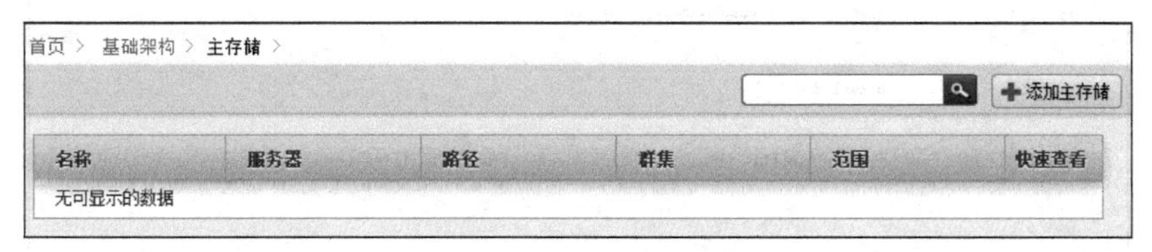

名称	服务器	路径	群集	范围	快速查看
无可显示的数据					

图 4–40　主存储列表

⑤启动系统虚拟机。系统虚拟机（辅助存储虚拟机和控制台代理虚拟机）承担了 CloudStack 系统中非常重要的作用，会随着区域的创建自动生成。但在添加了主存储和二级存储后，系统虚拟机没能自动生成，如图 4–41 所示。

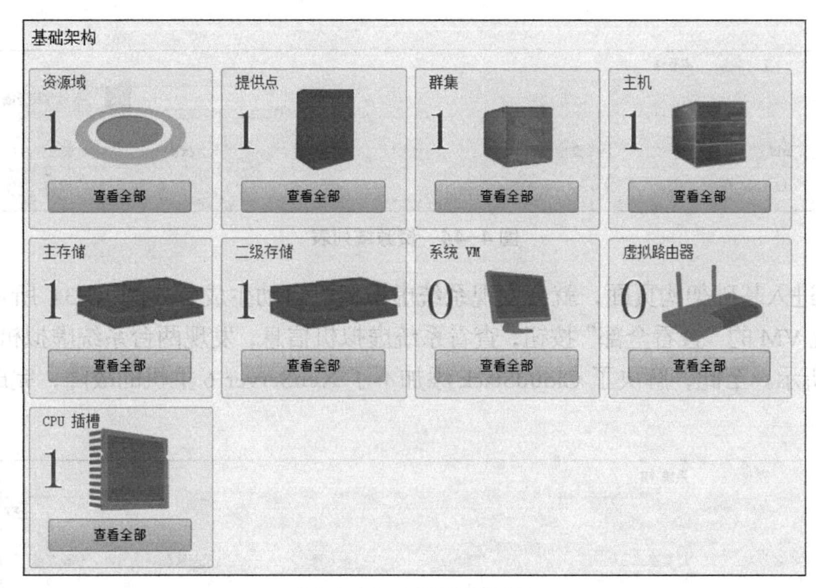

图 4–41　基础架构页面

系统虚拟机没生成的主要原因是资源域没有启动。由于资源域没能完成配置过程，资源域处于禁用状态（Disabled），因此系统虚拟机也不会创建，如图 4–42 所示。

首页 > 基础架构 > 资源域 >

➕添加资源域

资源域	网络类型	公用	分配状态	快速查看
Basic Zone	Basic	Yes	Disabled	➕

图 4-42 资源域列表

单击图 4-42 中的资源域名“Basic Zone”，进入资源域详细信息页面，如图 4-43 所示。

图 4-43 资源域详细信息

在图 4-43 中单击“启用资源域”按钮，启用资源域。如图 4-44 所示，资源域已成功启用。

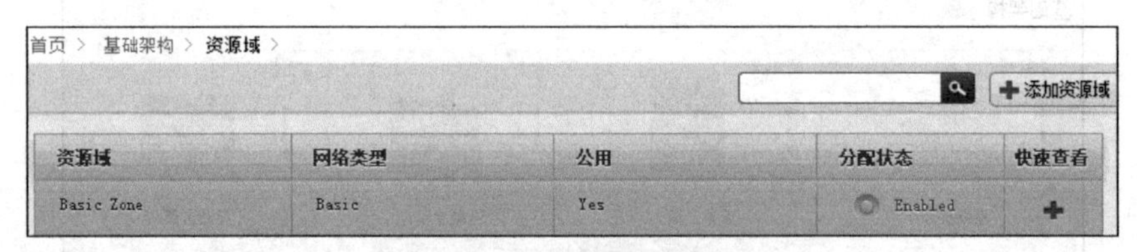

资源域	网络类型	公用	分配状态	快速查看
Basic Zone	Basic	Yes	Enabled	➕

图 4-44 资源域列表

这时再进入基础架构页面，就会发现系统虚拟机已自动生成，如图 4-34 所示。单击图 4-34 中系统 VM 的“查看全部”按钮，查看系统虚拟机信息，发现两台系统虚拟机运行正常，如图 4-45 所示。至此，解决了 CloudStack 添加不了 XenServer 6 主机的故障，完成资源域的创建。

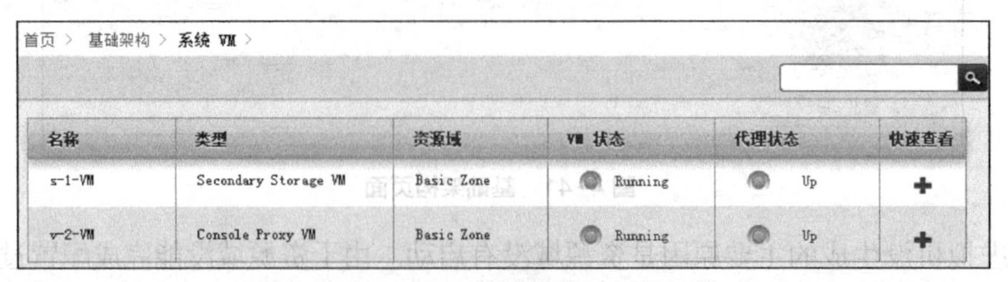

名称	类型	资源域	VM 状态	代理状态	快速查看
s-1-VM	Secondary Storage VM	Basic Zone	Running	Up	➕
v-2-VM	Console Proxy VM	Basic Zone	Running	Up	➕

图 4-45 系统虚拟机列表

在 CloudStack 安装与管理过程中遇到较为困难的问题时，一定要查看 CloudStack 系统的日志文件，找到问题的原因，才有可能解决问题。另外也只有将与问题相关的日志记录展示出来，才好在网上向人求助。CloudStack 日志文件为/var/log/cloudstack/management/management-server.log。

4．将第二台 XenServer 主机加入资源域

在本章的规划中，XenServer 群集有两台计算节点，在前面将第一台主机加入了 CloudStack 资源域。下面将第二台主机加入资源域。

进入主机列表页面，如图 4-46 所示，单击“添加主机”按钮，弹出添加主机对话框，如图 4-47 所示。

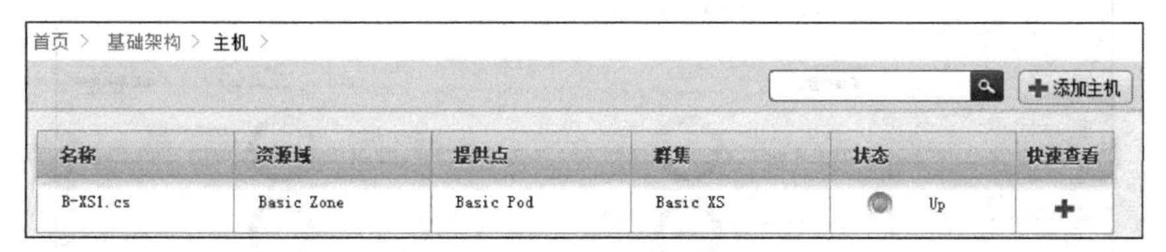

图 4-46 主机列表

在对话框中输入资源域名、提供点名、群集名、主机名称、用户名、密码、主机标签，选择是否专用。其中主机名称为第二个计算节点的 IP 地址 192.168.0.6，用户为 root，密码自然是 root 用户的密码 cspassword，主机标签不填。单击“确定”按钮添加主机。添加成功后，查看基础架构页面，可以看到增加了一台主机，如图 4-48 所示。

至此，本章所规划的所有资源已加入资源域，从 4.7 节开始管理和使用资源域。

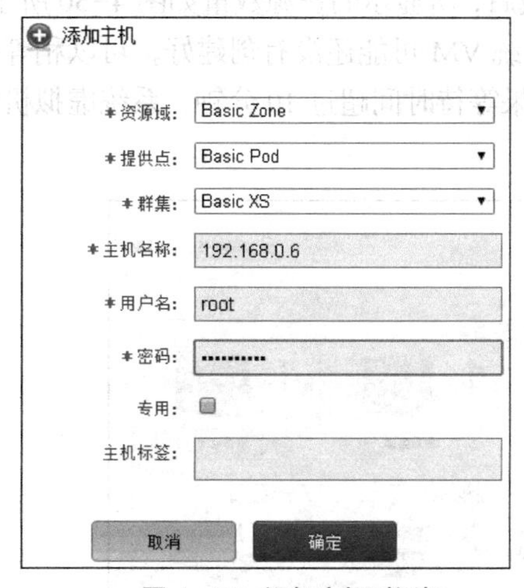

图 4-47 添加主机对话框

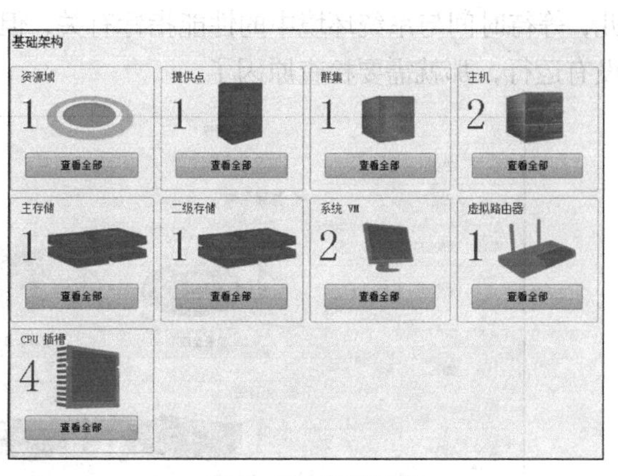

图 4-48 基础架构

4.6.2 系统运行检查

当完成资源域的创建并启动后，规划的架构是否正确，搭建系统的过程中操作是否有错误，各项功能运转是否正常，都需要通过一系列的验证性操作进行检查。后续的大部分功能都依赖这些检查结果。只有确定系统运行正常之后，才能继续进行更多与 CloudStack 的管理和使用相关的操作，如添加更多的物理资源、建立更多的虚拟机、使用强大的网络功能等。

1．检查物理资源

完成资源域的创建后，可以在 CloudStack 中检查物理资源的数量，确认显示的物理资源容量与实际的物理资源是否有出入，步骤如下。

（1）登录 CloudStack 的界面，在默认的“控制板”界面的右下角查看“系统容量”区域，可以检查 CloudStack 管理的所有系统容量，如 CPU 和内存所显示的数字是否与物理节点的实际容量之和相同、IP 地址的数量是否与配置的 IP 地址数量相同。如图 4-49 所示。

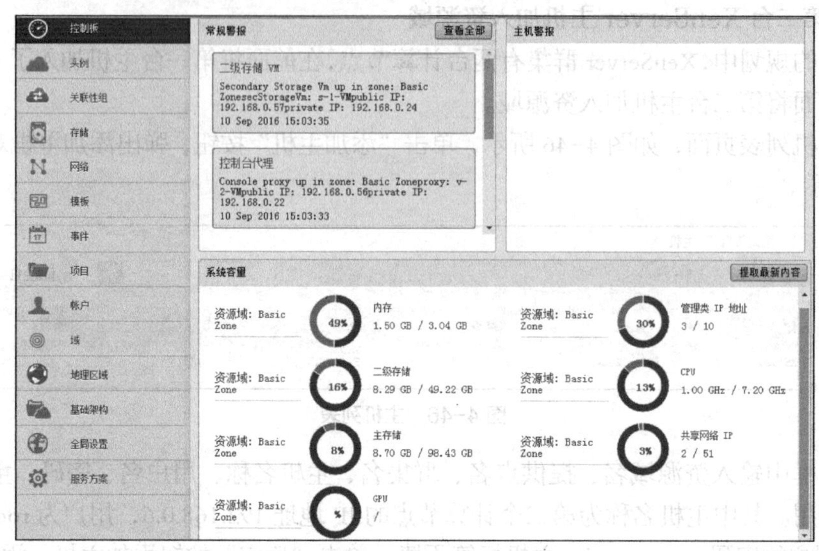

图 4-49　检查系统容量

（2）进入“基础架构”界面，查看资源域内包含的 CloudStack 平台管理资源域、提供点、群集等的数量。根据 4.6.1 节中的步骤创建一个资源域后，所显示的资源数量如图 4-50 所示。系统 VM 是由系统自动创建的，刚创建资源域时，系统 VM 可能还没有创建好，可以稍等一会儿，等待时间与系统环境中的性能指标有关，但如果等待时间超过 10 分钟，系统虚拟机仍然没有运行，那就需要检查原因了。

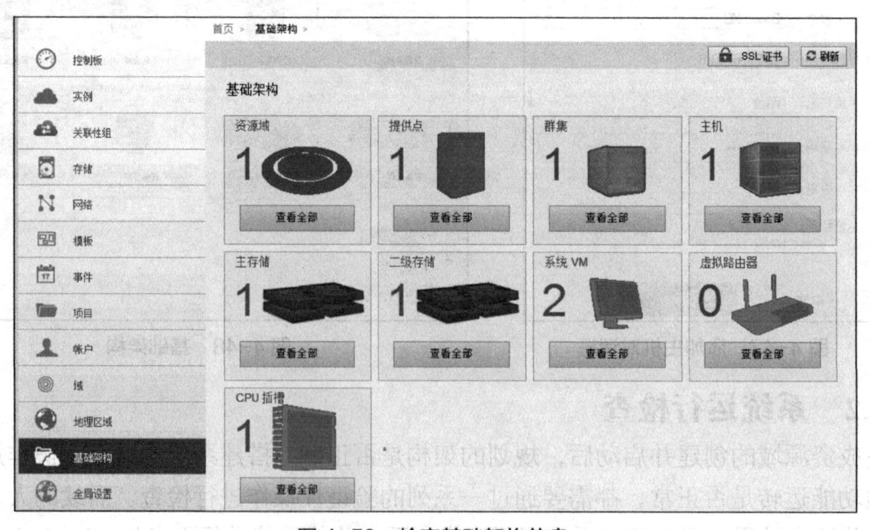

图 4-50　检查基础架构信息

（3）单击资源域的“查看全部”按钮，出现资源域列表，目前只有一个资源域 Basic Zone。单击该资源域的名称，进入资源域详细信息界面，如图 4-51 所示。

图 4-51　资源域详细信息

在图 4-51 资源域详细信息界面中，单击“计算与存储”选项卡，进入“计算与存储”一栏，在此栏中可以清楚地看到 CloudStack 中各个部分之间的关系，单击每个部件上的“查看全部”按钮可以查看该部件的相关信息，如图 4-52 所示。

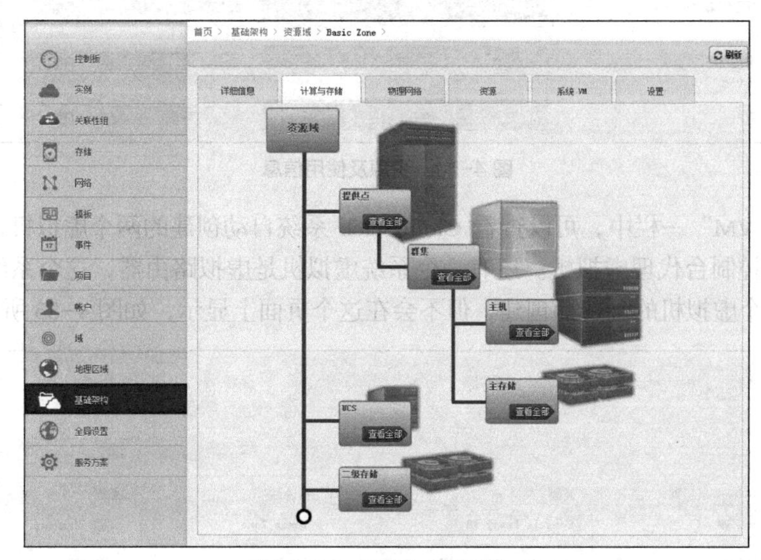

图 4-52　计算与存储信息

在图 4-51 资源域详细信息界面中，单击“物理网络”选项卡，进入“物理网络”一栏。根据规划，目前的网络只建立了一个物理网络，所有的 CloudStack 逻辑网络流量均通过这个物理网络。可以单击物理网络名称查看相关信息，如图 4-53 所示。

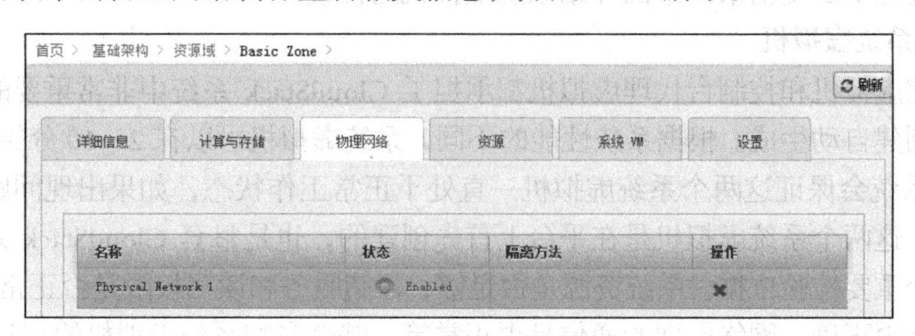

图 4-53　物理网络信息

图 4-51 资源域详细信息界面中的“资源”一栏，可以检查本资源域相关资源的容量。图 4-54 显示的是 CloudStack 管理的资源域所有资源的总和以及使用情况。

图 4-54　资源及使用信息

在“系统 VM”一栏中，可以查看 CloudStack 系统自动创建的两个虚拟机，分别是辅助存储虚拟机和控制台代理虚拟机。还有一个系统虚拟机是虚拟路由器，这个系统虚拟机会随着用户的第一个虚拟机的创建而创建，但不会在这个页面上显示，如图 4-55 所示。

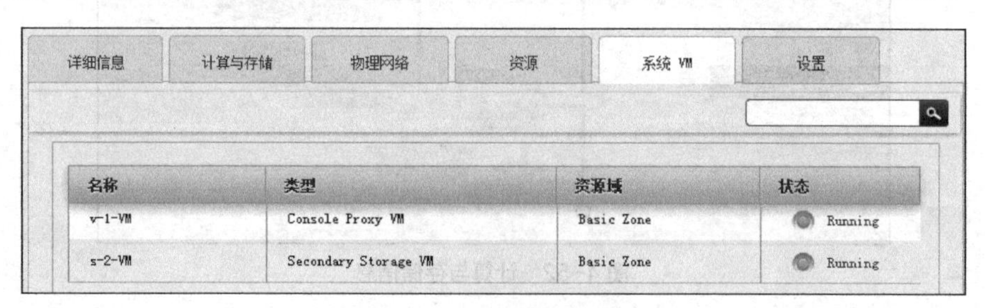

图 4-55　系统虚拟机信息

系统虚拟机的运行状态是否正常是非常关键的，很多搭建或规划中的问题都会在创建系统虚拟机的过程中展现出来。下面介绍系统虚拟机的检查。

2．检查系统虚拟机

辅助存储虚拟机和控制台代理虚拟机都承担了 CloudStack 系统中非常重要的功能，会随着资源域的创建自动生成。根据系统性能的不同，系统虚拟机可以在 2～10 分钟内创建完成。CloudStack 系统会保证这两个系统虚拟机一直处于正常工作状态，如果出现问题会自动尝试重启或重建。这两个系统虚拟机是在平台上首先创建的，也是整套 CloudStack 系统是否能正常运行的一个重要检验依据。系统资源是否足够，存储服务和读写权限是否正常，CloudStack 的网络配置是否正确，网络层面的通信是否正常等，都会影响系统虚拟机的创建。

（1）检查系统虚拟机的运行状态。

可以从两个入口检查系统虚拟机的状态，一个如图 4-55 所示，在资源域查看界面的“系统 VM”选项卡中查看；另一个如图 4-56 所示，在“基础架构”界面单击“系统 VM”的“查看全部”按钮进入。刚刚创建的资源域，启动系统虚拟机需要等待几分钟的时间，等待时间长短由系统环境性能的高低决定。系统虚拟机刚刚在界面上显示出来的时候，首先显示为 Starting 状态，如果启动步骤一切顺利，则会自动变为 Running 状态。

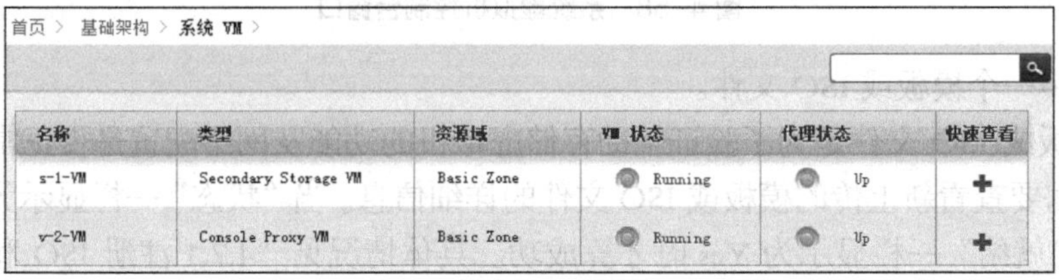

首页 > 基础架构 > 系统 VM >

名称	类型	资源域	VM 状态	代理状态	快速查看
s-1-VM	Secondary Storage VM	Basic Zone	Running	Up	+
v-2-VM	Console Proxy VM	Basic Zone	Running	Up	+

图 4-56 基础架构中系统虚拟机列表

如果 CloudStack 因遇到问题无法创建系统虚拟机，系统会将创建失败的虚拟机删除，然后重建，并且新创建虚拟机的编号会增加 1。如果不能及时解决问题，系统会重复尝试创建系统虚拟机，直到问题被修复。

（2）打开系统虚拟机的控制台。

打开系统虚拟机的控制台是为了验证控制台代理虚拟机的功能是否正常。在系统虚拟机页面单击任意一个系统虚拟机，进入系统虚拟机详细信息页面，如图 4-57 所示。

图 4-57 系统虚拟机详细信息

在图 4-57 详细信息页面单击“详细信息”标题下的控制台图标，浏览器将弹出一个新窗口，正常情况下会显示虚拟机的命令行或图形界面，如图 4-58 所示。用户可以直接在此窗口进行键盘输入和鼠标操作。

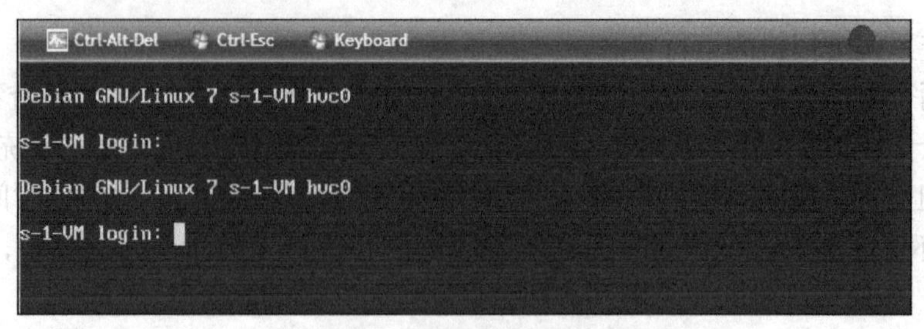

图 4-58　系统虚拟机控制台窗口

（3）上传一个模板或 ISO 文件。

上传模板或 ISO 文件是为了验证辅助存储虚拟机的功能及网络配置是否正常。确认是否上传成功，需要查看新上传的模板或 ISO 文件的详细信息。当“状态”一栏显示为 Successfully installed，“已就绪”一栏显示为 Yes 时才算成功。具体情况见“4.7.1 注册 ISO 和模板”中的内容。

总之，检查系统虚拟机是否正常，非常重要的两点是：①查看系统虚拟机能否正常创建，并可以和管理节点进行通信；②检查模板或 ISO 文件能否成功上传。

4.7　CloudStack 模板管理

CloudStack 使用操作系统的 ISO 安装文件和模板文件来创建虚拟机。模板是一个包含已安装操作系统的虚拟磁盘镜像文件，在这个操作系统中可以选择性地安装另外的软件，比如 office 应用，并可设置访问控制来决定谁能使用这个模板。

CloudStack 中的模板分为 3 种类型，分别是系统模板、内置模板和用户模板。

系统模板是 CloudStack 在创建系统虚拟机实例时使用的模板。在 CloudStack 中有 3 类系统虚拟机，二级存储虚拟机（Secondary Storage VM）、控制台代理虚拟机（Console Proxy VM，CPVM）以及虚拟路由器（vRouter）。辅助存储虚拟机负责处理与辅助存储有关的操作，例如上传 ISO 或模板文件都要通过辅助存储虚拟机才能完成。控制台代理虚拟机负责处理与 Web VNC Console 有关的操作，如用户通过浏览器登录管理节点，管理 CloudStack 平台就需要它处理。虚拟路由器负责实现与网络有关的功能，如 DHCP、DNS、防火墙、负载均衡、VPN、VPC（Virtual Private Cloud）等。

内置模板是指 CloudStack 预先定义好的模板，这些模板被保存在 Internet 上，当 CloudStack 安装完成并启动后，会自动访问 Internet 去下载这些模板。如模板列表界面显示的 CentOS 5.6(64-bit) no GUI，如图 4-59 所示。用户可以使用内置模板创建虚拟机实例。

首页 > 模板 >
选择视图: 模板　过滤依据 全部　+注册模板

名称	虚拟机管理程序	排序	快速查看
SystemVM Template (XenServer)	XenServer		+
CentOS 5.6 (64-bit) no GUI (XenServer)	XenServer		+

图 4-59　模板列表

如果 CloudStack 的网络环境不能访问 Internet，又或 DNS 配置得不好，将无法注册内置模板，但这不影响系统的正常使用，只是不能用这个模板创建虚拟机实例。

用户模板是由 CloudStack 平台管理员或用户注册的模板，这类模板可以根据需要进行定制。本节所管理的模板就是针对这类模板。

4.7.1 注册 ISO 和模板

CloudStack 是通过 HTTP 或 HTTPS 协议传输模板和 ISO 文件，将文件保存在辅助存储器中，因此需要将要注册的模板和 ISO 文件存放在支持 HTTP 协议的服务器上。

1．注册 ISO

（1）配置 HTTP 服务器。

安装一个 HTTP 服务器很简单，可以使用 Linux 的 Apache 程序，也可用 Windows 的 IIS 管理器，还可以用第三方的 HTTP 服务器软件，这里就不介绍了。安装好 HTTP 服务器后，要将 ISO 文件放在 HTTP 服务器的主目录下，下载 ISO 文件时使用的 URL 地址为 http://HTTP 服务器 IP/ISO 文件名。

（2）修改全局设置。

在注册模板时，需要使用 HTTP 服务将模板/ISO 上传至二级存储，由于云平台二级存储的访问是受到 IP 限制的，因此需要为全局设置中的 secstorage.allowed.internal.sites 参数设置网段，以允许 HTTP 服务器所在网段的 IP 访问二级存储，完成上传工作。

设置方法为 CloudStack 控制台界面>全局设置>搜索框中搜索 secstorage>设置 secstorage.allowed.internal.sites 的值，如图 4-60 所示。考虑到下载速度，使用内部的 HTTP 服务器，根据 4.2 节的规划，内部网段为 192.168.0.0/24。设置后要重启 CloudStack 服务使设置生效。

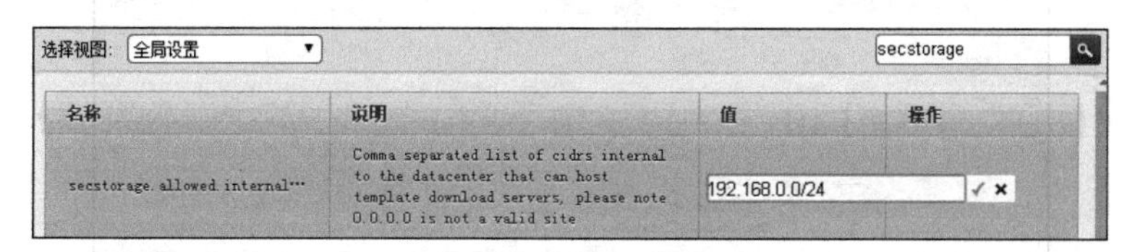

图 4-60 编辑全局参数

（3）确认辅助存储虚拟机运行正常。

辅助存储虚拟机负责处理与辅助存储有关的操作，在上传前必须确认辅助存储虚拟机运行正常。如图 4-61 所示，辅助存储虚拟机运行状态为绿色的 Running，即表示辅助存储虚拟机运行正常。

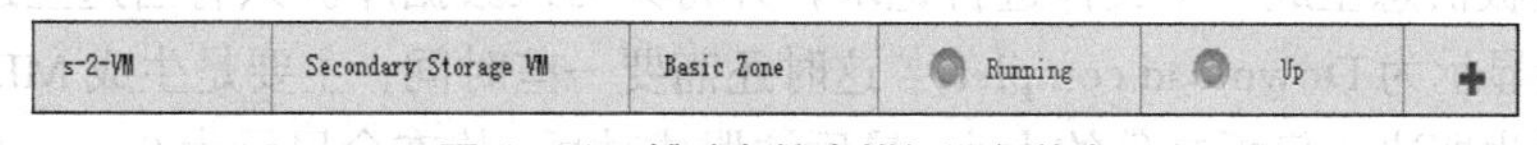

图 4-61 辅助存储虚拟机运行状态

（4）注册 ISO 文件。

CloudStack 控制台界面>模板>选择视图：ISO>注册模板，如图 4-62 所示。

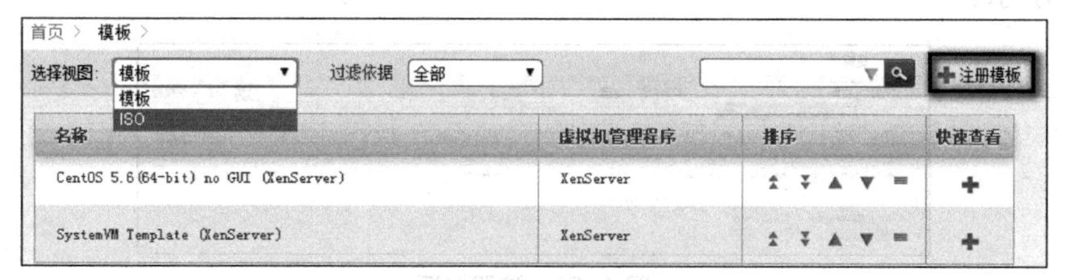

图 4-62 注册 ISO 文件

弹出图 4-63 所示的对话框，输入相应的信息，单击“确定”按钮，注册 ISO 文件。对话框中各字段的含义如下。

- 名称：ISO 文件的名称，随意填写，但最好能反映操作系统的名称、类型、版本和位号。
- 说明：对 ISO 文件名称的补充说明。
- URL：ISO 文件的 URL 地址，即 http:// HTTP 服务器 IP/ISO 文件名。
- 资源域：注册到哪个资源域，默认是所有资源域。
- 可启动：在创建虚拟机实例时，是否可以使用此 ISO 文件引导启动。选中此项。
- 操作系统类型：从下拉列表中选择与 ISO 文件相对应的操作系统类型。
- extractable：可提取，是否允许用户下载这个文件。
- 公用：是否允许所有的 CloudStack 用户使用这个 ISO 文件。
- 精选：指定这 ISO 文件是否会被优先选择。

图 4-63　ISO 文件相关信息

验证是否注册成功，需要查看新上传的 ISO 文件的详细信息。方法为：CloudStack 控制台界面>模板>选择视图：ISO，进入 ISO 文件列表>单击新注册的 ISO 文件名，进入 ISO 文件详细信息页面>选择资源域选项卡，如图 4-64 所示。

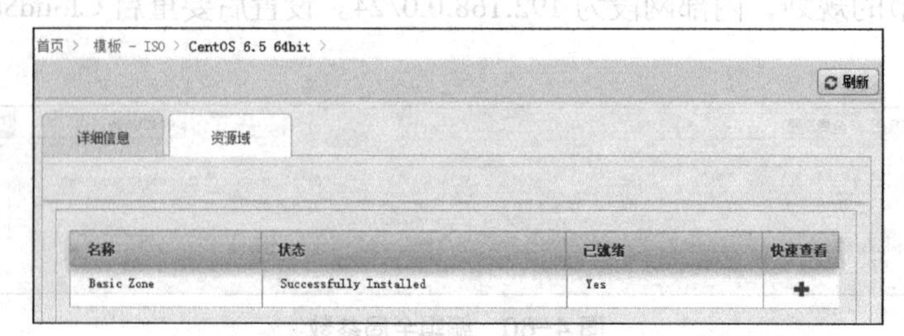

图 4-64　ISO 文件的详细信息

当“状态”栏显示为 Successfully Installed，“已就绪”栏显示为 Yes 时，ISO 文件才算注册成功。在正确的上传过程中，状态一栏先显示上传的百分比，上传速度由网络带宽决定，当百分比达到 100%时，状态变为 Installing template，但这时上传还没有完成，CloudStack 系统会根据填写的模板信息生成一个文件进行记录，并将其写入数据库。只有当这些过程全部结束后，状态才会显示为 Download complete。这时还需要一些时间，主要是生成 MD5sum 码，生成时间的长短也取决于模板文件的大小。最后注册成功后，状态会显示为 Successfully Installed。

2．注册模板

与注册 ISO 类似，操作为：CloudStack 控制台界面>模板>选择视图：模板>注册模板，如图 4-65 所示。

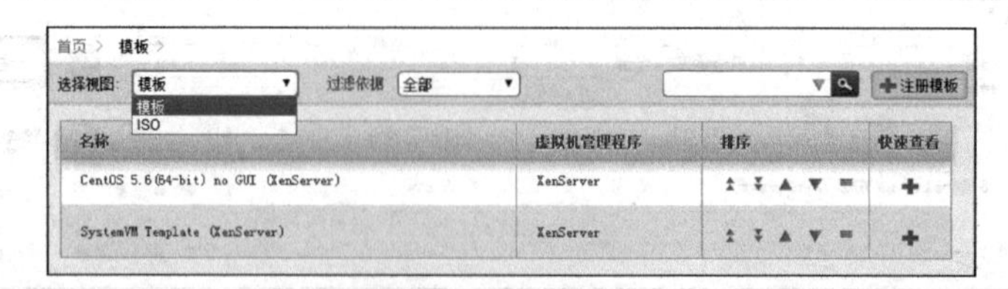

图 4-65　注册模板

弹出图 4-66 所示的对话框，输入相应的信息，单击“确定”按钮，注册模板。

对话框中各字段的含义如下（与注册 ISO 一样的省略）。

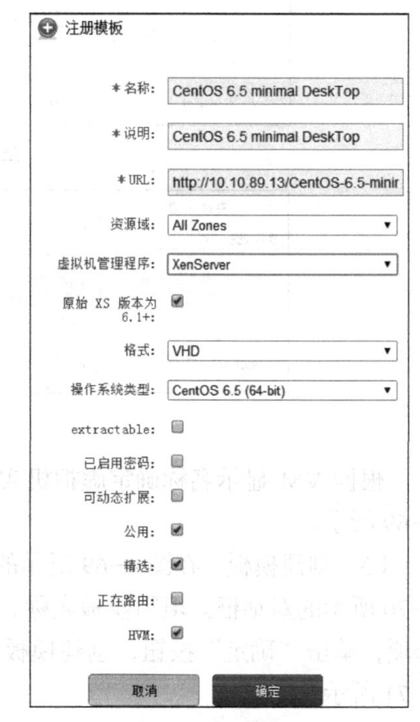

图 4-66　模板相关信息

- 虚拟机管理程序：模板对应的虚拟机管理程序（Hypervisor）。不同虚拟机管理程序下制作的模板会有区别，选择错误会造成模板无法创建虚拟机。
- 原始 XS 版本为 6.1+：当虚拟机管理程序为 XenServer 时，会出现此选项。确认 XenServer 的版本是否高过 6.1。
- 格式：模板文件的后缀名，不同虚拟机管理程序创建的文件格式和后缀名是不一样的。
- 已启用密码：是否在模板中安装重置密码的程序。启用后，在创建虚拟机实例时，虚拟机实例的管理员密码将是随机密码。
- 可动态扩展：模板是否包含 XenServer/VMware 工具，可以支持虚拟机的 CPU 数量和内存大小动态调整。
- HVM：模板是否需要 HVM（完全虚拟化）。

确认模板是否注册成功的方法与注册 ISO 文件一样。

3．注册失败的解决方法

如果上传 ISO 或模板文件失败，则会显示“Connection timed out”等提示信息，这可能是初学者经常遇到的问题。要解决这个问题，可以按以下步骤进行。

- 确保网络畅通及 URL 地址正确，在 CloudStack 管理节点上使用 wget 命令确认可以下载。如果 HTTP 服务地址为 192.168.0.101，则测试命令如下所示。

```
[root@ localhost ~]# wget http://192.168.0.101/iso 文件名
```

- 检查 NFS 服务器，确认相关配置正确，包括：存储配置、防火墙配置、SELinux 配置、NTP 配置等。
- 检查 CloudStack 系统虚拟机是否正常运行。
- 检查全局变量参数 secstorage.allowed.internal.sites 的值，确认设置正确。

经过上述步骤后，可以解决绝大部分的问题，如仍无法解决问题，则需打开日志文件，查找故障原因，并在网上搜索问题的解决方法。

4.7.2　创建模板

除了通过上述方式注册模板外，还可以基于现有的虚拟机实例创建模板。步骤如下。

（1）关闭要创建模板的虚拟机实例。选择虚拟机实例，进入实例详细信息页面，单击⊘按钮，停止正在运行的虚拟机实例。具体操作见“4.8.2 启动和停止虚拟机实例”，虚拟机实例停止的状态如图 4-67 所示。

（2）查看存储卷详细信息。CloudStack 控制面板单击“存储”按钮，显示存储卷列表页面，如图 4-68 所示。

图 4-67　虚拟机实例列表

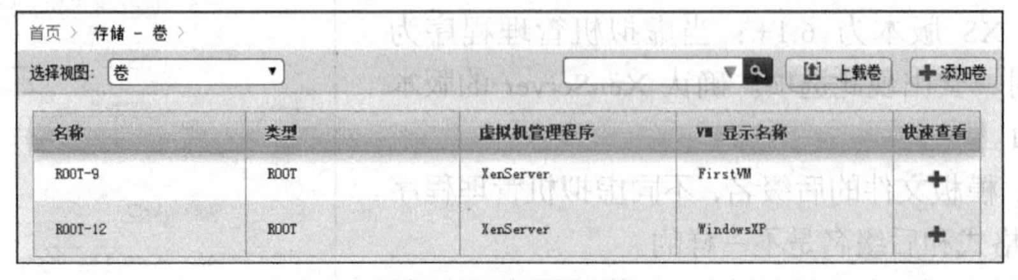

图 4-68　存储卷列表

根据 VM 显示名称确定虚拟机实例，单击对应的卷名，进入存储卷详细信息页面，如图 4-69 所示。

（3）创建模板。在图 4-69 所示的存储卷详细信息页面，单击按钮，创建模板。出现图 4-70 所示的对话框。填写模板名称、模板说明信息、选择模板的操作系统类型、勾选相应的选项，单击“确定”按钮，创建模板。模板创建成功后，新模板会出现在模板列表中，如图 4-71 所示。

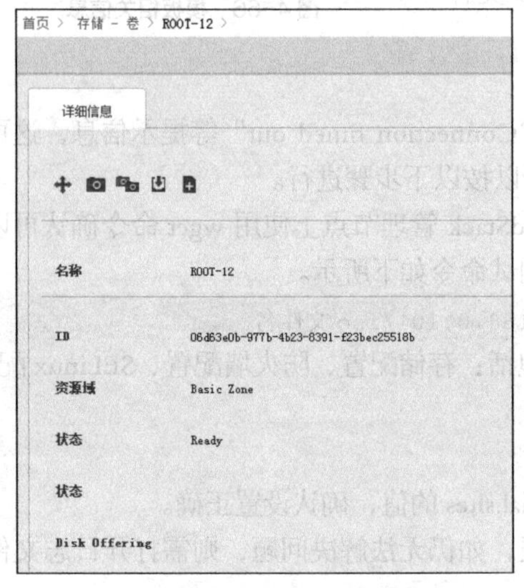

图 4-69　存储卷详细信息

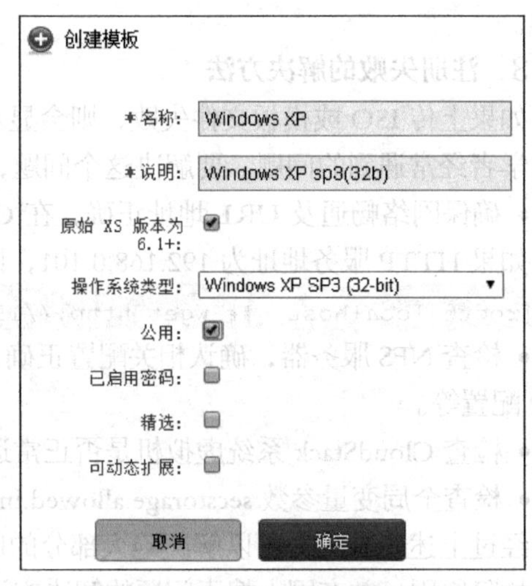

图 4-70　创建模板对话框

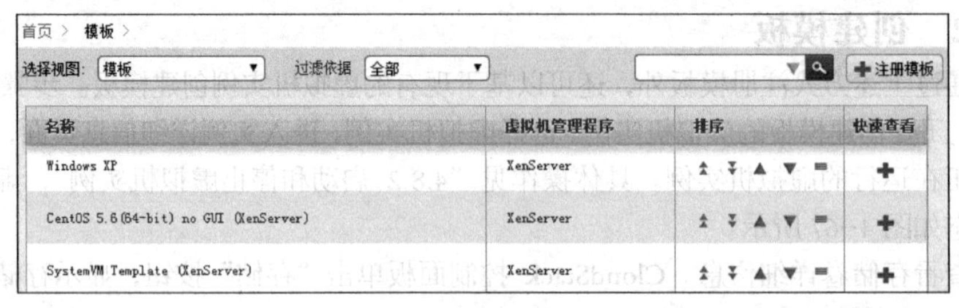

图 4-71　模板列表

4.7.3　下载模板

CloudStack 支持下载模板，对于注册的模板，只有选择了“可提取”选项的模板才能下载。而用户自己创建的模板则都可以下载。

在图 4-71 所示的模板列表页面，单击下载的模板名称，进入模板详细信息页面，如图 4-72 所示。单击下载按钮，弹出下载对话框，如图 4-73 所示。对话框中的超级链接就是模板下载的 URL，将此地址复制到浏览器的地址栏或第三方文件下载工具中，即可实现模板的下载。

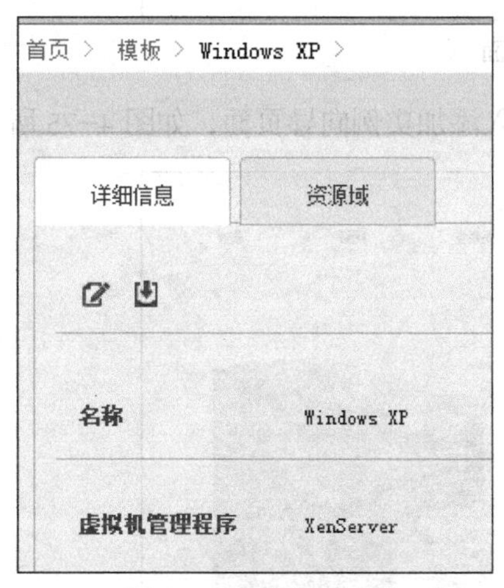

图 4-72　模板详细信息

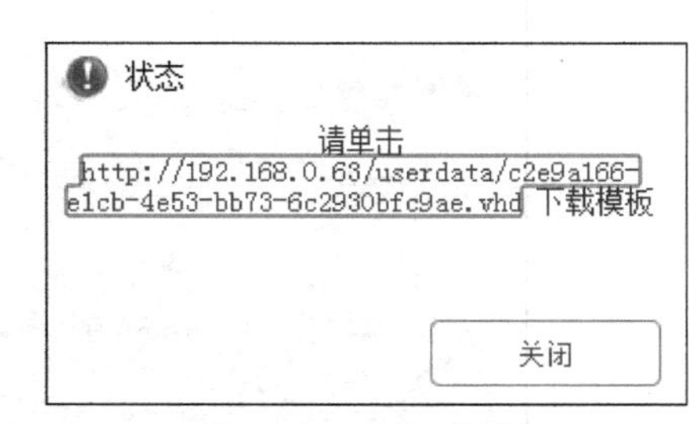

图 4-73　下载对话框

4.7.4　删除模板

可以将不再需要的模板删除以释放存储空间。删除模板的前提是系统中没有该模板所创建的虚拟机实例（对于由虚拟机实例创建的模板，该实例也算模板所创建的实例）。

在图 4-71 所示的模板列表页面，单击要删除的模板名称，进入模板详细信息页面，单击删除模板按钮，在弹出的确认对话框中单击“确定”按钮，删除模板。

4.8　使用虚拟机

对虚拟机实例的管理操作是 CloudStack 最基础的功能。CloudStack 支持虚拟机实例的整个生命周期管理，包括实例的创建、启动、运行、停止、删除和销毁；支持快照功能，包括快照的创建、删除和恢复；支持实例在使用过程更改计算方案（CPU 主频、内存大小），以此实现虚拟机实例性能的扩展或缩减；支持实例在线迁移。下面对虚拟机实例的管理和使用作详细介绍。

4.8.1　创建虚拟机实例

创建虚拟机实例是 CloudStack 云平台的最基本功能，在 4.7 节中介绍了 ISO 和模板文件的管理，只要成功注册了 ISO 和模板文件，就可以创建虚拟机实例了。

1．使用 ISO 文件创建虚拟机实例

当没有现存的模板文件或需要定制自己的虚拟机系统时，一般均是使用 ISO 安装文件来创建新虚拟机。用 ISO 文件创建的虚拟机实例是一台“空白虚拟机”，需要在实例上进行操作系统安装。

在 CloudStack 控制板面的左侧导航栏，单击“实例”按钮进入实例页面，如图 4-74 所示。

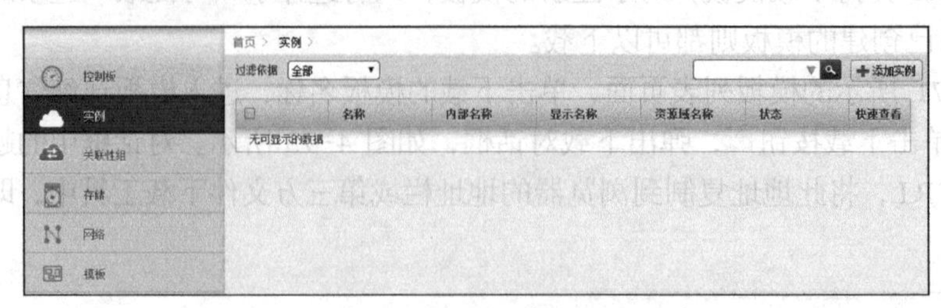

图 4-74　实例页面

单击图 4-74 中右上角的“添加实例”按钮，进入添加实例向导页面，如图 4-75 所示。

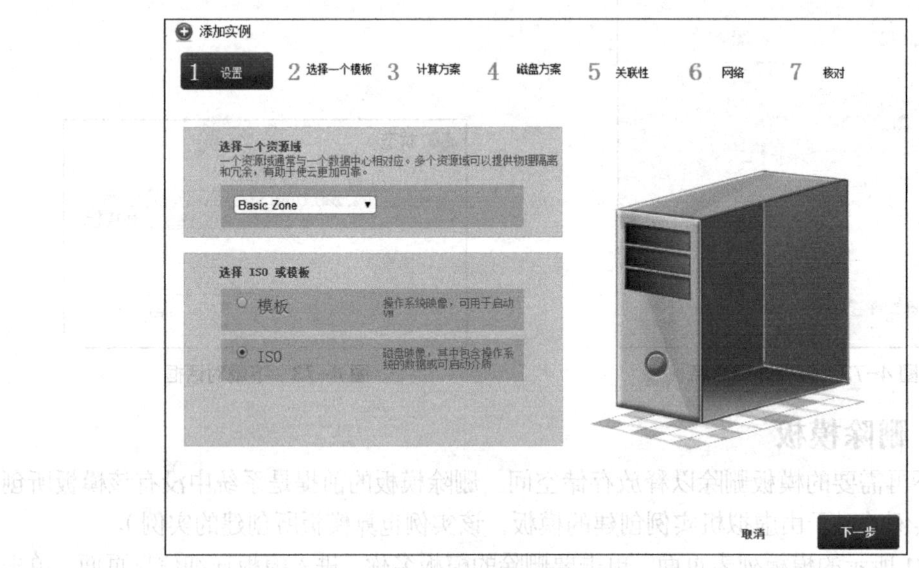

图 4-75　创建虚拟机实例向导页面

（1）选择一个区域，用来指定在那个区域中创建虚拟机实例，目前只有 Basic Zone 区域可选。在此选择 Basic Zone 和 ISO 创建虚拟机实例，然后单击“下一步”按钮。

（2）选择 ISO 文件。ISO 分为四类，精选、社区、我的 ISO 和已共享，如图 4-76 所示。选择 CentOS 6.5，这是上一节注册的 ISO 文件，然后单击“下一步”按钮。

- 在精选列表中显示的是带有“精选”标志的 ISO 文件。
- 在社区列表中显示的是带有“公共”标志的 ISO 文件。
- 在我的 ISO 列表中显示的是当前用户上传的所有 ISO 文件。

（3）选择计算方案。计算方案是 CloudStack 服务方案中的一种，定义了虚拟机的 CPU、内存等相关参数，如图 4-77 所示。这里有两个系统默认计算方案，配置参数如下。

Small Instance：1 核 vCPU、500MHz、512MB 内存、无高可用性等其他属性。

Medium Instance：1 核 vCPU、1GHz、1GB 内存、无高可用性等其他属性。

管理员可以根据实际需要在服务方案中创建新的计算方案供用户使用。在此可选择任意方案，选择 Small Instance 方案，单击“下一步”按钮。

（4）选择磁盘方案。有 4 个选项，对应不同的磁盘容量，已在页面中标明，如图 4-78 所示。选择 Small 方案，单击“下一步”按钮。

图 4-76 选择 ISO 文件页面

图 4-77 选择计算方案

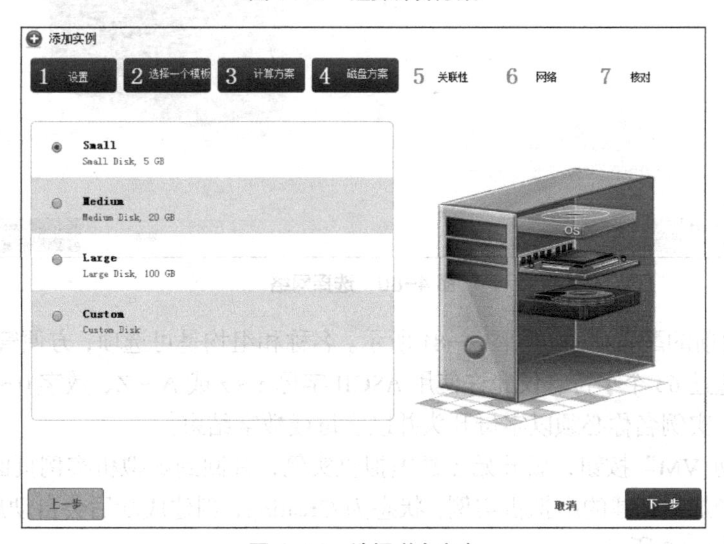

图 4-78 选择磁盘方案

（5）选择关联性。这是第一个虚拟机实例，没有相关联的组，直接单击“下一步”按钮，如图 4-79 所示。

图 4-79 选择关联性

（6）选择网络。在基础网络模式下，目前只有一个默认安全组（Default Security Group），如图 4-80 所示。选择默认（default）单击“下一步”按钮。

图 4-80 选择网络

（7）核对之前的配置信息，如图 4-81 所示。名称和组均是可选项，方便管理，可以不填。实例名称不得超过 63 个字符。仅允许使用 ASCII 字母 a ~ z 或 A ~ Z、数字 0 ~ 9 以及连字符，不能使用空格，实例名称必须以字母开头并以字母或数字结束。

单击“启动 VM”按钮，就开始创建虚拟机实例，并回到虚拟机实例页面。在虚拟机实例列表页面中增加新创建的虚拟机实例，状态为 Creating，创建成功后会自动启动，状态改为 Running，如图 4-82 所示。

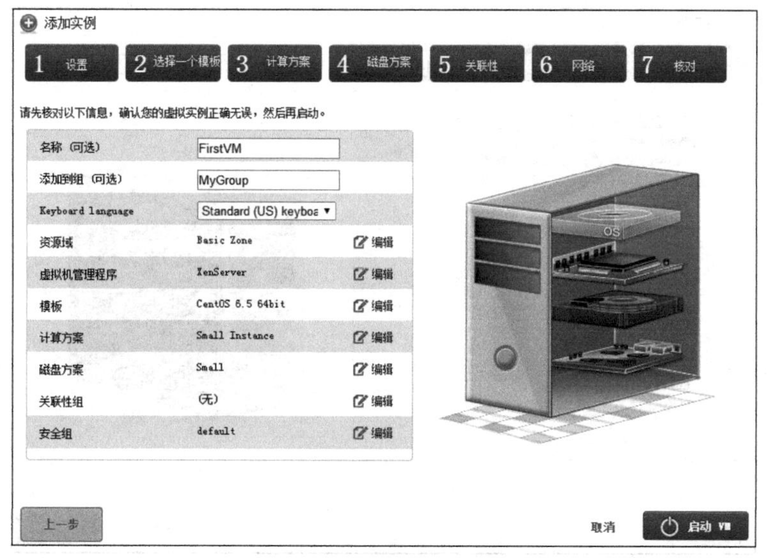

图 4-81 核对配置信息

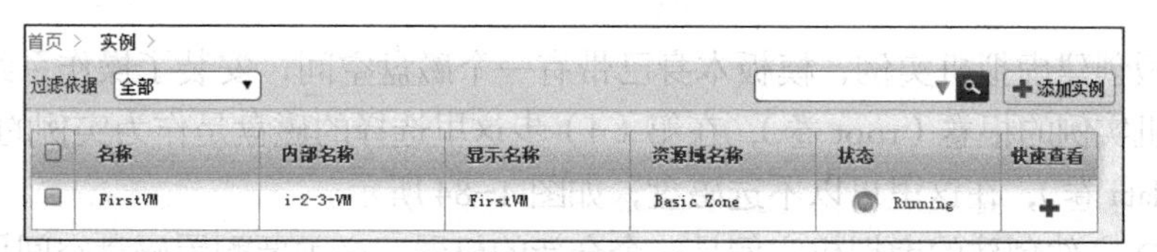

图 4-82 虚拟机实例状态

这时系统自动添加了一个虚拟路由器，如图 4-83 所示。

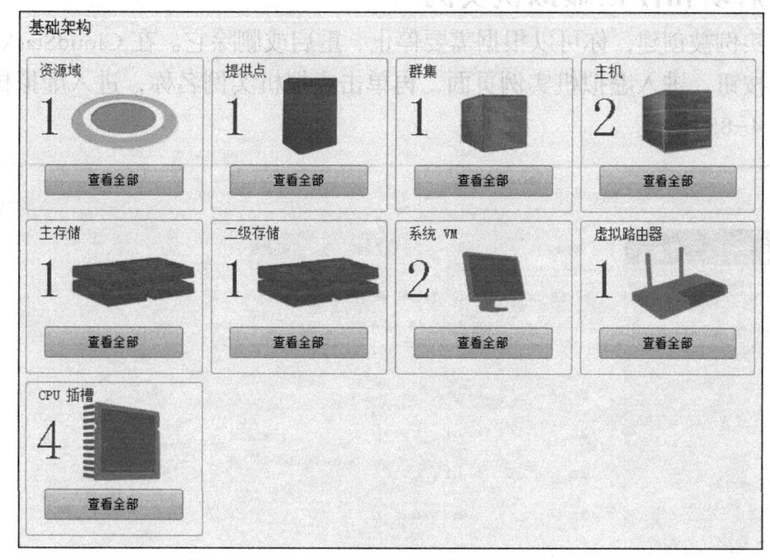

图 4-83 基础架构页面

2．使用模板创建虚拟机

使用模板创建虚拟机实例与使用 ISO 创建虚拟机实例的过程是一样的，每一步的选择也基本一样，只是在第（4）步选择磁盘方案有所不同。这时有 4 个选项，多了一个“不，谢谢”选项，如图 4-84 所示。

图 4-84　选择磁盘方案

使用模板创建虚拟机实例，模板本身已带有一个磁盘空间，安装了操作系统，这个空间会作为虚拟机实例的根卷（root 卷），在第（4）步这里选择的磁盘是作为实例的第二块磁盘，作数据卷（data 卷），在这里可以不选磁盘，如图 4-84 所示。

使用 ISO 文件创建的虚拟机实例是一个全新的机器，必须要配置磁盘空间用以安装操作系统。这个配置磁盘空间作为虚拟机实例的 root 卷。

4.8.2　启动和停止虚拟机实例

一旦 VM 实例被创建，你可以根据需要停止、重启或删除它。在 CloudStack 控制台界面单击"实例"按钮，进入虚拟机实例页面，再单击虚拟机实例名称，进入虚拟机实例详细信息页面，如图 4-85 所示。

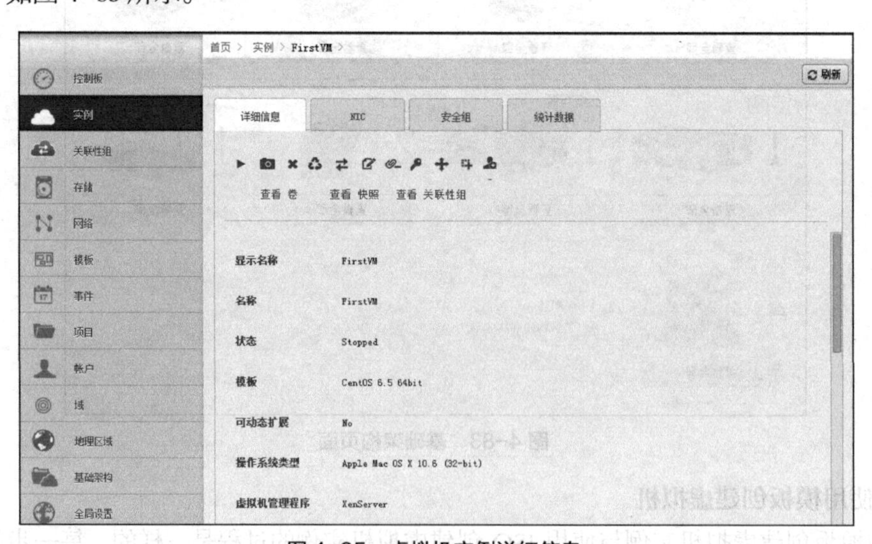

图 4-85　虚拟机实例详细信息

在该页面可以查看实例的操作系统、IP 地址、网络类型等信息。在页面上方有一行管理操作按钮。可以使用这些按钮管理虚拟机实例。

- 当虚拟机实例处于关闭状态（Stopped）时，单击▶按钮启动虚拟机实例，虚拟机实例启动后状态如图4-82所示。
- 当虚拟机实例处于运行状态（Running）时，单击⊘按钮停止正在运行的虚拟机实例，虚拟机实例停止状态如图4-86所示。
- 单击按钮，可以重启虚拟机实例。

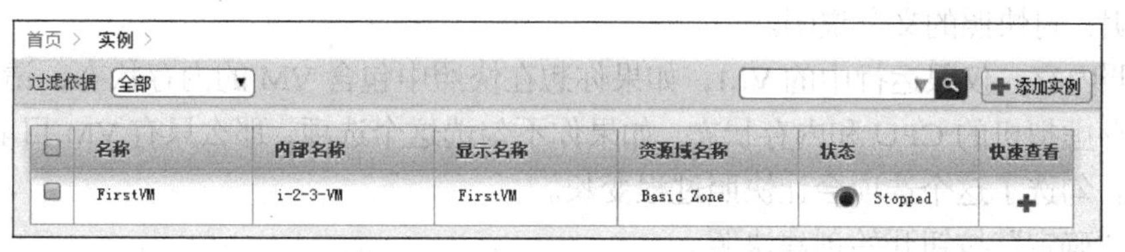

图4-86 虚拟机实例停止状态

4.8.3 变更虚拟机的服务方案

在使用虚拟机实例的过程中，发现虚拟机的计算能力或内存不足时，可以使用“更改服务方案”来增加虚拟机实例的计算能力或内存。单击图4-85界面中的按钮，就可以选择新的计算方案，达到更改服务方案的目的，如图4-87所示。

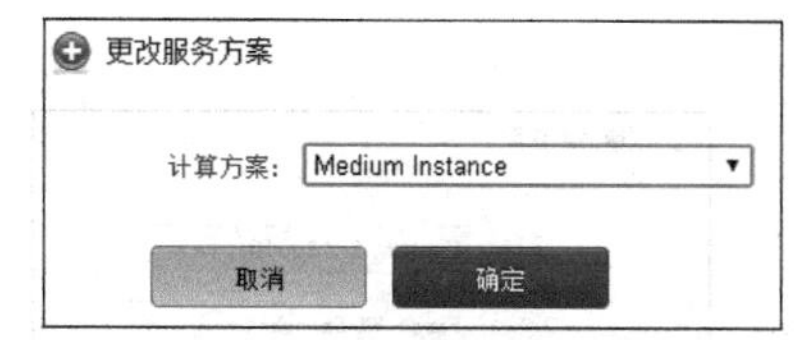

图4-87 更改服务方案

4.8.4 虚拟机快照

CloudStack的虚拟机快照功能可以保存VM的磁盘内容和它的CPU/内存状态（可选的）。这对快速还原一个VM来说是非常有用的。例如，对一个VM做快照后，做了一些像软件升级的操作。如果期间有问题出现，使用之前保存的VM快照就可以将VM恢复到之前的状态了。快照的创建使用的是Hypervisor本地快照工具，快照保存在CloudStack的主存储里。

VM快照存在父/子关系。同一个VM的每次快照都是之前快照的子级。每次你对同一VM追加的快照，它仅仅保存两次快照之间系统状态差异。之前的快照变成父级，新的快照变成子级。它可能对这些父/子快照创建一个长链，它实际上是一个从当前的VM状态还原到之前的“还原”记录。

1．VM快照的限制

如果一个VM存储了一些快照，就不能给它附加新磁盘卷或删除存在的卷。如果更改了VM的卷，将不能通过之前卷结构下所做快照来进行恢复。如果要给这样一个VM附加卷，请先删除快照。

如果更改了VM的服务方案，那么包含了数据卷和内存的VM快照就不能保留了，任何已有的此类型的VM快照都将被丢弃。

只能使用CloudStack来创建其管理的主机上的VM快照。你在Hypervisor上直接创建的任何快照都不能被CloudStack识别。

2．配置VM快照

（1）CloudStack使用如下全局配置变量来控制VM快照的行为。

vmsnapshots.max：虚拟机实例能够保存快照的最大数。（number of VMs）× vmsnapshots.max是整个CloudStack系统中VM快照的总可能数量。如果VM的快照数达到了最大值，那么会把最老的快照删掉。

vmsnapshot.create.wait：在提示失败和发生错误之前，为创建快照而等待的秒数。

（2）创建一个 VM 快照。进入虚拟机实例详细页面，单击“创建 VM 快照”按钮 。弹出创建 VM 快照对话框，如图 4-88 所示。输入以下信息。

• 名称：快照的名称，要有意义。例如 VM 的名称加日期和时间。这些会显示在 VM 快照列表中。

• 说明：对快照的文字说明。

• 快照内存：仅限运行中的 VM，如果你想在快照中包含 VM 的内存状态，请勾选内存。这可以保存虚拟机的 CPU 和内存状态。如果你不勾选这个选项，那么只有 VM 目前磁盘状态会被保存。勾选了这个选项会让快照过程变长。

单击“确定”按钮开始创建快照。

（3）删除一个快照或者还原 VM 的状态到指定的一个快照。

通过之前描述的步骤进入虚拟机实例详细信息页面，如图 4-89 所示。单击“查看快照”按钮，进入快照列表页面，如图 4-90 所示。单击要操作的快照名字，查看快照的详细信息。

图 4-88　创建 VM 快照对话框

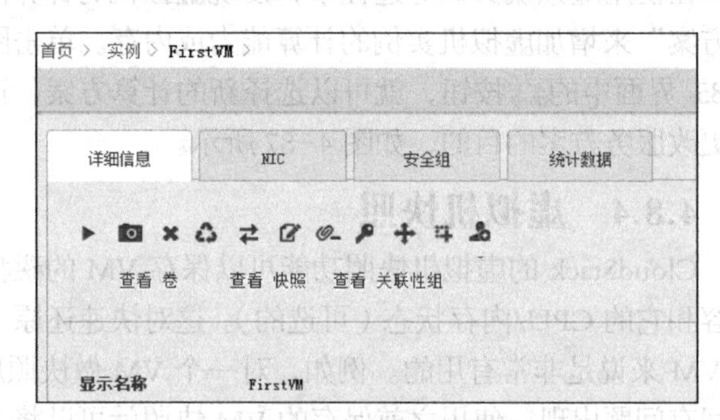

图 4-89　虚拟机实例详细信息

要删除快照，单击删除按钮 。

要还原至此快照，单击还原按钮 。

当 VM 被销毁了，那么它的快照也会被自动删除。这种情况下，不用手动去删除快照。

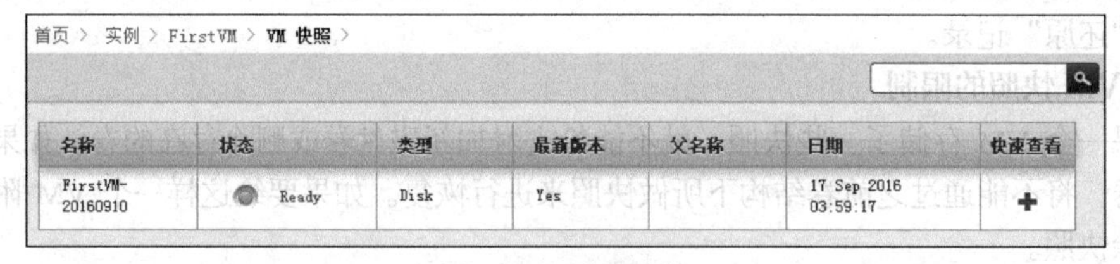

名称	状态	类型	最新版本	父名称	日期	快速查看
FirstVM-20160910	Ready	Disk	Yes		17 Sep 2016 03:59:17	+

图 4-90　快照列表

4.8.5　销毁虚拟机实例

用户可以删除他们拥有的虚拟机实例，管理员可以删除任何虚拟机实例。删除虚拟机实例会将实例强制停止，实例中的数据不能保存。因此在删除运行中的虚拟机之前，最好是先停止虚拟机。停止虚拟机实例应在该实例操作系统运行界面，通过操作系统的关机指令来停止。而使用虚拟机实例页面的停止按钮 ，也可以停止实例，但这就相当于直接拔电源，实例中的数据不能保存。

进入虚拟机实例页面，如图 4-91 所示，选择你想销毁的实例，单击销毁实例按钮 ，出现销毁实例确认窗口，如图 4-92 所示，在该窗口勾选删除框，单击“确定”按钮，则虚拟机实例将彻底删除，无法恢复。如不勾选删除框，虚拟机实例销毁后，该实例的信息不再显示在用户界面，但在管理员界面仍可以看到被销毁的虚拟机实例，但该实例的状态变为 Destroyed，如图 4-93 所示。

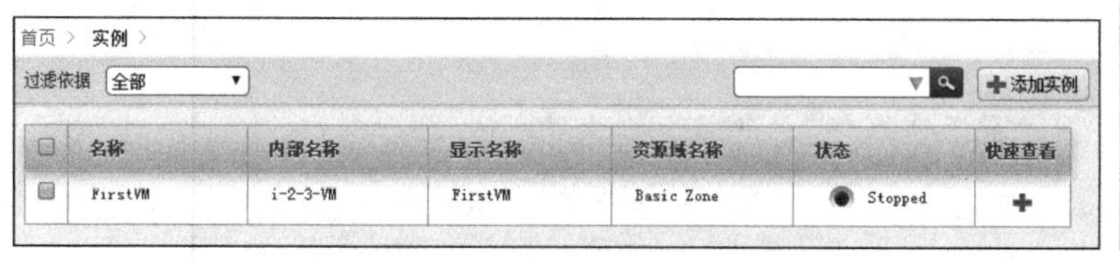

图 4-91　已停止的虚拟机实例

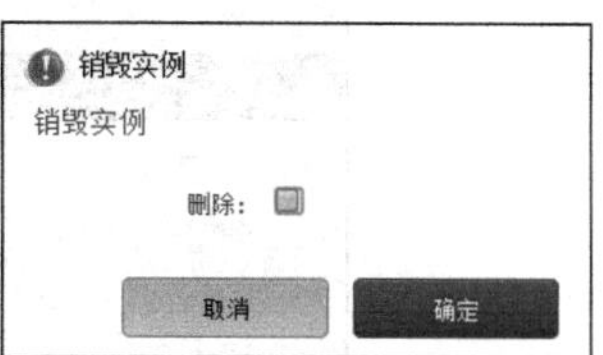

图 4-92　确认销毁实例

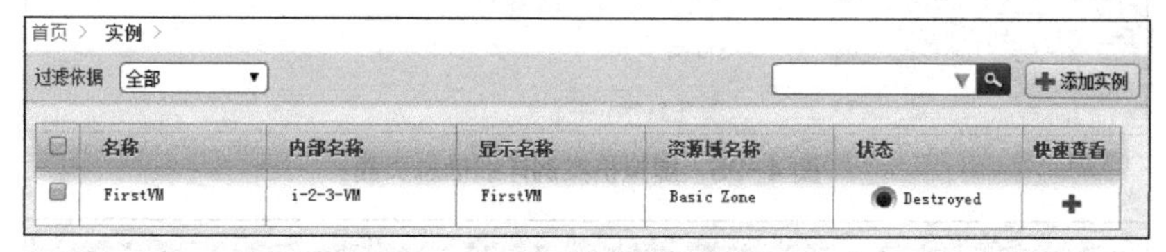

图 4-93　已销毁的虚拟机实例

为了避免用户误删除虚拟机实例，实例在 Destroyed 状态下将继续保留一段时间，这段时间的长短由两个全局参数决定，分别是 expunge.delay 和 expunge.interval。

expunge.delay：虚拟机实例被销毁后的保留时间，单位为秒，默认值是 86400，即 24 小时。

expunge.interval：系统轮询检查被销毁的虚拟机实例是否过期的周期间隔，单位是秒，默认值是 86400。

4.8.6　恢复虚拟机实例

在虚拟机实例被销毁到彻底删除期间，管理员可以通过恢复操作恢复被销毁的虚拟机实例。在虚拟机实例列表页面要选择你想恢复的实例，单击恢复按钮♻，弹出确认对话框，如图 4-94 所示，单击“是”按钮，恢复虚拟机实例。恢复后的虚拟机实例状态为 Stopped，如图 4-91 所示。

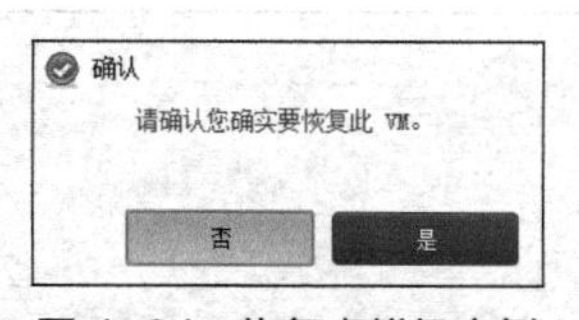

图 4-94　恢复虚拟机实例

4.8.7　使用控制台访问虚拟机实例

用户可以访问自己的虚拟机实例，管理员能够访问在云中运行的所有虚拟机实例。访问虚拟机实例有两种方法，一是通过 CloudStack 控制台访问，一是通过网络远程访问虚拟机实现。对于使用 ISO 文件创建的虚拟机实例，由于没有安装操作系统，必须先通过控制台访问虚拟机，在虚拟机实例上安装操作系统并进行设置后，才能通过网络远程访问虚拟机实例。对于使用模板创建的虚拟机实例，则要看模板文件中有没有进行相应的设置。

进入虚拟机实例列表页面，单击要访问的虚拟机实例名字（该实例应正在运行 Running），进入虚拟机实例详细信息页面，如图 4-95 所示。

单击“查看控制台”按钮，进入虚拟机实例控制台界面，如图 4-96 所示。这正是 CentOS

操作系统安装过程的第一步，可以按正常步骤一步一步地安装 CentOS 系统。安装完成后，控制台界面如图 4-97 所示，进入了 CentOS 系统的命令行界面。

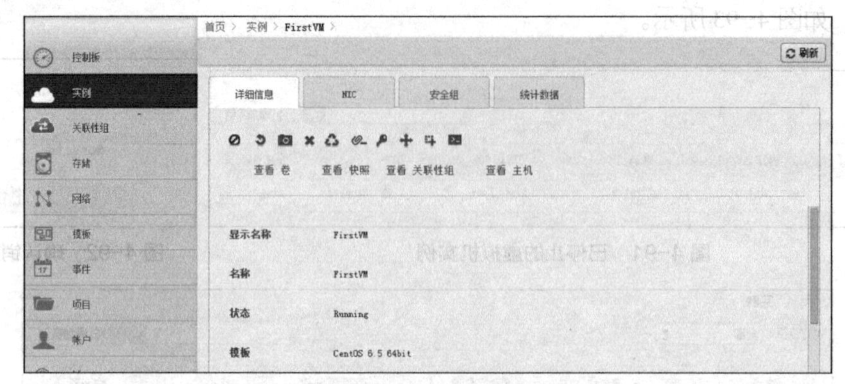

图 4-95 虚拟机实例详细信息页面

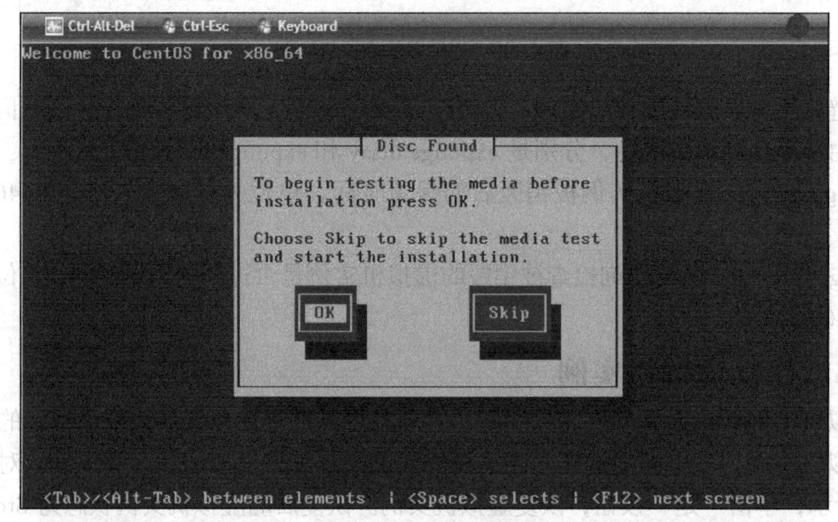

图 4-96 控制台界面

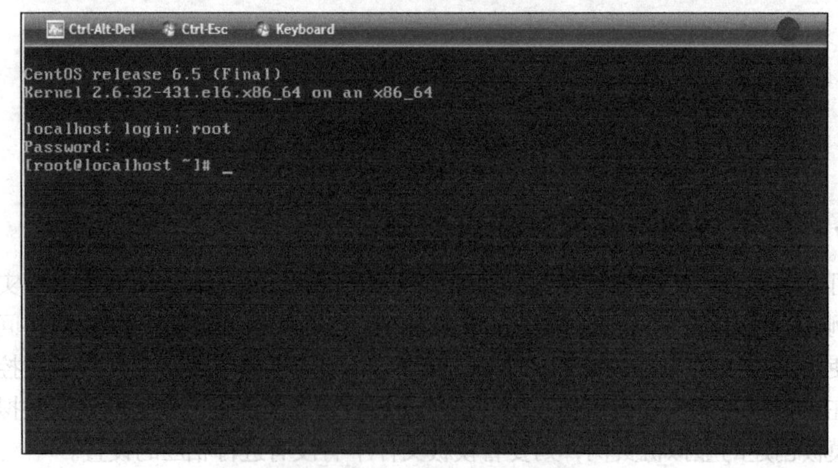

图 4-97 CentOS 命令行界面

当虚拟机实例的操作系统安装完成后，应取消附加 ISO。否则每次启动虚拟机实例都会进入图 4-96 所示的系统安装界面。取消附加 ISO 的方法是在图 4-95 所示的虚拟机实例详细信息页面，单击“取消附加 ISO”按钮，在弹出的对话框中选择是，如图 4-98 所示。

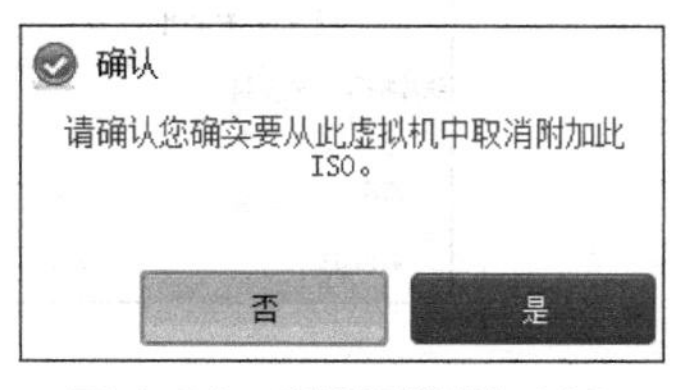

图 4-98 确认取消附加 ISO

4.8.8 通过网络访问虚拟机实例

通过网络远程访问虚拟机实例要比通过控制台访问虚拟机实例快很多，这是由于通过控制台访问虚拟机实例是利用系统虚拟机来访问虚拟机实例，而系统虚拟机配置较低，运行较慢。但通过网络远程访问虚拟机实例需要三个先决条件。

- VM 必须开通相关端口以便外部访问。比如，在基础资源域中，虚拟机会关联到一个安全组，例如，在前面创建虚拟机实例时，虚拟机是关联到默认安全组（Default Security Group）的。
- VM 启用 SSH。如果虚拟机实例安装了 Windows 操作系统，也可以是设置了“允许远程连接此计算机”。这时是通过远程桌面连接到虚拟机实例。当然最好是使用 SSH，相对来说，既快速又安全。
- 如果网络中有外部防火墙设备，需要创建一个防火墙策略来允许访问。

1．配置 VM 的网络属性

这里仅以 CentOS 为例进行说明，Windows 系统在安装时就会提示设置网络属性，网络会自动启用。默认情况下新安装的 CentOS 6.5 操作系统并未启用网络，一般需要手工配置网络接口。在虚拟机实例创建时，CloudStack 系统给配备一个网络接口（基础网络模式下），该接口对应的配置文件为/etc/sysconfig/network-scripts/ifcfg-eth0，可以利用 vi 命令打开这个网络接口配置文件进行设置。具体命令如下：

```
[root@localhost ~]# vi /etc/sysconfig/network-scripts/ifcfg-eth0
```

将文件中各字段的值改为如下的值，下面没有写出的字段不要修改：

```
NM_CONTROLLED=no
ONBOOT=yes
BOOTPROTO=none
IPADDR=192.168.0.55
NETMASK=255.255.255.0
GATEWAY=192.168.0.254
```

上述配置文件中的网关是根据 4.2 节的配置信息而定，IP 地址则是查看虚拟机实例的 NIC 信息获得，如图 4-99 所示，虚拟机实例的 IP 地址为 192.168.0.55，这是系统在虚拟机生成时分配的。配置文件修改完成后，需运行命令重新启动网络和配置开机网络自启，如下所示：

图 4-99 VM 的 NIC 信息

```
[root@localhost ~]# service network restart
[root@localhost ~]# chkconfig network on
```

2．设置安全组的规则

在 CloudStack 控制台界面，单击“网络”按钮，再选择“安全组”，进入安全组列表，如图 4-100 所示。

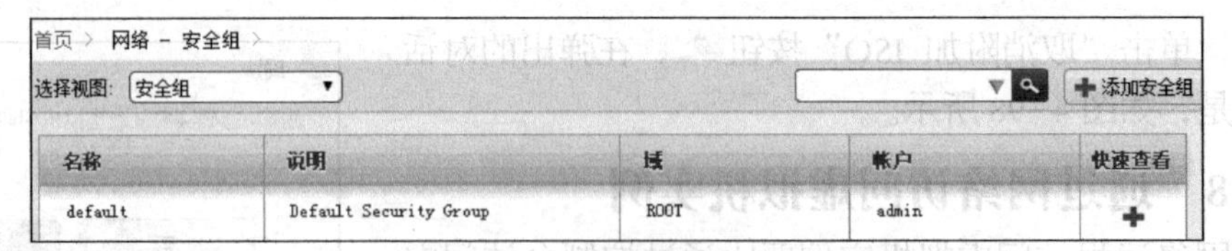

图 4-100　安全组列表

单击要设置的安全组名（default），选择入口规则，进入规则配置界面，如图 4-101 所示。为了省事，这里将 TCP、UDP 协议的所有端口面向内部网段全打开，即允许内网所有的 IP 包进入。对 ICMP 协议则允许内网的 ping 包进入（ICMP 类型为 8，ICMP 代码为 0）。

详细信息　入口规则　出口规则

Add by: CIDR　Account

协议	起始端口	结束端口	CIDR	添加
TCP				添加
TCP	1	65535	192.168.0.0/24	
UDP	1	65535	192.168.0.0/24	
ICMP		192.168.0.0/24		

图 4-101　配置入口规则

进入出口规则配置界面，如图 4-102 所示。与入口规则类似，放行访问内网的 IP 包。对 ICMP 协议则允许 ping 内网的包通过（ICMP 类型为-1，ICMP 代码为-1）。

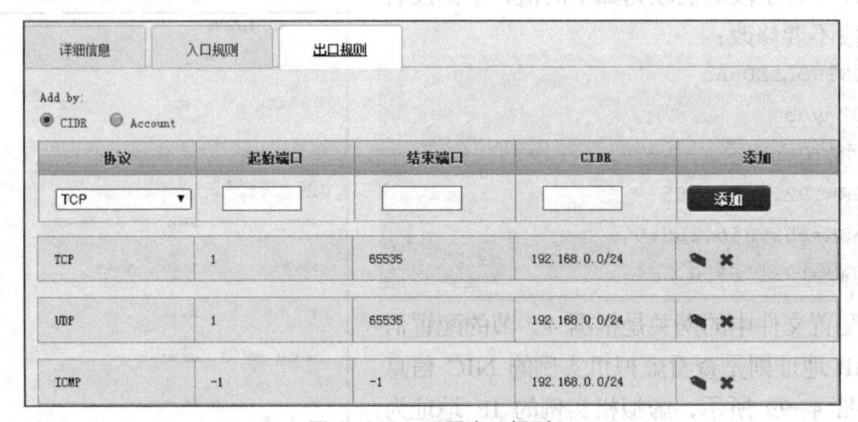

图 4-102　配置出口规则

3．设置虚拟机的 SSH 服务

几乎所有的 Linux 系统安装包都带有 SSH 服务程序，CentOS 默认安装 SSH 服务和客户端。通过 CloudStack UI 访问 VM，然后使用 VM 操作系统中的命令行启用 SSH，具体操作如下。

使用如下命令检查系统是否安装 openssh 服务器，命令及执行结果如下所示。

```
[root@localhost ~]#rpm -qa|grep openssh
openssh-server-5.3p1-94.el6.x86_64
```

```
openssh-client-5.3p1-94.el6.x86_64
openssh-5.3p1-94.el6.x86_64
```

由上述结果可知，系统已安装SSH服务。这时可使用如下命令查看和启动SSH服务。

```
[root@localhost ~]#service sshd status        //查看SSH服务运行状态
[root@localhost ~]#service sshd start         //启动SSH服务
[root@localhost ~]#service sshd restart       //重启SSH服务
```

SSH服务使用TCP协议的22端口，如果虚拟机启用了防火墙功能，就需要关闭防火墙功能或设置允许访问TCP协议的22端口的数据包通过。设置命令如下：

```
[root@localhost ~]#iptables -I INPUT -p tcp -dport 22 -j ACCEPT
```

保存防火墙规则，命令如下：

```
[root@ localhost ~]# service iptables save
```

这时就可以在客户机上使用SSH客户端程序远程访问虚拟机实例。

对于安装Windows操作系统的虚拟机实例，就需要安装第三方的SSH服务器程序，具体的服务器程序和安装方法这里就不作介绍，可以自己上网搜索。Windows 系统还可以使用远程桌面的方式让远程客户机访问虚拟机实例，这需要虚拟机实例设置“允许远程连接此计算机”，设置比较简单，就不作介绍了。

4.9 本章小结

本章作为CloudStack云管理平台的操作入门，针对小型企业，设计了一个基于基础网络架构的网络拓扑，包含了一个CloudStack管理节点、一台独立的NFS服务器和两台计算节点组成的群集。这个拓扑基本反映了大部分小型企业私有云平台部署需求，适合作为入门学习。

本章的内容分为两大部分，第一部分为云平台的安装，包括管理节点的安装、存储服务器的安装和计算节点的安装；第二部分为虚拟机实例的使用，包括模板文件的安装和使用虚拟机。

通过本章的学习，读者可以搭建一个简单的私有云平台，并运用这个平台去创建和安装业务所需的各类服务器。

PART 5 第5章 校园云平台搭建

5.1 校园云需求

1．信息中心存在的问题（服务器虚拟化）

某高职院校信息化建设不断推进，网络数据资源快速增长，数据中心使用的服务器数量也随之越来越多，能源的消耗也在快速增长。因为行政教学管理的需要，校园网上运行的应用系统也各式各样，系统项目的日益增长，系统架构也变得越来越复杂，使得服务器的管理维护变得复杂，且资源的利用率较低。数据中心普遍存在以下三个问题。

（1）广泛的应用范围，复杂的运行环境。随着各种教学、管理和科研等方面对应的系统需求，该高职院校也相继有了教学管理、数字化校园平台、财务管理、档案管理、一卡通系统、图书管理系统等诸多应用系统。为这些系统配套的服务器品牌、硬件配置各有不同，使得服务器维护成本过高，并且存在兼容、应用迁移升级等诸多问题。

（2）各类应用软件系统运行在单独的服务器中，存在单点故障，一旦服务器出现故障，其上安装的系统软件将停止服务，造成服务中断。

（3）资源利用不高。信息中心管理运维服务器约50台，品牌繁多。一般来说，每台物理服务器对应单一的操作系统以及单一的应用软件，而这些服务器的CPU平均利用率仅10%左右，导致数据中心服务器资源极大的浪费，且大量的服务器亦消耗大量的电能，不利绿色环保。

如何解决以上问题，是该高职院校信息中心在建设和运行校园数据中心所要考虑的重点。而云计算的兴起和虚拟化技术，为新一代数据中心的建设运维提供了很好的解决思路。

2．实训中心存在的问题（云桌面）

随着高职院校信息技术的不断推广和教学实践环节的日益规范化，计算机教学已成为各专业教学中必不可少的现代化教学手段；各高职院校为满足日益增长的教学、实训需求近年来兴建了大量的计算机实训机房；机房除用于日常教学、实训和各种无纸化考试外，还是学生课余上机作业、自习及上网了解国内外信息的重要场所，其重要性是不言而喻的。机房接入校园网拓扑如图5-1所示。

目前，高校计算机实验室机房基本上采用基于院系的传统分散式机房管理模式，即校内各二级院系自主建设所需软、硬件环境的计算机实训机房，机房内每台机器都安装独立的操作系统和应用软件程序，并设置专职人员管理机房。但传统的计算机实训机房管理维护主要存在以下问题。

（1）高校硬件建设投入成本高。不断更新的教学内容及各类应用软件的迅猛发展（某些专业软件每年都会推出新版本），对机器硬件的最低配置的门槛要求不断提高，需不断升级机器的硬件才能维持正常的教学与实训。因此，高校硬件设施的投资成了没有尽头的无底洞。

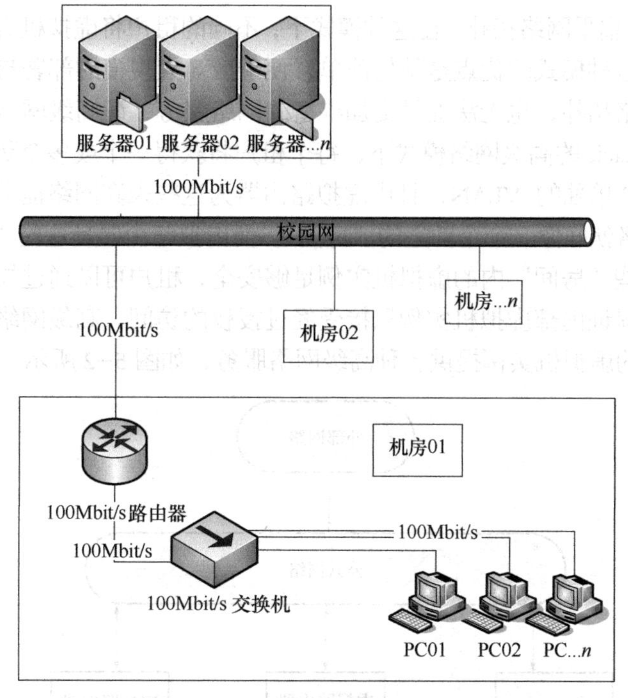

图 5-1 校园云平台网络拓扑图

（2）机房维护与更新工作艰巨。某高职院校实训中心管理约 20 个机房，每个机房约 60 台计算机，计算机品牌、购置时间、硬件配置也不一样。为满足不同年级及专业的教学、实训需求，机房内的每台机器需安装多个操作系统及大量的应用软件，还有大量临时性的软件变更、系统补丁更新、杀毒软件升级等工作，给管理人员带来极大的工作负担。

（3）数据存储受限。传统的计算机实训机房每台计算机都安装了还原卡（为维护机器的稳定与安全），师生在上机实训的过程中产生的操作数据与文件只能存储在个人的移动存储器上，容易造成数据丢失与损坏，而且为了防止病毒传播，禁用移动存储设备，造成数据存储不便。

随着云计算技术在各个领域的广泛应用，云计算在传统教学领域中的商用价值也逐步体现，越来越多的高校都在尝试使用云计算相关的解决方案去解决传统教学环节中存在的问题，降低人力、资源和管理成本，提高教学领域各项工作的效率。

5.2 CloudStack 高级网络功能

CloudStack 是一个功能强大、UI 友好的开源云（IaaS）计算解决方案。自 Citrix 将 CloudStack 捐献给 Apache 后，一直持续高速发展，其社区活跃度已经渐渐赶上风头一时无两的另一开源云 OpenStack 平台。CloudStack 拥有所有开源云平台中最为友善的管理界面，而且其天生地支持多语种。

5.2.1 高级网络

在上一章中介绍了 CloudStack 的基础网络模式。在本节中，将讲解 CloudStack 高级网络的基本概念和具体功能。通过前面的介绍了解到，CloudStack 通过基础网络模式实现了一种类似 AWS 的大规模扁平网络拓扑。在这种模式下，不同的租户将虚拟机实例部署在同一个来宾网络的子网中。这种模式的优点是结构简单，便于应对大规模的部署与扩展，缺点是无法应对更加复杂的网络拓扑，也无法提供更加丰富的网络服务，而高级网络模式则可以弥补这些不足。在 CloudStack 的高级网络模式下，每个租户将获得一个或多个私有来宾网络，每个来宾网络都属于一个单独的 VLAN，且由虚拟路由器为这些来宾网络提供网关服务。这样一来，一个个来宾网络就好像一个个独立的“房间”，而虚拟路由器是这些“房间”里唯一能够打开的门。位于这些“房间”内的虚拟机实例足够安全，租户可以通过控制虚拟路由器上的防火墙服务策略来保证内部虚拟机实例只接受经过授权的访问。高级网络还可以通过虚拟路由器为来宾网络内的虚拟机实例提供各种高级网络服务，如图 5-2 所示。

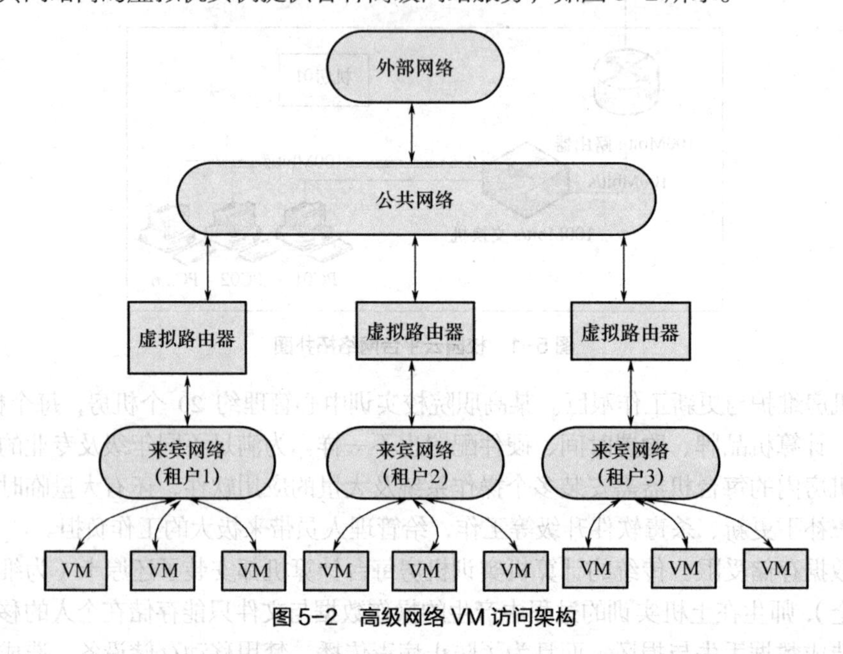

图 5-2 高级网络 VM 访问架构

除了来宾网络，公共网络也是高级网络模式的重要组成部分。如果一个个来宾网络是一个个独立的“房间”，那么公共网络就是连接所有“房间”的“楼道”，所有进出来宾网络的网络流量都要通过公共网络传输。

5.2.2 高级网络服务

当高级网络创建完成后，虚拟路由器会作为租户来宾网络的网管使用，同时租户来宾网络内的虚拟机实例通过虚拟路由器的 DHCP 与 DNS 服务自动获取 IP 地址与主机名。此外，高级网络模式还会通过虚拟路由器为来宾网络的虚拟机实例提供其他高级网络服务。CloudStack 可以提供的高级网络服务包括防火墙、源 NAT、静态 NAT、负载均衡、端口转发与 VPN。本节将对这些高级网络服务逐一进行介绍。

源 NAT 是指定公共网络的 IP 地址。虚拟路由器会将所有来宾网络内的虚拟机实例发起的对公共网络目标地址的请求映射为基于该公共网络 IP 地址的请求，所有虚拟机实例的对外请求都会使用该公共网络的 IP 地址。虚拟路由器默认会将获得的第一公共网络 IP 地址作为源 NAT 地址（无需配置），如图 5-3 所示。

静态 NAT 可以将 1 个公网 IP 地址与一台虚拟机进行绑定，这台虚拟机的所有网络请求和访问都会走绑定的公网 IP，如图 5-4 所示。

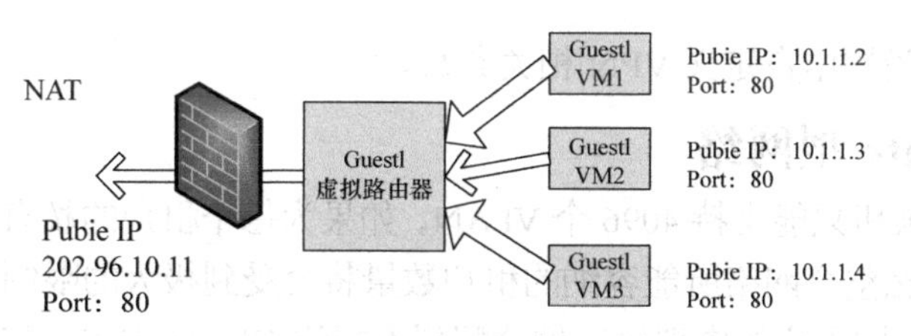

图 5-3 源 NAT 功能示意图

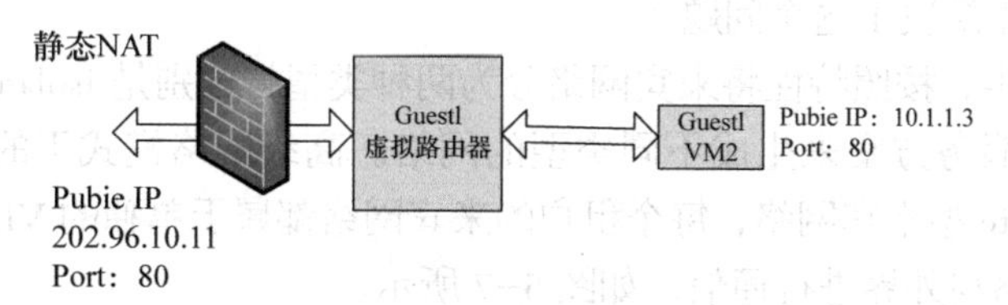

图 5-4 静态 NAT 功能示意图

网络负载均衡（Load Balancing），指定 Virtual Router 公网端 IP 地址及相应端口，以及负载分发的虚拟机及端口，还有轮询模式，进入的网络请求就负载分发到不同的虚拟机上，如图 5-5 所示。

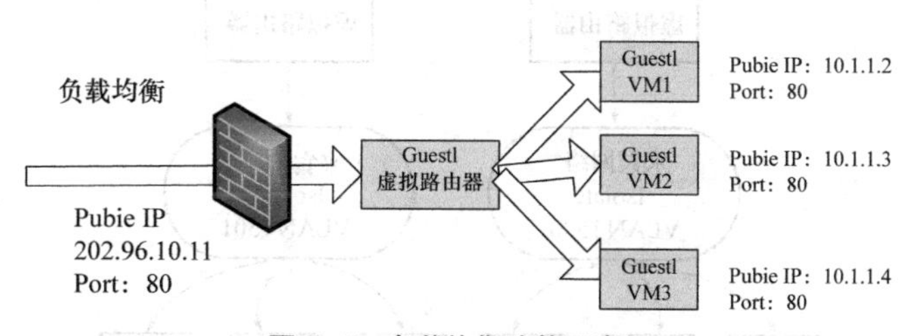

图 5-5 负载均衡功能示意图

Port Forwarding：端口转发，指定 Virtual Router 端公网 IP 地址及相应端口，以及被转发到的虚拟机及相应端口，进入的网络请求就会被转发到相应的虚拟机端口上，如图 5-6 所示。

Firewalls：防火墙，出于网络安全的考虑，Virtual Router 会默认屏蔽所有对内的访问请求，需要配置防火墙策略开启需要被访问的协议及端口。

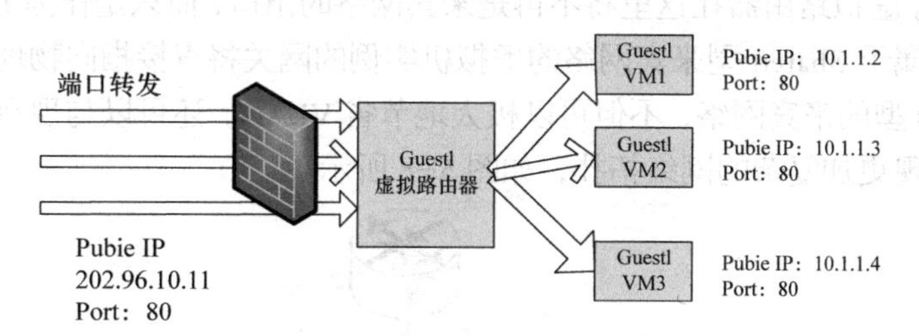

图 5-6 端口转发功能示意图

CloudStack 账户所有者可以创建虚拟专用网络（VPN）来访问他们的虚拟机。如果来宾网络是从提供远程访问 VPN 服务中实例化产生的，虚拟路由器（基于系统虚拟机）可以用于提供该服务。CloudStack 为来宾虚拟网络提供 L2TP-over-IPsec-based 远程访问 VPN 服务。由于每个网络获取自己的虚拟路由器，因此 VPN 不能跨网络共享。Windows、Mac OS X 和 iOS 的自身 VPN 客户端可用于连接客户网络。账户的所有者可以对其用户的 VPN 进行创建和管理。为达此目的，CloudStack 不使用其账户数据库，而使用单独的表。VPN 用户数据库之间共享账户所有者创建的所有 VPN。所有 VPN 用户可以访问所有账户所有者创建的

VPN。可以在全局设置中自定义 VPN 相关参数。

5.2.3 Isolate 型网络

一般情况下交换机只能支持 4096 个 VLAN，如果为每个租户的私有来宾网络都分配一个单独的 VLAN，那么整个网络所能容纳的租户数量将会受到极大的限制。而且，对某些业务来说，并不需要将不同租户的虚拟机实例分配到不同的 VLAN 中去。CloudStack 通过共享型（Shared）的来宾网络解决了这个问题。

在 CloudStack 中，按照特性将来宾网络分为两种类型，分别是 Isolate 与 Shared，可以通过创建不同的网络服务方案来生成不同类型的网络。高级网络模式下的来宾网络类型都是 Isolate。典型的 Isolate 型来宾网络，每个租户的来宾网络都属于单独的 VLAN，并需要经过虚拟路由器和公共网络与外界进行通信，如图 5-7 所示。

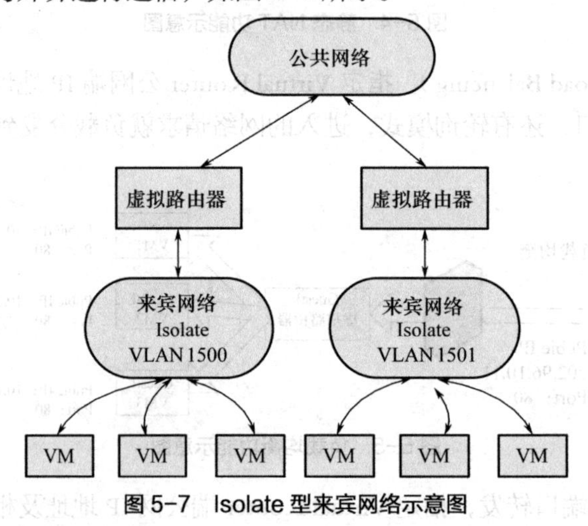

图 5-7 Isolate 型来宾网络示意图

5.2.4 Shared 型网络

在 Shared 型来宾网络中，不同租户的虚拟机实例可以同时部署在同一个来宾网络中并属于相同的 VLAN。虚拟路由器在这里将不再是来宾网络的出口，而只是作为 DHCP/DNS 服务的提供者。所有属于 Shared 型来宾网络的虚拟机实例的网关将直接指向物理交换机（物理网关）。使用 Shared 型的来宾网络，不但可以极大地节省 VLAN，还可以与现有物理网络设备更好地结合，以实现更加复杂的网络拓扑，如图 5-8 所示。

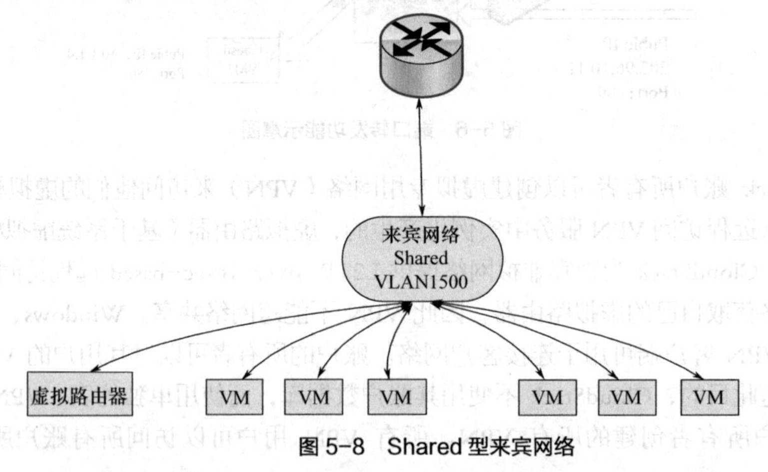

图 5-8 Shared 型来宾网络

5.3 云平台规划

作为一项系统工程，在搭建系统前进行规划是非常重要的，如果规划正确，配置信息清晰，则一次安装就可以保证系统顺利运行。本章针对高级网络模式规划一个完整的系统架构。

5.3.1 网络架构设计

针对高级网络架构的 CloudStack 系统，本章会搭建安装一个 CloudStack 管理节点并配置 MySQL 数据库、KVM 群集、vSphere 群集，每个群集有 2 个计算节点，使用另外一个 Linux 节点来提供外部 NFS 存储，配置不同的目录提供二级存储和各个群集主存使用。在高级网络中，IP 地址分配方式和基本网络有很多的区别。CloudStack 设计类似传统概念上的内网和外网，有 4 种逻辑网络流量，根据不同的需求，将 4 种逻辑网络流量跟网卡进行组合。高级网络架构如图 5-9 所示。

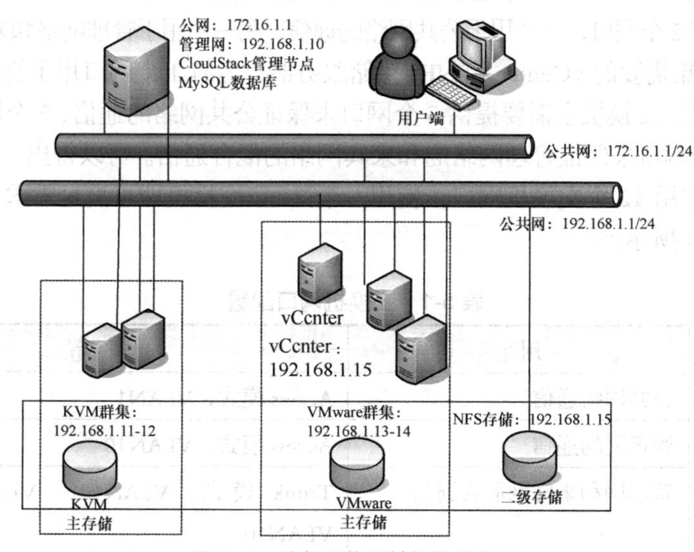

图 5-9 高级网络区域拓扑结构图

在本书中，对此进行规划，一块网卡只用于公共网络的通信，类似于传统网络的“外网”；另一块网卡用于管理网络、来宾网络、存储网络通信，类似于传统网络的“内网”，这种设计对于用户来说比较好接受，但是从性能上来讲，并不是很好的设计。CloudStack 对 4 种网络逻辑流量可以任意组合。

5.3.2 交换机配置

在完整的 CloudStack 基础设施管理平台的环境规划和搭建过程中，网络的规划最为重要。一方面，CloudStack 的网络功能，尤其是高级网络的功能，依赖网络的规划和配置才能实现；另一方面，根据不同生产系统的需求，网络架构也是千变万化的。所以，先通过 5.2 节和 5.3 节进行入门学习，当对两个规划有了一定的了解后，再根据网络知识和实际需求对 CloudStack 系统的网络进行变化和拓展。但是，仅将以上规划的这些参数填入 CloudStack 系统是不够的，还需要二层交换机和三层路由器的支持。CloudStack 社区提供的开源版本不能控制交换机和路由器等硬件设备，所以需要对交换机进行手动配置。

接下来详细规划一下交换机的配置。对于高级网络架构，需要通过 VLAN 进行数据流量的隔离，但不同的网络流量设置又是不同的，具体如下。

- 公共网络：通过一个 VLAN ID 进行隔离。
- 管理网络：由于不能设置 VLAN ID，故需要为通过这个网口的网络流量设置 Native VLAN。
- 存储网络：在本规划中没有涉及，与管理网络合并。
- 来宾网络：设置了一组 VLAN ID，由 CloudStack 自动给每个用户分配一个用于隔离用户间数据的 VLAN。用户的虚拟机会随机运行在物理机上，CloudStack 会在每个计算节点上建立针对每个用户的独立网络并为其分配 VLAN ID，这样就可以保证用户的数据从计算节点的网口传送出去的时候是带有 VLAN ID 的。不能完全控制一个网口只允许带有某一个 VLAN ID 的数据通过，所以要将来宾网络流量通过的网口设置为允许通过所有来宾网络的 VLAN ID。

如图 5-9 所示，各节点的网络接口规划如下。

- 管理节点有 2 个网口，一个用于公共网络的通信，另一个用于管理网络的通信。
- 计算节点有 2 个网口，一个用于公共网络的通信，另一个用于管理网络和来宾网络的通信。
- vSphere 群集需要的 vCenter 和 NFS 存储服务器，各有 1 个网口用于管理网络通信。

这样统计下来，交换机上需要提供 5 个网口来保证公共网络的通信，3 个网口来保证管理网络的通信，4 个网口来保证管理网络的和来宾网络的混合通信。可以得出，整套 CloudStack 高级网络环境会占用 12 个交换机网口，使用一个 24 口交换机即可满足需求。交换机的网口配置方式如表 5-1 所示。

表 5-1　交换机网口配置

交换机网口号	用途	配置
1～5	公共网络通信	Access 模式，VLAN1
6～8	管理网的通信	Access 模式，VLAN10
9～12	管理网和来宾网混合通信	Trunk 模式，VLAN101- VLAN200，native VLAN10

根据表 5-1，就可以配置交换机了。不同品牌的交换机配置方法不同，在此就不再一一详细说明具体操作步骤了。如果读者需要设备的配置操作说明，建议查看设备厂商的相关文档或通过厂商的技术支持帮助解决。

5.3.3　配置信息

Hypervisor 所在的主机，要求 CPU 和主板支持硬件虚拟化（需要在主板的 BIOS 中设置 Intel-VT 为 enabled）。操作系统必须是 64 位的，本书使用 CentOS 6.5。如果使用其他版本，一定要选择匹配的 CloudStack 安装包。此处强烈建议新用户给 CloudStack 管理服务器和 Hypervisor 所在的两台主机选择一样的操作系统（推荐 CentOS/redhat）和一样版本的 CloudStack 软件，同时注意操作系统一定是要被官方 release 宣称支持，这样能避免走不少弯路。Hypervisor 的主机不能有任何正在运行的虚拟机，否则在后续的 add host 操作中会遇到失败。最佳的建议是 Hypervisor 主机上的操作系统为全新安装，且没有部署任何其余虚拟机。无论是管理服务器还是 Hypervisor 所在主机，都需要以 root 登录进行 CloudStack 安装。Management Server 和 Hypervisor 主机必须是有独立静态 IP 的主机。否则后续安装因为 IP 地址变化会导致 service 状态异常。

根据上述架构设计制定相应的配置信息，高级网络区域内所有节点的 IP 地址和操作系统信息，如表 5-2 所示。

表 5-2 高级网络区域内所有节点的 IP 地址和操作系统信息

主机信息		操作系统版本	IP 地址规划	FQDN 主机名
CloudStack 管理节点 1		CentOS-6.5-x86_64	192.168.1.10	A-MS
CloudStack 管理节点 2		CentOS-6.5-x86_64	192.168.1.12	B-MS.cs
Hypervisor 计算节点	KVM	CentOS-6.5-x86_64	192.168.1.13	A.KVM.cs
	vSphere ESXi	ESXi5.1	192.168.1.14	A.ESXi.cs
NFS 存储设备		CentOS-6.5-x86_64	192.168.1.15	A-NFS

高级网络区域内所有节点硬件配置建议如表 5-3 所示。

表 5-3 高级网络区域内所有节点硬件配置建议

节点	CPU	内存	硬盘	网卡
CloudStack 管理节点 1	1 核	2GB	50GB	2 块
CloudStack 管理节点 2	1 核	2GB	50GB	1 块
KVM/ v Sphere ESXi	2 核或以上	4GB 或以上	50GB	2 块
NFS 存储	1 核	4GB	100GB 或以上	1 块

5.4 安装第一个 CloudStack 管理节点

本书是在 CentOS 6.5 x64 位操作系统上安装的 CloudStack 4.5.1 云管理平台，当部署 CloudStack 时，需要了解它的层次结构和存储管理，在此可以复习第 3、4 章的内容，帮助理解。

要完成安装 CloudStack 管理节点的操作需要以下条件。

- 一台计算机或者一台服务器，其 CPU 需支持硬件虚拟化扩展；
- CentOS 6.5_64 的 iso 文件或者安装光盘；
- 一个 C 类的网络，网络中不能存在 DHCP 服务器，所有运行的 CloudStack 主机需使用静态 IP 地址；
- 内存最好是在 8GB 以上。

根据前面 5.3 节的规划，管理节点的相关配置信息如表 5-4 所示。

表 5-4 安装配置管理节点服务器相关信息

编号	服务	软件包	备注
1	操作系统版本	CentOS-6.5-x86_64-bin-DVD1.iso	
2	主机信息	CloudStack 管理节点 1	
3	IP 地址	192.168.1.10	

续表

编号	服务	软件包	备注
4	FQDN 主机名	A-MS	
5	系统用户密码	root cspassword	

安装第一个 CloudStack 管理节点的过程与第 4 章中描述的过程完全一样，只是相关的配置信息不同，因此下面的安装过程只作简单的介绍，具体过程可以参见第 4 章相应的内容。

5.4.1 预配置管理服务器

在安装 CloudStack 管理程序前，需要先安装服务器操作系统，并对服务器进行预配置，设置服务器的 IP 地址、主机名、SELinux 安全组件、NTP 服务和 Yum 源等。配置步骤如下。

（1）安装 CentOS 操作系统，安装过程中需要选择“Basic Server”安装模式。

（2）配置网络服务，设置网络接口的 IP、网关和 DNS，并启用网络服务。根据表 5-4 所示，IP 地址设为 192.168.1.10。

（3）配置主机名。在三个地方设置主机名，根据表 5-4 所示，主机名为 A-MS。

（4）关闭 SELinux 安全组件。将 SELINUX 的值设为 permissive（宽松的）或 disabled（关闭）。

（5）配置本地 Yum 源。配置两个源：一个是 CloudStack 安装包的源；另一个是操作系统自带的所有 RPM 包的源。

（6）配置并启动 NTP 服务。配置系统使用本地时钟，启动 NTP 服务。配置 IPTABLES 防火墙，开放 NTP 服务使用的 TCP 123 端口。

配置完成后需要重启系统才能使配置生效，上述配置的具体设置方法参见 4.3.1 节。

5.4.2 安装配置 MySQL 数据库

CloudStack 使用 MySQL 数据库存储系统中所有的配置信息、状态信息等。根据 5.3 节的规划，MySQL 将安装在管理节点上。CentOS 6.5 的安装光盘中带有 MySQL 5.1 版本的安装包，可以直接使用。安装步骤如下（具体设置方法参见 4.3.2 节）。

（1）安装 Mysql-Server 软件包。使用 Yum 安装命令可以很简单地完成 MySQL 数据库安装。

（2）配置 MySQL 参数。主要是设置 MySQL 的最大连接数。

（3）启用 MySQL 服务。启用 MySQL 服务，并为数据库的 root 用户配置密码。

5.4.3 安装配置 CloudStack 程序

安装和配置 CloudStack 程序的步骤如下（具体设置方法参见 4.3.3 节）。

（1）安装 CloudStack 管理节点的软件包。使用 Yum 命令安装软件包。

（2）初始化 CloudStack 数据库，为云管理系统准备好两张数据表。

（3）自动配置 CloudStack 程序，完成 CloudStack 管理节点的安装。

（4）验证 CloudStack 管理节点服务。登录 CloudStack 的 UI 控制台界面，查看“基础架构”和“全局设置”页面。

5.5 配置存储节点

CloudStack 可以支持 NFS、iSCSI、FCSAN 等多种存储类型，在本章使用独立的 NFS 服务器为 CloudStack 提供外部存储空间。在 NFS 存储服务器上建立 3 个目录，其中一个作为二级存储使用，其他分配为其他的虚拟机管理程序群集作为主存储使用。

根据 5.3 节的规划，确定存储服务器的配置信息如表 5–5 所示。

表 5-5 安装配置存储服务器准备

编号	服务	软件包	备注
1	NFS 存储设备	CentOS–6.5–x86_64–bin–DVD1.iso	
2	系统模板	systemvm64template–4.5–kvm.qcow2.bz2 systemvm64template–4.5–xen.vhd.bz2	
3	IP 地址	192.168.1.15	
4	FQDN	A–NFS	
5	系统用户密码	root cspassword	

5.5.1 预配置存储服务器

同样安装 NFS 服务器需要先对服务器进行预配置，配置的内容和过程与安装管理节点是一样的，均分为安装操作系统、配置网络、配置主机名、关闭 SELinux 安全组件、配置本地 Yum 源、配置时间同步服务共 6 步。在第 4 章也有相应的介绍，这里就不作一一介绍。只是说明一下不同的地方。

- IP 地址设为 192.168.1.15。
- 主机名为 A–NFS。
- 只需配置一个本地 Yum 源，操作系统自带的所有 RPM 包。
- 配置时间同步服务，NFS 服务器作为 NTP 服务的客户端，管理节点作为 NTP 服务的服务端，其 IP 地址为 192.168.1.10。

配置完成后需要重启系统才能使配置生效，具体设置方法参见 4.4.1 节。

5.5.2 安装和配置 NFS 服务器

NFS 服务的安装和配置与 4.4.2 节也基本一样，分为以下步骤。

（1）安装 NFS 软件包。

（2）将 NFS 加入到自动开启列表中。

（3）建立 NFS 存储。根据规划，在 NFS 存储服务器中创建 3 个文件夹，作为各群集的主存储和区域的二级存储。具体名称和路径如表 5–6 所示。

表 5-6 高级网络区域使用 NFS 存储

存储部分	路径
KVM 群集主存储	/export/A_KVM
VMware 群集主存储	/export/A_ESXi
二级存储	/export/A_sec

高级网络区域使用创建文件夹命令，示例如下：

```
[root@A-NFS ~]mkdir -p /export/A_KVM
[root@A-NFS ~]mkdir -p /export/A_ESXi
[root@A-NFS ~]mkdir -p /export/A_sec
```

（4）配置 NFS 服务。设置统一域名，配置输出目录/export 的属性，固定 NFS 服务端口，设置 iptables 防火墙，开放 NFS 服务端口。

（5）启动 NFS 服务。

（6）检查 NFS 是否正常。包括检查输出目录，在管理节点上挂载存储目录。

5.5.3 上传系统模板

CloudStack 通过一系列系统虚拟机提供功能，如访问虚拟机控制台，提供各类网络服务，以及管理辅助存储中的各类资源。需要下载系统虚拟机模板，并把这些模板部署于刚才创建的辅助存储中；管理服务器包含一个脚本可以正确操作这些系统虚拟机模板。具体步骤如下（以下操作均在管理节点上进行）。

（1）将系统虚拟机模板（template）文档上传到/opt/4.5.1/template。

（2）新建路径/secondary。

（3）将配置好的 NFS 存储的二级存储路径挂载到本地，命令如下所示：

```
[root@A-MS ~]# mount -t nfs 192.168.1.15:/export/A_sec /secondary
```

（4）使用本地安装命令将系统虚拟机模板安装到二级存储目录/secondary。

这里以 KVM 模板为例，安装命令如下所示：

```
[root@A-MS  ~ ]  #  /usr/share/cloudstack-common/scripts/storage/secondary/
cloud-install-sys-tmplt -m /secondary  -f  /opt/4.5.1/template/systemvm64template-
4.5-kvm.qcow2.bz2-h kvm -F
```

systemvm64template−4.5−kvm.qcow2.bz2 模板文件有点大，最好是通过别的下载工具进行下载，如百度网盘的离线下载，再上传使用。如果网络状态好的话，也可以通过网络安装方式实现，其运行的命令则为：

```
[root@A-MS ~]# /usr/share/cloudstack-common/scripts/storage/secondary/cloud-
install-sys-tmplt -m /secondary -u http://cloudstack.apt-get.eu/systemvm/4.5/
systemvm64 template-4.5-kvm.qcow2.bz2  -h kvm -F
```

这里有几点需要注意：（1）磁盘分区必须够大。（2）虚拟机模板的下载安装这步不可省略，否则后面在控制台添加二级存储时会失败。（3）系统虚拟机不同于普通的 hypervisor host 上的虚拟机，它是 CloudStack 自带的用于完成自身系统相关的一些任务的 VM。它有三种：其中二级存储虚拟机（Secondary Storage VM）用于下载上传模板、下载镜像，第一次创建虚拟机时从二级存储拷贝模板到一级存储并且自动创建快照等；控制台代理虚拟机（Console Proxy VM）用于在 Web 界面上展示控制台。下面是运行的结果：

```
[root@A-MS ~]#/usr/share/cloudstack-common/scripts/storage/secondary/cloud
-install-sys-tmplt -m /secondary -f /opt/4.5.1/template/systemvm64template-4.5-
kvm.qcow2.bz2 -h kvm -F
Uncompressing to /usr/share/cloudstack-common/scripts/storage/secondary/364
25d95-ff79-408c-8b45-c5eaea3420c1.qcow2.tmp (type bz2)...could take a long time
```

```
Moving to /secondary/template/tmpl/1/3///36425d95-ff79-408c-8b45-c5eaea3420
c1.qcow2...could take a while
Successfully installed system VM template /opt/4.5.1/template/systemvm64
template-4.5-kvm.qcow2.bz2 to /secondary/template/tmpl/1/3/
```


5.6 安装第二个 CloudStack 管理节点

有关高负载均衡的软件，目前使用比较多的是 HaProxy、nginx 和 lvs。HaProxy 提供高可用性、负载均衡以及基于 TCP（第四层）和 HTTP（第七层）应用的代理，支持虚拟主机，它是免费、快速并且可靠的一种解决方案。HaProxy 特别适用于那些负载特别大的 Web 站点，这些站点通常又需要会话保持或七层处理。HaProxy 运行在时下的硬件上，完全可以支持数以万计的并发连接，并且它的运行模式使得它可以很简单安全地整合进您当前的架构中，同时可以保护 Web 服务器不被暴露到网络上。HaProxy 实现了一种事件驱动、单一进程模型，此模型支持非常大的并发连接数。多进程或多线程模型受内存限制、系统调度器限制以及无处不在的锁限制，很少能处理数千并发连接。事件驱动模型因为在有更好的资源和时间管理的用户端（User-Space）实现所有这些任务，所以没有这些问题。此模型的弊端是，在多核系统上，这些程序通常扩展性较差。这就是为什么他们必须进行优化以使每个 CPU 时间片（cycle）做更多的工作。

安装第二个 CloudStack 管理节点采取 HaProxy 可以实现高可用性、负载均衡以及基于 TCP 和 HTTP 应用的代理，与此同时，第二个 CloudStack 管理节点支持虚拟主机，简单安全地整合进当前的架构中， 同时可以保护 Web 服务器不被暴露到网络上。

5.6.1 环境规划配置

1. 环境规划

加入第二个管理节点后，各节点的配置信息如表 5-7 所示。其中数据库节点与第一个管理节点放在同一台服务器上。

表 5-7 负载均衡环境配置表

节点名称	说明	VLAN ID	IP	FQDN	备注
HaProxy	负载均衡节点，安装 HaProxy	3	192.168.1.20/24	HaProxy	新安装
manager1	管理节点 1，安装 CloudStack 的 management 部分	3	192.168.1.10/24	A-MS1	已安装
manager2	管理节点 2，安装 CloudStack 的 management 部分	3	192.168.1.12/24	A-MS2	新安装
MySQL	数据库节点，安装 CloudStack 的 MySQL 数据库，作为主库	3	192.168.1.10/24	A-MS1	已安装
KVM	安装虚拟化管理软件 xen	3	192.168.1.13/24	A-KVM	已安装
NFS	CloudStack 环境需要的存储	3	192.168.1.15/24	A-NFS	已安装

第二台管理节点服务器的配置信息如表 5-8 所示。

表 5-8　安装配置管理节点服务器准备

编号	服务	软件包	备注
1	操作系统版本	CentOS-6.5-x86_64-bin-DVD1.iso	
2	HaProxy	haproxy-1.6.2.tar.gz	
3	主机信息	CloudStack 管理节点 2	
4	IP 地址	192.168.1.12	
5	FQDN 主机名	A-MS2	
6	系统用户密码	root cspassword	

2．网络结构

加入第二个管理节点，并使用 HaProxy 作负载均衡后，整个业务架构图如图 5-10 所示。

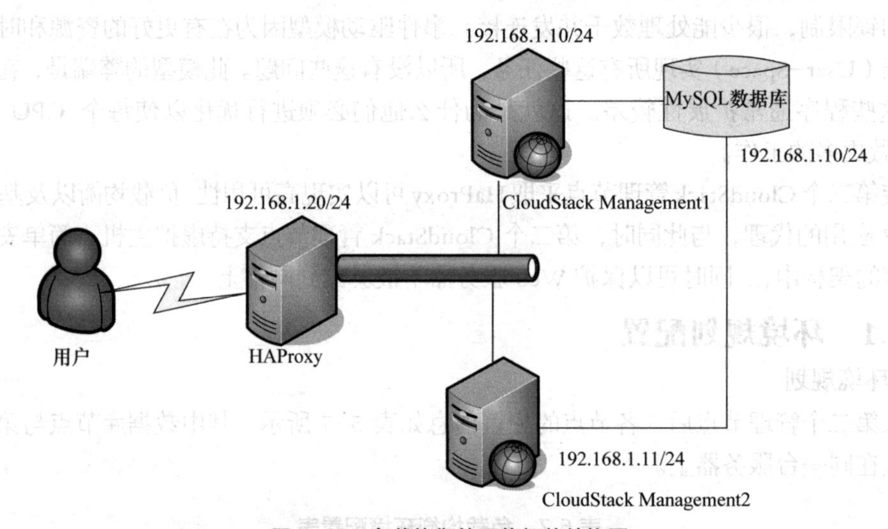

图 5-10　负载均衡的网络拓扑结构图

5.6.2　安装配置次级管理节点（第二个管理节点）

1．安装相关服务

与安装第一个管理节点时进行预配置管理服务器过程一样，分为以下 7 步。

（1）安装 CentOS 操作系统。

（2）配置网络服务，设置网络接口的 IP、网关和 DNS，并启用网络服务。IP 地址设为 192.168.1.12。

（3）配置主机名，主机名为 A-MS2。

（4）关闭 SELinux 安全组件。

（5）配置本地 Yum 源。

（6）配置并启动 NTP 服务。第二个管理节点作为 NTP 服务的客户端，管理节点作为 NTP 服务的服务端，其 IP 地址为 192.168.1.10。

（7）配置防火墙策略，允许 NFS 客户端访问。这里为了方便就关闭防火墙，命令如下所示：

```
[root@A-MS2 ~]#service iptables stop
[root@A-MS2 ~]#chkconfig iptables off
```

配置完成后需要重启系统才能使配置生效。

2．安装数据库

在第二台管理节点上安装 MySQL 客户端，命令及执行结果如下：

```
[root@A-MS2 ~]# yum install mysql
Loaded plugins: fastestmirror, security
Loading mirror speeds from cached hostfile
Setting up Install Process
Resolving Dependencies
--> Running transaction check
…………..
Installed:
  mysql.x86_64 0:5.1.71-1.el6
Complete!
```

当显示 Complete！时，表示程序安装完毕。

3．安装 CloudStack 管理程序

安装 CloudStack 管理程序的命令如下所示：

```
[root@A-MS2 ~]# yum -y install cloudstack-management
```

4．初始化数据库

CloudStack 管理程序安装完成后，初始化数据库，命令如下所示：

```
[root@A-MS2  ~ ]#  cloudstack-setup-databases  cloud:cspassword@192.168.1.12
--deploy-as=root:cspassword
```

5．配置管理端

执行以下命令，自动配置 CloudStack 程序，示例如下：

```
[root@A-MS2 ~]# cloudstack-setup-management
```

当命令执行结果返回 CloudStack Management Server setup is Done!时表示正常启动。完成安装和配置后，在浏览器地址栏中输入 http://192.168.1.12:8080/client 可以登录 CloudStack UI 控制台，如图 5-11 所示。使用默认的用户名 admin，默认密码为 password 登录。

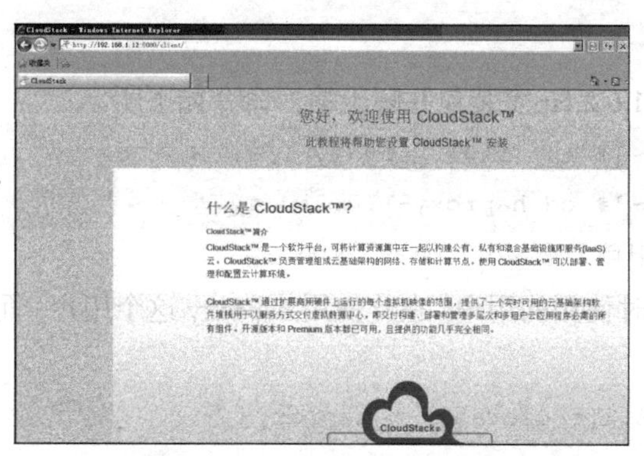

图 5-11 第二台管理节点的界面

5.6.3 安装和配置负载均衡服务器

1. 关闭 SELinux 组件

在安装完服务器的操作系统之后，需要关闭 SELinux 安全组件，其实现的命令如下：

```
[root@localhost ~]#vi /etc/selinux/config
```

然后将文件中 SELINUX=enforcing 修改为 SELINUX=permissive 或 disabled，修改/etc/selinux/config 文件关闭 SELinux，并重启服务器。

2. 关闭防火墙

需配置防火墙策略，允许 NFS 客户端访问，这里为了方便就关闭防火墙，命令如下所示：

```
[root@localhost ~]# service iptables stop
[root@localhost ~]# service ip6tables stop
[root@localhost ~]#chkconfig iptables off
[root@localhost ~]#chkconfig ip6tables off
```

最后重启使配置生效。

3. 配置 Yum 源

配置本地 Yum 源，配置 1 个源为操作系统自带的所有 RPM 包，配置过程见 4.4.1 节。

4. 配置 HaProxy 源

HaProxy 是一款免费、快速并且可靠的代理解决方案，支持高可用性、负载均衡特性，同时适用于做基于 TCP 和 HTTP 的应用的代理。对于一些负载较大的 Web 站点，使用 HaProxy 特别合适。HaProxy 能够支撑数以万计的并发连接。它的配置简单，能够很容易整合进现有的应用架构之中。下面在 CentOS 6.5 上进行安装配置 HaProxy。

（1）安装 GCC 软件库。在进行源码安装之前，首先要安装相关的软件库。命令及执行结果如下所示：

```
[root@ haproxy-1.6.2]# yum -y install make gcc
Loaded plugins: fastestmirror, security
Loading mirror speeds from cached hostfile
Setting up Install Process
Package 1:make-3.81-20.el6.x86_64 already installed and latest version
Resolving Dependencies
--> Running transaction check
...
Complete!
```

（2）上传 haproxy-1.6.2.tar 安装包并解压缩，命令如下所示：

```
[root@localhost ~]# tar xzvf haproxy-1.6.2.tar.gz                // 解压缩
[root@localhost ~]# cd haproxy-1.6.2                           // 进入源码目录
```

（3）建立 haproxy 用户。

创建运行 HaProxy 时使用的用户。在此使用 haproxy 这个用户，而且此用户不能登录到系统。命令如下所示：

```
[root@haproxy-1.6.2]# useradd -m haproxy
[root@haproxy-1.6.2]# cat /etc/passwd |grep haproxy
```

（4）进入到解压缩后的安装包执行安装。

首先编译 HaProxy，命令如下：

```
[root@ haproxy-1.6.2]# make TARGET=linux26 PREFIX=/usr/local/haproxy
```

现在开始安装 HaProxy，命令如下：

```
[root@haproxy-1.6.2]# make install PREFIX=/usr/local/haproxy  // 安装
```

（5）编辑 HaProxy 的配置文件，HaProxy 默认给提供一个配置文件模板。

安装完毕后，进入安装目录配置文件，默认情况下目录里是没有.cfg 配置文件的，可以回到安装文件目录下将 examples 下的 haproxy.cfg 拷贝到/usr/local/haproxy 下，cp examples/haproxy.cfg /usr/local/haproxy/，对于部分版本没有自动生成文件的话，可以自己编写配置文件，进入/usr/local/haproxy 目录，其配置内容如下：

```
[root@localhost haproxy]# vi  /usr/local/haproxy/haproxy.cfg
global
log 127.0.0.1   local0
log 127.0.0.1   local1 notice
maxconn 4096
chroot /usr/local/haproxy/share
uid 500
gid 500
daemon
defaults
log     global
mode    http
option  httplog
option  dontlognull
retries 3
maxconn 2000
option redispatch
#contimeout     5000
timeout connect 5000
#clitimeout     50000
timeout client 50000
timeout server 50000
listen admin_stats
       bind 192.168.1.20:1080
       mode http
       option httplog
       maxconn 10
       stats refresh 30s
       stats uri /stats
       stats auth admin:admin
```

```
        stats hide-version
    frontend http-in
            bind *:8080
            mode    http
            option  httplog
            log     global
            default_backend htmpool
    listen 8080
          bind 0.0.0.0:8080
          mode http
          balance roundrobin
          server web1 192.168.1.10:8080 maxconn 1024 weight 5 check inter 2000 rise
2 fall 3
          server web2 192.168.1.12:8080 maxconn 1024 weight 3 check inter 2000 rise
2 fall 3
```

对上面配置文件的内容适当扩展，下面做简单的解释。

① global 段。global 段用于配置进程级的参数。官网文档基于参数的功能，将 global 配置参数分为 3 组：进程管理和安全、性能调优、调试。

② defaults 段。defaults 段主要是代理配置的默认配置段，设置默认参数，这些默认的配置可以在后面配置的其他段中使用。如果其他段中想修改默认的配置参数，只需要覆盖 defaults 段中的出现配置项内容。

③ frontend 段。frontend 段主要配置前端监听的 Socket 相关的属性，也就是接收请求链接的虚拟节点。这里除了配置这些静态的属性，还可以根据一定的规则，将请求重定向到配置的 backend 上，backend 可能配置的是一个服务器，也可能是一组服务器（群集）。

④ backend 段。backend 段主要是配置的实际服务器的信息，通过 frontend 配置的重定向请求，转发到 backend 配置的服务器上。

⑤ listen 段。listen 段是将 frontend 和 backend 这两段整合在一起，直接将请求从代理转发到实际的后端服务器上。

（6）启动服务。

HaProxy 配置完毕后，使用如下命令启动 HaProxy：

```
[root@localhost haproxy]# /usr/local/haproxy/sbin/haproxy -f /usr/local/haproxy/
haproxy.cfg
```

启动后可以查看 HaProxy 进程，获得其进程号 PID，命令及执行结果如下：

```
[root@localhost haproxy]# ps -ef |grep haproxy
haproxy   2652     1  0 13:23 ?       00:00:15 /usr/local/haproxy/sbin/haproxy -f/
usr/local/haproxy/haproxy.cfg
root      24732   2054  0 14:53 pts/0    00:00:00 grep haproxy
```

获得 HaProxy 的进程号 PID 后，可以查看其所监听的端口，命令及执行结果如下：

```
[root@localhost haproxy]# netstat -tunlp|grep 2652
tcp  0  0 0.0.0.0:8080        0.0.0.0:*   LISTEN   2652/haproxy
```

```
tcp  0  0 192.168.1.20:1080   0.0.0.0:*   LISTEN   2652/haproxy
udp  0  0 0.0.0.0:41570      0.0.0.0:*   LISTEN   2652/haproxy
```

除了启动命令外，HaProxy 还有重启服务命令：

```
[root@localhost  haproxy]#  /usr/local/haproxy/sbin/haproxy  -f  /usr/local/
haproxy/haproxy.cfg -st 'cat /usr/local/haproxy/logs/haproxy.pid'
```

停止服务命令：

```
[root@localhost haproxy]# killall haproxy
```

（7）配置 rsyslog 服务使 HaProxy 的日志生效。

/var/log/haproxy.log 即为 HaProxy 的日志，使用 vi 编辑/etc/rsyslog.conf 文件来启用日志。编辑时取消文件最下面两行的注释：

```
$ModLoad imudp.so
$UDPServerRun 514
```

并添加一行：

```
local3.*  /var/log/haproxy.log
```

修改完成后，保存退出，重启 rsyslog 服务，命令如下所示：

```
[root@localhost ~]#/etc/init.d/rsyslog restart
```

然后启动 HaProxy 服务。

（8）验证 HaProxy 监控页面。

访问 HaProxy 的监控状态：http://192.168.1.20:1080/stats/，在对话框中输入如下的信息，用户名为 admin，密码为 admin，就可以登录到监控页面，HaProxy 监控后台服务器的情况，其示例如图 5-12 所示。

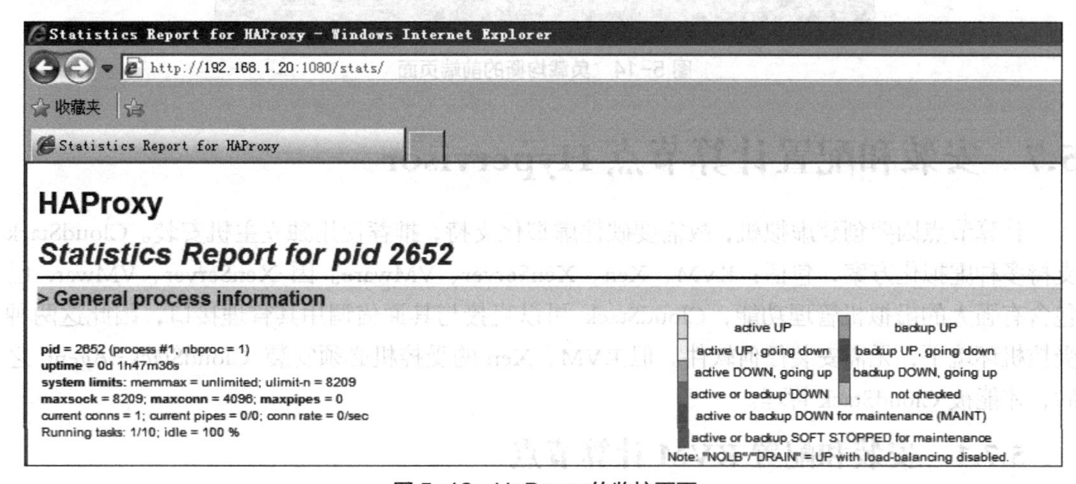

图 5-12　HaProxy 的监控页面

5.6.4　验证负载均衡

进入到监控页面中，查看服务器状态，如图 5-13 所示。

通过图 5-13 可以很明显看出 8080 组的服务器目前都是正常运行的。HaProxy 配置完毕并正常启动后，现在来根据业务的要求进行测试。通过 HaProxy 访问 CloudStack：在浏览器中输入 http://192.168.1.20/client（即访问 HaProxy）。可以访问到 CloudStack UI 页面，如图 5-14 所示。

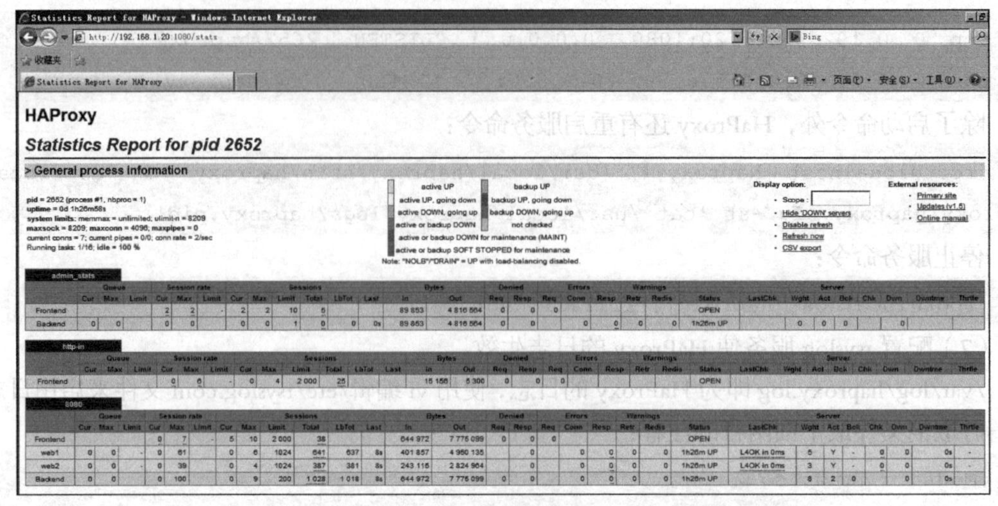

图 5-13　监控页面中的统计信息

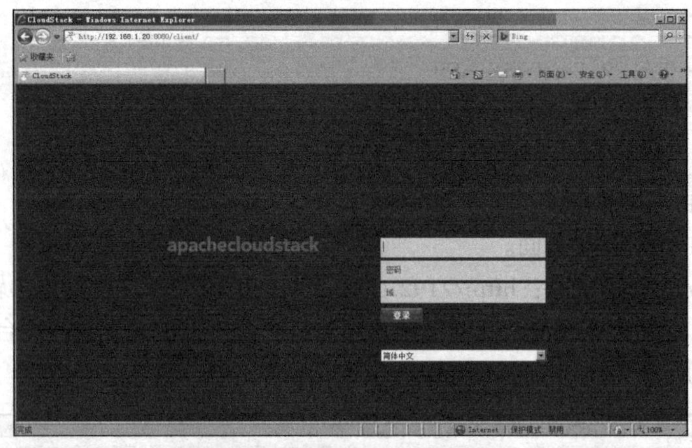

图 5-14　负载均衡的前端页面

5.7　安装和配置计算节点 Hypervisor

计算节点因要创建虚拟机，故需要硬件虚拟化支持，推荐使用独立主机安装。CloudStack 支持多种虚拟化方案，包括：KVM、Xen、XenServer、VMware。因 XenServer、VMware 已包含有强大的虚拟机管理功能，CloudStack 可以直接与其通信调用其管理接口，因此这两种受控机环境下，无需安装任何软件。但 KVM、Xen 的受控机必须安装 CloudStack-Agent 之后，才能被 CloudStack 管理。

5.7.1　安装和配置 KVM 计算节点

1．安装前准备工作

KVM 或 Kernel-based Virtual Machine 是一种基于 Linux 内核的虚拟化技术。KVM 支持本地虚拟化，主机的 CPU 处理器需支持硬件虚拟化扩展。本节描述的环境使用管理服务器同时作为计算节点，这意味着很多先决步骤已经在搭建管理服务器时完成；也就是上面所说的网络配置、主机名、SELinux、防火墙、CloudStack 软件库等。其环境和配置要求如表 5-9 所示。

表 5-9　安装配置 KVM 计算节点准备

编号	服务	软件包	备注
1	Hypervisor 计算节点 KVM	CentOS-6.5-x86_64-bin-DVD1.iso	
		CentOS-6.5-x86_64-bin-DVD2.iso	
2	安装包	jakarta-commons-daemon-jsvc-1.0.1-8.9.el6.x86_64.rpm	
		CloudStack 4.5.1 包	
3	IP 地址	192.168.0.16	
4	FQDN	A.KVM	
5	系统用户密码	root	
		cspassword	

接下来是对安装好的操作系统进行环境的配置。

（1）检查 BIOS。

（2）对操作系统支持。

（3）检查 CPU 对虚拟化支持。

如果采取 VMware 作为安装环境，需要在其进行配置，具体准备工作如下，右击虚拟机 > 设置 > 硬件 > 处理器，勾选“虚拟化 Intel VT-x/EPT 或 AMD-V/RVI”，开启虚拟化。其示例如图 5-15 所示。

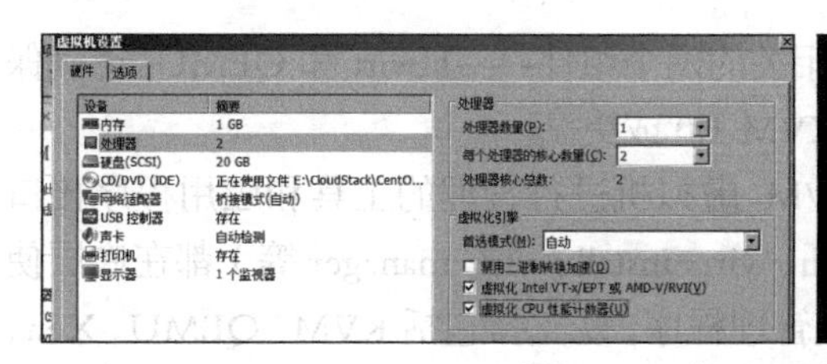

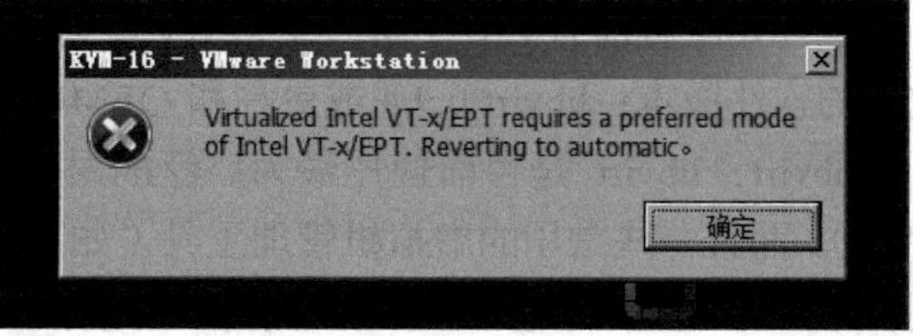

图 5-15　在 VM 环境下进行支持虚拟化配置

安装完操作系统或者拿到已经安装好的系统主机之后，首先再次确认 CPU 的虚拟化支持功能已经打开，可以通过使用如下的命令“egrep '(vmx|svm)' /proc/cpuinfo”来进行检查。

```
[root@A-KVM ~]# egrep 'vmx|svm)' /proc/cpuinfo
egrep: Unmatched ) or \)
[root@A-KVM ~]# egrep '(vmx|svm)' /proc/cpuinfo
flags        : fpu vme de pse tsc msr pae mce cx8 apic sep mtrr pge mca cmov
pat pse36 clflush dts mmx fxsr sse sse2 ss ht syscall nx rdtscp lm constant_tsc
arch_perfmon  pebs  bts  xtopology  tsc_reliable  nonstop_tsc  aperfmperf
unfair_spinlock pni pclmulqdq vmx ssse3 cx16 pcid sse4_1 sse4_2 x2apic popcnt xsave
avx f16c hypervisor lahf_lm arat epb xsaveopt pln pts dts tpr_shadow vnmi ept vpid
fsgsbase smep
```

以上输出信息和结果证明该主机支持 CPU 虚拟化技术。如果使用的是 Intel 的 CPU，则会在返回信息中出现 vmx 关键字；如果使用的是 AMD 的 CPU，则会出现 svm 关键字。如果 CPU 不支持虚拟化技术，则以上命令没有输出，这时需要进入服务器的 BIOS，打开虚拟化的支持选项。

接下来是对安装好的操作系统进行环境的配置。由于篇幅关系，其网络配置、主机名配置、时间同步服务、关闭SELinux安全组件、本地Yum源配置、防火墙配置等与管理节点操作类似，就不一一介绍。最后重启生效以前需重启才能生效的配置。

2．运行KVM安装命令

在安装KVM的时候，可运行如下安装命令：

```
[root@A-KVM ~]# yum -y install qemu-kvm libvirt python-virtinst bridge-utils
```

在运行上述的命令之后得到如下的运行结果：

```
[root@KVM opt]# yum -y install qemu-kvm libvirt python-virtinst bridge-utils
Loaded plugins: fastestmirror, security
Loading mirror speeds from cached hostfile
 * base:
Setting up Install Process
Package 2:qemu-kvm-0.12.1.2-2.415.el6.x86_64 already installed and latest
version
...
Complete!
```

当出现上述信息时，说明KVM的安装已完成。接下来是对KVM的信息进行配置。

3．配置QEMU

在开始配置前有必要了解一下与KVM息息相关的两个组件——libvirt和QEMU。请确保它们的软件版本：libvirt 0.9.4或更高和QEMU/KVM 1.0或更高。

libvirt：libvirt是目前使用最为广泛的对 KVM 虚拟机进行管理的工具和应用程序接口（API）。而且一些常用的虚拟机管理工具（如virsh、virt-install、virt-manager等）都在底层使用libvirt的应用程序接口。libvirt支持各种虚拟机管理程序，既支持包括KVM、QEMU、Xen、VMware、VirtualBox等在内的平台虚拟化方案，又支持OpenVZ、LXC等Linux容器虚拟化系统。详细资料可查阅http:// libvirt.org/。

QEMU：QEMU是由Fabrice Bellard编写的一套模拟处理器自由软件。它与Bochs、PearPC近似，但具有二者所不具备的特性，如高性能及跨平台的特性。经由闭源的KQEMU加速器，QEMU能模拟接近真实计算机的速度。详细资料可查阅http://wiki.qemu.org/。

KVM中有两部分需要进行配置，libvirt和QEMU。KVM的配置项相对简单，仅需配置一项。编辑QEMU VNC配置文件/etc/libvirt/qemu.conf并取消如下行的注释。

```
vnc_listen=0.0.0.0
```

4．配置libvirt

CloudStack使用libvirt管理虚拟机，因此正确配置libvirt至关重要。为了实现动态迁移，libvirt需要监听使用非加密的TCP连接。还需要关闭libvirts尝试使用组播DNS进行广播。这些都是在 /etc/libvirt/libvirtd.conf文件中进行配置。参数如下：

```
listen_tls = 0         //取消注释
listen_tcp = 1         //取消注释
tcp_port = "16059"     //取消注释
```

```
mdns_adv = 0          //默认为1修改为0
auth_tcp = "none"     // 默认为"sasl"修改为"none"
```

仅仅在libvirtd.conf中启用“listen_tcp”还不够，还必须修改/etc/sysconfig/libvirtd中的参数。取消如下行的注释：

```
LIBVIRTD_ARGS="--listen"
```

在完成上述配置之后，重启libvirt服务，示例如下：

```
[root@A-KVM ~]# service libvirtd restart
[root@A-KVM ~]# chkconfig libvirtd on
```

5．检查KVM是否安装成功

在配置完成之后，应检查KVM是否运行在机器上，具体命令如下：

```
[root@A-KVM ~]# lsmod | grep kvm
```

如果该命令执行结果如下所示，则说明KVM模块已经被正确加载。

```
[root@A-KVM ~]# lsmod | grep kvm
kvm_intel             54285  0
kvm                   333172  1 kvm_intel
```

如果命令执行结果没有任何信息，则说明没有KVM的进程。

```
[root@A-KVM ~]# lsmod | grep kvm
[root@A-KVM ~]#
```

这时需要进一步的排查，首先确认硬件环境是否开启了虚拟设置，CPU是否支持虚拟化。下面两条命令及执行结果是在硬件环境中安装虚拟化支持套件：

```
[root@kvm01 agent]# yum -y groupinstall 'Virtualization' 'Virtualization Client' 'Virtualization Platform' 'Virtualization Tools'
[root@A-KVM dvd2]# yum -y groupinstall 'Virtualization' 'Virtualization Client' 'Virtualization Platform' 'Virtualization Tools'
Loaded plugins: fastestmirror, refresh-packagekit, security
Loading mirror speeds from cached hostfile * base:
Setting up Group Process
Checking for new repos for mirrors
Package 2:qemu-kvm-0.12.1.2-2.415.el6.x86_64 already installed and latest version
Package python-virtinst-0.600.0-18.el6.noarch already installed and latest version
Warning: Group Virtualzation Platform does not exist.
Resolving Dependencies
--> Running transaction check
...
Complete!
```

6．安装CloudStack-Agent程序

在完成上述的KVM的安装之后，接下来安装agent程序，其可以通过执行命令yum -y install cloudstack-agent完成，示例如下：

```
[root@KVM ~]# yum -y install cloudstack-agent
Loaded plugins: fastestmirror, security
Loading mirror speeds from cached hostfile
 * base:
Setting up Install Process
Package cloudstack-agent-4.5.1-shapeblue0.el6.x86_64 already installed and latest version
Nothing to do
```

如果出现上述的信息就表示Cloudstalk-Agent程序已经完成安装。

7．配置桥接网络

配置网桥是KVM配置重点，下面介绍网络架构中的网桥配置，本书的配置，方法简单、容易理解，在进行配置之前，需要保证全部主机配置一致。

（1）创建基本网络桥接网卡配置文件。在基本网络中主机只需要一个网桥，为此在KVM的虚拟主机中只对一块网桥进行配置。

```
[root@node01 ~]# cd /etc/sysconfig/network-scripts
[root@node01 ~]# cp ifcfg-eth0 ifcfg-cloudbr0
[root@node01 ~]# cat ifcfg-eth0
[root@A-KVM ~]# vi /etc/sysconfig/network-scripts/ifcfg-eth0
```

将原来ifcfg-eth0配置信息拷贝过来，将配置信息“TYPE=Ethernet”修改为“TYPE=Bridge”，另外将“DEVICE=eth0”修改为“DEVICE=cloudbr0”，然后保存修改，退出文件编辑状态。指定配置的是一个网桥类型的设备，将所有的IP配置信息保存到上述的文件中，参数如表5-10所示。

表5-10 网卡和网桥配置信息对比表

ifcfg-eth0	ifcfg-cloudbr0
DEVICE=eth0	**DEVICE=cloudbr0**
HWADDR=00:0C:29:8D:DF:B1	HWADDR=00:0c:29:1a:3b:07
TYPE=Ethernet	**TYPE=Bridge**
UUID=0d42e1df-e118-47d5-90e8-7f3f8ffe3f53	UUID=0d42e1df-e118-47d5-90e8-7f3f8ffe3f53
ONBOOT=yes	ONBOOT=yes
IPADDR=192.168.0.16	IPADDR=192.168.0.16
NETMASK=255.255.255.0	NETMASK=255.255.255.0
GATEWAY=192.168.0.1	GATEWAY=192.168.0.1
DNS1=192.168.0.1	DNS1=192.168.0.1
NM_CONTROLLED=yes	NM_CONTROLLED=yes
BRIDGE=cloudbr0	#BOOTPROTO=dhcp
#BOOTPROTO=dhcp	

在完成上述的配置之后重启网络服务。

（2）重启网络服务，使得网卡配置生效。示例如下：

```
[root@KVM network-scripts]# service network restart
Shutting down interface eth0:                                         [  OK  ]
Shutting down loopback interface:                                      [  OK  ]
Bringing up loopback interface:                                        [  OK  ]
Bringing up interface eth0:  Determining if ip address 192.168.0.16 is already
in use for device eth0...                                              [  OK  ]
Bringing up interface cloudbr0:  Determining if ip address 192.168.0.16 is
already in use for device cloudbr0...                                  [  OK  ]
```

8．初始化 cloudstack-agent

在完成上述工作后就可以对安装好的服务进行初始化配置操作，其示例如下：

```
[root@KVM network-scripts]# cloudstack-setup-agent
Welcome to the CloudStack Agent Setup:
Please input the Management Server Hostname/IP-Address:[192.168.0.13]
Please input the Zone Id:[default]
Please input the Pod Id:[default]
Please input the Cluster Id:[default]
Please input the Hypervisor type kvm/lxc:[default]
Please choose which network used to create VM:[eth0]
Starting to configure your system:
Checking hostname ... [Failed]
Please edit /etc/hosts, add a Fully Qualified Domain Name as your hostname
Try to restore your system:
```

如果出现如下所示 cloudstack-agent 无法启动的情况，可能是因为没有配置网桥。

```
[root@KVM ~]# service cloudstack-agent restart
Stopping Cloud Agent:
Starting Cloud Agent:                                     [FAILED]
The host name does not resolve properly to an IP address. Cannot start Cloud Agent.
```

9．查看 cloudstack-agent 运行状态

通过如下的方式查看 KVM 主机的 cloudstack-agent 服务状态，确保服务是正常的，示例如下：

```
[root@A-KVM ~]# service cloudstack-agent status
cloudstack-agent (pid  4096) is running...
```

如果出现错误，出现 cloudstack-agent dead but subsys locked 的问题的话，示例如下：

```
[root@A-KVM ~]# /etc/init.d/cloudstack-agent status
cloudstack-agent dead but subsys locked
```

从三个方面进行排查，第一个是从网卡配置，没有配置好网桥或网桥配置有问题。检查网桥配置是否有问题，例如 vi /etc/sysconfig/network-scripts/ifcfg-eth0 其中的信息是否包括了“BRIDGE=cloudbr0”等，接着对第一个情况主要是从“/etc/cloudstack/agent/agent.properties”中排查配置错误，可以对其进行详细的检查，查看/etc/cloudstack/agent/agent.properties，在 cloudstack 的计算节点中必须名叫 cloudbr0、cloudbr1 的网桥，否则 agent 服务无法启动，查看

得到上述状态并且在日志文件 tail /var/log/cloud/agent/agent.log 中可以看到如下的提示：Nice are not configured！或 Unabled to start agent：Failed to get private nic name。

在下面的示例中将确保网桥配置信息的正确，为了排查问题方便，将三种网络网桥的配置命令设为 cloudbr0：

```
private.network.device=cloudbr0
public.network.device-cloudbr0
guest.network.device=cloudbr0
```

第三种情况，如果在初始化的时候没有配置 CloudStack 管理节点的 IP 地址，可以通过如下的方式配置其 agent 参数，具体如下：

```
[root@A-MS1 ~]# vi /etc/cloudstack/agent/agent.properties
#host= The IP address of management server
host=localhost
```

将 localhost 更改为目标的管理节点的 IP 地址。完成上述的检查之后使用 service cloudstack-agent restart 命令重启 cloudstack-agent 服务。

5.7.2 安装和配置 vSphere 计算节点

本节主要介绍如何配置 VMware vSphere 虚拟化套件，为接入 CloudStack 平台做准备。CloudStack 中 VMware vSphere 虚拟化套件的安装和配置过程相对简单，用户只需登录管理节点（Management Server）的界面进行安装和配置，由管理节点与 vSphere 中的 vCenter 进行通信。

在之前的章节中了解到，CloudStack 管理的 vSphere 群集是与 vCenter 进行通信的，而 CloudStack 程序中调用的是 VMware WebService SDK 包。虽然 VMware WebService SDK 可以免费下载使用，但是 SDK 的许可证并非和 CloudStack 所使用的 Apache ASL v2 一致。因此，作为一个完全开源的产品，CloudStack 从 4.0 版本开始，已将程序中与 Apache ASL v2 许可证不同的所有 SDK 包去掉，VMware WebService SDK 就是其中之一。但这并不代表 CloudStack 无法管理 VMware vSphere 群集，仍然可以自行生成带有 VMware WebService SDK 的 CloudStack 程序，这种行为是不违反许可限制的。重新生成的 CloudStack 版本即为 NonOSS 版本。本书直接使用由 CloudStack 中国社区提供的编译好的安装程序，该程序支持 vSphere 群集。

在之前的章节关于 CloudStack 架构的介绍中可以知道，CloudStack 不能直接管理 ESXi 主机，对 vSphere 群集的管理需要管理节点借助管理 vCenter 的通信来实际管理 ESXi 物理主机，这是由 vSphere 套件中的 vCenter 加上 ESXi 主机的传统结构决定的。简单了解一下 vSphere 套件中的各个组件。

- VMware ESX 和 VMware ESXi：一个在物理服务器上运行的虚拟化层，它将处理器、内存、存储器和资源虚拟化为多个虚拟机。
- VMware vCenter Server：配置、置备和管理虚拟化 IT 环境的中央点。通过 vCenter Server 能够将多个 ESXi 划分为不同的群集进行管理。CloudStack 也是通过 vCenter Server 提供的 API 实现对 vCenter Server 中的群集和 ESXi 的管理功能的。
- VMware vSphere Client：一个允许用户从任何 Windows PC 远程连接到 vCenter Server 或 ESX/ESXi 的界面，但必须要在 Windows 上安装对应的程序。
- VMware vSphere Web Access：一个 Web 界面，允许对虚拟机进行管理和对远程控制台进行访问。

1．安装前准备工作

CloudStack 4.5.1 版本所支持的 vSphere 版本，其正式版本都需要使用付费许可证进行注册，在没有注册许可证的情况下可以试用 60 天，相信这 60 天是能够基本满足测试要求的。vSphere 目前最高的版本为 6.0，其他还包括 5.0、5.1、5.5 等，vSphere 5.5 程序的下载地址为 https://my.vmware.com/cn/web/vmware/info/slug/datacenter_cloud_infrastructure/vmware_vsphere/5_5。高级版也可管理低版本产品，如本节中使用 vCenter 5.5 管理 ESXi 5.1。安装前准备信息如表 5-11 所示。

表 5-11　安装前准备信息表

项目	硬件	系统及版本
安装 ESXi	CPU 2 核，内存 4GB，硬盘 80GB	VMware_vSphere_ESXi5.1 介质 VMware-VMvisor-Installer-5.1.0.update01-1065491.x86_64_通用版.iso
安装 vCenter	CPU 2 核，内存 4GB，硬盘 80GB	Windows server 2008 R2 企业版（64 位） 介质 VMware-VIMSetup-all-5.5.0-1312299.iso

2．安装及配置 ESXi 5.1

（1）安装 VMware ESXi 5.1。

① 采用物理机安装的需要将 VMware ESXi 5.1 的安装介质引入光驱，设置 BIOS 光驱引导为第一顺位，自检和加载完整，出现安装界面，选择 ESXi 5.1 标准安装，接着显示软件版本、CPU 型号和内存大小。而采用 ESXi 或 VMware Workstation 等虚拟机安装的，需将 VMware ESXi 5.1 的 iso 文件引入虚拟光驱中。下面是安装的过程，如图 5-16 所示。

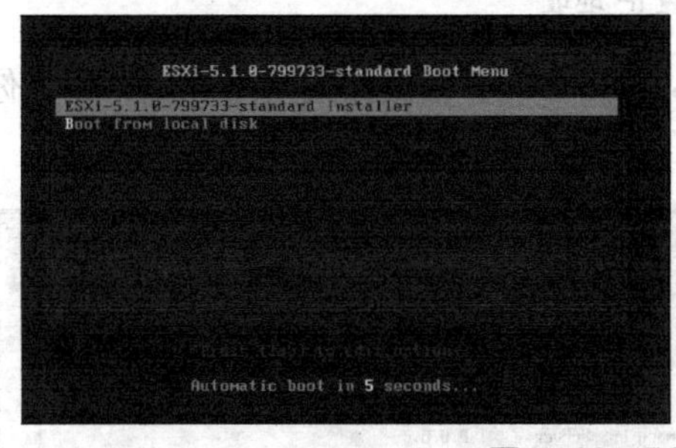

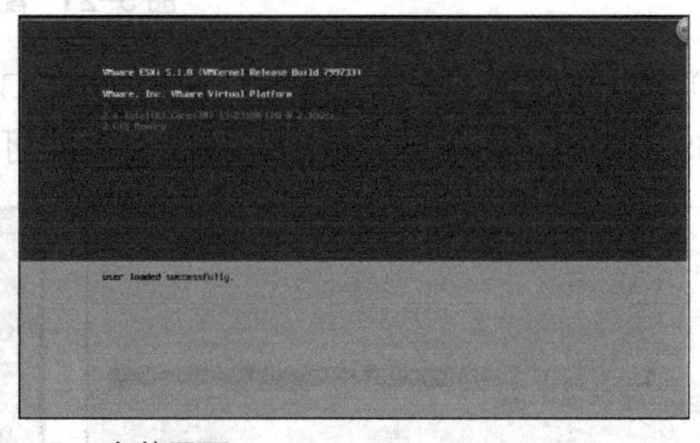

图 5-16　ESX i 5.1 安装界面

② 自动出现如下界面：Esc 键：取消，Enter 键：安装，如图 5-17 和图 5-18 所示。

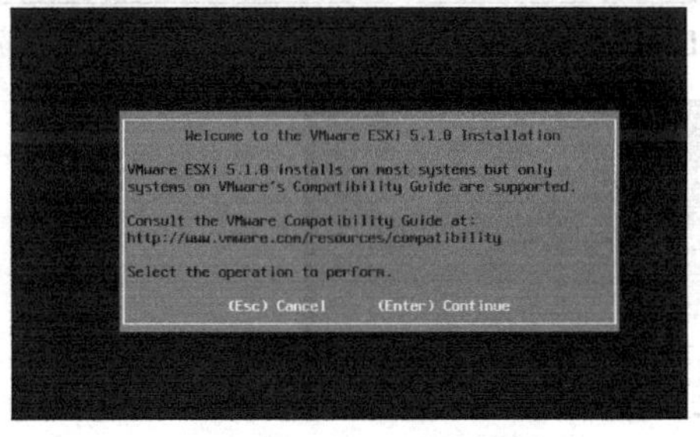

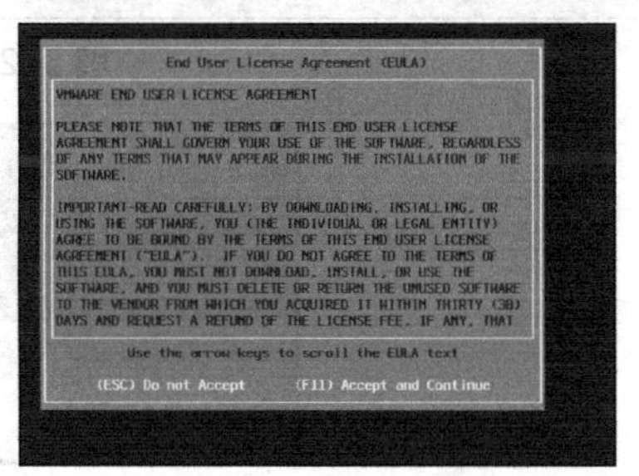

图 5-17　安装界面　　图 5-18　安装协议确认

③ 接着是同意协议，按 F11 键继续，选择要安装的硬盘，自动分区，按 Enter 键继续，选择键盘类型，然后按 Enter 键继续；输入 root 账号的密码，要求长度至少 7 位，然后按 Enter 键继续；按 F11 键确定安装，开始安装，进度快慢取决于机器的硬件性能，安装完成，提示按 Enter 键重启计算机，如图 5-19 和图 5-20 所示。

图 5-19　安装完成

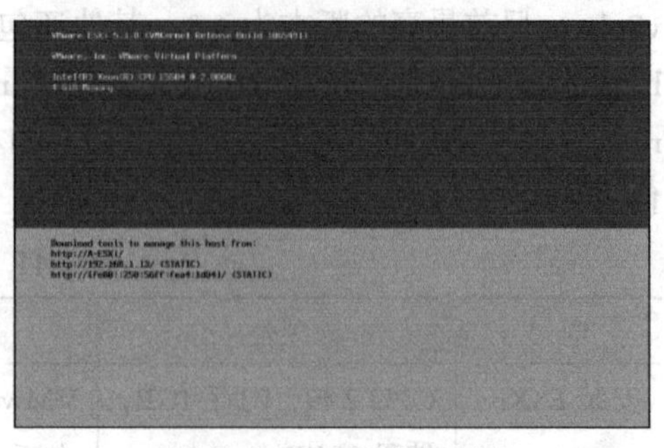

图 5-20　ESXi 开机画面

④ 按 F2 键进入配置界面，进行初始配置，提示输入密码：将之前设置好的 root 密码输入，进入 ESXi 管理 IP 配置界面，选择第三项，configure management network 回车，选择 IP Configuration 回车进入，如图 5-21 所示。

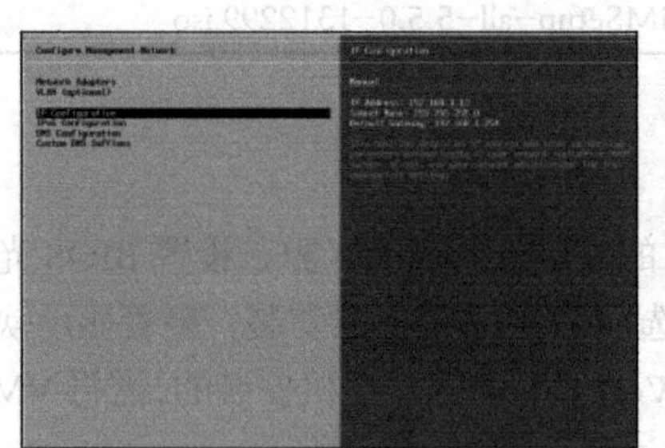

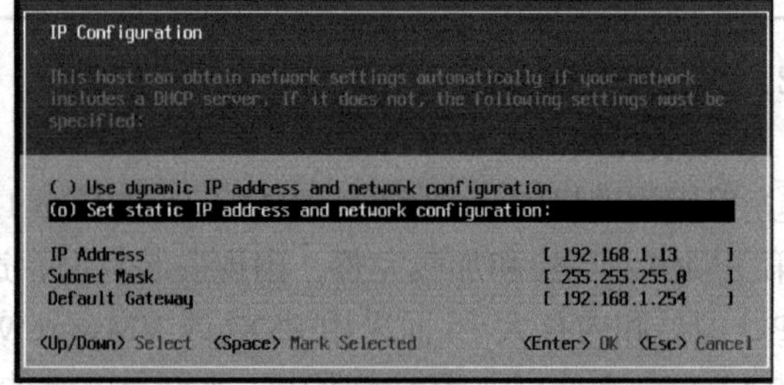

图 5-21　配置 IP 地址

⑤ 按 Esc 键返回上一级菜单，进行 DNS Configuration，根据你的网络环境，配上你当地的 DNS 及主机名，配置完成后，按回车键即可，如图 5-22 和图 5-23 所示。

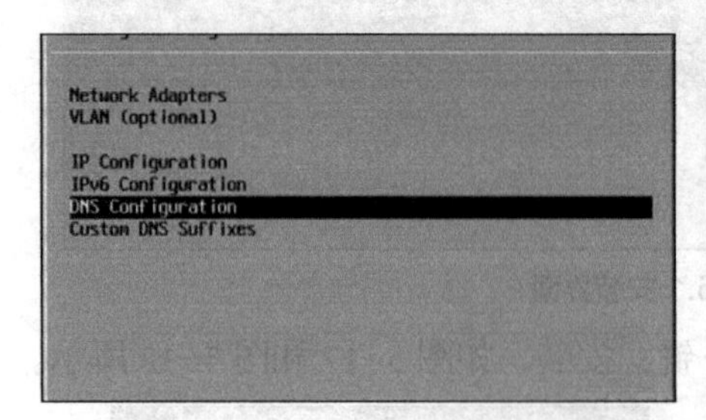

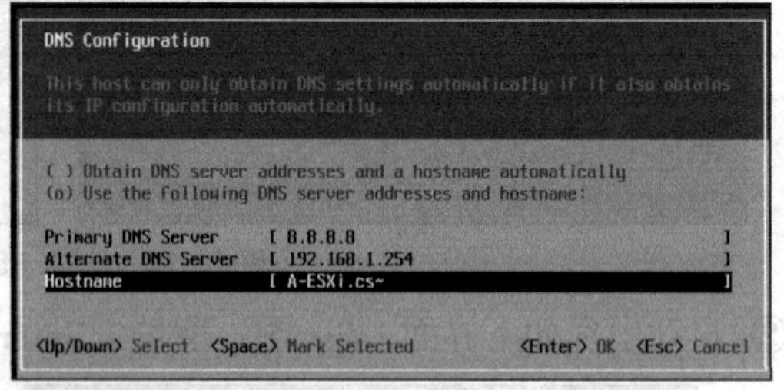

图 5-22　DNS 配置界面

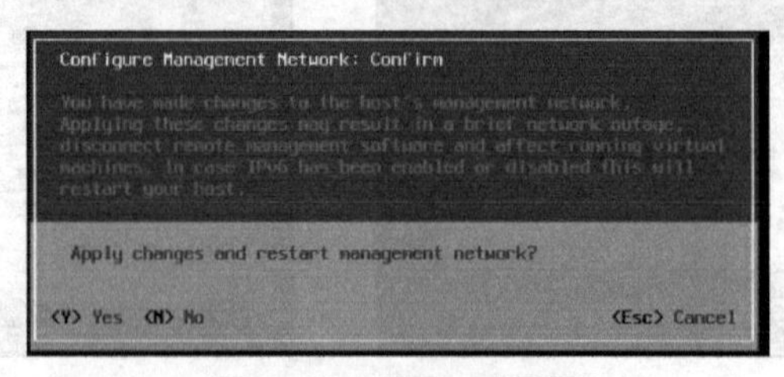

图 5-23　配置完成界面

ESXi 的基本配置已经完成，可以使用一台客户端的软件来管理这台安装有 ESXi 的服务器。在 vSphere 各组件安装完成之后，加入 CloudStack 平台之前，为了能更好地隔离和管理网络流量，使 vSphere 群集与 CloudStack 更好地协同工作，建议对一些网络功能和参数进行优化和配置。在开始介绍之前，对 vCenter 与 ESXi 的注意事项进行简单说明。

- 安装 ESXi 物理主机的 CPU 是否开启了支持虚拟化技术的功能。
- vCenter 必须配置为默认的 443 端口，这样才能与 CloudStack 管理节点进行通信。
- CloudStack 所管理的 vSphere 群集中不能包含任何虚拟机。CloudStack 4.2 版本可以接管含有虚拟机的 vSphere 群集，但由于本书使用 CloudStack 4.5 版本，所以仍要求使用全新的物理机。
- 所有由 CloudStack 配置的 VLAN 必须与 ESXi 主机上的虚拟交换机连通。
- 如果 ESXi 主机上有多块网卡，可以考虑进行网卡绑定。

下面简单介绍一下 ESXi 主机的网络概念和它提供的几种网络服务。因为 ESXi 的网络部分与 CloudStack 的简单网络模式和高级网络模式密切相关，所以建议读者把这些概念理解清楚。

- 物理网络：是指负责物理节点之间通信的网络。VMware ESXi 是运行在物理节点之上的。
- 虚拟机网络：是指运行在单台物理节点之上的、为了在虚拟机之间进行通信而构成的逻辑网络。
- 虚拟交换机（vSwitch）：它的运行方式与传统的物理交换机类似，通过虚拟端口与虚拟机网络设备建立逻辑连接。虚拟交换机与物理网络连接，并将虚拟机的流量正确地转发到物理网络中。

目前，ESXi 主要提供以下两种网络服务。

- 将虚拟机连接到物理网络，以及将虚拟机相互连接。
- 将 VMkernel 服务（如 NFS、iSCSI、vMotion）连接至物理网络。

（2）在物理主机上配置虚拟交换机。首先在 Windows PC 中安装 vSphere Client 程序，并通过这个程序登录 ESXi 主机，登录界面如图 5-24 所示。

登录 vSphere Client，默认显示群集下的所有主机。选择要配置网络的主机，单击“配置”选项卡，如图 5-25 所示，可以看到有两个选项与网络有关，具体如下。

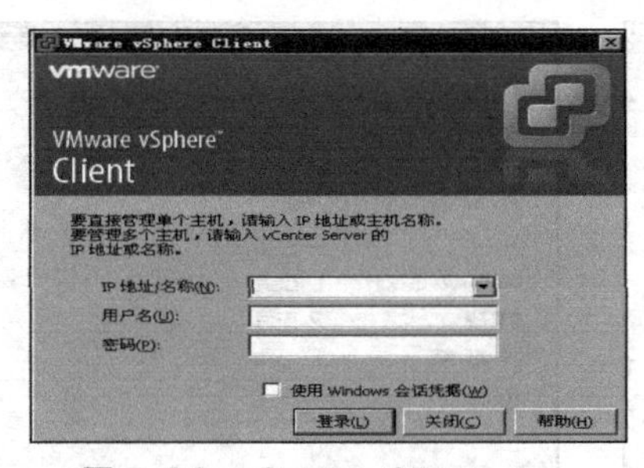

图 5-24 vSphere Client

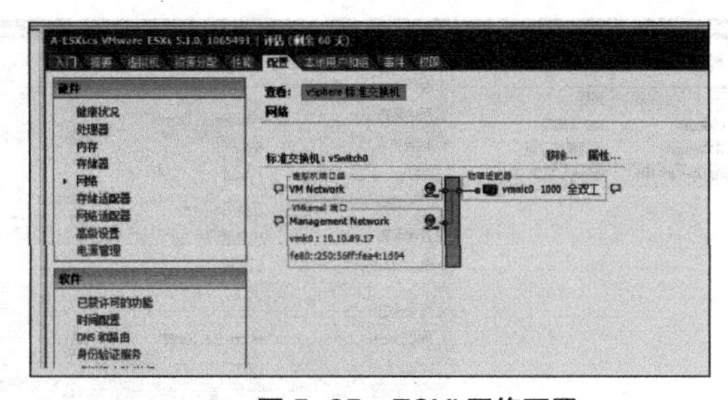

图 5-25 ESXi 网络配置

- “网络适配器”选项：查看物理网络设备的信息。
- “网络”选项：用于配置虚拟交换机，主要的操作就是在这里进行的，CloudStack 的 ESXi 设置也是在这里完成的。

在安装好 ESXi 主机后，系统会默认创建一个虚拟交换机，名为“vSwitch0”，且无法改名。

每台 ESXi 虚拟机的网络流量与物理网络交换时，既需要通过虚拟交换机完成，还可以配置多个端口组连接多个虚拟交换机以达到分离网络流量、指定不同网卡的目的。CloudStack 有 4 种网络流量类型，分别是公共网络、来宾网络、管理网络和存储网络。可以将这几种网络都通过默认的虚拟交换机连接到物理网络中，也可以分别创建多个新的虚拟交换机来承载不同的网络流量。需要注意的是，通过 vSphere Client 配置 ESXi 虚拟网关后，在 CloudStack 中配置流量时，网络标签的名称要与在 ESXi 中的名称保持一致，这样 CloudStack 才能找到对应的虚拟交换机。

（3）配置虚拟交换机端口。在 vSwitch0 的右侧单击“属性”选项，默认的虚拟交换机有 120 个端口，开放端口的数量因 ESXi 版本的不同而有一定区别，如图 5-26 和图 5-27 所示，在网络选项中选择虚拟交换机，单击“编辑”选项，在弹出的窗口中可以看到端口数的设置项，将默认的“120”修改为官方文档推荐的“4088”。

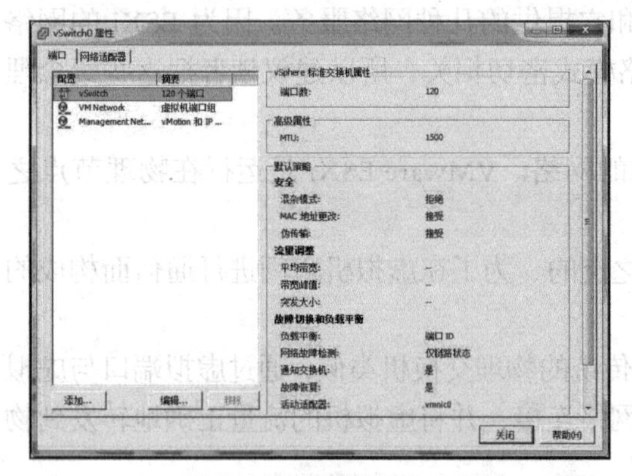

图 5-26　编辑 vSwitch 属性

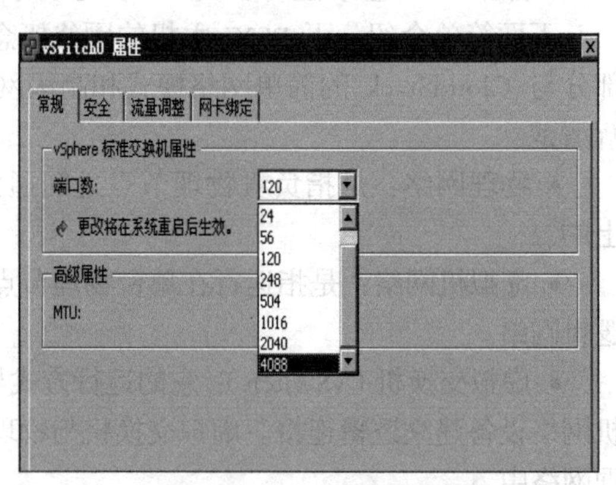

图 5-27　更改 vSwitch 虚拟端口数

更改之后将 ESXi 主机重启，使配置生效。如果计划使用 ESXi 的多个虚拟交换机，则需要对每一个都进行同样的设置。

（4）配置虚拟交换机管理网络。在虚拟交换机的 vSwitch 属性中可以看到一个名为“Management Network”的端口。这个端口用于管理 VMkernel TCP/IP 堆栈下 ESXi 的服务流量。CloudStack 的管理也要用到该端口。因此，需要调整一下配置，使 CloudStack 能够正确识别和使用该端口，如图 5-28 所示。

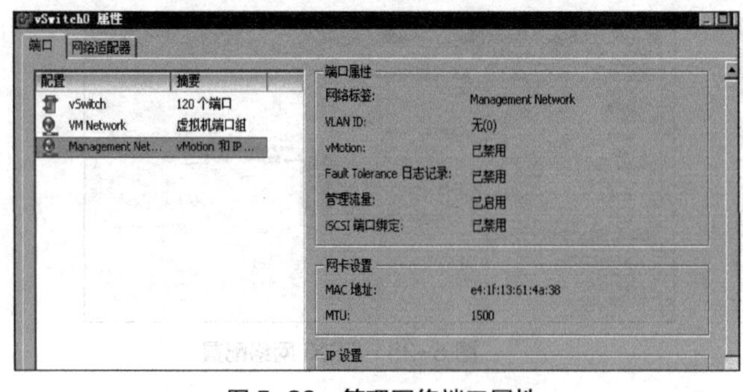

图 5-28　管理网络端口属性

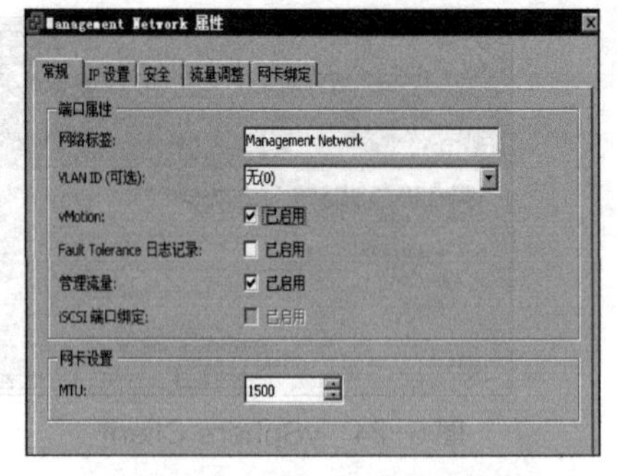

图 5-29　ESXi 配置管理网络

选择 Management Network 端口，单击“编辑”选项，在弹出的属性对话框中勾选“vMotion”和“管理流量”复选框，VLAN ID 设置为“无（0）”，如图 5-29 所示。如果 CloudStack 管理网络在整体规划时，在交换机上未指定端口的默认 VLAN ID，则需要在此属性中设置 VLAN ID。

3．安装 vCenter5.5

下面是 vCenter 安装所需要的硬件与系统的要求。硬件要求：建议内存 4GB 以上；系统要求：Windows Server 2003（R2）、Windows Server 2008（R2）、Windows XP ，必须是 64 位的系统，不然无法安装。本书使用的是 64 位的 Windows Server 2008（R2）企业版。

（1）安装 Windows Server 2008（R2）企业版。此处省略 Windows Server 2008 的安装过程。图 5-30 为已经安装好的 Windows Server 2008（R2）企业版。

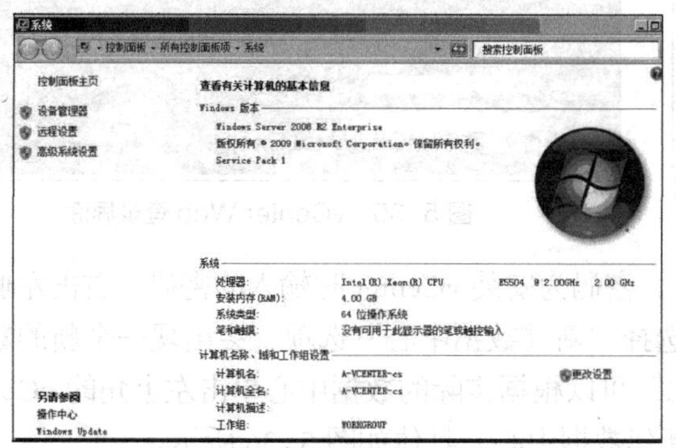

图 5-30 Windows Server 2008 系统配置

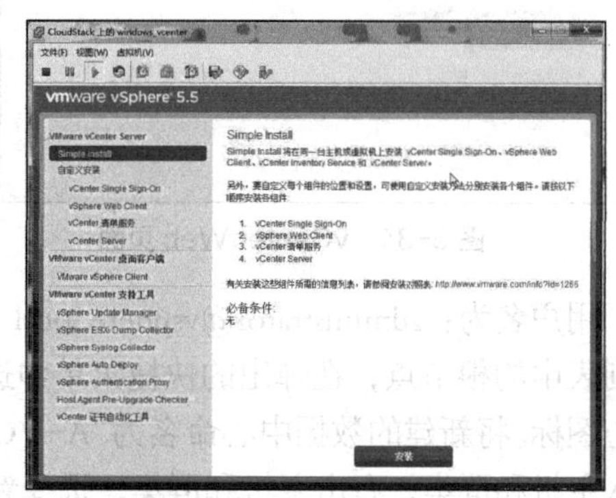

图 5-31 vCenter 安装界面

（2）安装 vCenter 5.5。将 VMware ESXi 5.1 的 ISO 文件引入光驱，双击出现 vCenter 安装界面，如图 5-31 所示。安装 vCenter 有两种安装方式，一种是自定义安装，另一种是简单安装。本项目重点在于 CloudStack 的架设，因此，此处使用简单安装，符合条件便可，如图 5-32 和图 5-33 所示。

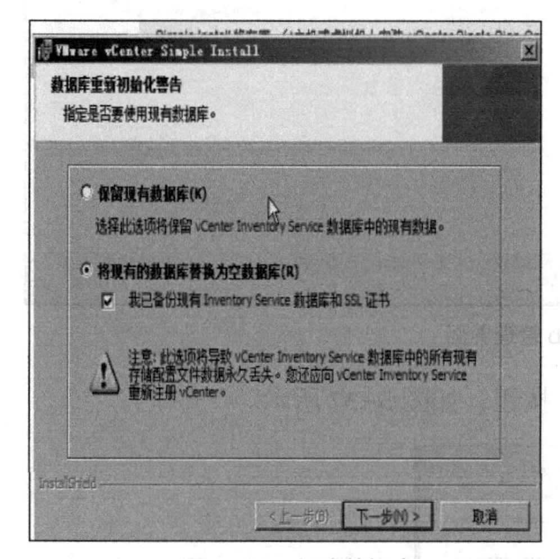

图 5-32 新建数据库

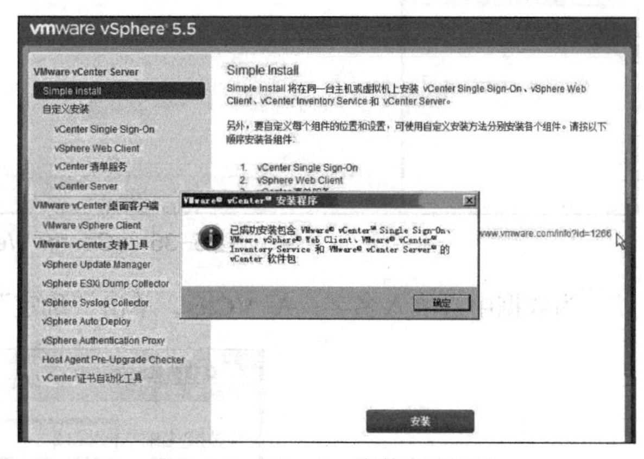

图 5-33 vCenter 安装完成界面

安装过程极为简单，较少人为干预，由于是新建 vCenter，因此，选择新建数据库。

4．配置 vCenter

创建数据中心，vCenter 登录有两种方式，一种是使用 VMware vSphere Client，也就是上面登录 ESXi 的客户端，输入 vCenter 的 IP 地址及用户名密码便可。另一种可使用 Web 的方式，打开 IE，在地址栏输入：http://（本机 IP 地址）：9090，将会提示“此网站的安全证书有问题”，单击“继续浏览此网站（不推荐）”，如图 5-34 所示。使用 Web Client 前需要安装 Adobe Flash Player 的 IE 插件，安装完后即可看到登录对话框，此处使用 Web 的方式登录，如图 5-35 所示。

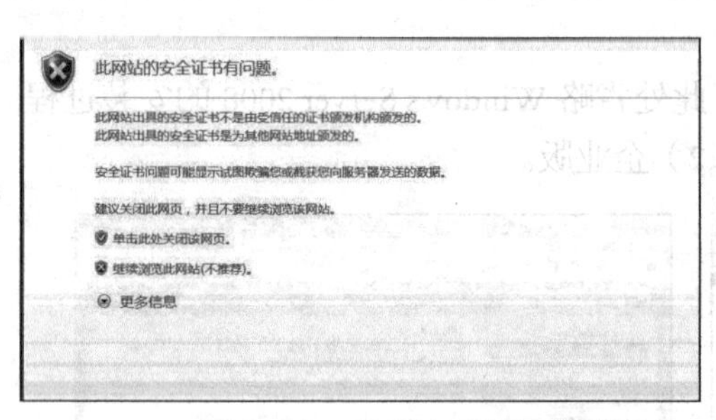

图 5-34　vCenter Web 页面

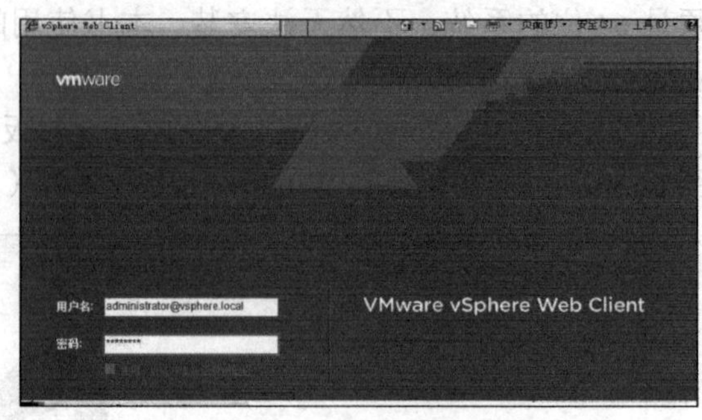

图 5-35　vCenter Web 登录界面

用户名为：administrator@vsphere.local ，密码为安装 vCenter 时输入的密码。右击左侧清单列表中的根节点，在弹出的快捷菜单中选择“新建数据中心”选项，会出现一个新的数据中心图标。将新建的数据中心命名为“A-VC”。可以根据实际的数据中心单击左上角的 vCenter 进入主机和群集，右击主机和群集，选择新建数据中心，具体如图 5-36 所示。

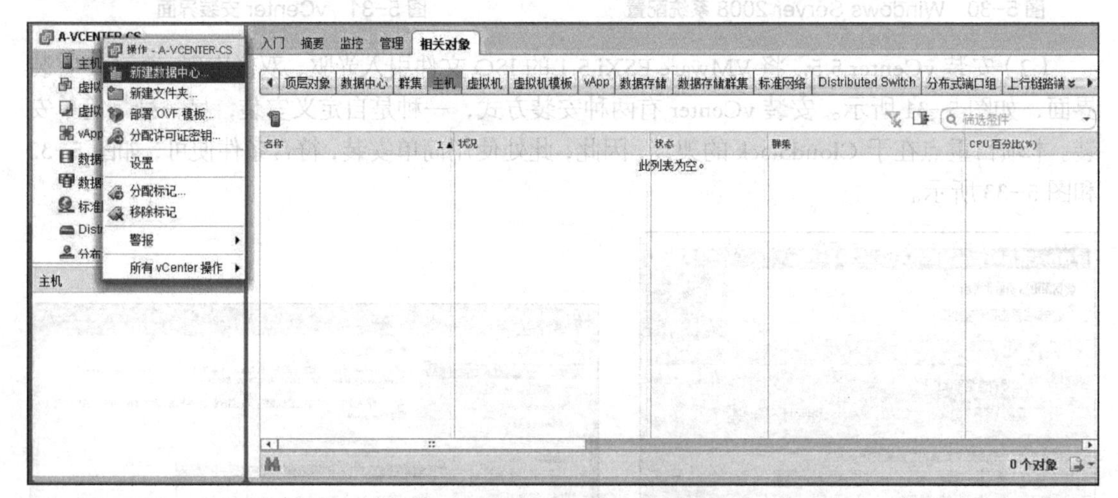

图 5-36　vCenter Web 管理界面

为数据中心填入名字：A-VC.cs，单击“确定”按钮，如图 5-37 所示。

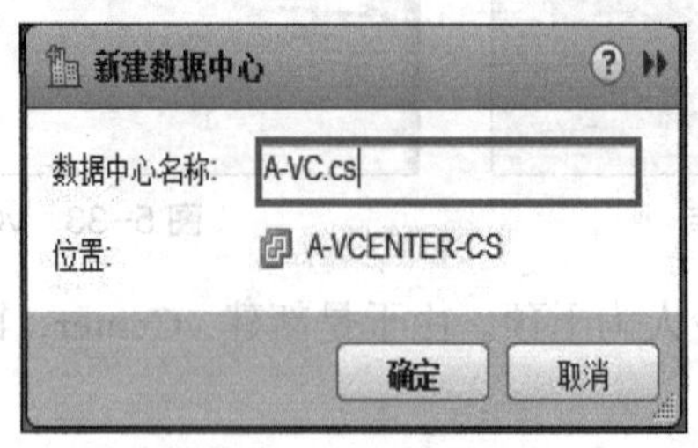

图 5-37　数据中心名

出现配置完的主要信息，选择完成，如图 5-38 所示。

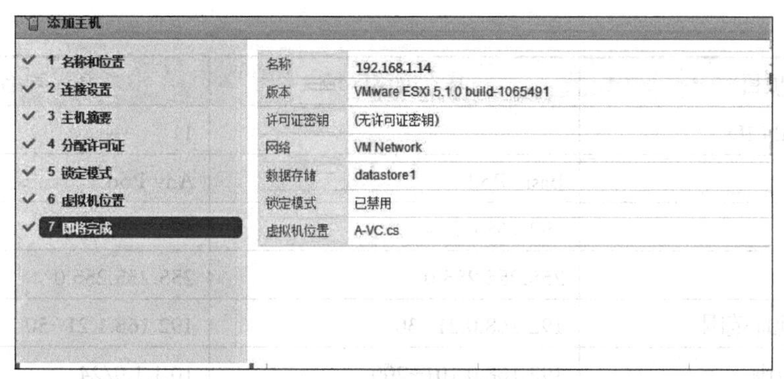

图 5-38 配置完成界面

5.8 创建 CloudStack 云基础架构

5.8.1 规划云基础架构

完成 5.7 节中的操作之后，已经准备好了所有的节点，包括管理节点、提供存储空间的节点及提供虚拟化运行环境的计算节点，下面就可以将所有资源加入 CloudStack 平台进行管理了。这里要再次提醒读者，CloudStack 版本不支持管理已有虚拟机运行的虚拟机系统，强行加入可能会造成数据丢失，所以在加入 CloudStack 平台之前，一定要保证物理设备是全新的。

在建立第一个区域之前，建议进行环境规划，一个正确的环境规划可以达到事半功倍的效果（在 5.7 节中设计的环境会在本章继续使用，以形成一个完整的系统环境）。一方面，作为一个云基础设施管理系统，CloudStack 整体网络架构规划决定了这套系统是否可以稳定运行并应对未来需求的灵活变化；另一方面，IaaS 平台的目的是对资源的整合及自动化管理和分配，对 IP 地址及 VLAN ID 的管理也在 CloudStack 的管理功能之中，所以在创建一个全新的 CloudStack 区域时，网络规划很重要。再回顾网络规划拓扑图，如图 5-9 所示。

高级网络区域首先确定 CloudStack 的 4 种网络流量的分配，包括 IP 网段及 VLAN ID 的规划，可以全部隔离，也可以组合在同一网段内，如何设计应根据环境的功能需求和性能需求来决定。完成对网络流量的规划后，就可以分配所有主机和存储的 IP 地址了。当所有物理机的 IP 地址确定后，不要忘记分配虚拟机所使用的 IP 地址。根据前面的规划，可以得到区域内所使用的 IP 地址规划及在添加区域时需要填写的信息如表 5-12 所示。

表 5-12 各个区域配置信息表

项目	基本网络区域	高级网络区域
管理网段 IP 地址	192.168.0.0/24	192.168.1.0/24
子网掩码	255.255.255.0	255.255.255.0
网关	192.168.0.254	192.168.1.254
添加区域配置内容		
区域名称	Basic Zone	Adv Zone
DNS	8.8.8.8	8.8.8.8
内部 DNS	192.168.0.254	192.168.1.254
公共网 IP 地址		172.16.1.11−50

续表

项目	基本网络区域	高级网络区域
公共网段 VLAN ID		11
提供点名称	Basic Pod	Adv Pod
预留系统网关	192.168.0.254	192.168.1.254
预留系统掩码	255.255.255.0	255.255.255.0
预留系统 IP 地址范围	192.168.0.21-30	192.168.1.21-50
来宾 IP 地址范围	192.168.0.101-200	10.1.1.0/24
来宾隔离网 VLAN 范围		101-200
KVM 群集名	Basic KVM	Adv-KVM
vSphere 群集名		Adv-vSpher
vSphere 数据中心名		CS

CloudStack 会根据创建区域时填写的 IP 网段范围将 IP 地址分配给虚拟机使用。其中，系统虚拟机的网络比较复杂，配置时要特别注意。配置用户虚拟机的 IP 地址时，应主要考虑未来的可扩展性。除了网络规划外，要将 CloudStack 与计算节点和存储节点的通信方式填写正确。如果对 CloudStack 的 4 种逻辑网络进行了划分，应将其分别指定到不同的虚拟交换机或网桥上。

5.8.2 创建资源域

通过之前的学习，已经将搭建 CloudStack 所需要的各种类型的计算节点都配置完成了。通过浏览器登录地址是 http://192.168.1.10:8080/client。登录界面如图 5-39 所示，填写用户名“admin”，密码“password”。

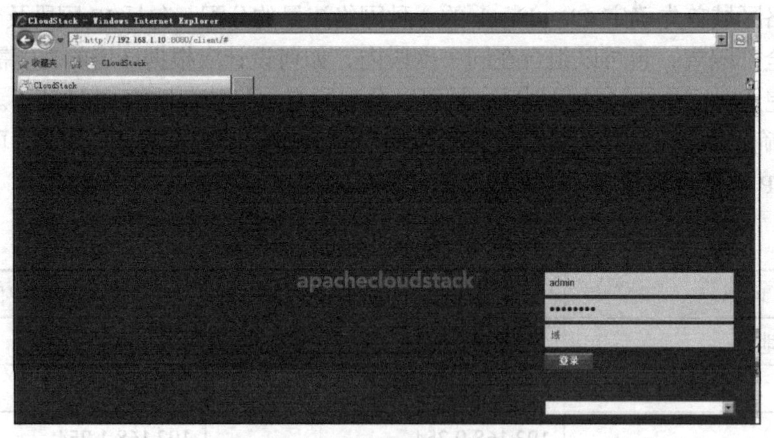

图 5-39　CloudStack 登录界面

接下来，将通过 CloudStack 管理节点对配置的各计算节点进行统一管理。在第 3 章中了解到，CloudStack 创建区域时有两种不同的网络架构可供选择，下面就来创建一套使用高级网络架构的区域。

进入 CloudStack 管理平台首页后，右侧面板是空的，只有管理节点的启动信息，这是因为 CloudStack 管理平台并没有管理人和硬件资源，在左侧导航栏中共有 14 个子菜单项，单击每一个子菜单项，右侧都会展开对应的操作界面。例如，要创建虚拟机，需要单击第 2 个子菜单项“实例”，然后进行相关操作。如图 5-40 所示。

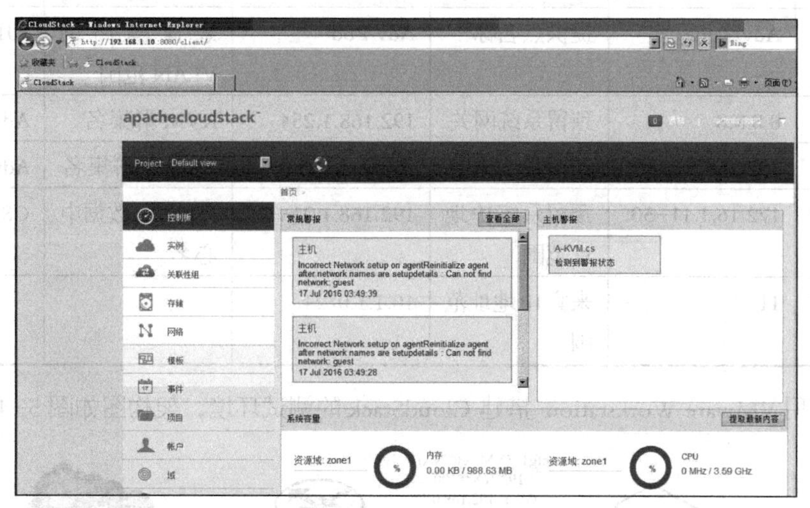

图 5-40 CloudStack 控制板

CloudStack 管理平台中可以创建 2 种类型区域，分别为基本网络区域和高级网络区域。在第 4 章中已介绍了基本网络资源域的创建，下面详细介绍高级网络资源域的创建过程。

1．高级网络资源域配置信息

根据前面的规划，可以得到资源域配置信息如表 5-13 所示。资源域内所使用的 IP 地址规划及在添加资源域时需要填写的各个资源域配置信息如表 5-14 所示。

表 5-13 高级网络管理节点配置

项目	IP 地址	FQDN 主机名	管理网络+来宾网络	公共网络	网卡名	连接模式	虚拟机网卡标签	网卡 IP 地址	主存储	二级存储
CloudStack 管理节点	192.168.1.10	A-MS			网卡 1	VMNet 2	eth0	192.168.1.10		
					网卡 2	桥接	eth1	192.168.0.100		
KVM	192.168.1.12	A-KVM	cloudbr0	cloudbr1	网卡 1	VMNet 2	eth0	192.168.1.12	/export/A_KVM	/export/A_sec
					网卡 2	VMNet 3	eth1	172.16.1.0-100		
vSphere ESXi	192.168.1.13	A-ESXi	vSwitch0	vSwitch1					/export/A_ESXi	/export/A_sec
vCenter	192.168.1.14	A-VC								
NFS 存储	192.168.1.15	A-NFS		`	网卡 1	VMNet 2	eth0	192.168.1.15		

表 5-14 各个资源域配置信息表

区域项目	高级网络配置	提供点项目	高级网络配置	来宾项目	高级网络配置
区域名称	Adv Zone	提供点名称	Adv Pod	来宾隔离网 VLAN 范围	101–200
DNS	8.8.8.8	预留系统网关	192.168.1.254	KVM 群集名	Adv-KVM
内部 DNS	192.168.1.254	预留系统掩码	255.255.255.0	vSphere 群集名	Adv-vSpher
公共网 IP 地址	172.16.1.11–50	预留系统 IP 地址范围	192.168.1.21–50	vSphere 数据中心名	CS
公共网段 VLAN ID	11	来宾 IP 地址范围	10.1.1.0/24		

本章使用 VMware Workstation 搭建 CloudStack 的测试环境，架构图如图 5-41 所示。

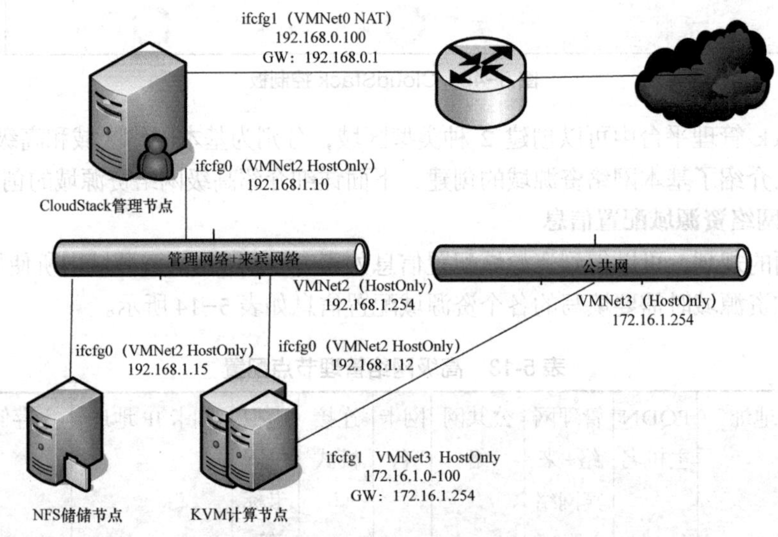

图 5-41 VMware Workstation 搭建 CloudStack 的测试环境

2．准备工作

（1）为 CloudStack 管理节点添加一块网卡，并且将之前的 IP 修改为 192.168.1.10。

（2）启动 virtual network editor，进行各网卡的配置，添加 VMNet2 类型为 host-only 取消 dhcp。

（3）进行 VMware 的相关准备工作，配置里面的虚拟网络设置，如图 5-42 所示。

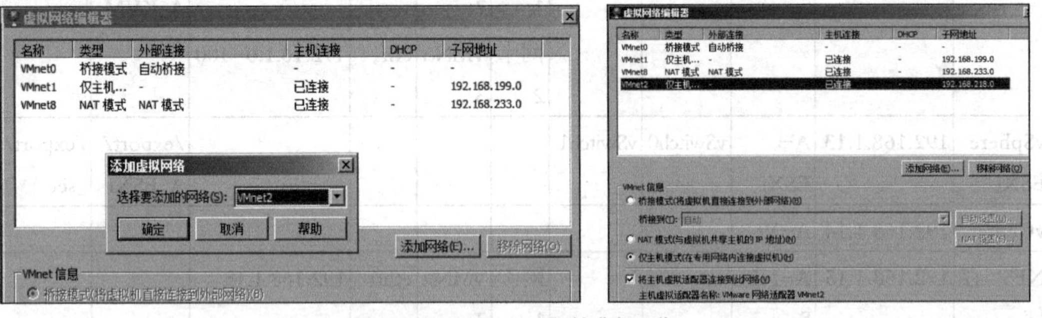

图 5-42 VMware 相关准备工作

并通过网络管理设置各虚拟网卡的 IP 地址，用于各个网络的网关，根据前面的网络架构，其中的 VMNet2 配置为 192.168.1.254，VMNet3 配置为 172.16.1.254，如图 5-43 和图 5-44 所示。

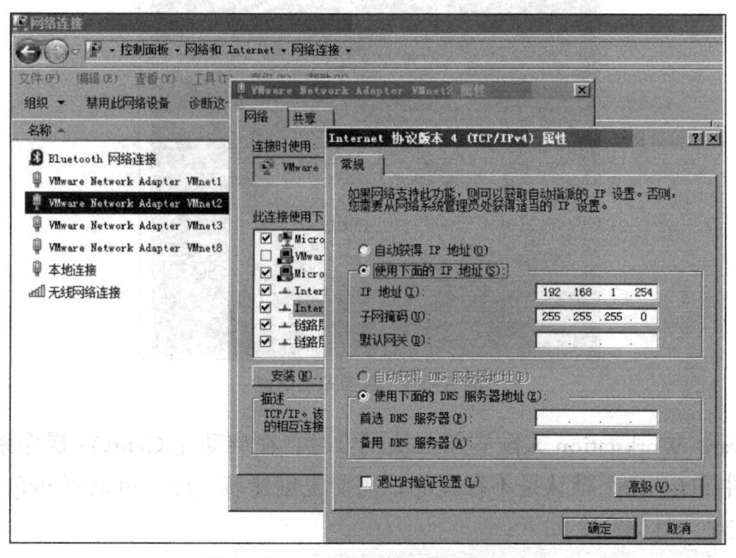

图 5-43 在物理机上配置 VMNet

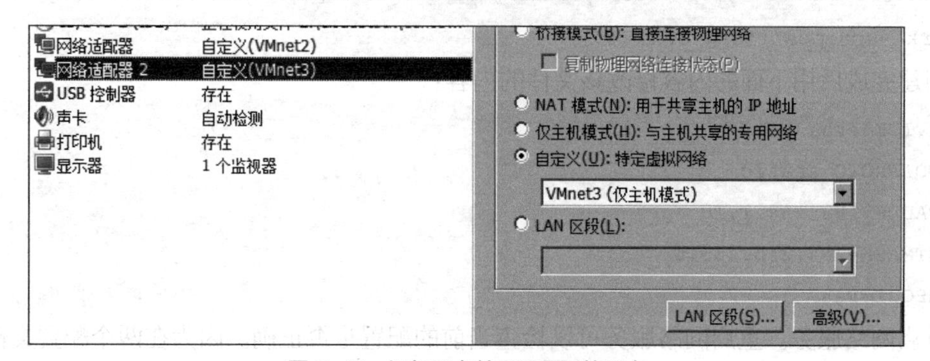

图 5-44 添加网卡并且配置两块网卡

回到 VMware Workstation，在虚拟机编辑设置添加管理节点和计算节点的网卡，并且配置其中的网卡模式，在上述信息中，其中网卡设置如表 5-15 所示。

表 5-15 虚拟机网卡配置

节点	网卡名	模式	虚拟机网卡标签	IP 地址	网关
管理节点	网卡 1	VMNet2	eth0	192.168.1.10	192.168.1.254
	网卡 2	桥接	eth1	192.168.0.100	192.168.0.1
计算节点	网卡 1	VMNet2	eth0	192.168.1.12	192.168.1.254
	网卡 2	VMNet3	eth1	172.16.1.0-100	172.16.1.254
NFS 存储节点	网卡 1	VMNet2	eth0	192.168.1.12	192.168.1.254

经过配置之后，在物理机上网卡信息如图 5-45 所示。

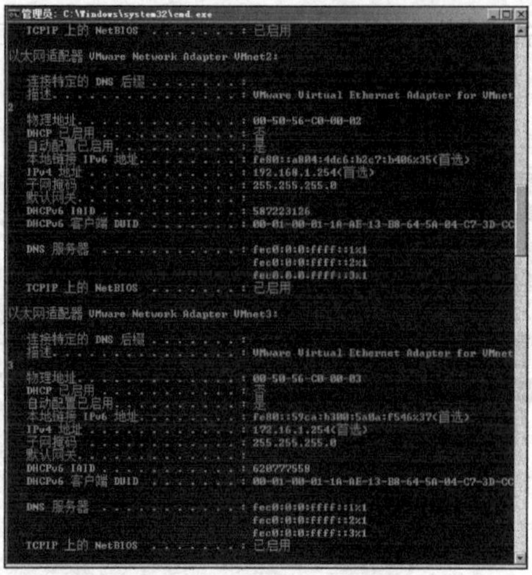

图 5-45 物理网卡信息

通过 VMware Workstation 来配置第二块网卡时，在启动完 CentOS 操作系统之后新添加网卡的配置文件 ifcfg-eth1 默认是不存在的，需要先创建该文件。可以将 ifcfg-eth0 文件复制为 ifcfg-eth1 文件，具体命令如下：

```
[root@localhost ~]#cp /etc/sysconfig/network-scripts/ifcfg-eth0 /etc/sysconfig/network -scripts/ifcfg-eth1
```

创建完成后用下面的内容修改该文件的内容：

```
DEVICE=eth1
BOOTPROTO=static
IPADDR=192.168.1.10
NETMASK=255.255.255.0
ONBOOT=yes
```

重启网络服务。重启网络服务可以检查当前的配置是否正确。因为在两个配置文件里面都设了 ONBOOT=yes，所以下次服务器重启后会自动按照配置文件设置网络服务。

```
[root@localhost ~]# service network restart
```

最后用 ifconfig 命令检查一下最终的结果。

（4）进行网络连通的配置测试，其示例如下。

对于计算节点来说，在高级网络环境下，需要规划使用不同的逻辑网络流量分别为主机的两块网卡 eth0 和 eth1。

① 创建网桥的两个配置文件并分别添加如下内容。

```
[root@A-KVM ~]# vi /etc/sysconfig/network-scripts/ifcfg-cloudbr0
Device=cloudbr0
Type=bridge
Uuid=0d42e1df-e118-47d5-90c8-7f3f8ffe3f53
Onboot=yes
nm_controlled=yes
bootproto=static
```

```
ipaddr=192.168.1.12
prefix=24
gateway=192.168.1.254
dns1=192.168.0.1
defroute=yes
ipv4_failure_fatal=yes
ipv6init=no
[root@A-KVM ~]# vi /etc/sysconfig/network-scripts/ifcfg-cloudbr1
Device=cloudbr1
Type=bridge
Onboot=yes
Bootproto=none
```

分别保存修改，退出文件编辑状态。将 cloudbr0 这个网桥作为内部管理网络连接使用，所以配置时需要配置 IP 地址，而 cloudbr1 这个网桥只有访问虚拟机的公共网络流量可以通过，所以不需要设置 IP 地址。

② 编辑网卡信息，分别对 eth0 和 eth1 进行修改。分别修改其中的内容为：

```
[root@A-KVM ~]# vi /etc/sysconfig/network-scripts/ifcfg-eth0
Device=eth0
Type=Ethernet
Onboot=yes
Nm_controlled=yes
Bootproto=none
Bridge=cloudbr0
[root@A-KVM ~]# vi /etc/sysconfig/network-scripts/ifcfg-eth1
Device=eth1
Type=Ethernet
Onboot=yes
Bootproto=none
Bridge=cloudbr1
```

分别保存修改，退出文件编辑状态。将 eth0 网卡对应于 cloudbr0 网桥，将 eth1 网卡对应于 cloudbr1 网桥。

③ 重启网络服务，使得网卡配置生效。

④ 编辑 NFS 存储服务器的网卡信息。

```
Device=eth0
Type=Ethernet
Uuid=1e099cd-10e0-4485-a976-95eebe9a6e1e
Onboot=yes
nm_controlled=yes
bootproto=none
```

```
hwaddr=00:29:FA:77:7A
ipaddr=192.168.1.15
prefix=24
gateway=192.168.1.254
defroute=yes
ipv4_failure_fatal=yes
ipv6init=no
name=eth0
```

保存修改，退出文件编辑状态。重启网络服务，使得网卡配置生效。

⑤ agent 参数需要重新配置。如果在初始化的时候没有配置 CloudStack 管理节点的 IP 地址，可以通过如下的方式配置其 agent 参数，具体如下：

```
[root@A-KVM ~]# vi /etc/cloudstack/agent/agent.properties
[root@A-KVM ~]#host= The IP address of management server
host=localhost
```

将 localhost 更改为目标的管理节点的 IP 地址。完成上述的检查之后使用"service cloudstack-agent restart"重启 cloudstack-agent 服务。首先是登录 CloudStack 管理平台，通过浏览器登录管理节点。根据 5.3 节的规划，URL 地址是 http://192.168.0.100，登录界面如图 5-46 所示，填写用户名"admin"，密码"password"即可登录系统，如图 5-47 所示。

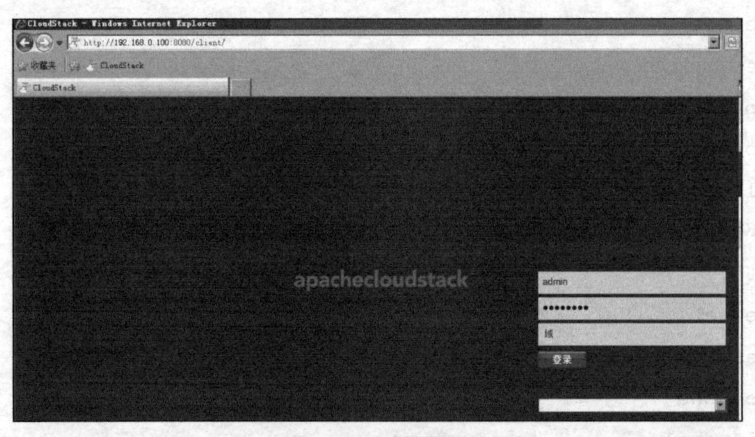

图 5-46　欢迎界面

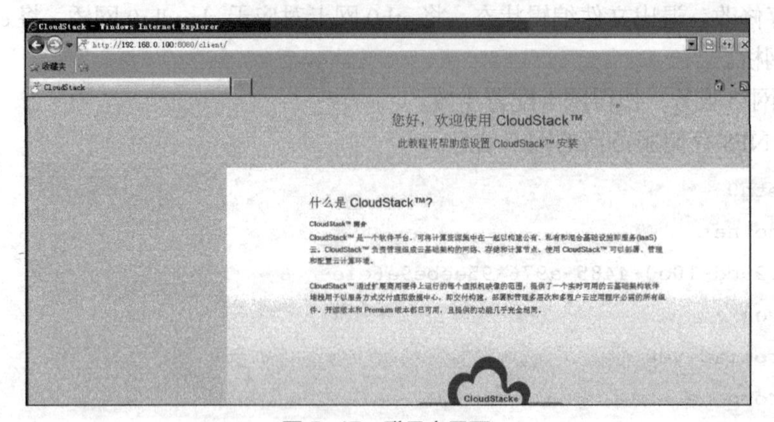

图 5-47　登录主界面

安装一个全新的 CloudStack 管理平台后，在第一次登录时可以看到图 4-8 所示的界面。单击左侧导航栏中的“基础架构”选项，如图 5-48 所示。这个界面中会显示加入 CloudStack 管理平台的基础资源的架构和数量，目前各种资源数目均为零。

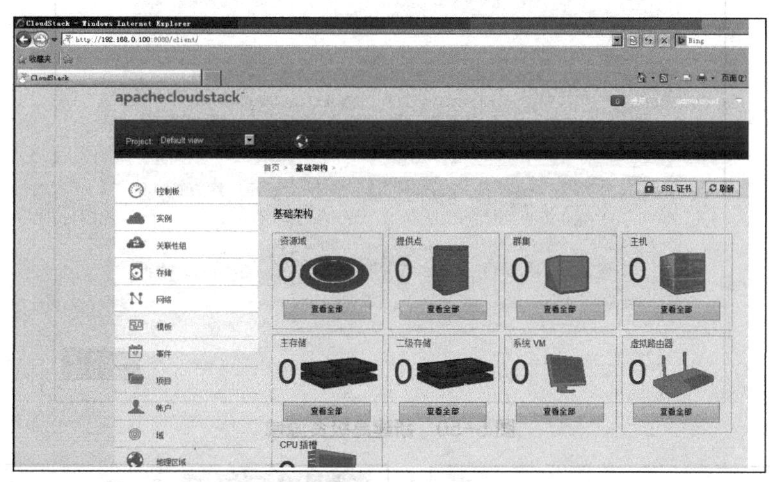

图 5-48　控制面板

单击“资源域”框中的“查看全部”按钮，就可以看到主界面信息，单击右上角的“添加资源域”按钮，开始添加高级网络架构的资源域，如图 5-49 所示。

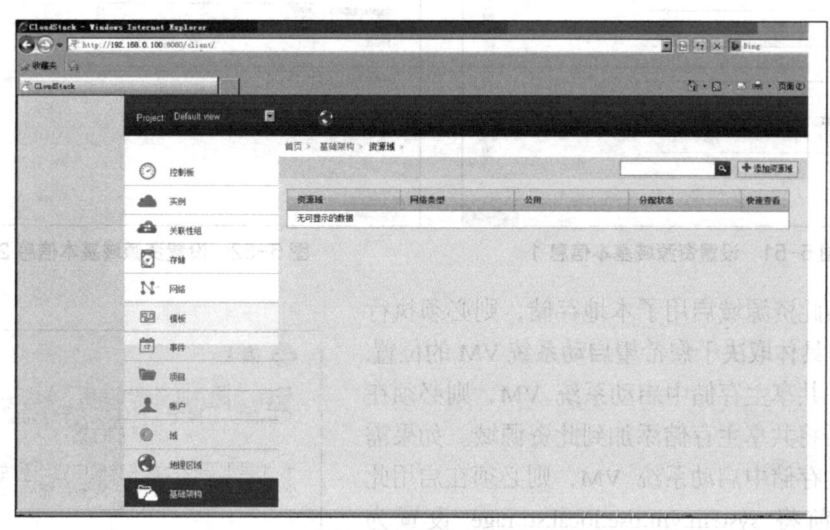

图 5-49　资源域界面

3．配置高级资源域

（1）界面上会弹出一个对话框，选择“高级”，单击“Next”，如图 5-50 所示。

（2）设置资源域的基本信息。资源域是 CloudStack 中最大的组织单位，一个资源域通常与一个数据中心相对应。资源域可提供物理隔离和冗余。一个资源域由一个或多个提供点以及由资源域中的所有提供点共享的一个二级存储服务器组成，其中每个提供点中包含多个主机和主存储服务器，如图 5-51 和图 5-52 所示。

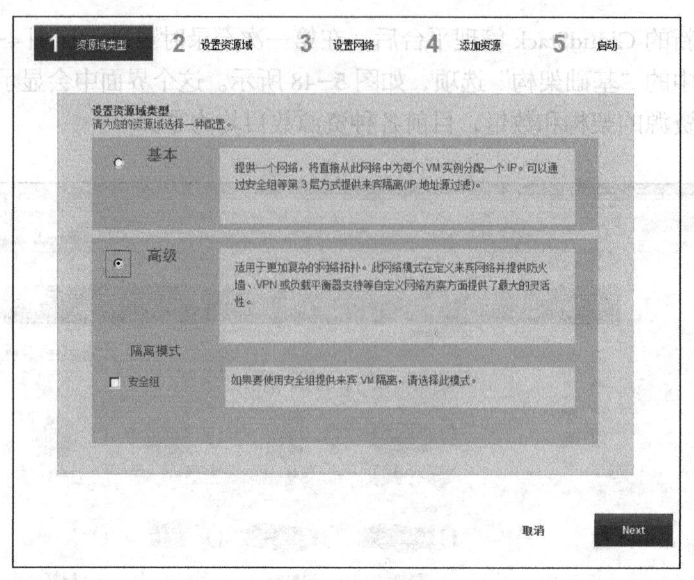

图 5-50　新建高级资源域

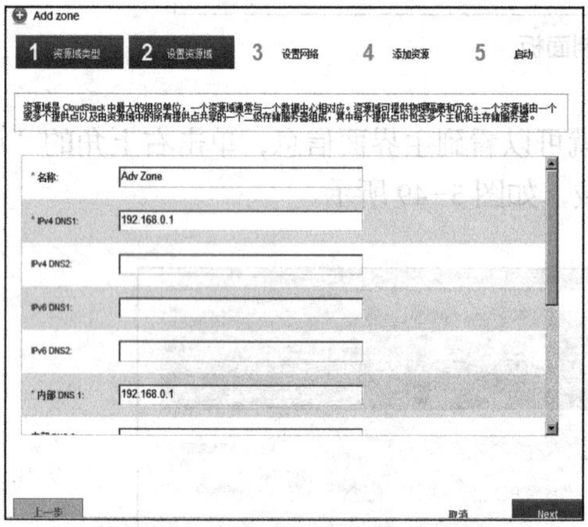

图 5-51　设置资源域基本信息 1

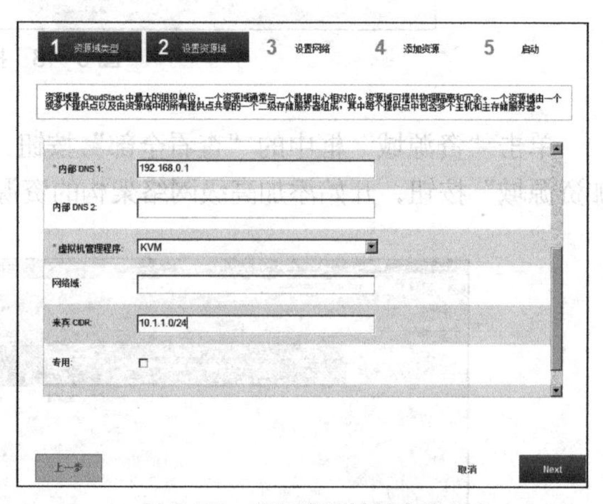

图 5-52　设置资源域基本信息 2

如果为此资源域启用了本地存储，则必须执行以下操作，具体取决于您希望启动系统 VM 的位置：如果需要在共享主存储中启动系统 VM，则必须在完成创建后将共享主存储添加到此资源域。如果需要在本地主存储中启动系统 VM，则必须在启用此资源域之前将 system.vm.use.local.storage 设置为 true，如图 5-53 所示。

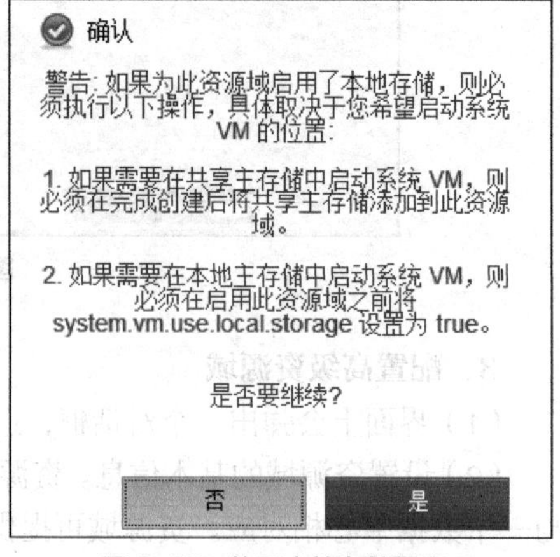

图 5-53　使用本地存储提示

（3）设置 CloudStack 的网络流量与物理网络的对应关系。根据规划，这一步的配置会将不同的网络流量分配到两块物理网卡上。添加高级资源域时，需要设置一个或多个物理网络。每个网络都与虚拟机管理程序中的一个 NIC 相对应。每个物理网络中可以包含一种或多种流量类型，并对这些流量类型可能的组合方式设置了某些限制。可以将一种或多种流量类型拖放到每个物理网络中。

进入此页面后，4 种颜色的圆形图标代表 CloudStack 4 种不同的网络流量，如图 5-54 和图 5-55 所示。

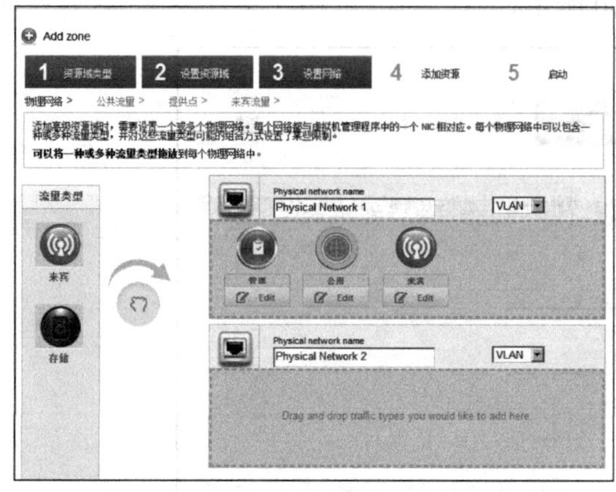

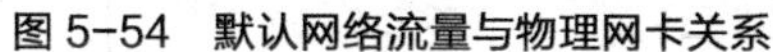

图 5-54 默认网络流量与物理网卡关系

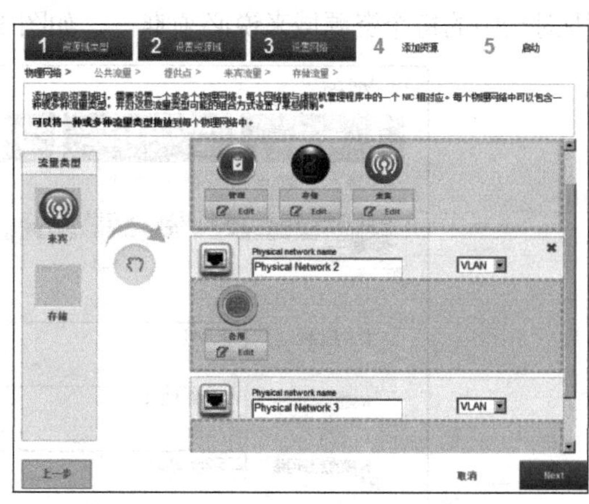

图 5-55 设置高级网络中物理网卡

默认只需要配置三种网络流量即可，存储网络是可选项，不必配置。可以直接用鼠标拖曳这些圆形图标，使第二块物理网卡以半透明的方式排列在界面上，此时只需要将黄色图标拖曳下来即可。另外，在图 5-55 所示的界面的右边，有一个下拉菜单，使用该菜单，可以通过不同的隔离技术实现网络数据交换的隔离。

单击每个圆形图标下面的“Edit”按钮，填写对应的网络流量标签名，如图 5-56 和图 5-57 所示。

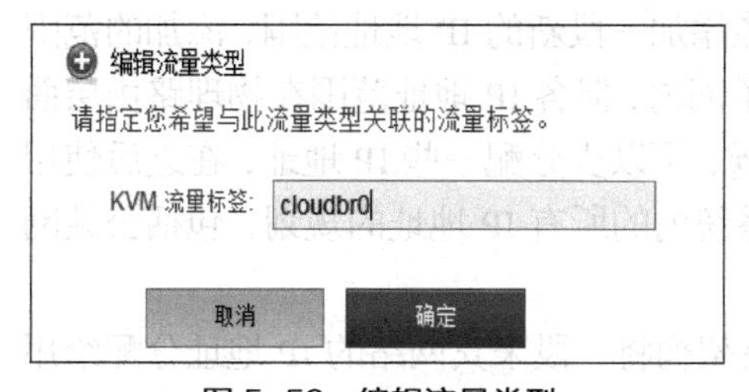

图 5-56 编辑流量类型

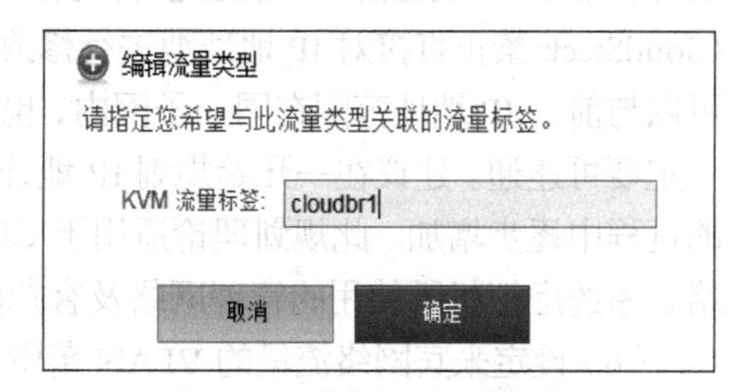

图 5-57 编辑 KVM 流量类型

（4）配置公共流量的 IP 地址范围。这里比基本网络的配置多出一步，即填写公共网络流量所分配的 IP 地址段及 VLAN 标签。云中的 VM 访问 Internet 时将生成公共流量，但必须分配可公开访问的 IP 才能实现。最终用户可以使用 CloudStack UI 获取这些 IP，以在其来宾网络与公用网络之间执行 NAT。请至少为 Internet 流量提供一个 IP 地址范围，如图 5-58 和图 5-59 所示。

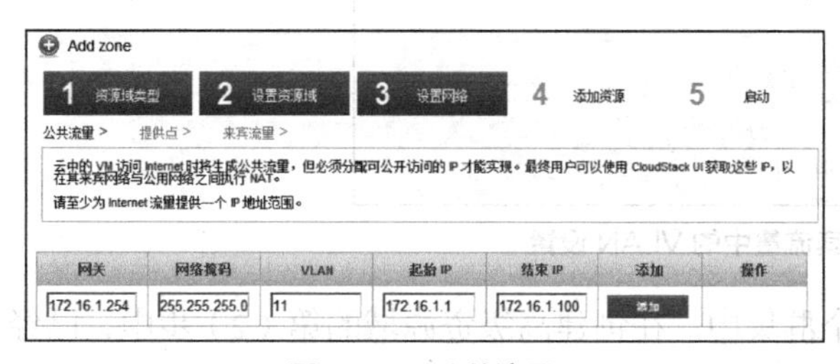

图 5-58 公共流量 1

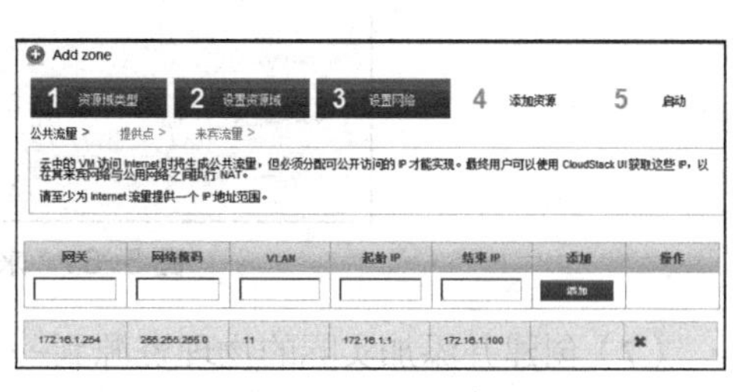

图 5-59 公共流量 2

（5）配置提供点的相关参数。每个资源域中必须包含一个或多个提供点，现在将添加第一个提供点。提供点中包含主机和主存储服务器，您将在随后的某个步骤中添加这些主机和服务器。首先，请为 CloudStack 的内部管理通信配置一个预留 IP 地址范围。预留的 IP 范围对云中的每个资源域来说必须唯一，如图 5-60 所示。

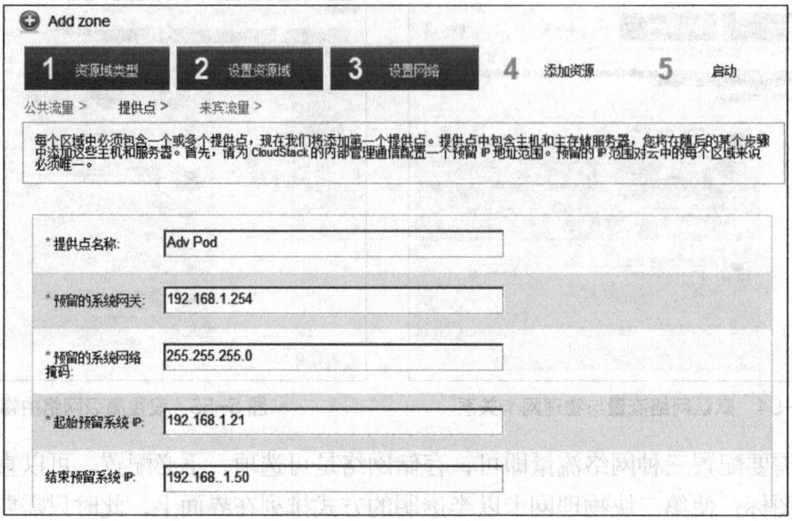

Add zone
1 资源域类型　2 设置资源域　3 设置网络　4 添加资源　5 启动
公共流量 >　提供点 >　来宾流量 >
每个区域中必须包含一个或多个提供点，现在我们将添加第一个提供点。提供点中包含主机和主存储服务器，您将在随后的某个步骤中添加这些主机和服务器。首先，请为 CloudStack 的内部管理通信配置一个预留 IP 地址范围。预留的 IP 范围对云中的每个区域来说必须唯一。
* 提供点名称: Adv Pod
* 预留的系统网关: 192.168.1.254
* 预留的系统网络掩码: 255.255.255.0
* 起始预留系统 IP: 192.168.1.21
结束预留系统 IP: 192.168..1.50

图 5-60　提供点来宾流量

需要注意的是，CloudStack 的 IP 地址段所使用的地址范围在配置后不可随意更改，只能再添加一段 IP 地址范围。这是由于 IP 地址是由 CloudStack 使用 DHCP 方法随机分配给虚拟机的，缩小 IP 地址范围可能会影响现有虚拟机已经获取的 IP 地址。为了避免这种情况发生，CloudStack 禁止直接对 IP 地址池进行修改，用户只能添加一段新的 IP 地址范围，添加的范围可以与前一 IP 地址范围在同一子网内，也可在不同子网内，但各 IP 地址范围在物理路由层面一定要可连通。建议在一开始规划 IP 地址范围的时候，可以少分配一些 IP 地址，在之后使用的过程中逐步增加。此规划理论适用于 CloudStack 系统内的所有 IP 地址的规划，包括公共网络、系统虚拟机所使用的管理网络及客户虚拟机等。

（6）设定来宾网络流量的 VLAN 范围。基本网络架构将一段来宾网络的 IP 地址分配给用户使用的虚拟机，而在高级网络中，用户间的隔离默认通过 VLAN 实现，由每个用户各自的虚拟路由器进行转发，并与外网进行通信，这样就无须关心用户虚拟机所获取的 IP 地址了。在这里，只需设定一段分配给用户使用的 VLAN ID 就可以了，如图 5-61 所示。

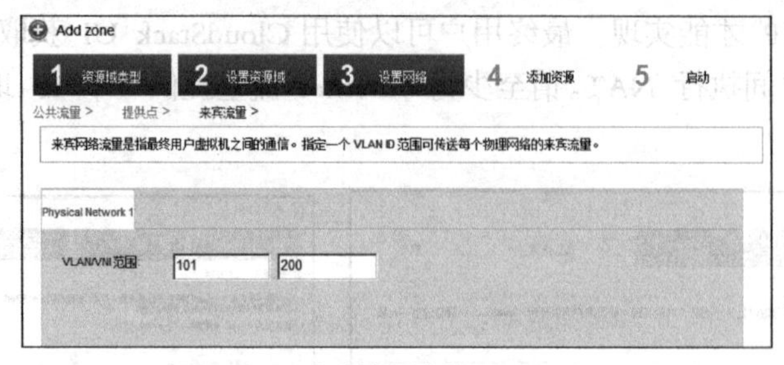

图 5-61　来宾流量中的 VLAN 设置

（7）创建并添加实际的物理资源到一个群集中。在创建高级资源域的第（2）步中，已经设置了虚拟机管理程序的类型，当时的设置会直接影响此步骤之后的相关选项。如果选择的是 XenServer 型或 KVM 型，填写的项目很简单，如图 5-62 所示。如果选择的是 VMware 类型，则需要配置与 vCenter 连接的多项参数。

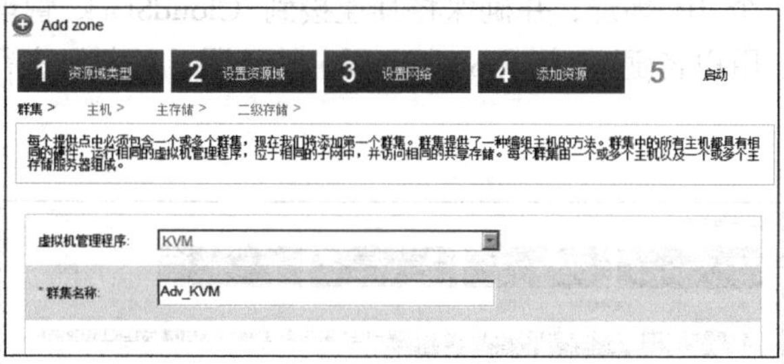

图 5-62 添加群集

（8）添加主机。直接添加每种计算节点的第一台主机即可。XenServer 或 KVM 的配置项目是相同的。第一次添加 VMware 和 vSphere 群集在第（7）步中添加 vCenter 数据中心后系统会自动跳过添加主机这一步，所以在安装和配置 vSphere 群集时，要在 vCenter 的数据中心添加至少一台 ESXi 主机，如图 5-63 所示。

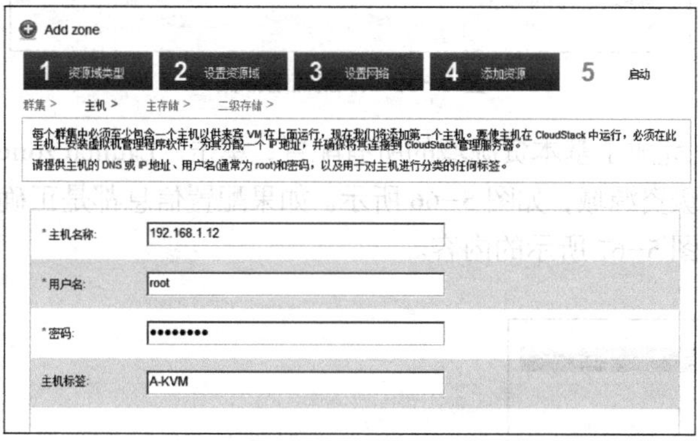

图 5-63 添加主机

（9）添加主存储。为计算节点添加一个作为共享存储使用的主存储。根据本书规划，这是一个 NFS 类型的存储。如果在添加资源域的第（2）步中选择了本地存储，则系统会直接跳过此步，无须配置，如图 5-64 所示。

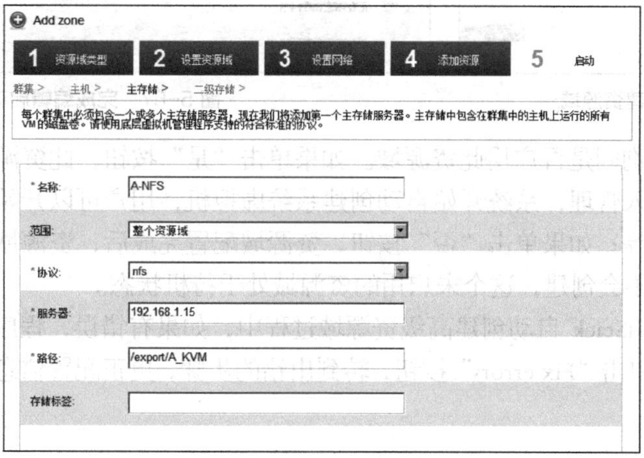

图 5-64 添加主存储

（10）添加辅助存储。每个群集中必须至少包含一个主机以供来宾 VM 在上面运行，现在我们将添加第一个主机。要使主机在 CloudStack 中运行，必须在此主机上安装虚拟机管理程序软件，为其分配一个 IP 地址，并确保将其连接到 CloudStack 管理服务器。请提供主机的 DNS 或 IP 地址、用户名(通常为 root)和密码，以及用于对主机进行分类的任何标签，如图 5-65 所示。

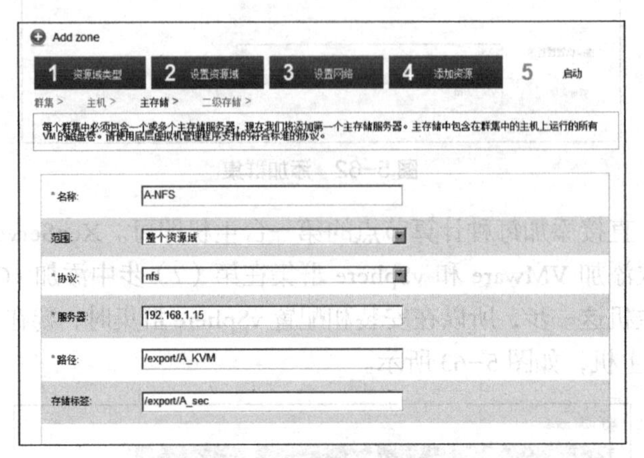

图 5-65 添加辅助存储

经过上述 10 步，完成了基本资源域的所有配置，单击“Launch zone”按钮，系统会根据配置参数自动启动高级资源域，如图 5-66 所示。如果配置信息都是正确的，所有创建过程都顺利通过，可以看到图 5-67 所示的内容。

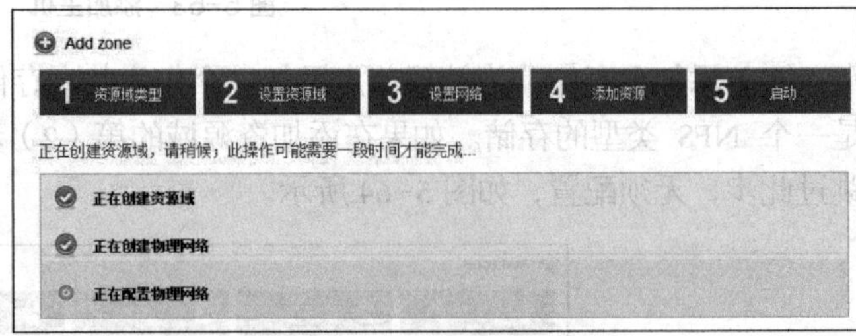

图 5-66 创建资源域

图 5-67 完成编辑启动过程

CloudStack 会询问是否启用此资源域。如果单击“是”按钮，此资源域将正式启动，所有物理资源正式纳入管理，系统开始自动创建系统虚拟机，用户可以开始使用新建资源域内的资源创建虚拟机等；如果单击“否”按钮，资源域配置完成后，资源域内的资源都不会启用，系统虚拟机也不会创建，这个未启用的资源域处于待机状态。

另外，在 CloudStack 自动创建高级资源域过程中，如果有错误，程序会自动暂停。可以查看提示信息，并单击“Fix errors”按钮，转到出错的步骤，更正配置信息，如图 5-68 所示。

1 资源域类型
2 设置资源域
3 设置网络
4 添加资源
5 启动
正在创建资源域，请稍候；此操作可能需要一段时间才能完成...
正在创建资源域
正在创建物理网络
正在配置物理网络
正在创建提供点
出现问题：请更正以下各项:
The gateway is invalid
取消
Fix errors

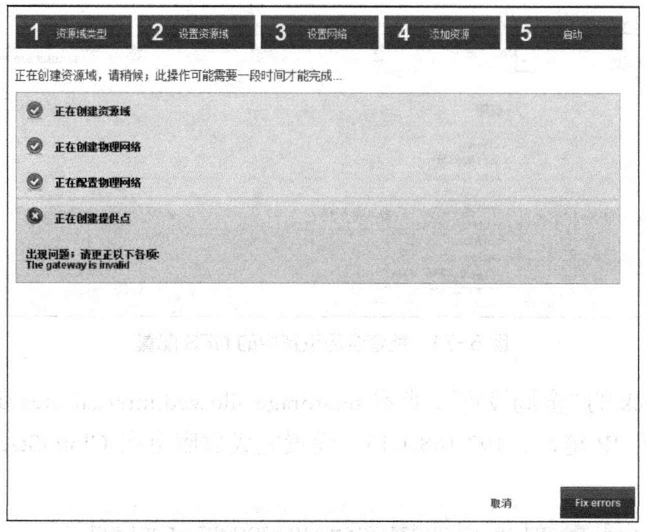

图 5-68 启动报错信息

如果填写的信息正确但仍然不能添加，那么原因可能是网络连接存在问题、CPU 不支持虚拟化等，这时就需要仔细检查后台日志中的详细记录。错误全部修正后，高级资源域就创建成功了，如图 5-69 所示。

Project: Default view
首页 > 基础架构 > 资源域 >
控制板
实例
关联性组
添加资源域
资源域
网络类型
公用
分配状态
快速查看
Adv Zone
Advanced
Yes
Disabled

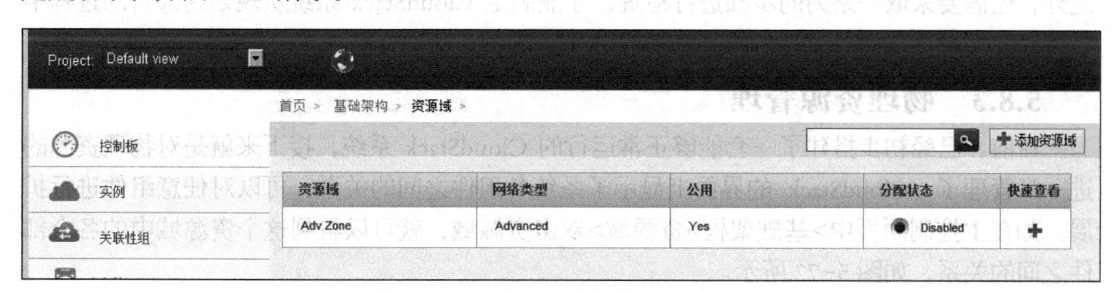

图 5-69 高级资源域创建成功示意图

如果填写的信息正确但仍然不能添加，那么原因可能是 NFS 问题，检查其全局设置，如图 5-70 和图 5-71 所示。

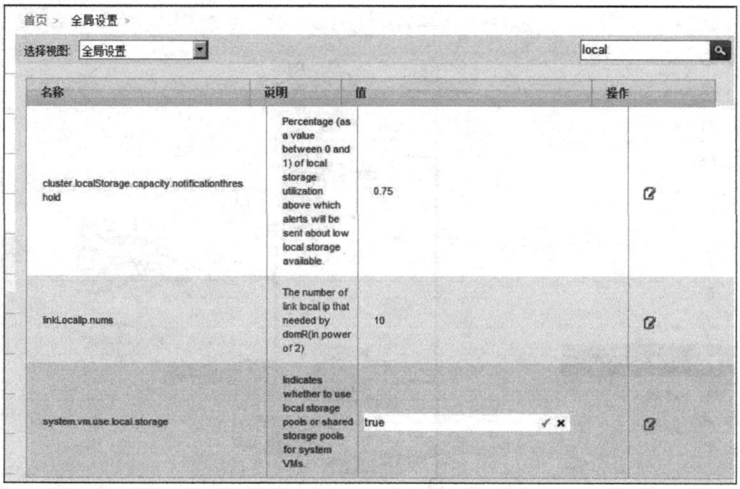

首页 > 全局设置 >
选择视图: 全局设置
local
名称
说明
值
操作
cluster.localStorage.capacity.notificationthreshold
Percentage (as a value between 0 and 1) of local storage utilization above which alerts will be sent about low local storage available.
0.75
linkLocalIp.nums
The number of link local ip that needed by domR(in power of 2)
10
system.vm.use.local.storage
Indicates whether to use local storage pools or shared storage pools for system VMs.
true

图 5-70 检查全局设置

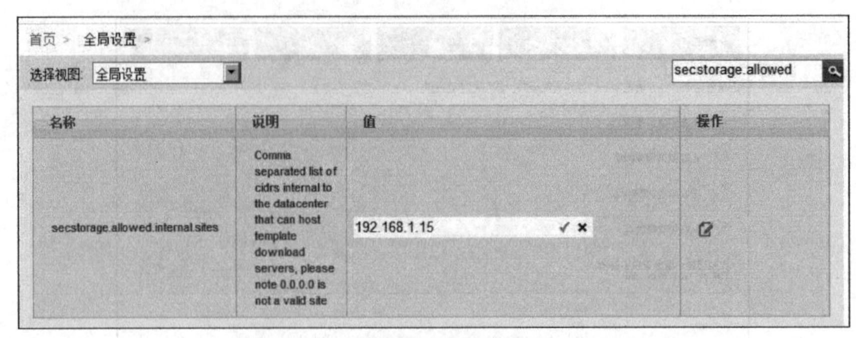

图 5-71　检查全局设置中的 NFS 配置

检查 CloudStack 的“全局设置”，查看 secstorage.allowed.internal.sites 属性是否设置正确，设置为 NFS 存储的 IP 地址：192.168.1.15。设置完成后应重启 CloudStack 管理程序，如下所示。

```
[root@A-MS1 ~]# service cloudstack-management restart
Stopping cloudstack-management:                              [确定]
Starting cloudstack-management:                              [确定]
```

虽然资源域建立的时候会对一些参数进行检查，但不代表所有的参数都会被检查。除此之外，还需要采取一系列的步骤进行检查，才能确定 CloudStack 系统从规划到部署的过程中是否存在问题，从而导致平台的某些功能出现问题。

5.8.3　物理资源管理

目前，已经初步搭建了一套能够正常运行的 CloudStack 系统，接下来就是对物理资源的进一步管理了。CloudStack 的界面上显示了系统各组件之间的关系，可以对任意组件进行扩展。如在主控制面板中>基础架构>资源域>双击资源域，就可以看到这个资源域中的各个部件之间的关系，如图 5-72 所示。

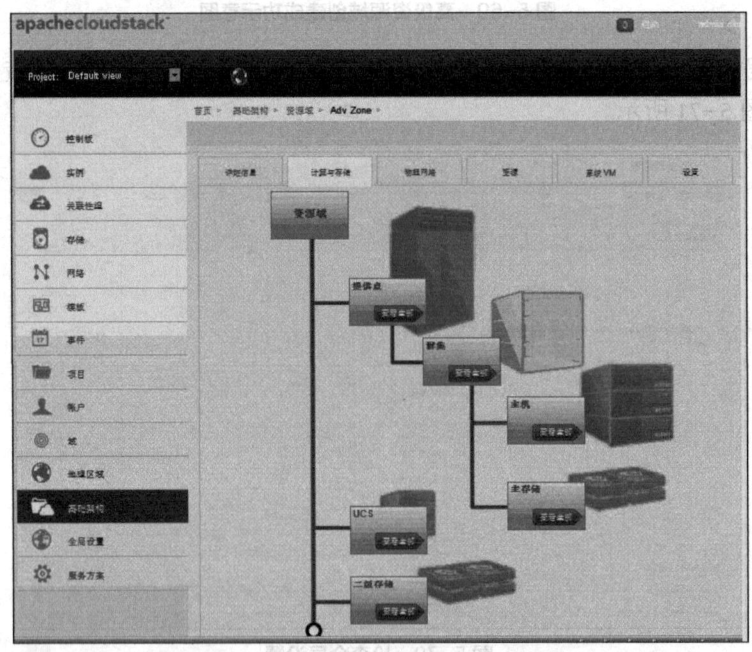

图 5-72　CloudStack 的计算与存储界面

1．添加物理资源

（1）添加资源域。CloudStack 可以同时管理多个物理资源域，每个资源域的网络架构类型可以不同，具体的添加方式参见 5.8.2 节。

（2）添加机架。每个资源域内可以添加多个提供点。在基础架构页面，单击提供点框内的“查看全部”按钮，进入提供点列表页面。也可以在基础架构的显示界面直接进入提供点列表界面，如图 5-73 所示。

（3）添加群集。在基础架构页面单击群集框内的“查看全部”按钮，进入群集列表，也可以一层一层进入群集列表，单击右上角的“添加群集”按钮，将弹出“添加群集”对话框。在这里，可以将新的群集创建在资源域和提供点中，设置群集计划使用的虚拟机管理程序类型。这里填写的内容与创建资源域时填写的内容基本设置一致，如图 5-74 所示。

（4）添加主机。从基础架构页面直接进入主机列表页面进行添加操作，或者根据层级关系从群集管理页面进入主机列表页面。需要注意的是，进入的路径不同，显示的内容也不同。当 CloudStack 管理多个提供点、群集、主机时，从基础架构页面进入显示的是所有群集内的主机列表。当根据 CloudStack 架构层级一层一层进入时，显示的只是该群集下的主机列表。

单击右上角的“添加主机”按钮，将弹出“添加主机”对话框，如图 5-74 所示。可以选择将新的主机创建在指定的资源域、提供点及群集中，并输入连接主机所需的 IP 地址、登录的用户名和密码。这里填写的内容与创建资源域时填写的内容基本一致。

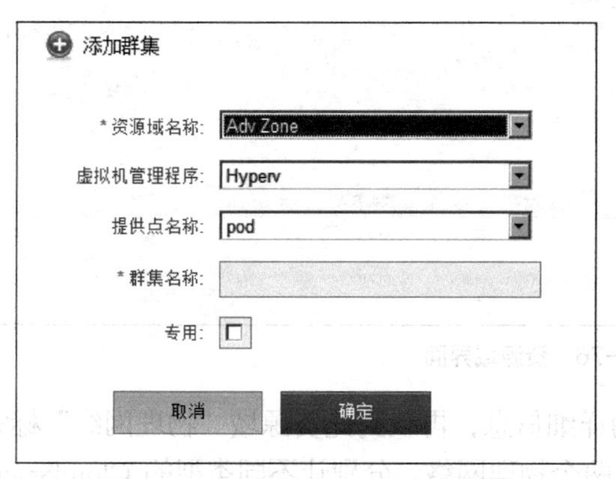

图 5-73　添加群集

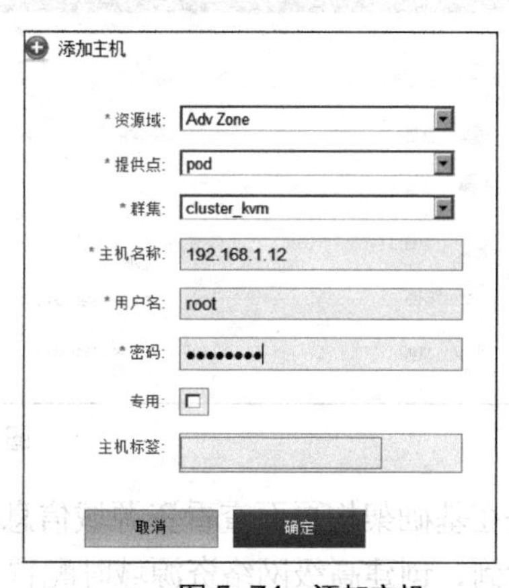

图 5-74　添加主机

“主机标签”为可选项，是一种为计算机节点按照一定的目的或需求进行分类时所使用的功能。例如，为一个群集或多个群集中的多台主机添加相同的主机标签，与计算服务中的主机标签配合，可以实现指定客户或应用的虚拟机在指定主机上运行的需求。

（5）添加主存储。在基础架构页面上找到“主存储”区，单击下面的“查看全部”按钮，将显示主存储的列表页面，单击右上角的“添加主存储”按钮，将弹出“添加主存储”对话框。在这里，可以选择将新的主存储创建在指定的资源域、提供点及群集中，选择存储协议，输入连接主存储所需的 IP 地址和路径等相关信息。存储标签的功能类似于主机标签，也是与计算服务方案或磁盘服务方案配合。例如，同一群集或不同群集中有不同类型的主存储，通过存储标签的方式进行分类，限定用户或由用户选择可以将虚拟机镜像文件存储在哪一种存储中。在群集中添加多个主存储是很常见的现象，能够满足多种需求。但本书中不建议刚入门的读者添加多个辅助存储，因为 CloudStack 4.0.2 对辅助存储的管理还存在一些问题。如图 5-75 所示。

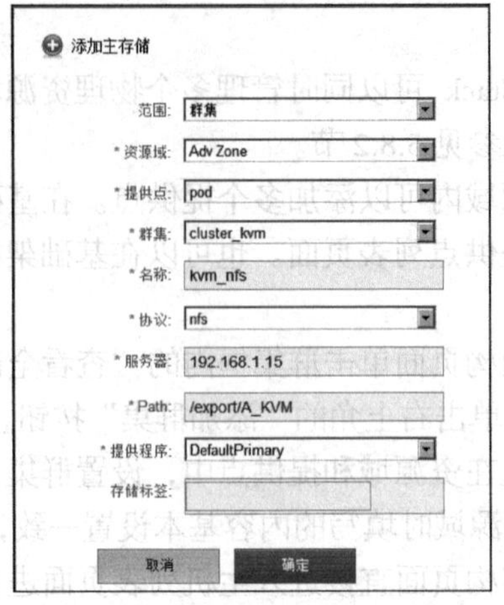

图 5-75 添加主存储

（6）扩展和配置网络。

如果按照之前的介绍添加了多种类型的虚拟机管理程序（Hypervisor），随之而来的一个重要的问题是——让不同的网络流量使用不同的物理网络，如图 5-76 所示。

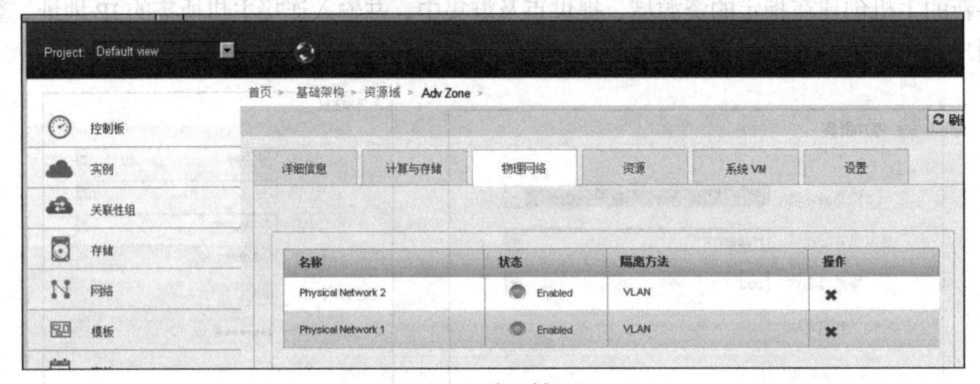

图 5-76 资源域界面

先在基础架构页面查看资源域信息的详细信息，再找到此资源域“物理网络”标签页。可以看到，创建高级网络资源域时配置了两个物理网络，分别让不同类型的 CloudStack 网络流量通过。单击“Physical Network 1”选项，可以看到这个物理网络中有 3 种网络流量，分别是来宾网络、管理网络和存储网络，如图 5-77 所示。

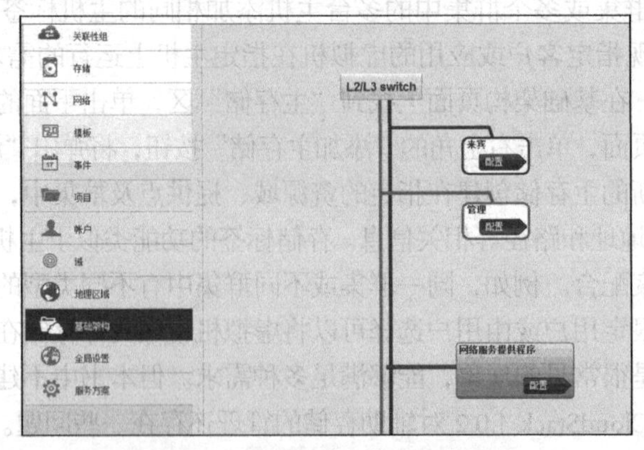

图 5-77 来宾网络、管理网络界面

单击“Physical Network 2”选项，物理网络中只有一种网络流量，单击每一种网络流量的“配置”按钮进入配置界面查看和配置网络参数，如图 5-78 所示。

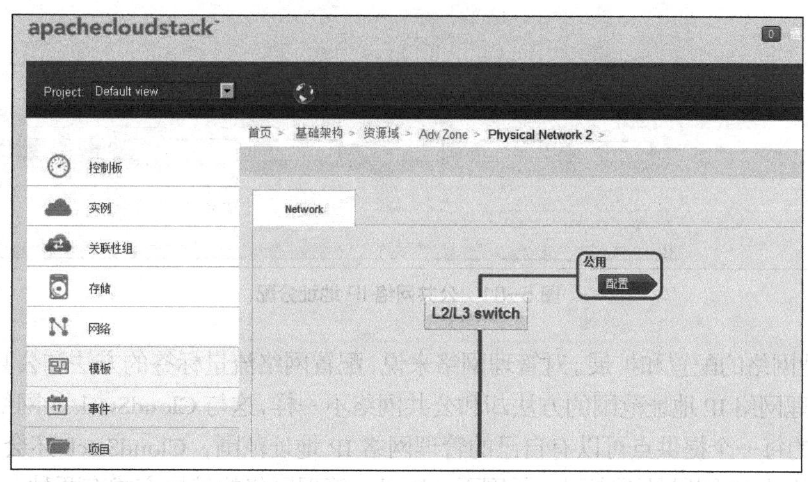

图 5-78 公用网络

① 公用网络的配置和扩展。配置公用网络的方法比较简单。进入公用网络的配置页面，如图 5-79 和图 5-80 所示。

图 5-79 公用网络的配置页面

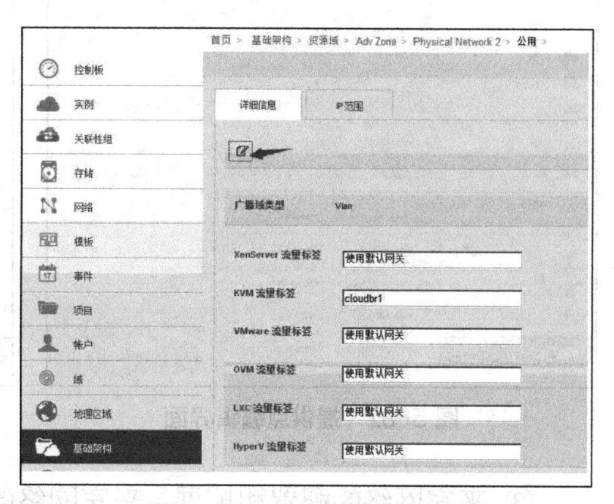

图 5-80 公用网络的编辑保存

如果需要为不同的 Hypervisor 的公用网络流量配置标签，可以单击这个页面右上角的按钮，页面的相关选项会变成可编辑状态。填写对应的标签名称，然后单击右下角的应用按钮。可以看出，创建资源域时使用 XenServer 类型，并且已经配置了网络流量标签。如果需要添加 KVM 主机，就在对应栏里填写“cloudbr 1”即可。网络标签的修改一定要在创建虚拟机之前完成，否则会出现因与使用的物理网络标签不一致而报错的情况。

在公用网络流量页面还可以添加 IP 地址范围。打开此页面中的“IP 范围”标签页。在这个页面中可以看到创建资源域时已经添加的公共网络的 IP 地址范围，也可以继续以相同的方式添加一段 IP 地址（只要物理网络上可通即可）。在这里只能添加或删除 IP 地址范围，但不能对已经添加的 IP 地址范围进行编辑。另外值得注意的是，这里有一个“添加账户”按钮，用于在高级网络中将一段公共网络 IP 地址分配给指定的用户使用，如图 5-81 所示。

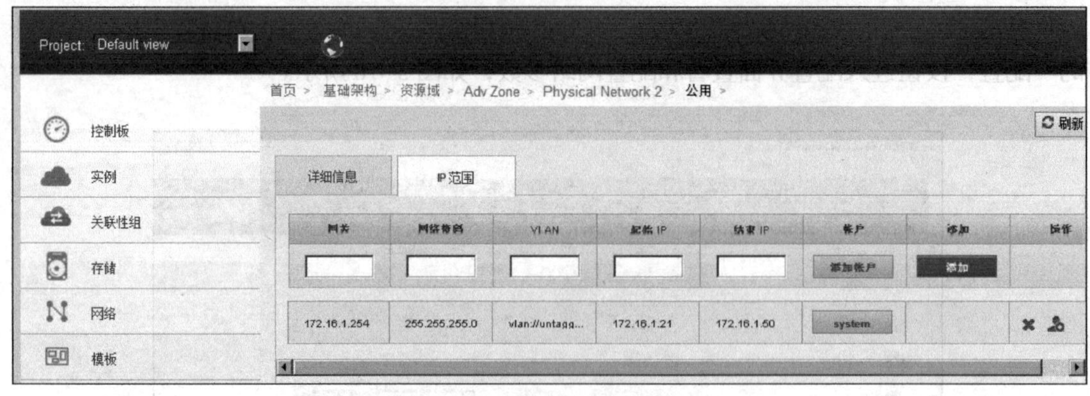

图 5-81 公共网络 IP 地址分配

② 管理网络的配置和扩展。对管理网络来说，配置网络流量标签的方法和公共网络一样，但是扩展管理网络 IP 地址范围的方法却和公共网络不一样，这与 CloudStack 的网络设计有关。CloudStack 的每一个提供点可以有自己的管理网络 IP 地址范围，CloudStack 还会专门检查多提供点所使用的 IP 网段是否在同一子网下。所以，管理网络的扩展方式有两种：一种是在提供点的编辑页面直接修改起始和结束 IP 地址，从而扩大 IP 地址范围；另一种是创建多个提供点，使用新的管理 IP 地址范围，如图 5-82 和图 5-83 所示。

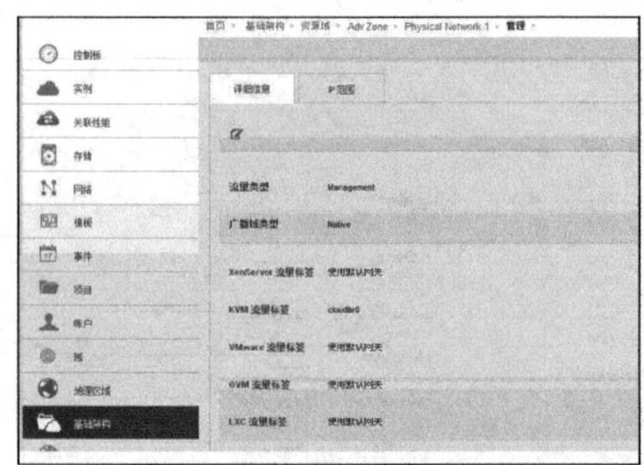

图 5-82 提供点编辑界面

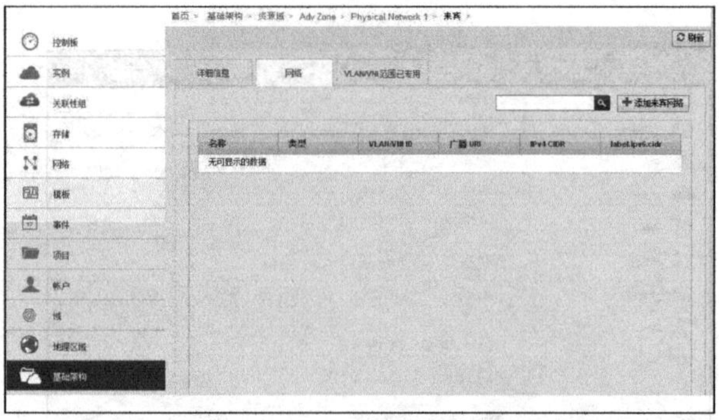

图 5-83 资源域的管理网络添加界面

③ 来宾网络的配置和扩展。来宾网络的配置有两种。一种是在资源域的物理网络中找到来宾网络，配置网络流量标签和添加新的来宾网络。

通过首页>基础架构>资源域>Adv Zone>Physical Network 1>来宾，在这里，可以添加的来宾网络只能是共享网络（Shared Network）。其中，“范围”选项可以将这个新添加的网络指定给用户组（Domain），用户（Account）和项目（Project），如图 5-84 和图 5-85 所示。

另一种添加来宾网络的方式是在导航栏中找到“网络”一栏。在这里，添加隔离网络供来宾网络使用，填写的内容主要是选择来宾网络所在的位置，默认只有“隔离网络”一个选项。配置来宾网络的网关，用掩码控制 IP 子网的范围。这里无需填写 VLAN 的信息，而是 CloudStack 系统自动分配。从这两种来宾网络的添加方式来看，它们建立的是不同用途的来宾网络。第二种添加方式是来宾虚拟机默认选择来宾网络；而第一种添加方式则是为来宾虚拟机创建附加网络，用于与其他虚拟机进行通信。

图 5-84 资源域编辑

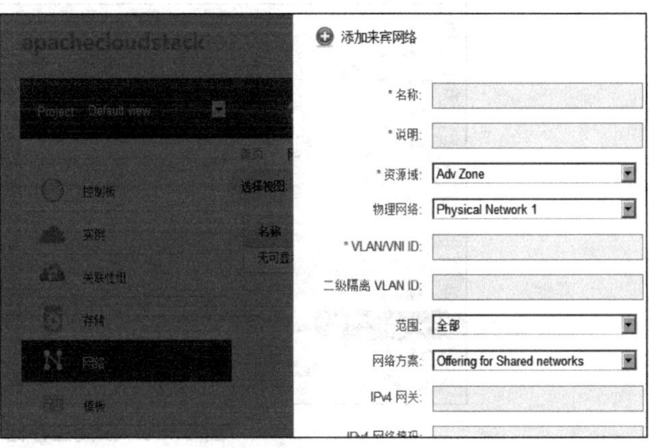

图 5-85 导航栏中“网络”

以上这些对物理资源的管理方法是 CloudStack 基础设施管理的初级内容。

2．删除物理资源

一套正常运行的 CloudStack 系统，有可能因为某些需求而将一些物理资源删除，甚至是将整个资源域删除。由于 CloudStack 各部件之间的架构关系，因此需要采取正确的步骤来保证物理资源的顺利删除和系统的正常运行。通过以下步骤，可以更好地理解 CloudStack 的架构，并对今后的使用、运维提供一定的帮助。

（1）关闭所有正在运行的虚拟机。打开“实例”界面，在“过滤依据”下拉列表中选择“正在运行”选项。可以看出，两台实例正处在运行状态。依次对其进行关闭操作，等待虚拟机的状态由“Running”变为“Stopped”。

如果有些虚拟机中存有重要数据，则将其制作为模板进行保存。在导航栏中单击“存储”选项，找到需要保存的系统卷并将其创建为模板。

（2）删除或下载重要的数据卷。有些数据卷非常重要，所以需要先取消附加在虚拟机上的数据卷。删除卷或者将卷下载至本地。如果单击“下载卷”按钮，等待片刻，CloudStack 会弹出一个“状态”对话框，其中提供了下载地址。单击超链接，将卷下载到本地。对于快照操作也是相通的，需要删除所有已存在的快照。

（3）删除所有的虚拟机。删除成功后，虚拟机的状态将会变为“Destroyed”。这时的虚拟机并没有真正被删除，还有一个等待清理的时间周期，在全局设置中有相关的选项。找到参数 expunge.delay 和 expunge.interval，将其时间间隔改短，这样就可以在短时间内真正删除虚拟机。如果读者有印象，在前面章节中，完成 CloudStack 的安装，进行检查配置的时候，也曾提到这两个参数。等待虚拟机的状态变为“Expunged”进行刷新，如果虚拟机从列表中消失，才算虚拟机被真正删除。

（4）删除或下载模板或 ISO 文件。如果有需要保存的模板或 ISO 文件，可以参照“下载卷”的步骤进行操作。操作完成后，仍然会弹出一个包含下载的“状态”对话框。注意：只能删除用户自行上传的模板和 ISO 文件。

（5）禁用主存储。在删除主存储前，需要将存储置于维护模式；如果有多个主存储，需要全部禁止，这将使用所有系统虚拟机全部停止运行，如图 5-86 所示。

（6）手动删除所有系统虚拟机。等待所有的系统虚拟机全部停止，然后手动将其全部删除，包括辅助存储虚拟机、控制台代理虚拟机及虚拟路由器。删除方法与删除虚拟机一样，只是无需等待清理时间，系统虚拟机的删除不受全局参数的影响。

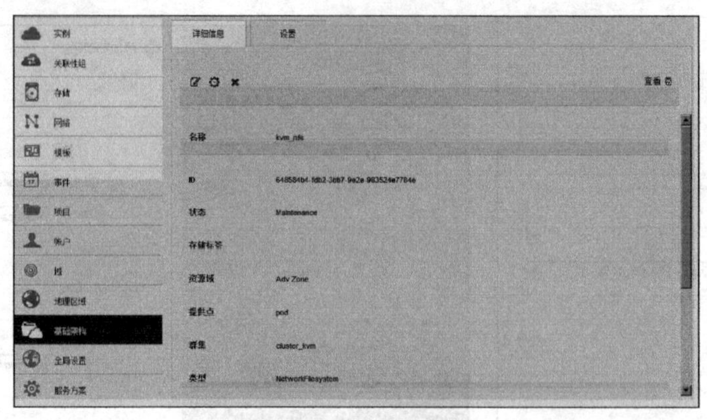

图 5-86　禁用主存储

（7）删除辅助存储。删除辅助存储的方法非常简单，进入辅助存储页面直接删除即可。如果辅助存储中还有尚未完全删除的快照或备份的数据卷，系统会给予提示，如图 5-87 所示。

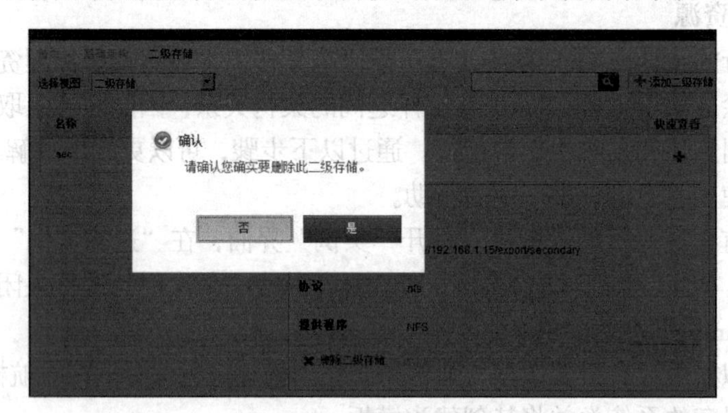

图 5-87　删除辅助存储

（8）删除主存储。当主存储确实进入维护模式后，才会显示用于删除主存储的“删除”按钮。如果主存储中还有虚拟机、卷、快照等没有删除，会弹出“状态”对话框，提示主存储不能删除，如图 5-88 所示。

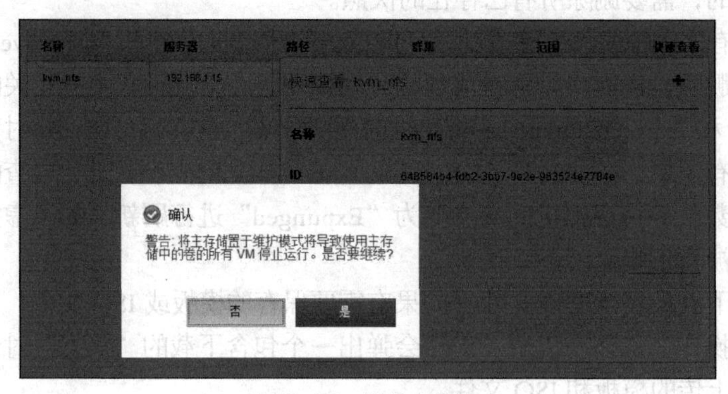

图 5-88　删除主存储

可以查看一下此主存储的详细信息，在已分配的磁盘处如果显示了一定的容量，就说明还有占用，需要删除。

（9）删除主机。删除主机与删除主存储的步骤是类似的，需要先使主机进入维护模式，刷新后等状态变为“Maintenance”才会显示“删除”按钮，如图 5-89 所示。

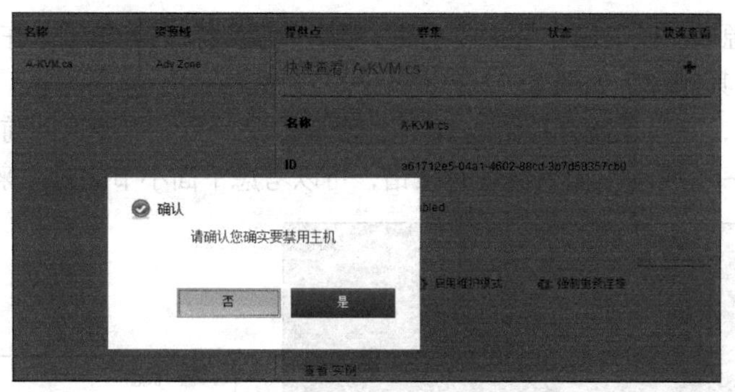

图 5-89 删除主机

（10）删除群集。删除群集较为简单。因为前面已经将此群集中的所有主机和主机存储删除，所以进入群集的详细信息页面单击“删除”按钮即可，如图 5-90 所示。

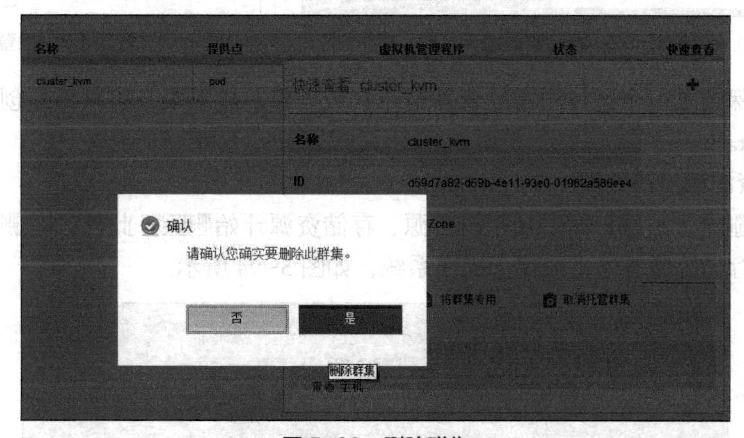

图 5-90 删除群集

（11）删除网络。根据 5.8.2 节中关于添加网络的内容可以知道，需要删除的网络很多，包括来宾网络及多个物理网络。要想删除来宾网络，可以在导航栏中单击“网络”选项，检查是否还有来宾网络，然后将其删除。删除物理网络的方法是：在资源域的详细页面中单击“物理网络”选项，查看创建资源域时创建的物理网络，并依次将其删除。

如果某些虚拟机或系统虚拟机占用的 IP 地址资源还没有被释放，就无法删除网络，可以多等待一段时间，系统会自动进行清理。

（12）删除提供点。在确保提供点中的群集全部删除成功，管理网络也已经删除的情况下，才能执行提供点的删除操作，如图 5-91 所示。

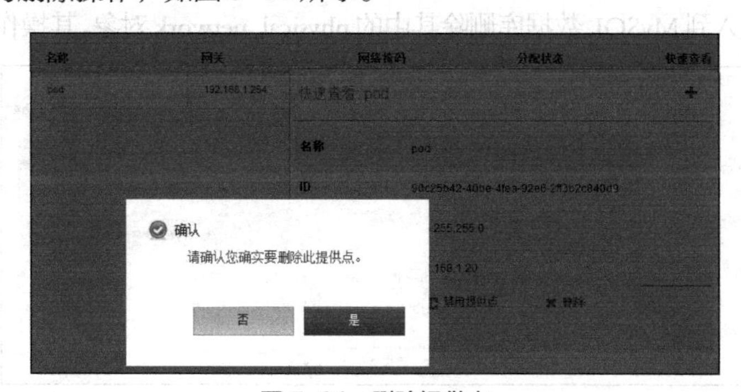

图 5-91 删除提供点

（13）删除资源域。以上操作全部成功后，删除资源域就很简单了。在基础架构中选择一个资源域，直接将其删除，如图 5-92 所示。

如果出现问题，一般是还有存储或 IP 地址没有删除所致，需要返回前面的步骤检查是否全部删除，如图 5-93 所示。如果仍然有报错，可以考虑下面小节的方法来删除资源域。

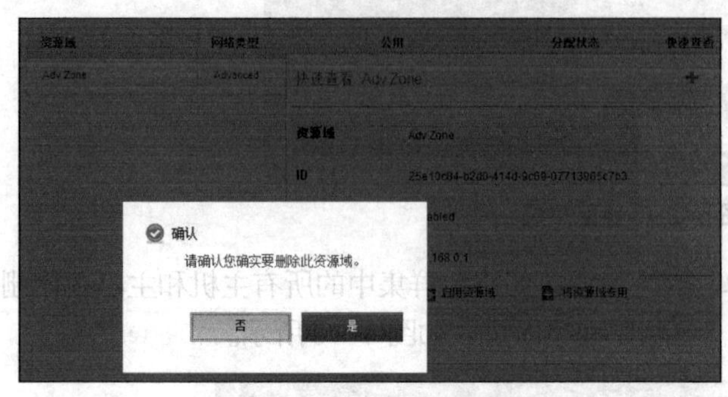

图 5-92　删除资源域

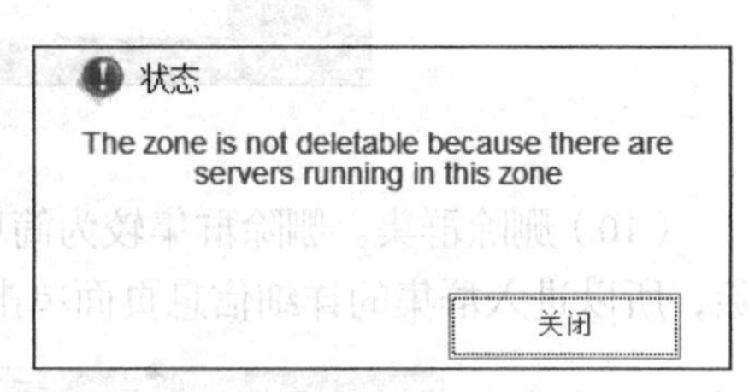

图 5-93　检查出错

至此，只保留了一个运行正常的管理节点和数据库。接下来，可以重新创建资源域，重新部署 CloudStack 云平台。

3．删除资源域出错处理

如果需要删除资源域，需要从主机资源、存储资源开始删除；此外，在删除的时候需要将目标主机、存储等服务停止或停止操作系统，如图 5-94 所示。

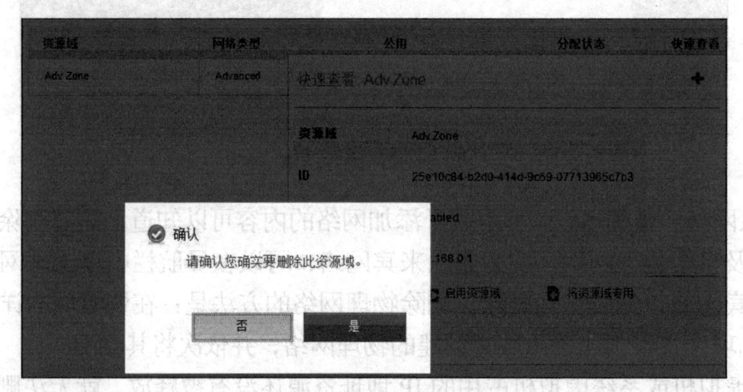

图 5-94　删除资源域确认对话框

如删除资源域过程出现“The zone is not deletable because there are physical networks in this zone”的错误提示，如图 5-95 所示，提示物理网络被使用之类的，可以进数据库去直接删除。解决的办法就是进入到 MySQL 数据库删除其中的 physical_network 对象，其操作的步骤具体如下：

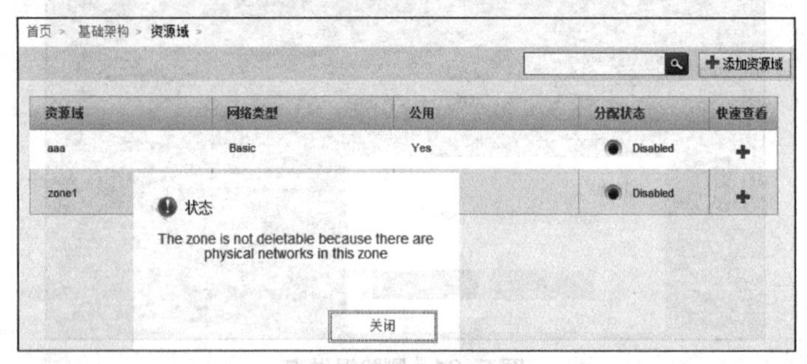

图 5-95　出现错误提示

```
[root@A-MS1 ~]# mysql -u root -p
Enter password:
...
Type 'help;' or '\h' for help. Type '\c' to clear the current input statement.
mysql> show databases;
...
mysql> use cloud;
...
mysql> SELECT  @@FOREIGN_KEY_CHECKS;
//查看当前 FOREIGN_KEY_CHECKS 的值
...
mysql>  SET FOREIGN_KEY_CHECKS=0;
Query OK, 0 rows affected (0.00 sec)
//禁用外键约束.
mysql> select * from physical_network;
mysql> delete from physical_network where id=201;
Query OK, 1 row affected (0.02 sec)
```

看到上述信息说明对象已经被删除。利用查询语句，查询目前的数据对象，其命令如下：

```
mysql> select * from physical_network;
```

之后再用 SET FOREIGN_KEY_CHECKS=1;来启动外键约束，具体如下：

```
mysql> SET FOREIGN_KEY_CHECKS=1;
Query OK, 0 rows affected (0.00 sec)
```

最后退出 MySQL 数据库连接。

```
mysql> exit
Bye
```

回到管理节点的“基础架构”，选择需要删除的资源域，然后在“+”图标位置找到资源域详细信息，选择“删除资源域”，如图 5-96 和图 5-97 所示。

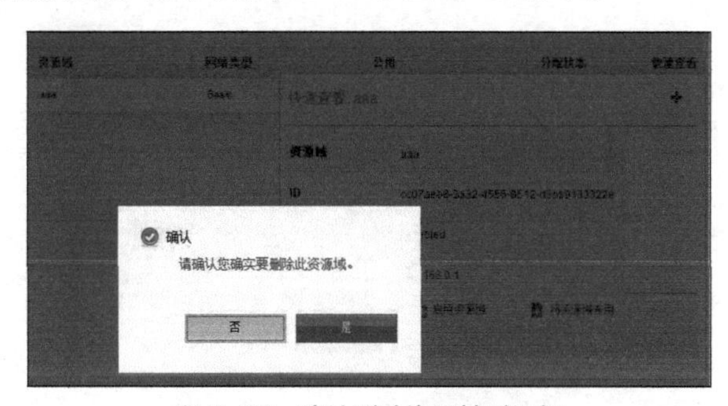

图 5-96 确认删除资源域对话框

图 5-97 资源域中对象已被删除

5.9 本章小结

本章介绍了高校校园云平台的需求，并且按照需求进行了校园云平台的规划设计，包括网络架构设计、交换机配置等；然后根据规划设计，安装配置第一个 CloudStack 管理节点、存储节点、第二个 CloudStack 管理节点和负载均衡服务器。在校园云平台搭建中需要安装计算节点，本章介绍了 KVM 和 vSphere 两种计算节点的安装与配置。最后，介绍了 CloudStack 云基础架构的规划、云区域的创建、系统运行检查和物理资源管理。

PART 6 第6章 校园云平台应用

6.1 域及账户的管理

传统的虚拟化技术，对用户的管理模式较为粗放。对云平台来说，用户是一切服务的前提，而“云”和传统虚拟化的显著区别在于多租户的管理模式及为用户提供“自服务”的能力。CloudStack 以账户和域的方式对系统的所有“使用者”进行管理。配合域和账户的组织方式，CloudStack 还可以根据需求更好地分配和隔离物理资源的使用方式。

6.1.1 域及账户的概念

域和账户之间的关系如图 6-1 所示。

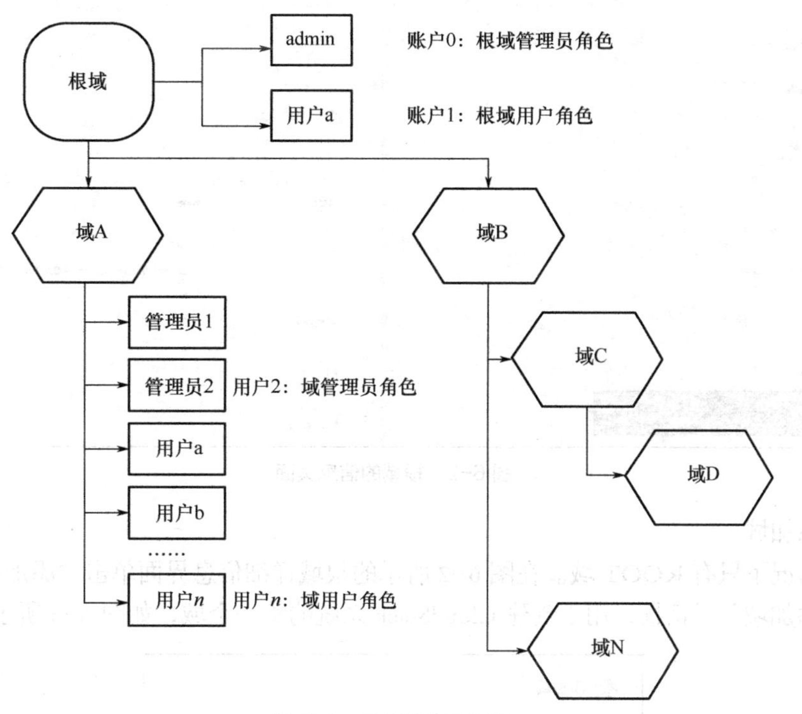

图 6-1 域和账户的关系

1．域

域（Domain）即账户组。域内可以包含很多有逻辑关系的账户。可以将域理解成一个公司或组织，其中包含很多相关人员。域的架构可以理解为树形结构。域有两类，包括根域和域。

2．账户

账户（Account）是对 CloudStack 用户的统称。创建在域内的账户包含两种角色，分别是用户和域管理员，而账户类型分为 3 种，分别为：

用户（User）：可以申请虚拟机、网络、存储等资源的普通用户。

• 域管理员（Domain Admin）：具有用户的权限，同时对本域内用户进行管理，但不能管理任何物理资源。

• 系统管理员（Root Admin）：其实就是根域管理员，拥有最高权限的用户，能管理整个 CloudStack 系统，对所有的功能都有操作权限。

用户是登录和使用 CloudStack 的基本账号单位，账户是一组用户的集合，域是一组账户的集合。CloudStack 可以将一定的物理资源网络分配给账户，而非用户，其中计费及资源使用限制都是以账户为单位的。用户继承配置账户角色的权限，如果账户为管理员角色，则此账户内的所有用户都有域管理员权限。另外，账户内的用户名不能重复，但不同账户下的用户名可以重复。

6.1.2 域及用户的管理

1. 域的管理

登录 CloudStack，在导航栏中单击"域"选项，如图 6-2 所示。

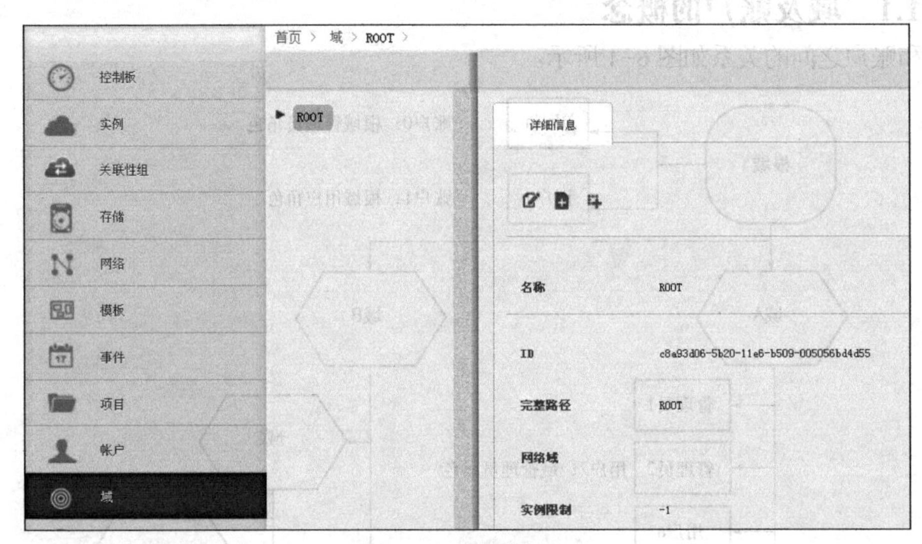

图 6-2 根域的信息页面

（1）添加域。

默认情况下只有 ROOT 域。在图 6-2 所示的根域详细信息界面单击"添加域"按钮，将弹出"添加域"对话框，用于创建 CloudStack 系统的第一个域，如图 6-3 所示。

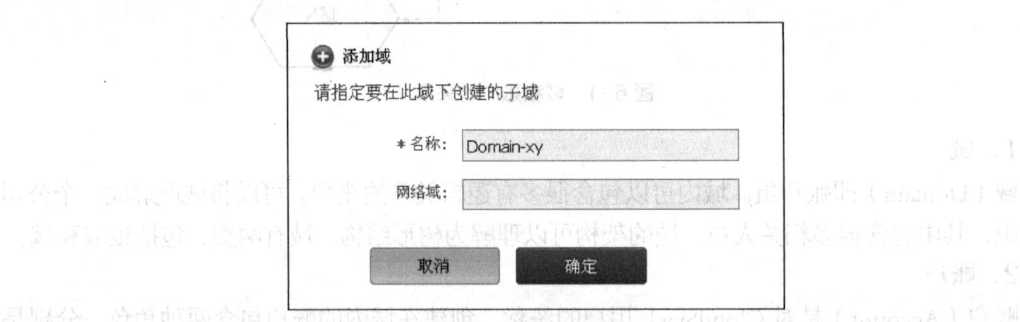

图 6-3 添加域对话框

为域填写一个名称，建议不要带空格。单击“确定”按钮后刷新域的界面，单击 ROOT 域左边的三角形按钮，会看到刚刚添加的域，如图 6-4 所示。

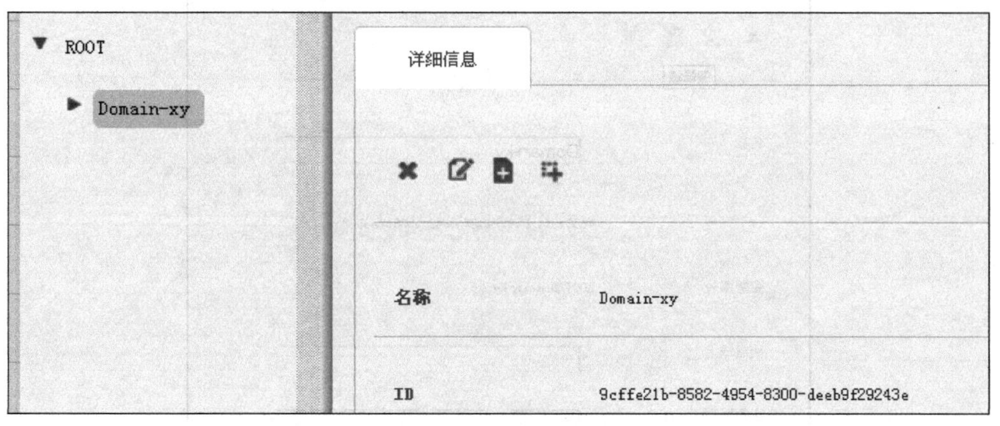

图 6-4 新添加域的详细信息

依上例可以添加第二、三个域，此次为 Domain-l 与 Domain-l-xzx，如图 6-5 所示。配置后检查域的详细信息。通过左边的树状结构及域的完整路径，可以清楚地知道这个域所在的层级及与父级域的关系。

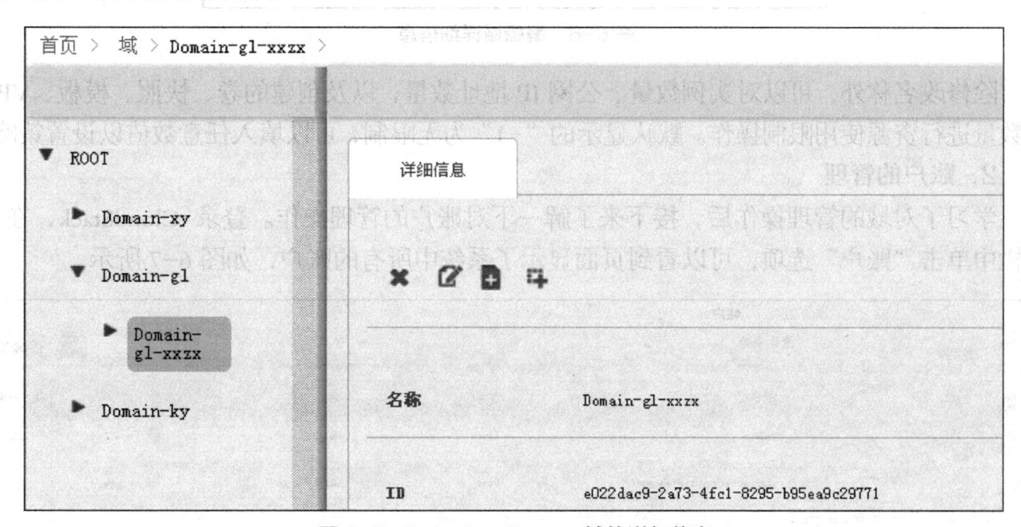

图 6-5 Domain-gl-xxzx 域的详细信息

（2）删除域。

删除域的操作同样简单，单击计划删除的域，在详细信息页面上单击“删除”按钮即可。有以下几点需要注意。

- 如果域中包含账户，需要先删除账户才可以删除域。
- 如果域中包含下级子域，需要先删除子域再删除父域。
- 根域不可删除。

（3）配置和管理域。

主要是限制域内账户所使用的资源数量。单击域详细信息页面的“编辑域”按钮，如图 6-6 所示。

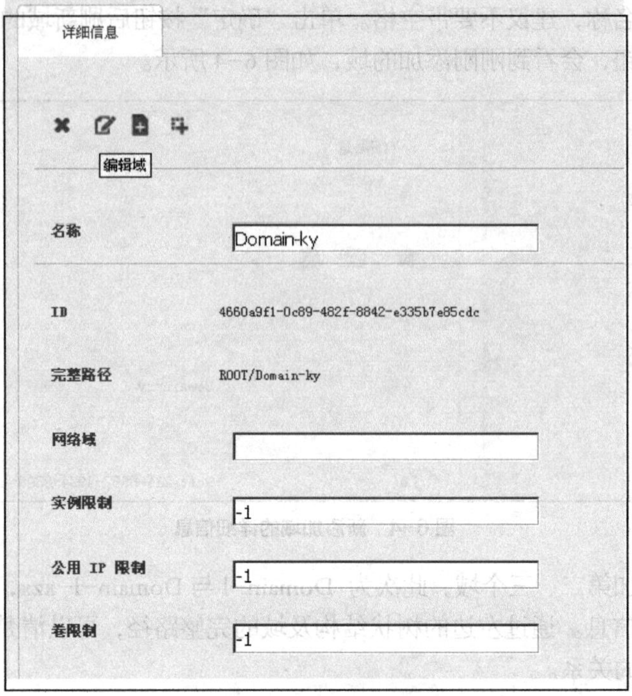

图 6-6　编辑域详细信息

除修改名称外，可以对实例数量、公网 IP 地址数量，以及创建的卷、快照、模板、VPC 的数量进行资源使用限制操作。默认显示的“-1”为无限制，可以填入任意数值以设置策略。

2. 账户的管理

学习了对域的管理操作后，接下来了解一下对账户的管理操作。登录 CloudStack，在导航栏中单击“账户”选项，可以看到页面显示了系统中所有的账户，如图 6-7 所示。

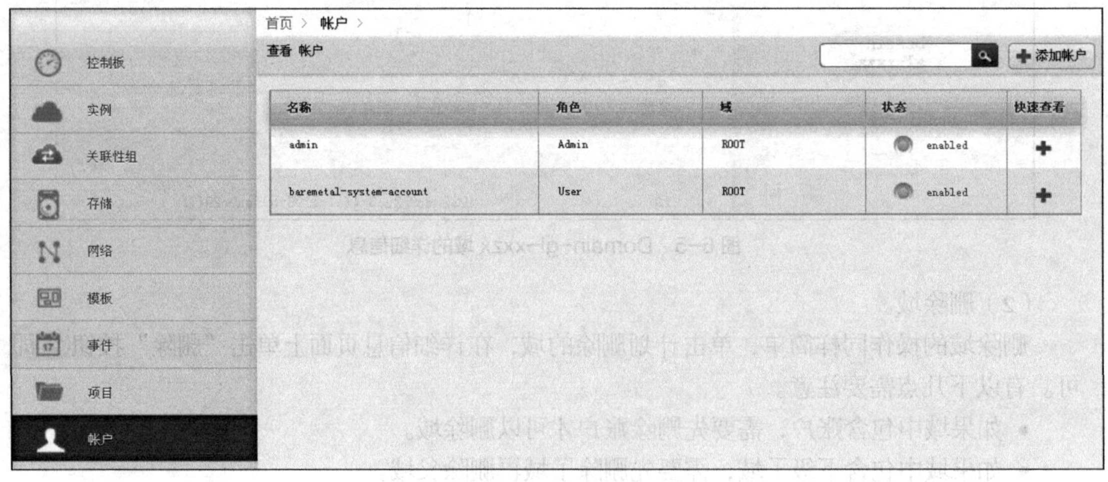

图 6-7　账户列表页面

（1）添加账户。

可以通过两种方式进入账户列表页面。

单击图 6-7 右上角的“添加账户”按钮，会弹出“添加账户”对话框，填写的信息如图 6-8 所示。

填写信息后，单击“添加”按钮，即创建了 new-account 账户，并在此账户下创建了一个用户 xy-user1，这个账户创建在 ROOT/Domain-xy 域中。返回账户列表页面，可以看到新建的账户，如图 6-9 所示。

单击“new-account”账户，再单击详细页面右上角的“查看用户”按钮。在用户列表页面，可以看到用户的名称为“xy-user1”。所以，创建账户的同时也创建了账户内的第一个用户，用户的用户名在添加账户的第一项中已经进行了设定，图 6-10 为账户内的用户列表页面，图 6-11 为用户详细信息页面。

这样就完成了域中添加一个用户角色的操作，而在域中添加一个管理员角色的账户的操作如图 6-12 所示，与创建账户的主要差别是选择类型为 Admin。

图 6-8　添加账户对话框

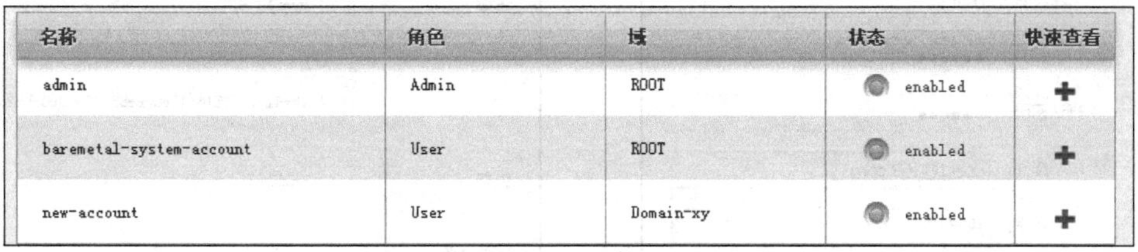

名称	角色	域	状态	快速查看
admin	Admin	ROOT	enabled	+
baremetal-system-account	User	ROOT	enabled	+
new-account	User	Domain-xy	enabled	+

图 6-9　完成新账户创建后的列表

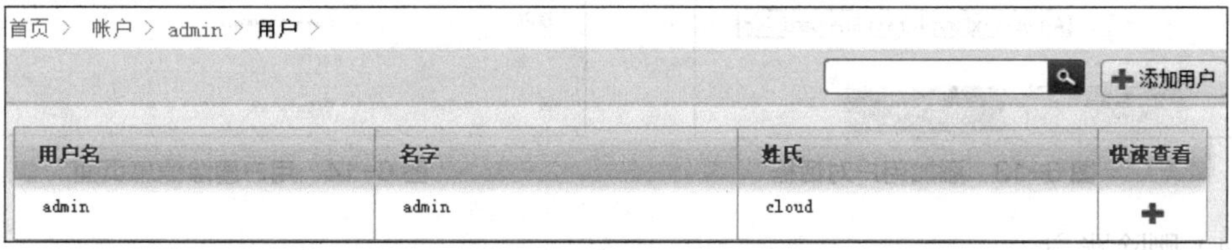

用户名	名字	姓氏	快速查看
admin	admin	cloud	+

图 6-10　账户内的用户列表页面

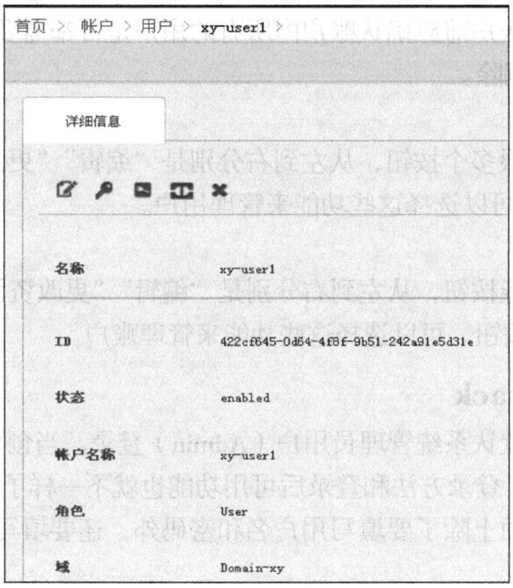

图 6-11　用户详细信息页面

图 6-12　添加管理员角色的账户

（2）添加用户。

在图 6-10 中单击右上角的“添加用户”按钮，添加新的用户。此时会弹出“添加用户”对话框，如图 6-13 所示。

需要注意的是，在账户内创建的用户继承了账户的权限，所以没有其他角色可选；在完成添加用户操作后，在“new-account”这个账户下就有了两个用户。

（3）删除用户。

删除用户的操作非常简单。在用户列表页面选择要删除的账户，在账户详细信息页面中单击“删除”按钮即可，如图 6-14 所示。

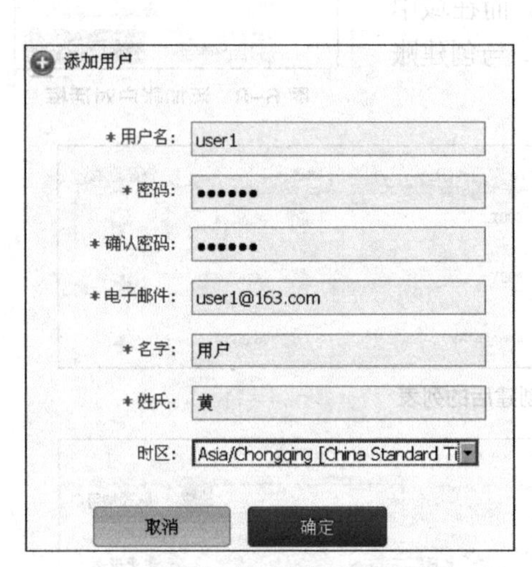

图 6-13 添加用户对话框

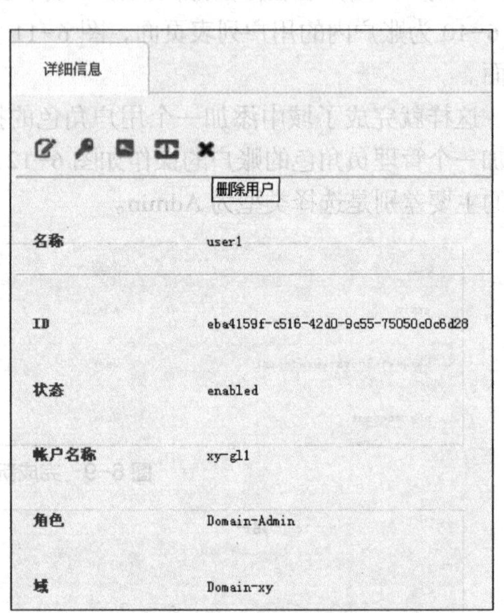

图 6-14 用户删除信息页面

（4）删除账户。

删除账户的操作同上。在账户列表页面选择计划删除的账户，在账户详细信息页面中单击“删除”按钮即可。但需要注意：删除账户前应确认账户内所有的用户是否都需要删除，因为删除账户时会将账户内的所有用户都删除。

（5）用户管理。

在图 6-11 用户详细信息页面上还有很多个按钮，从左到右分别是“编辑”“更改密码”“生成秘钥”“禁用用户”和“删除用户”。可以选择这些功能来管理用户。

（6）账户管理。

在账户详细信息页面中也有很多个功能按钮，从左到右分别是“编辑”“更改资源计数”“禁用账户”“锁定账户”和“删除账户”按钮。可以选择这些功能来管理账户。

6.1.3 不同角色登录 CloudStack

之前使用 CloudStack 系统时都是使用默认系统管理员用户（Admin）登录。当创建了域、账户和用户后，可以使用不同的用户登录，登录方法和登录后可用功能也就不一样了。

先使用域管理员用户登录。在登录界面上除了要填写用户名和密码外，还要填写域名，如图 6-15 所示。

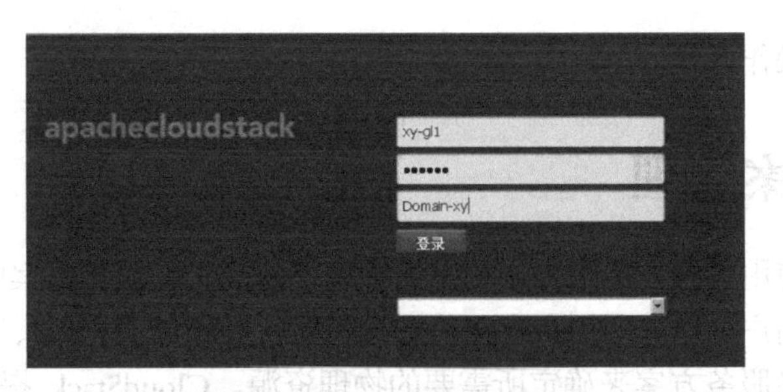

图 6-15　使用域管理员登录

使用域管理员 xy-gl1 用户登录后，看到的界面如图 6-16 所示。将此界面与前面登录的界面相比较，可知比系统管理员登录后提供的功能少了 4 项。域管理员除了可以申请 CloudStack 的资源，如虚拟机、存储卷、网络功能、模板管理、事件日志、创建项目外，还可以查看自己所管理的域内的子域的所有账户和用户信息。

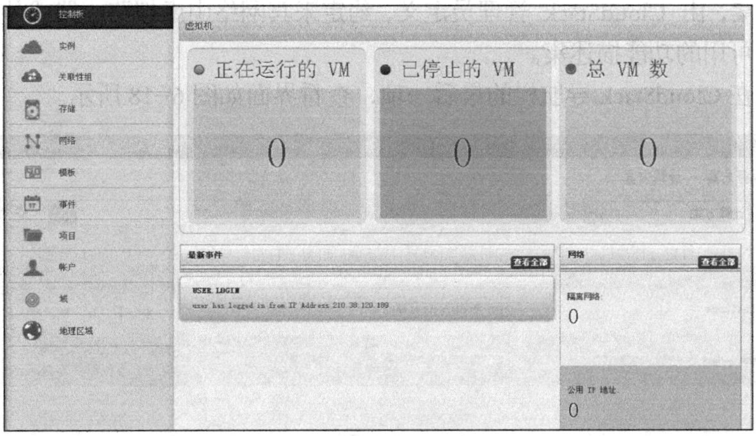

图 6-16　域管理员的管理界面

而使用普通用户登录后，除完整的资源申请功能外，无法查看域的信息，在账户页面也只能看到用户所属账户的所有用户列表，如图 6-17 所示。

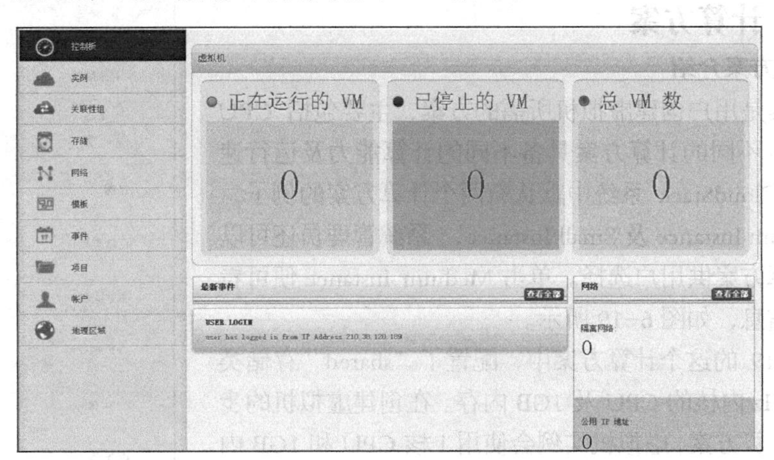

图 6-17　用户的管理界面

登录后，所有角色的账户所能申请使用的 CloudStack 的资源数量，均由域及账户的资源限制决定。无论是何种角色的账户，创建和管理虚拟机或资源的操作方法都是一致的，实现了用户自助服务的操作方式。

6.2 服务方案管理

CloudStack 是使用服务方案来为用户提供物理资源的，在服务方案中 CloudStack 定义了一套资源参数，供用户选择。即用户在创建虚拟机时，并不能将 CPU、内存等参数在创建过程中自定义，是选择服务方案来确定所需要的物理资源。CloudStack 提供了几种服务方案供用户选择以便创建一个新的实例。

- 计算方案，由 CloudStack 管理员定义，提供了多种选项供选择：CPU 速率，CPU 核数，内存大小，根磁盘标签等。
- 磁盘方案，由 CloudStack 管理员定义，针对主数据存储提供磁盘大小和 IOPS（QoS）等选项供选择。
- 网络方案，由 CloudStack 管理员定义，约定来宾网络中虚拟路由器或外部网络设备提供给终端用户可用的功能描述集。

服务方案在 CloudStack 导航栏的最后一项，查看界面如图 6-18 所示。

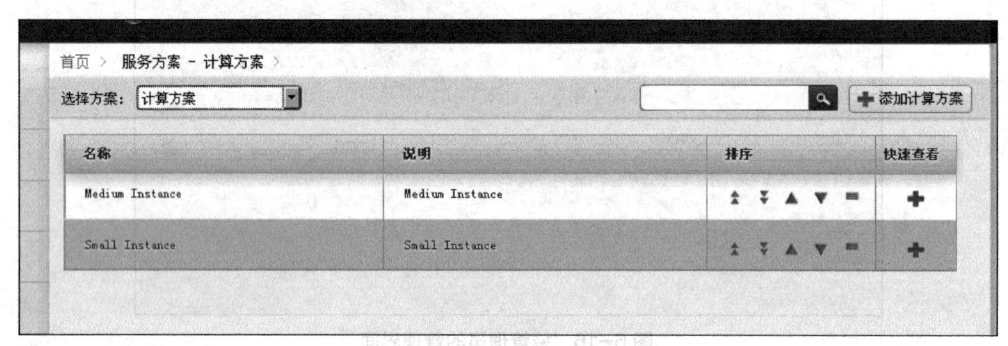

图 6-18 服务方案界面

方案只能由管理员进行管理，最终用户只有使用的权限。

6.2.1 计算方案

1．计算方案介绍

计算方案是用户创建虚拟机所需的方案，主要包括 CPU 与内存信息，不同的计算方案具备不同的计算能力及运行速度。新建的 CloudStack 系统中默认有两个计算方案的例子，分别是 Medium Instance 及 Small Instance， 系统管理员还可以创建多个计算方案供用户选择。单击 Medium Instance 便可看到它的详细信息，如图 6-19 所示。

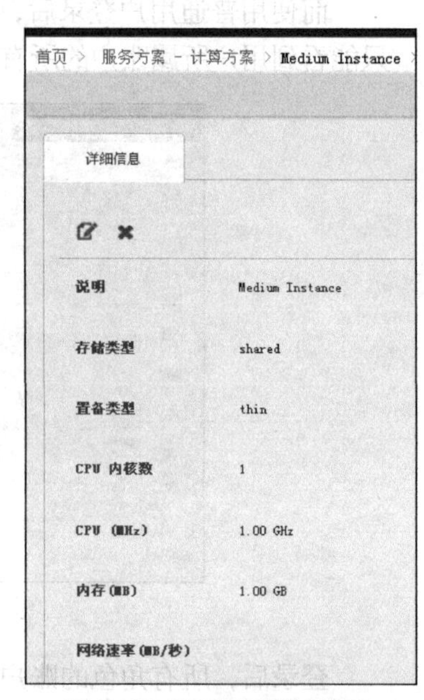

图 6-19 计算方案详细信息

在图 6-19 的这个计算方案中，配置了“shared”存储类型、一个 1GHz 内核的 CPU 及 1GB 内存。在创建虚拟机的步骤中选择此计算方案，虚拟机实例会使用 1 核 CPU 和 1GB 内存，并将虚拟机的镜像文件存储在共享类型的主存储中。

2．添加新计算方案

单击图 6-18 右上角的“添加计算方案”按钮，将弹出“添加计算方案”对话框，如图6-20所示。对话框中需要填写相关内容，具体含义如下。

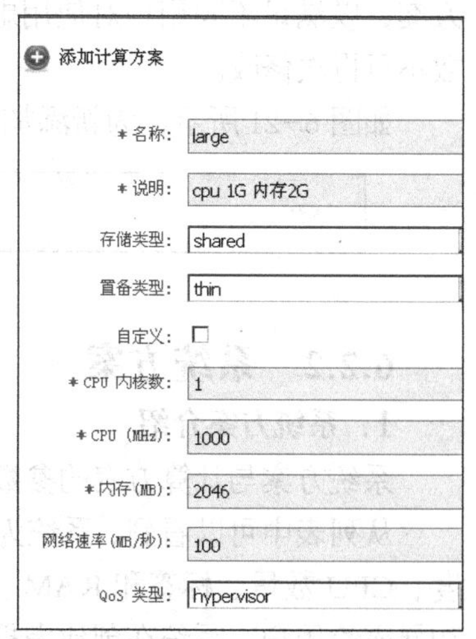

图6-20 添加计算方案

- 名称：建议写上相关参数或者配置的信息以便进行简便的认知。
- 说明：对此方案进行详细说明，建议将相关信息写在这里。
- 存储类型：磁盘类型应该被分配。系统VM运行时所在主机挂载的存储作为本地分配。通过 NFS 可访问的存储作为共享分配。
- 置备类型：分为thin（精简置备），fat（厚置备），sparse。
- CPU 内核数：申请需要使用CPU的核数。
- CPU（MHz）：分配给系统VM的CPU核心速度。比如“2000”将提供2 GHz时钟频率。如果选择订制，该区域不会出现。
- 内存（MB）：分配给系统VM的内存数。比如：“2048”应该提供2GB RAM。如果选择订制，该区域不会出现。
- 网络速率：限定虚拟机使用的网络带宽，若为空则表示没有限制。目前，只有KVM和XenServer支持此功能，XenServer可设置的最高带宽为200Mb/s。
- QoS：服务质量。三种可选：空（无服务质量），hypervisor（在hypervisor侧强制速率限制），存储（在存储侧保证最小和最大IOPS）。如需使用QoS，确保hypervisor或存储系统支持此功能。
- 磁盘读写速度（BPS）：磁盘每秒允许读取的bit数。
- 磁盘写入速度（BPS）：磁盘每秒允许写入的bit数。
- 磁盘读写速度（IOPS）：IOPS（每秒的输入/输出操作）中运行磁盘读取的速率。
- 磁盘写入速度（IOPS）：IOPS（每秒的输入/输出操作）中运行磁盘写入的速率。
- 提供高可用性：配置是否带有“高可用”标志。创建带有此标志且使用共享存储的虚拟机实例，如果虚拟机所运行的主机出现意外宕机、断电、断网等情况，CloudStack会在同一群集中的另一台主机上自动重启此虚拟机实例。
- 存储标签：这个标签应该和系统VM使用的主存储相关联。
- 主机标签：用于组织你的主机的任何标签。
- CPU 上限：选择虚拟机实例是否能够使用超过本计算方案中设定的CPU频率上限的CPU频率。如选择此项，则不允许超限使用。
- 公用：指明系统方案是对所有域或者部分域是否可用。选择Yes则所有域可用。选择No则限制一定范围的域可用。
- 部署规划器：部署规划器和规划器模式是属于高级应用，来定义VM按哪种规则创建分配。
- 域：如果没有选择“公用”选项，则会出现此选项，用于将此计算服务指定给CloudStack系统中某一个域内的用户使用。

系统管理员通过创建不同类型的计算服务方案，可以为用户提供创建虚拟机实例的整套方案，以满足不同用户对使用虚拟机的不同需求。需要注意的是，已创建的计算方案，其参数不可再次修改。

如图 6-21 所示，为新添加的计算方案，名字为 large，CPU 为 1GHz，内存为 2GB。

图 6-21　large 计算方案

6.2.2　系统方案

1. 系统方案介绍

系统方案与计算方案的参数差不多，它是特别提供给系统虚拟机使用的，如图 6-22 所示。

从列表中可以看到，系统为每一种系统虚拟机添加了一个默认的系统方案，提供 CPU 速度、CPU 数量、标签和 RAM 大小的选择，就像其他服务方案那样，但不被用于虚拟机实例和暴露给用户。系统在创建虚拟路由器时，会按照此配置进行创建。

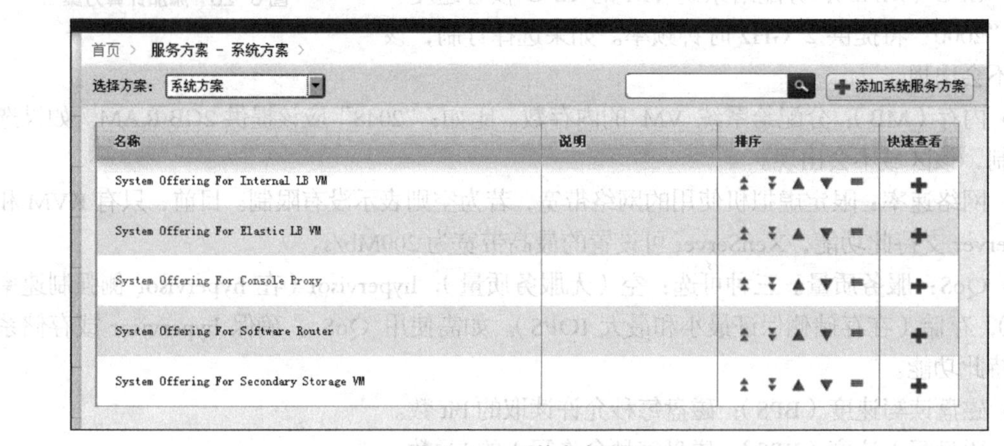

图 6-22　系统方案页面

2. 添加系统方案

单击图 6-22 右上角的“添加系统服务方案”按钮，会弹出“添加系统服务方案”对话框，如图 6-23 所示。

这里只是比计算方案多了一个“系统 VM 类型”的选项。例如，选择“域路由器”选项就规定了此系统方案只供虚拟路由器类型的系统。其他参数参考计算方案的名词说明。

添加系统服务方案
* 名称：
* 说明：
系统 VM 类型：域路由器
存储类型：shared
置备类型：thin
* CPU 内核数：
* CPU（MHz）：
* 内存（MB）：
网络速率（MB/秒）：
磁盘读取速度（BPS）：
磁盘写入速度（BPS）：
磁盘读取速度（IOPS）：

图 6-23　添加系统服务方案

6.2.3　磁盘方案

1. 磁盘方案介绍

磁盘方案和计算方案类似，是为用户提供创建虚拟机所需的根卷或数据卷时所使用的方案，系统管理员可创建多个磁盘方案供用户选择。CloudStack 系统中默认建立了 4 个磁盘方案，如图 6-24 所示。

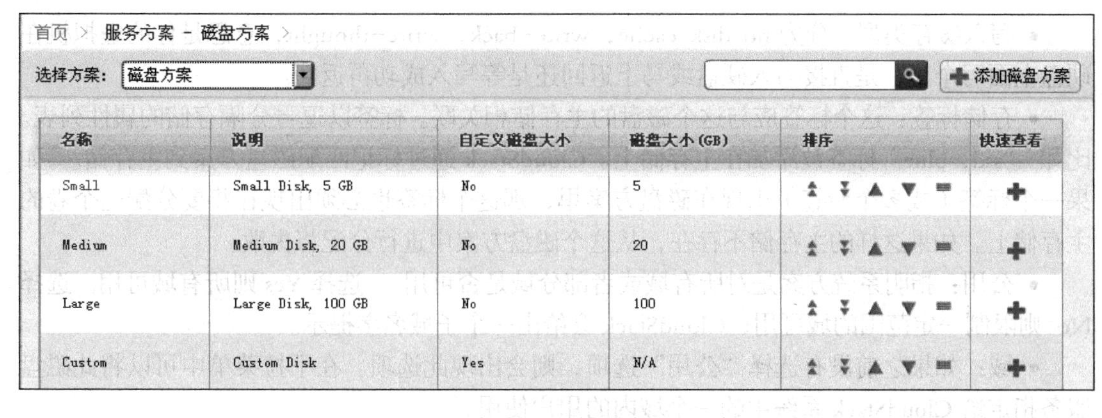

首页 > 服务方案 - 磁盘方案 >

选择方案: 磁盘方案　　添加磁盘方案

名称	说明	自定义磁盘大小	磁盘大小(GB)	排序	快速查看
Small	Small Disk, 5 GB	No	5		
Medium	Medium Disk, 20 GB	No	20		
Large	Large Disk, 100 GB	No	100		
Custom	Custom Disk	Yes	N/A		

图 6-24　磁盘方案列表

2. 添加磁盘方案

单击磁盘方案右上角的“添加磁盘方案”按钮来添加新的磁盘方案，此时将弹出“添加磁盘方案”对话框，如图 6-25 所示。

添加磁盘方案需要填写相关内容，具体含义如下。

添加磁盘方案

* 名称: 50G
* 说明: 50G
存储类型: shared
置备类型: thin
自定义磁盘大小: □
* 磁盘大小(GB): 50
QoS 类型: hypervisor
磁盘读取速度(BPS):
磁盘写入速度(BPS):
磁盘读取速度(IOPS):
磁盘写入速度(IOPS):
写入缓存类型: No disk cache
存储标签:
公用: ☑

图 6-25　添加磁盘方案

- 名称：建议写上相关参数或者配置的信息以便进行简便的认知。
- 说明：对此方案进行详细说明，建议将相关信息写在这里。
- 存储类型：可选项为“shared”（使用共享存储的主存储）和“local”（使用计算节点的本地磁盘）。
- 置备类型：分为 thin（精简置备），fat（厚置备），sparse。
- 自定义磁盘大小：如果选中，用户可以设置自己磁盘大小。如果没选中，管理员必须定义这个磁盘大小的值。
- 磁盘大小（GB）：只有订制磁盘大小未被选择才会显示。按照 GB 定义卷大小。
- QoS：服务质量。三种可选：空（无服务质量），hypervisor（在 hypervisor 侧强制速率限制），存储（在存储侧保证最小和最大 IOPS）。如需使用 QoS，确保 hypervisor 或存储系统支持此功能。
- 自定义 IOPS：如选中，用户可以设置自己的 IOPS。如未被选中，root 管理员则能够定义该值。如果使用存储 QoS 时，root 管理员没有设置该值，则采用默认值（如果创建主存储时考虑到对应的参数被传递到 CloudStack 中，则默认值将被覆盖）。
- 最小 IOPS：只有使用存储 QoS 才会出现。在存储侧进行保障最小 IOPS 数量。
- 最大 IOPS：使用了存储 QoS 才会显示。IOPS 最大数量将在存储侧被强制设置（系统可以在短时间内超过这个限制）。

• 写入缓存类型：分为 no disk cache，write-back，write-thought，意思是你的虚拟机在硬盘上面写个 io，是直接写入硬盘或马上返回还是等写入成功再返回。

• 存储标签：这个标签应与这个磁盘的主存储相关联。标签以逗号分隔存储的属性列表。比如 "ssd，blue" 标签被添加在主存储上。CloudStack 通过标记匹配磁盘方案到主存储。如果一个标签（或多个标签）出现在磁盘方案里，那这个标签也必须出现在将要分配这个卷的主存储上。如果这样的主存储不存在，从这个磁盘方案中进行分配将失败。

• 公用：指明系统方案是对所有域或者部分域是否可用。选择 Yes 则所有域可用。选择 No 则限制一定范围的域可用；CloudStack 会给出一个子域名字提示。

• 域：如果之前没有选择"公用"选项，则会出现此选项。在下拉菜单中可以将此磁盘服务指定给 CloudStack 系统中的一个域内的用户使用。

如图 6-26 所示，为方案新增加一个 50GB 空间的磁盘方案。

名称	说明	自定义磁盘大小	磁盘大小(GB)	排序	快速查看
50G	50G	No	50		

图 6-26 50GB 的磁盘方案

6.2.4 网络方案

1. 网络方案介绍

网络方案是带名称的一套网络服务，例如：DHCP、DNS、Source NAT、静态 NAT、端口转发、负载均衡、防火墙、VPN。CloudStack 在网络方面的功能非常全面、强大，所以网络方案也成了 CloudStack 系统非常重要的一部分。用户创建虚拟机时，需要选择一种可用的网络方案。该网络方案确定了虚拟机可使用的网络服务。CloudStack 默认已经添加了多个网络方案，如图 6-27 所示。

选择方案：网络方案　　添加网络方案

名称	状态	排序	快速查看
DefaultSharedNetworkOfferingWithSGService	Enabled		
DefaultSharedNetworkOffering	Enabled		
DefaultIsolatedNetworkOfferingWithSourceNatService	Enabled		
DefaultIsolatedNetworkOffering	Enabled		
DefaultSharedNetscalerEIPandELBNetworkOffering	Enabled		
DefaultIsolatedNetworkOfferingForVpcNetworks	Enabled		
DefaultIsolatedNetworkOfferingForVpcNetworksNoLB	Enabled		
DefaultIsolatedNetworkOfferingForVpcNetworksWithInternalLB	Enabled		
QuickCloudNoServices	Enabled		

图 6-27 网络方案页面

各网络方案的说明如下。

- DefaultSharedNetworkOfferingWithSGService：使用安全组的默认共享网络方案（表示通信需要进行安全组隔离）。
- DefaultSharedNetworkOffering：默认的共享网络方案（表示通信不需要安全过滤组）。
- DefaultIsolatedNetworkOfferingWithSourceNatService：snat 实现的网络。
- DefaultIsolatedNetworkOffering：默认隔离网络方案。
- DefaultSharedNetscalerEIPandELBNetworkOffering：表示安装了 Citrix NetScaler 外置设备，并且需要弹性 IP、负载均衡等特性。
- DefaultIsolatedNetworkOfferingForVpcNetworks：应用于 VPC 的默认隔离网络方案。
- DefaultIsolatedNetworkOfferingForVpcNetworksNoLB：用于无负载均衡的 VPC 的默认网络隔离方案。
- DefaultIsolatedNetworkOfferingForVpcNetworksWithInternalLB：用于负载均衡的 VPC 的默认网络。

2．添加新的网络方案

在图 6-27 中单击“添加网络方案”按钮，弹出的对话框如图 6-28 所示。对话框中各项内容的含义如下所示。

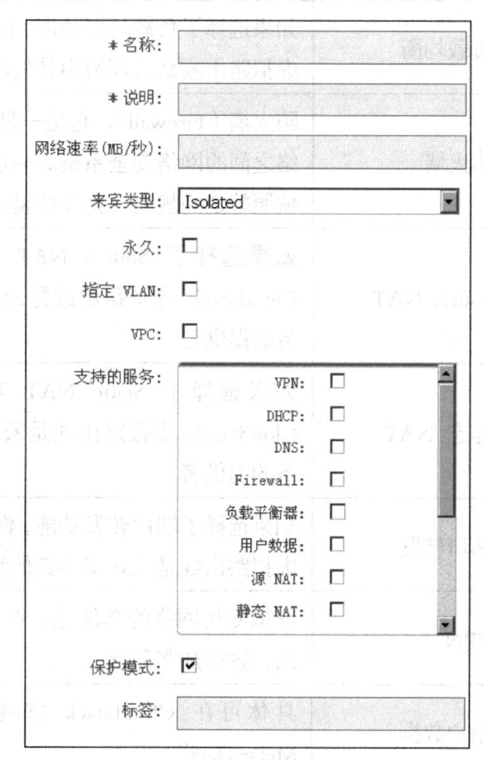

图 6-28 添加网络方案

- 名称：任何网络方案的名称。
- 说明：提供一个简短的方案描述。
- 网络速率：允许的数据传输速度（MB/s）。
- 来宾类型：选择来宾网络为隔离或共享网络。
- 永久：表明来宾网络是否支持持续性。无需提供任何 VM 部署的网络，称之为永久性网络。
- 指定 VLAN：（只针对隔离来宾网络）这表明无论使用这个方案时是否指定了 VLAN，如果选中了这个选项，并且创建 VPC 层或隔离网络时使用了这个网络方案，那么，你都可以为你创建的网络指定一个 VLAN ID。
- VPC：此选项表明是否在来宾网络中启用 VPC。CloudStack 中的虚拟私有云（VPC）是专用、隔离的。一个 VPC 可以有一个类似于传统物理网络的虚拟网络拓扑结构。
- 支持的服务：选择一个或多个可能的网络服务。对于有一个服务，你还必须同时选择服务的提供者。比如，如果你选择了负载均衡服务，那你可以选择 CloudStack 虚拟路由或是云环境中其他配置了此功能的服务者。取决于你选择服务的不同，额外的选项或是对话框的填写项也会相应不同。CloudStack 可以提供的网络服务见表 6-1。
- 保护模式：这个选项表明是否要使用 Conserve 模式。当 Conserve 模式被关闭时，公网 IP 只能用于一个设备。比如，一个用于端口转发规则的公网 IP 不会被用于其他 Static NAT 或是负载均衡服务。当 Conserve 模式启用时，你可以在同一个公网 IP 上定义多个服务。

- 标签：网络标签用于指定所要使用的物理网络。

表 6-1　CloudStack 支持的服务列表

支持的服务	描述	隔离	共享
DHCP	DHCP（Dynamic Host Configuration Protocol，动态主机配置协议），主要作用是集中管理、分配 IP 地址，使网络环境中的主机动态地获得 IP 地址、Gateway 地址、DNS 服务器地址等信息	支持	支持
DNS	DNS（Domain Name System，域名系统），域名和 IP 地址相互映射的一个分布式数据库，能够使用户更方便地访问互联网，而不用去记住能够被机器直接读取的 IP 数串	支持	支持
负载均衡	如果选择了负载均衡功能，你就可以选择 CloudStack 虚拟路由或是云环境中其他配置了此服务的提供者	支持	支持
防火墙	防火墙（Firewall），它是一种位于内部网络与外部网络之间的网络安全系统。一项信息安全的防护系统，依照特定的规则，允许或是限制传输的数据通过	支持	支持
Source NAT	如果选择了 Source NAT 功能，你就可以选择 CloudStack 虚拟路由或是云环境中其他配置了此服务的提供者	支持	支持
静态 NAT	如果选择了 Static NAT 功能，你就可以选择 CloudStack 虚拟路由或是云环境中其他配置了此服务的提供者	支持	支持
端口转发	如果选择了端口转发功能，你就可以选择 CloudStack 虚拟路由或是云环境中其他配置了此服务的提供者	支持	不支持
VPN	虚拟专用网络的功能是：在公用网络上建立专用网络，进行加密通信	支持	不支持
用户数据	具体可在 CloudStack 官网查询“User-Data and Meta-Data”	不支持	支持
网络 ACL	访问控制列表（access control list，ACL），用来控制端口进出的数据包	支持	不支持
安全组	安全组提供一个隔离 VM 流量的途径，一个安全组由进出两个方向的过滤规则构成。这个规则通过 IP（CIDR）地址来限制对 VM 的访问。VM 建立后就会有一个默认的安全组（可以选择自定义安全组），该规则禁止所有进入流量，允许所有出去流量	不支持	支持

6.3 使用虚拟机

对虚拟机实例的管理操作是 CloudStack 的基本功能，CloudStack 为管理员提供了完整的管理所有 VM 整个生命周期的功能。在第 4 章中介绍了 VM 创建、关机、开机、重启和销毁等操作，本节将介绍 VM 的迁移和访问控制等操作。

6.3.1 虚拟机实例的生命周期

CloudStack 支持实例的整个生命周期管理，包括实例的创建、启动、关闭，变更实例的计算方案（CPU 主频、内存大小），快照的创建，快照的恢复，实例的删除，实例的恢复，以及实例的在线迁移等功能。虚拟机生命周期如图 6-29 所示。

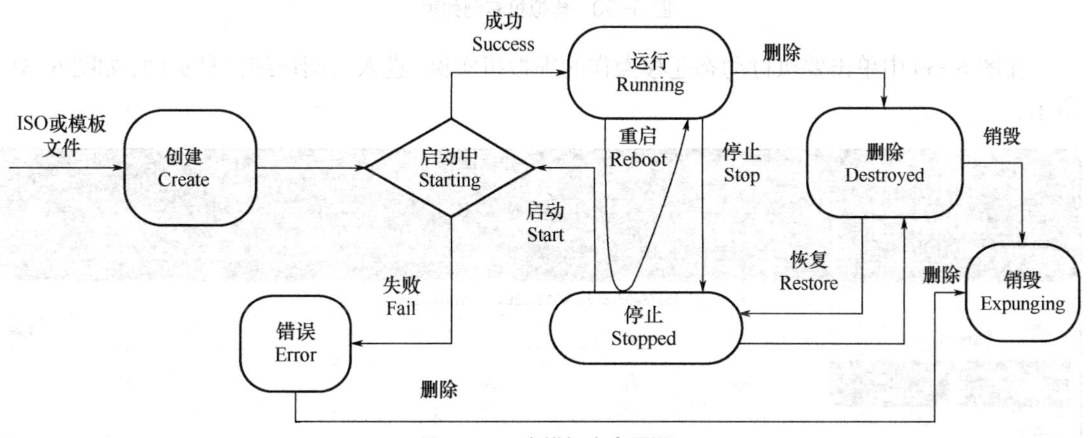

图 6-29　虚拟机生命周期

6.3.2 虚拟机的迁移

虚拟机的迁移是指在 VMM（Virtual Machine Monitor）上运行的虚拟机系统，能够被转移到其他物理主机的 VMM 上运行。VMM 对硬件资源进行抽象和隔离，屏蔽了底层硬件细节。这种 V2V 迁移方式分为静态迁移和动态迁移。

静态迁移，也叫常规迁移、离线迁移（Offline Migration），是指在虚拟机关机或暂停的情况下从一台物理机迁移到另一台物理机，这种迁移过程需要停止虚拟机的运行，在这段时间里，虚拟机上的服务不可用。这种迁移方式简单易行，适用于对服务可用性要求不高的场合。

动态迁移（Live Migration），也叫在线迁移（Online Migration），是指在保证虚拟机上的服务正常运行的同时，将一个虚拟机系统从一台物理主机移动到另一台物理主机的过程。与静态迁移不同的是，为了保证迁移过程中虚拟机服务可用，迁移过程仅有非常短暂的停机时间，由于切换时间非常短，用户感觉不到服务的中断。动态迁移适用于对虚拟机服务可用性要求很高的场合。

动态迁移需要两个服务器或系统共享同一个存储，根据存储的类别分为基于共享存储的动态迁移和基于本地存储的动态迁移。基于共享存储的动态迁移一般依赖物理机之间采用 SAN（Storage Area Network）等集中式共享外存设备，但考虑到 SAN 存储价格高，迁移的频率很低，虚拟机上的服务对迁移时间的要求不严格，可以使用基于本地存储的动态迁移。

这里需要注意的是，普通用户是无法对自己的虚拟机实例执行该操作的。另外，CloudStack 中虚拟机实例动态迁移操作只能在同一 Cluster 中进行，虚拟机实例无法跨 Cluster

进行动态迁移。

在 CloudStack 控制台界面单击实例，出现虚拟机实例的页面，如图 6-30 所示。

图 6-30　虚拟机实例列表

在图 6-30 中单击要执行动态迁移操作的虚拟机实例，进入实例详细信息页面，如图 6-31 所示。

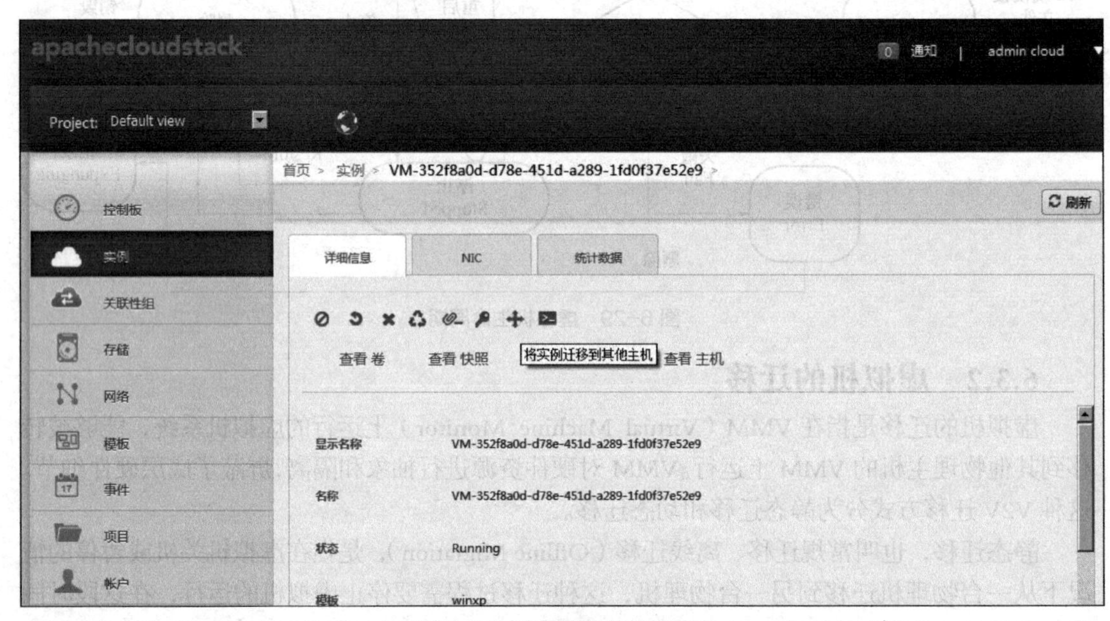

图 6-31　实例详细信息页面

单击“将实例迁移到其他主机”按钮✚，弹出“将实例迁移到其他主机”对话框，如图 6-32 所示。

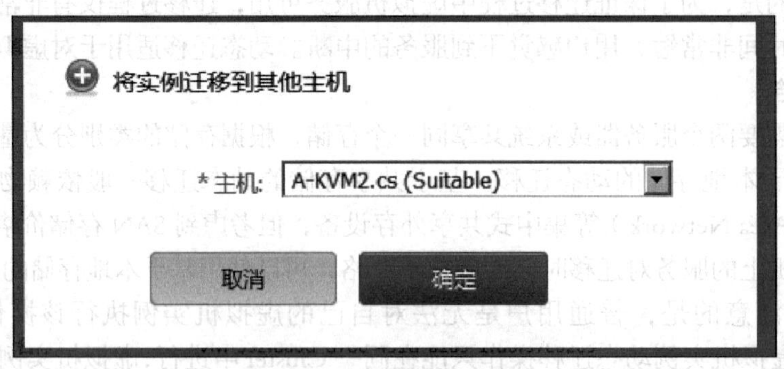

图 6-32　实例迁移主机选择

选择一台计算主机，这里是 A-KVM2.cs（Suitable），然后单击“确定”按钮进行迁移。完成动态迁移所需要的时间和当前实例的大小及磁盘每秒读写次数等参数有关。因此在迁移过程中，有时等待的时间比较长。迁移完成后，会在 CloudStack 的通知栏目显示迁移成功，如图 6-33 所示。

图 6-33　实例迁移成功通知

6.4　虚拟机的访问控制

对于虚拟机实例的安全防护，一般可通过服务器的上层交换机、防火墙等进行配置。例如，设置网络的进出规则，设置相应的端口映射或者端口转发等。而对于同一个网段的主机，如何防止数据被监听，如何对相应的网络访问数据进行隔离，这对于云安全都是非常重要的。在云管理平台中，不适合采用统一的安全策略来控制每台虚拟机实例的访问权限，如果由管理员根据用户需求在网络设备上进行配置，配置会造成极大的工作负担，所以由用户自已进行配置才是最好的方法。

6.4.1　安全组

1．安全组的概念

为了对基础网络架构中虚拟机实例的网络数据的进出进行访问控制，CloudStack 提出了安全组（Security Group）的概念。安全组提供一个隔离 VM 流量的途径，一个安全组由进出两个方向的过滤规则构成。这个规则通过 IP 地址、协议、端口和账户来限制对 VM 的访问。VM 建立后就会有一个默认的安全组（可以选择自定义安全组），该规则禁止所有进入流量，允许所有出去流量。

默认情况下，同一个账户下安全组中的虚拟机实例可以互相访问，不同账户下的虚拟机实例必须设置对应的规则才能进入访问。

CloudStack 允许用户创建多个安全组，每个安全组是一种相应的安全策略。例如，可以是远程访问服务配置、数据库的访问配置、HTTP 端口配置、使用 ping 命令等。这些功能相当于一条或者多条防火墙规则。另外可以将一个安全组规则应用在多个虚拟机实例上，也可以在一个虚拟机实例上使用多个安全组的规则。

通过安全组可以灵活地配置虚拟机实例之间的访问控制，以及虚拟机实例对外的访问控制。要使用安全组，需要在创建基本区域时选择相应的支持安全组的网络方案。添加安全组需要查看网络方案是否支持，可通过查看该方案是否支持安全组，如表 6-2 所示。

2．配置安全组

单击“网络”，选择“安全组”，进入安全组列表页面，如图 6-34 所示。

表 6-2　网络方案所支持的功能

网络方案	支持的功能
DefaultSharedNetworkOfferingWithSGService	DHCP，DNS，User Data，Security Group
DefaultSharedNetworkOffering	DHCP，DNS，UserData
DefaultIsolatedNetworkOfferingWithSourceNatService	DHCP，DNS，VPN，User Data，Port Forwarding，firewall，source NAT，static NAT，LB
DefaultIsolatedNetworkOffering	DHCP，DNS，User Data
DefaultSharedNetscalerEIPandELBNetworkOffering	DHCP，DNS，User Data，Security Group，static NAT，LB
DefaultIsolatedNetworkOfferingForVpcNetworks	DHCP，DNS，VPN，User Data，Port Forwarding，NetworkACL，source NAT，static NAT，LB
DefaultIsolatedNetworkOfferingForVpcNetworksNoLB	DHCP，DNS，VPN，User Data，Port Forwarding，NetworkACL，source NAT，static NAT

首页 > 网络 - 安全组 >

选择视图: 安全组　　➕添加安全组

名称	说明	域	帐户	快速查看
default	Default Security Group	Domain-xy	new-account	✚
default	Default Security Group	ROOT	admin	✚

图 6-34　安全组列表

单击右上角“添加安全组”按钮，弹出“添加安全组”对话框，输入安全组的名字，如图 6-35 所示。

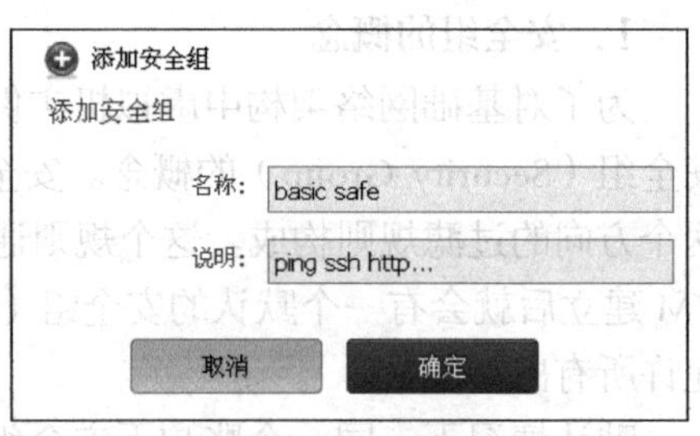

图 6-35　添加安全组

入口规则有两种：一种是基于 CIDR 的，另一种是基于用户的，如图 6-36 所示。在限制其他网段 IP 对 VM 访问时多采用 CIDR 方式。Account 用于限制其他安全组 VM 对该组 VM 的访问，如果采用 CIDR 方式，会添加很多条规则。当安全组的 VM 频繁增加删除时候，Account 依然生效。

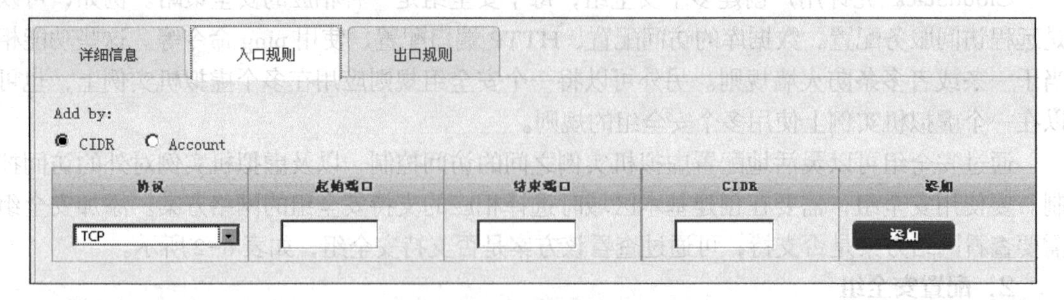

图 6-36　入口规则设置页面

CIDR格式为：网络号/掩码位数，如10.10.11.0/24 表示10.10.11.0 255.255.255.0所有主机，10.10.11.24/32 表示10.10.11.24这个单个主机，0.0.0.0/0 表示所有主机可以访问。CIDR指明了那些网段或者IP地址的主机要进行规则判断。通过基于CIDR的方式配置入口规则，可以选择相应的协议（例如TCP、UDP、ICMP），设置相应的起始端口和结束端口。

远程管理是管理员经常使用的手段。对于Linux来说，默认通过SSH协议进行远程管理，其TCP端口为22。Windows则通过远程桌面方式进行管理，其TCP端口为3389。

允许所有IP地址通过SSH协议访问Linux虚拟机实例设置如图6-37所示。

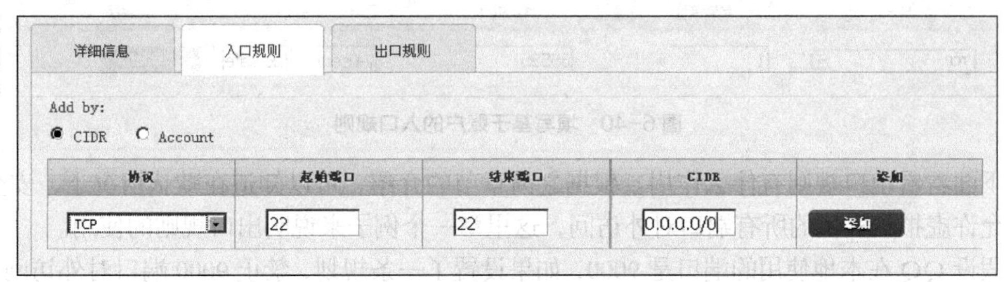

图6-37 允许22端口访问的入口规则

“ping”命令测试网络是否畅通最为常用的一个命令。默认情况下，安全组禁止使用“ping”命令。“ping” 命令对应ICMP协议，若要允许ping，需要添加一条入口规则，协议为ICMP，类型为8，代码为0，如图6-38所示。

详细信息　入口规则　出口规则

Add by:　CIDR　Account

协议	ICMP 类型	ICMP 代码	CIDR	添加
ICMP	8	0	0.0.0.0/0	添加
TCP	22	22	0.0.0.0/0	

图6-38 填写ICMP协议的入口规则——允许“ping”操作

Web 服务也是最常用的服务之一。添加一条可以访问 Web 服务的入口规则，设置如图6-39所示。

详细信息　入口规则　出口规则

Add by:　CIDR　Account

协议	起始端口	结束端口	CIDR	添加
TCP	80	80	0.0.0.0/0	添加
TCP	22	22	0.0.0.0/0	
ICMP			0.0.0.0/0	

图6-39 填写TCP协议的入口规则——允许80端口访问

默认情况下，不同账户的虚拟机是不能使用局域网 IP 地址互相访问的，若需要访问则可修改入口规则。选中“Account”单选按钮，设置端口范围为 1~65535（主机的所有端口），再填入允许访问的账户“xy-user1”及其所在安全组“basic safe”，如图 6-40 所示。

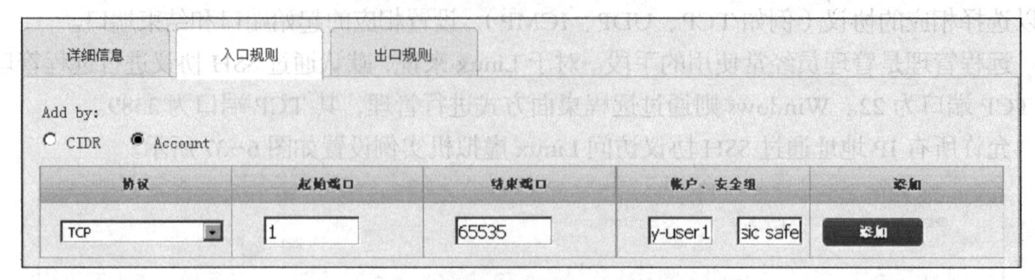

图 6-40 填写基于账户的入口规则

下面看看出口规则有什么作用。根据之前章节的介绍，可以知道在默认情况下，安全组规则允许虚拟机实例的所有端口对外访问，这里举一个例子来说明出口规则的使用。

假设 QQ 在本地使用的端口是 9000，如果设置了一条规划，禁止 9000 端口对外访问，则就会发现 QQ 无法登录。通过设置出口规则，可以有效地对主机进行安全防护，实现防止信息泄露的功能，同时可以有效地将安全防范限定在一个范围内。

在虚拟机实例的创建过程中，会遇到安全组的选择，如图 6-41 所示。

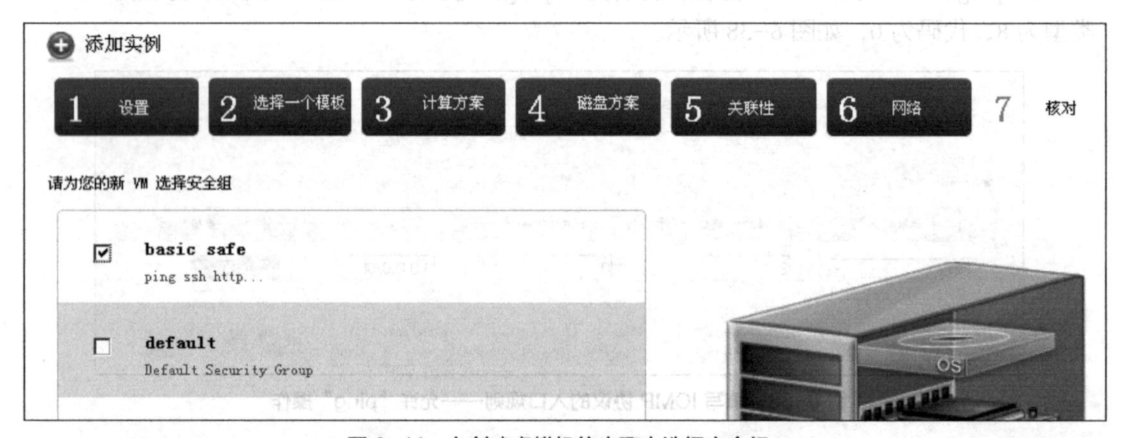

图 6-41 在创建虚拟机的步骤中选择安全组

在创建过程中选择了相应的安全组之后就不能再更改了。可以选择多个安全组。如果用户没有创建新的安全组，系统会自动选择使用默认安全组。

6.4.2 高级网络功能

CloudStack 在网络管理方面支持多种复杂的网络环境，可以实现防火墙、负载均衡、端口转发、静态 NAT 地址转换、VPN 等功能。这些功能在 CloudStack 中是通过特有的系统虚拟机模板创建虚拟路由器。这个系统虚拟机模板本质上是一个运行 Debian 7.0 的虚拟机实例。这个虚拟路由器上运行了 DHCP 服务，那么所有创建的虚拟机实例可以通过 DHCP 获得 IP 地址；如果这个虚拟路由器上运行了端口转发程序，就可以使用端口转发功能；如果这个虚拟路由器上运行了负载均衡程序，就可以使用负载均衡将用户的访问分发到不同的虚拟机实例上。这台虚拟路由器运行哪些程序，取决于使用哪种网络方案，如 6.4.1 节中的表 6-2 所示。

1．防火墙

在 CloudStack 高级网络模式下，可以建立多个独立的虚拟网络，每个虚拟网络可以使用多个公网 IP 地址。CloudStack 可以针对每一个公网 IP 地址使用防火墙来控制它的流入数据，从而实现细颗粒度的网络策略。

防火墙通过对源 IP 地址、端口、协议（TCP、UDP、ICMP）等的组合来设置访问规则。防火墙的这种方式和安全组类似，但是防火墙没有安全组中的账户策略，不能基于账户进行策略设定，也不能设置出口规则。基于对安全性的考虑，默认情况下每个 IP 地址的防火墙策略是允许所有端口访问外部、拒绝所有外部访问，即防火墙内的虚拟机实例主机可以访问外部服务，但外部服务不能访问虚拟机实例主机。在使用静态 NAT、端口转发、负载均衡功能时都会启动相应的端口，这时就必须配置防火墙来打开相应的端口。

由此可以看到，防火墙对于 CloudStack 高级网络功能的实现非常重要，因此，防火墙的配置必不可少。

防火墙的配置需使用管理员账号登录 CloudStack 管理页面，单击“网络”选项，如果配置了多个网络，选择并进入其中一个地址列表，再选择其中的一个 IP 地址，如“172.16.1.12”，在右边的新窗口中选择“防火墙”选项，如图 6-42 所示。

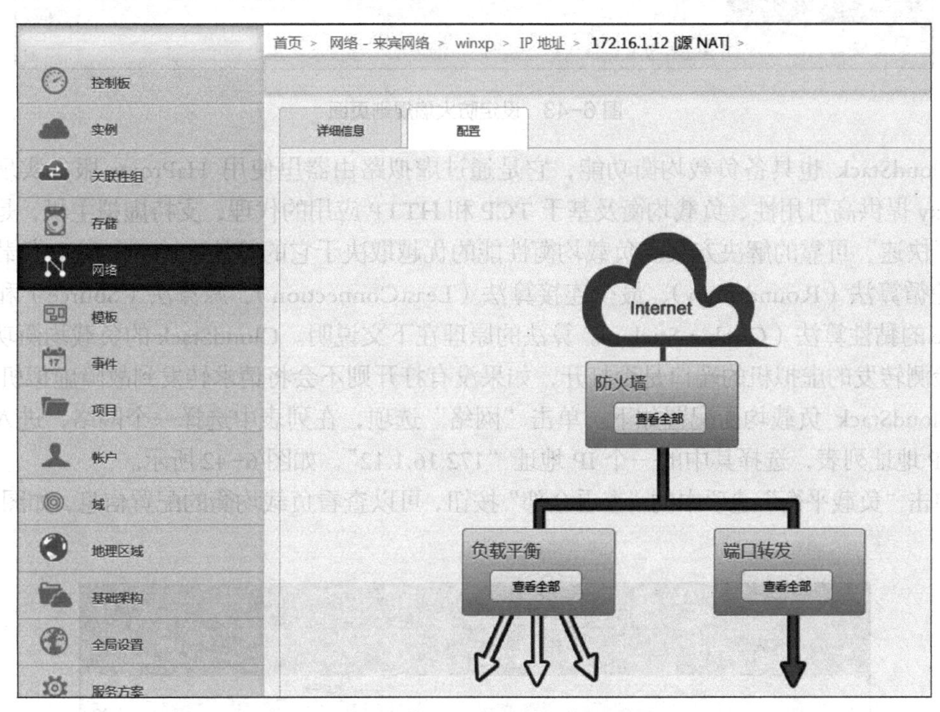

图 6-42　基于 IP 地址的网络配置页

单击“查看全部”按钮便可看到防火墙的规则。可以设置一条防火墙规则，如允许 IP 地址 172.16.1.16 访问 172.16.1.12x 这个地址访问 IP 地址的 1～65535 端口的 TCP 端口，如图 6-43 所示。

防火墙规则的操作和安全组入口规则类似，不过有一点需要注意，防火墙规则是对特定的 IP 有效，对其他地址无效。

2．负载均衡

负载均衡（load balancing）建立在现有网络结构之上，它提供了一种廉价、有效、透明的方法，扩展了网络设备和服务器的带宽，增加了吞吐量，加强了网络的数据处理能力，提高了网络的灵活性和可用性。它有两方面的含义：一方面，大量的并发访问或数据流量分担到多台节点设备上分别处理，减少用户等待响应的时间；另一方面，单个重负载的运算分担到多台节点设备上做并行处理。访问量和数据流量的快速增长，需要的计算强度也相应增大。这时，单台主机无法承载相应的访问压力，需要部署多台主机来分担。该功能可以用硬件或者软件的方式实现。硬件设备有 F5、Netscaler、A10 等，常见的开源的负载均衡软件有 HaProxy、LVS、Nginx 等。

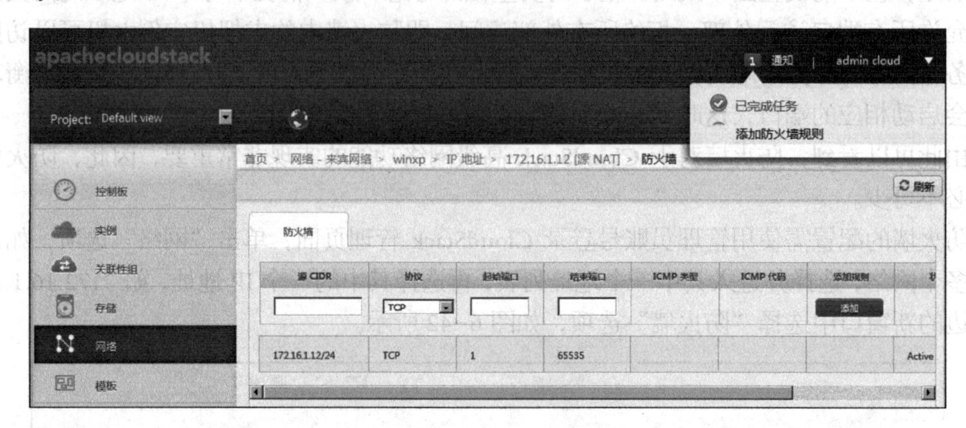

图 6-43　设定防火墙规则页面

CloudStack 也具备负载均衡功能，它是通过虚拟路由器里使用 HaProxy 服务实现的。HaProxy 提供高可用性、负载均衡及基于 TCP 和 HTTP 应用的代理，支持虚拟主机，是一种免费、快速、可靠的解决方案。负载均衡性能的优越取决于它的算法，CloudStack 负载均衡支持轮循算法（Roundrobin）、最少连接算法（LeastConnection）、源算法（Source）和基于 Cookie 的黏性算法（Cookie Sticky）。算法的原理在下文说明。CloudStack 的负载均衡功能会自动检测转发的虚拟机的端口是否打开，如果没有打开则不会将请求转发到故障虚拟机。

CloudStack 负载均衡配置如下。单击“网络”选项，在列表中选择一个网络，进入此网络的 IP 地址列表，选择其中的一个 IP 地址“172.16.1.12”，如图 6-42 所示。

单击“负载平衡”选项中的“查看全部”按钮，可以查看负载均衡的配置信息，如图 6-44 所示。

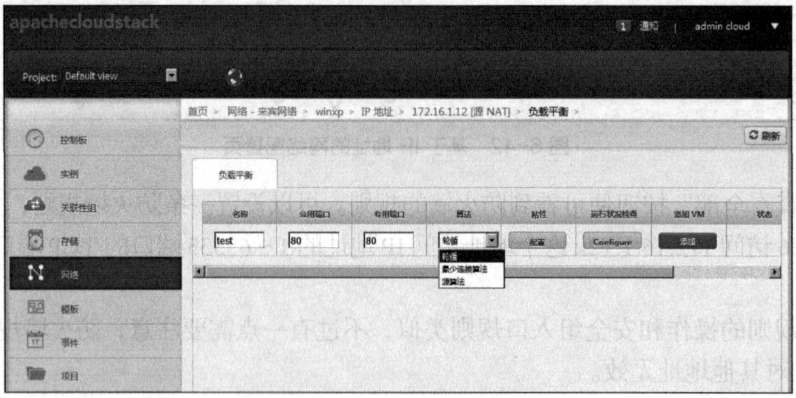

图 6-44　负载均衡配置页面

配置负载均衡需要配置名称、公用端口、专用端口、算法、黏性、添加 VM 等设置项。公用端口是指用户外部访问时使用的端口，专用端口是指虚拟机提供服务的端口。添加完成的策略，除端口号不可以修改外，名称、算法等都可以修改。算法原理如表 6-3 所示。

表 6-3　三种算法的原理

算法名称	算法原理
轮循算法	每一次把来自用户的请求轮流分配给内部的服务器，从 1 开始，直到 *N*（内部服务器个数），然后重新开始循环。算法的优点是其简洁性，它无需记录当前所有连接的状态
最少连接算法	由 HaProxy 记录每一个应用服务器正在处理的连接数，当收到新的服务连接请求时，会把当前请求分配给连接数最少的应用服务器，使负载更加均衡
源算法	尽量保证始终将来自同一个客户端的请求分发给同一个应用服务器。当该应用服务器宕机或者应用服务器群集的数量发生变化时，来自同一个客户端的请求会被分发给不同的应用服务器

填写完毕后单击“添加”按钮，在弹出的对话框中勾选需要实现负载均衡的虚拟机（注意：所有虚拟机必须位于同一个虚拟网络中），单击“应用”按钮，负载均衡策略就设置完成，如图 6-45 所示。

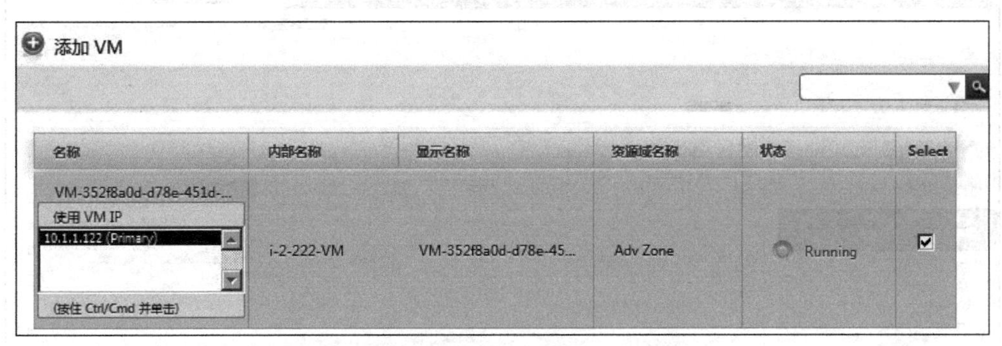

图 6-45　选择使用负载均衡策略的虚拟机

3．端口转发

有时候为了隐藏服务器甲，会将另一台服务器乙作为中转，使发往乙的信息自动转到甲服务器，从而起到保护甲服务器的目的，如 22、80、1389 等重要的服务。这就叫端口转发功能。在 CloudStack 中，不但可以在上述的 TCP 端口进行转发，还可以在 UDP 端口进行。其配置如下。

单击“网络”选项，在列表中选择一个网络，进入此网络的 IP 地址列表，选择 IP 地址“172.16.1.12”，单击“端口转发”选项，如图 6-46 所示。

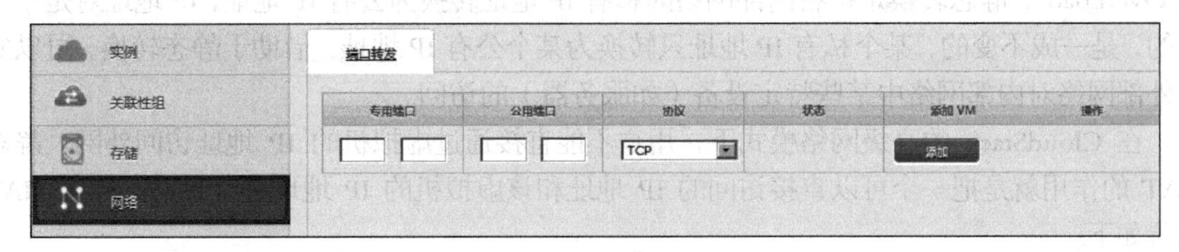

图 6-46　端口转发配置页

以经常使用的 8080 端口作为一个例子。用户访问 http://172.16.1.12:8080 的时候，访问请求会被转发到另一台虚拟机上。在“专用端口”与“公用端口”均输入“8080”。选择 TCP 协议后单击“添加”按钮，添加要转发的目标主机。在弹出的“添加 VM”对话框中单击选中要转发的虚拟机，然后单击“应用”按钮，如图 6-47 所示。

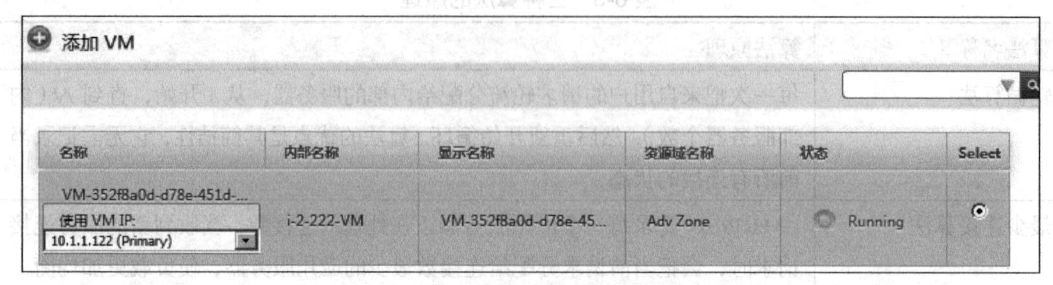

图 6-47　选择使用端口转发策略的虚拟机

这时，用户访问 http://172.16.1.12:8080 时，就会访问 10.1.1.122 的 8080 端口，如图 6-48 所示（注意：需要在防火墙配置中开放相应的端口）。

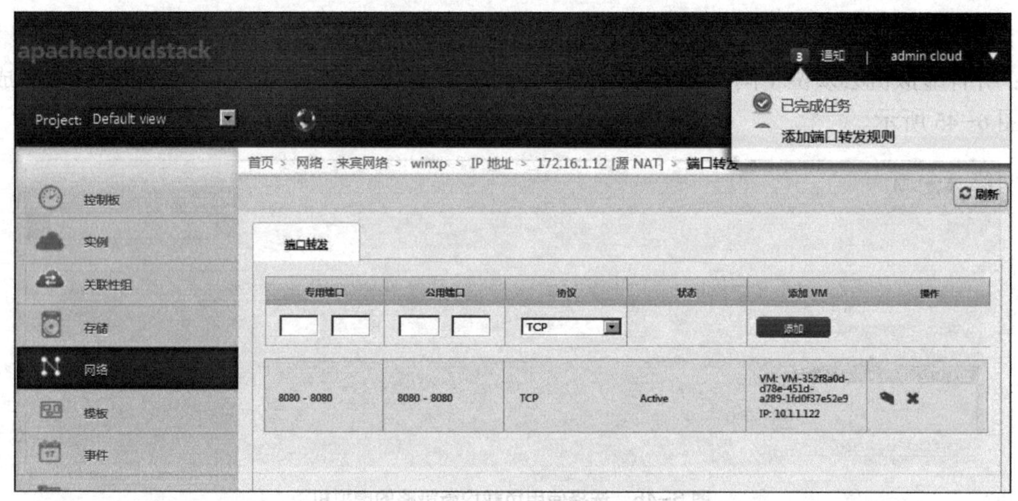

图 6-48　端口转发配置完成

4．静态 NAT

NAT 英文全称是“Network Address Translation”，中文意思是“网络地址转换”，它是一个 IETF（Internet Engineering Task Force，Internet 工程任务组）标准，允许一个整体机构以一个公用 IP（Internet Protocol）地址出现在 Internet 上。顾名思义，它是一种把内部私有网络地址（IP 地址）翻译成合法网络 IP 地址的技术。

NAT 的实现方式有三种，即静态转换 Static NAT、动态转换 Dynamic NAT 和端口多路复用 OverLoad。静态转换是指将内部网络的私有 IP 地址转换为公有 IP 地址，IP 地址对是一对一的，是一成不变的，某个私有 IP 地址只转换为某个公有 IP 地址。借助于静态转换，可以实现外部网络对内部网络中某些特定设备（如服务器）的访问。

在 CloudStack 的高级网络模式下，用户不能直接通过虚拟机的 IP 地址访问外网。静态 NAT 的作用就是把一个可以直接访问的 IP 地址和该虚拟机的 IP 地址进行映射。静态 NAT 配置如下。

使用管理员账户登录 CloudStack 管理界面，单击“网络”选项，选择网络名称，然后选择“IP 地址”选项，单击“获取新 IP”按钮，如图 6-49 所示。

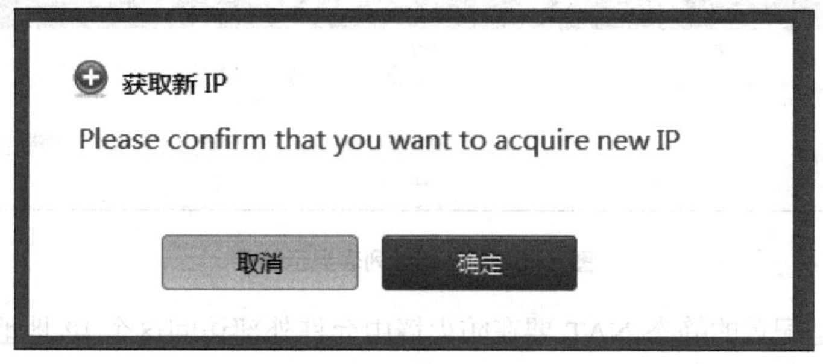

图 6-49 获取新 IP 地址

新获取的 IP 地址为“172.16.1.14”，单击“启用静态 NAT”按钮，如图 6-50 所示。

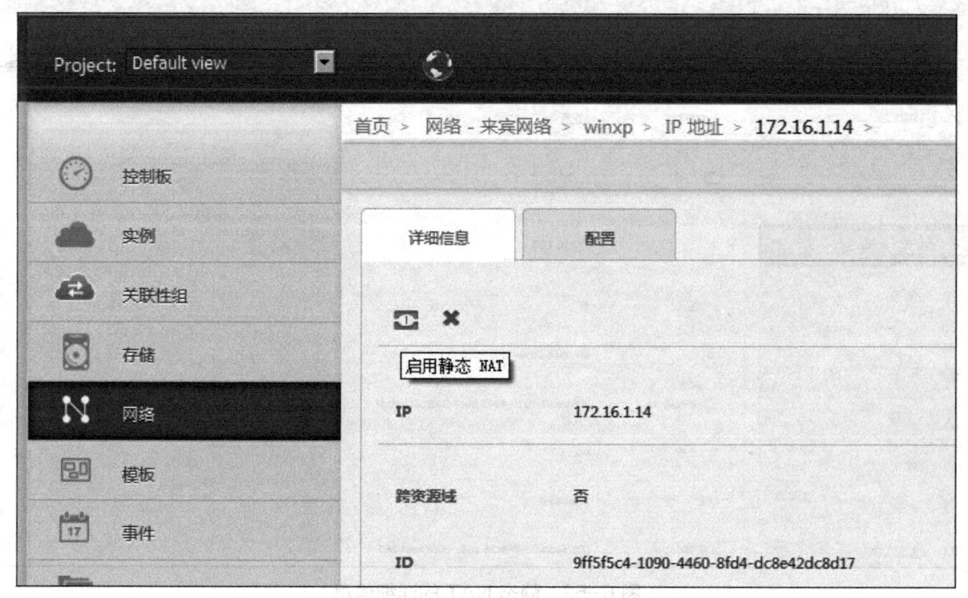

图 6-50 启用静态 NAT

在弹出的对话框中单击选中要做静态 NAT 的虚拟机 10.1.1.122，完成后单击“应用”按钮，如图 6-51 所示。

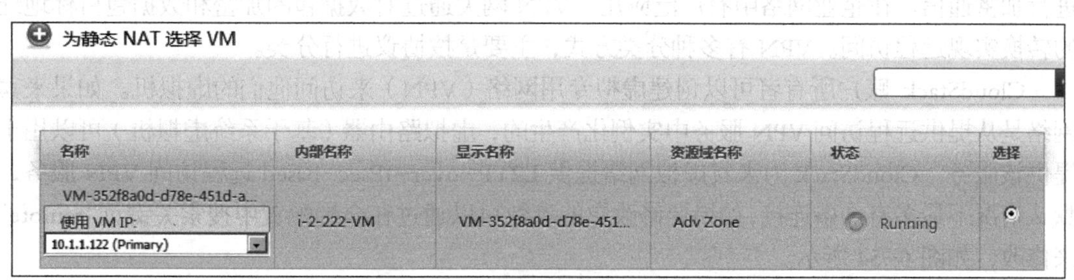

图 6-51 选择使用此静态 NAT 的虚拟机

一段时间后，在网络的 IP 地址列表里看到已经绑定静态 NAT 的 IP 地址和虚拟机了，如图 6-52 所示。

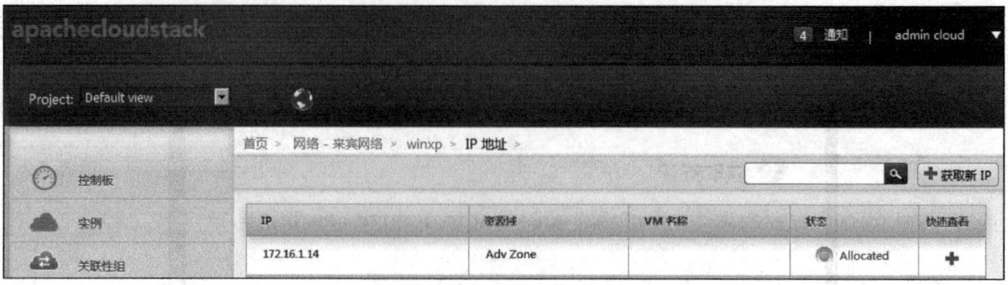

图 6-52　IP 地址列表显示结果

需要注意的是配置的静态 NAT 要在防火墙中允许外部访问这个 IP 地址的对应端口。可以单击 IP 地址，查看详细信息，如图 6-53 所示。

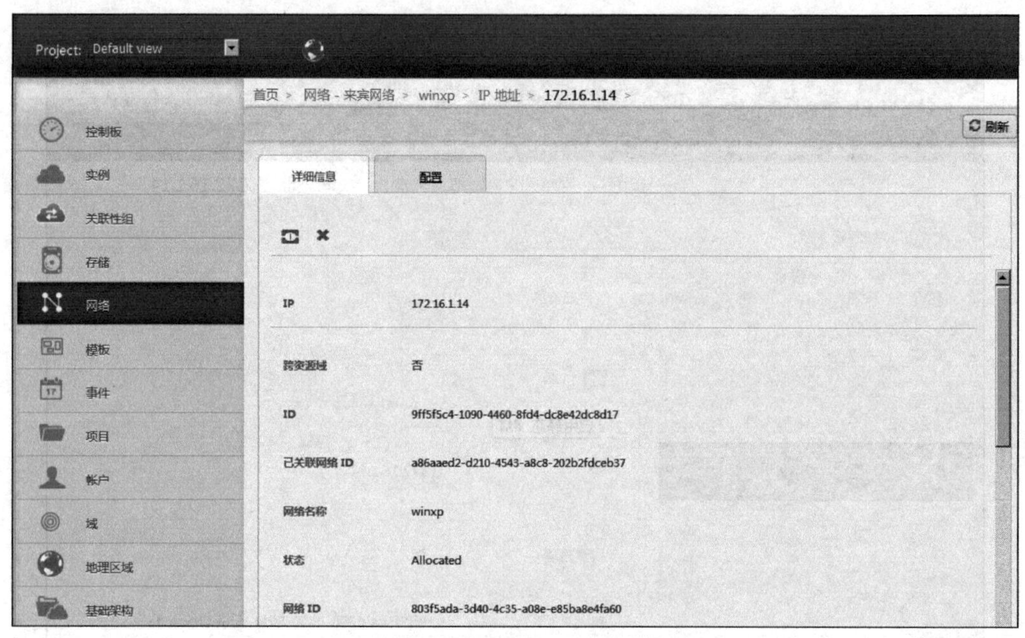

图 6-53　静态 NAT 的详细信息

5．VPN

VPN 叫虚拟专用网络（Virtual Private Network），其功能是在公用网络上建立专用网络，进行加密通信。在企业网络中有广泛应用。VPN 网关通过对数据包的加密和数据包目标地址的转换实现远程访问。VPN 有多种分类方式，主要是按协议进行分类。

CloudStack 账户所有者可以创建虚拟专用网络（VPN）来访问他们的虚拟机。如果来宾网络是从提供远程访问 VPN 服务中实例化产生的，虚拟路由器（基于系统虚拟机）可以用于提供该服务。CloudStack 为来宾虚拟网络提供 L2TP-over-IPsec-based 远程访问 VPN 服务，默认情况下最多有 8 条连接，如果要修改它的参数可以通过在全局配置中搜索关键词“remote”来修改，如图 6-54 所示。

由于每个网络获取自己的虚拟路由器，因此 VPN 不能跨网络共享。Windows、Mac OS X 和 iOS 的自身 VPN 客户端可用于连接客户网络。账户的所有者可以对其用户的 VPN 进行创建和管理。为达此目的，CloudStack 不使用其账户数据库，而使用单独的表。VPN 用户数据库之间共享账户所有者创建的所有 VPN。所有 VPN 用户可以访问所有账户所有者创建的 VPN。

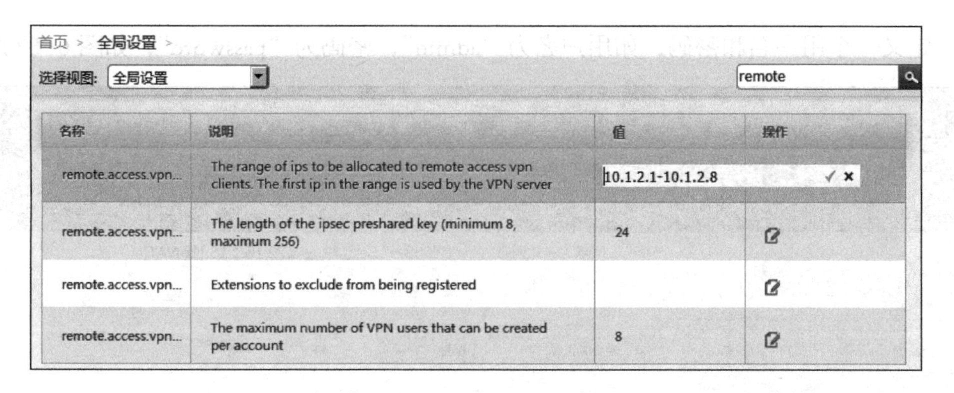

名称	说明	值	操作
remote.access.vpn...	The range of ips to be allocated to remote access vpn clients. The first ip in the range is used by the VPN server	10.1.2.1-10.1.2.8	
remote.access.vpn...	The length of the ipsec preshared key (minimum 8, maximum 256)	24	
remote.access.vpn...	Extensions to exclude from being registered		
remote.access.vpn...	The maximum number of VPN users that can be created per account	8	

图 6-54　全局设置中 VPN 的配置参数

配置 VPN 需使用管理员账号登录 CloudStack 管理界面，单击“网络”选项，选择“IP 地址”，并指定一个作为 VPN 服务器的 IP 地址，这里选择一台 Windows Server 2008 作为 VPN 服务器，其 IP 地址“172.16.1.15”，单击“启用 VPN”按钮，如图 6-55 所示。

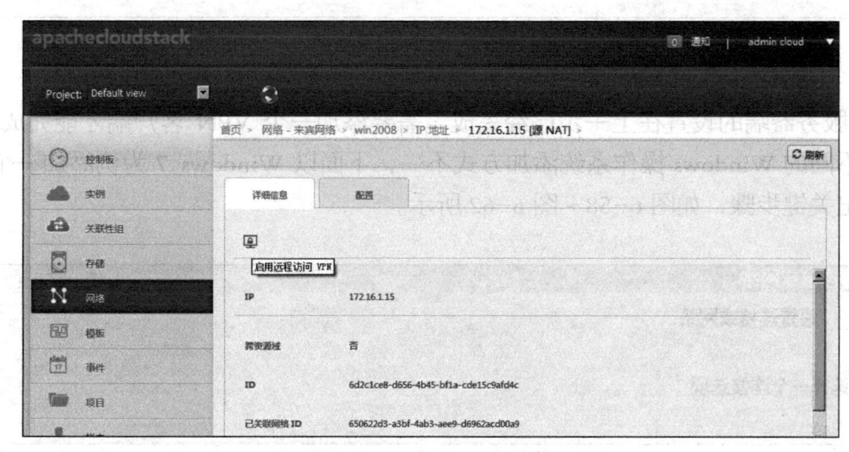

图 6-55　启用 VPN 功能

启用 VPN 后，会出现一个“VPN”选项卡，在这里可以看到 IPSec 的一串密钥，如图 6-56 所示，并且需要添加允许登录的账户。

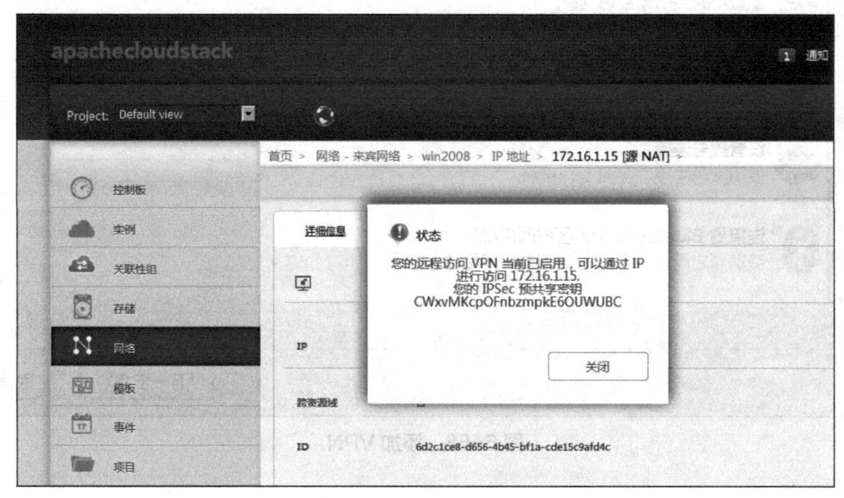

图 6-56　IPSec 的密钥

自定义一个用户名和密码，如用户名为“admin”，密码为“password”，如图 6-57 所示。

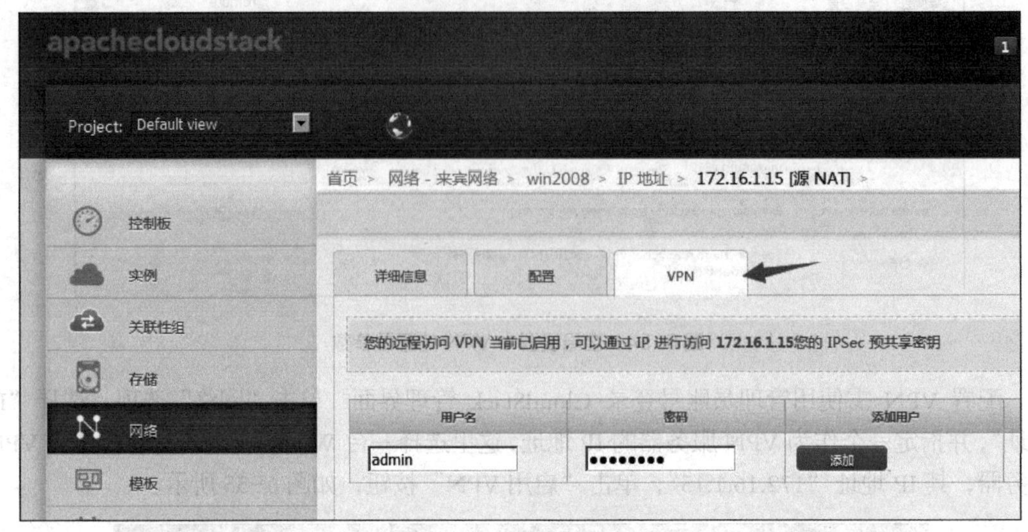

图 6-57 VPN 配置页面

VPN 服务器端的设置在上一步已经完成，需要添加一个 VPN 客户端才能完成对服务器的访问。不同的 Windows 操作系统添加方式不一，下面以 Windows 7 为例添加一个 VPN 连接，只列出关键步骤，如图 6-58 ~ 图 6-62 所示。

图 6-58 添加 VPN

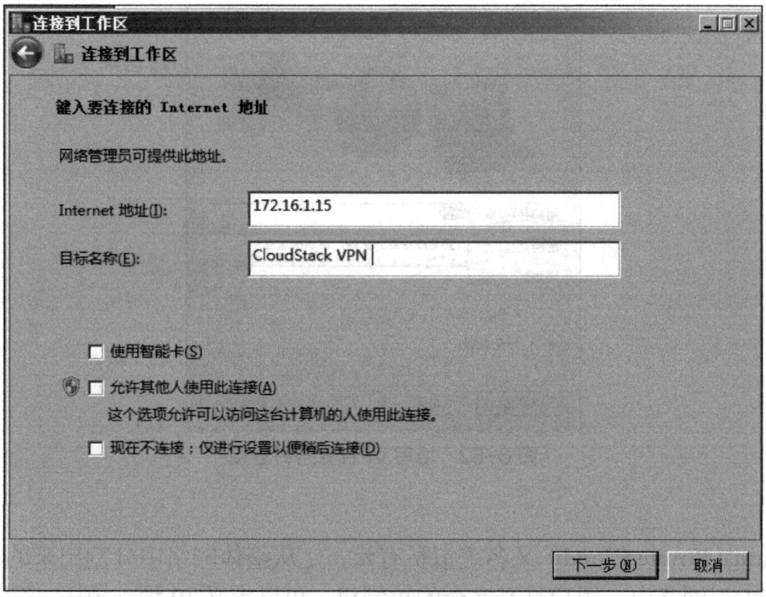

连接到工作区

键入要连接的 Internet 地址

网络管理员可提供此地址。

Internet 地址(I): 172.16.1.15

目标名称(E): CloudStack VPN

使用智能卡(S)

允许其他人使用此连接(A)

这个选项允许可以访问这台计算机的人使用此连接。

现在不连接；仅进行设置以便稍后连接(D)

下一步(N) 取消

图 6-59　设置 VPN 的服务器地址

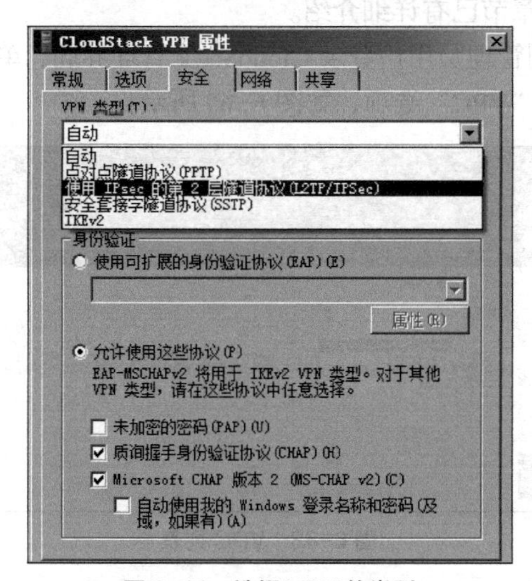

图 6-60　选择 VPN 的类型

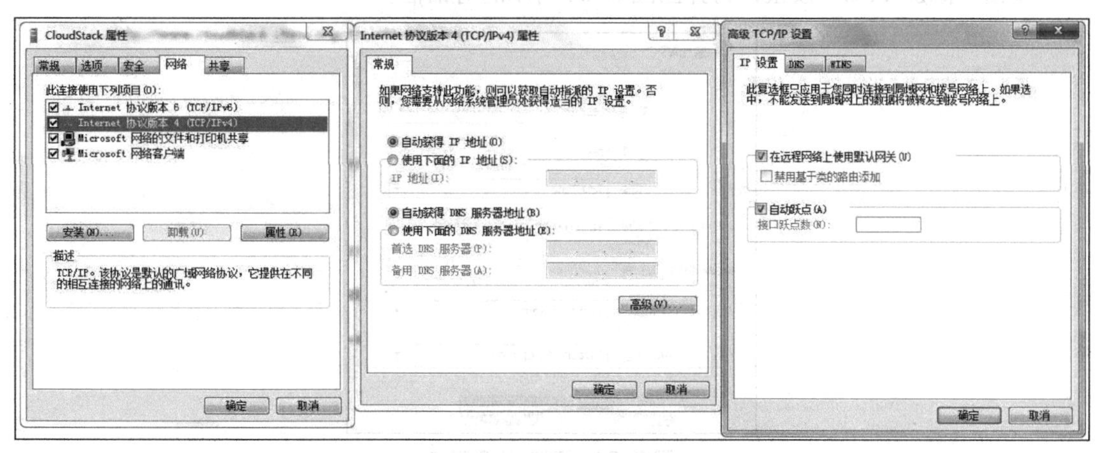

图 6-61　VPN 的 IP 设置及高级设置

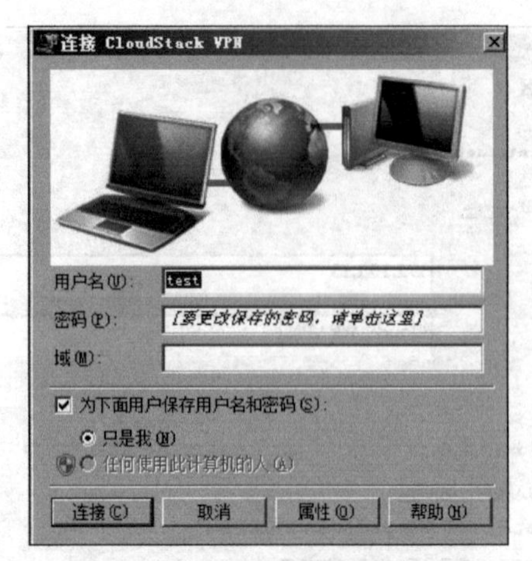

图 6-62　填写 VPN 账号并连接

6．VPC

VPC（Virtual Private Cloud）又名虚拟私有云，是从整体网络中分割出来的一个逻辑隔离的网络，在该虚拟网络中，用户具有完全的控制权，可以定义 IP 地址范围、创建子网、配置路由表和网关，在之前的章节已有详细介绍。

配置一个 VPC 需使用管理员用户登录 CloudStack 管理界面，单击“网络”选项，在“选择视图”下拉列表中选择“VPC”选项，如图 6-63 所示。

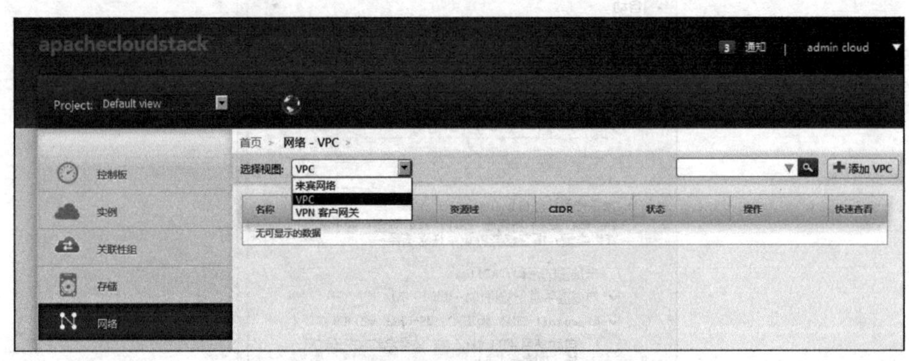

图 6-63　VPC 列表

单击“添加 VPC”按钮，将弹出图 6-64 所示的对话框。

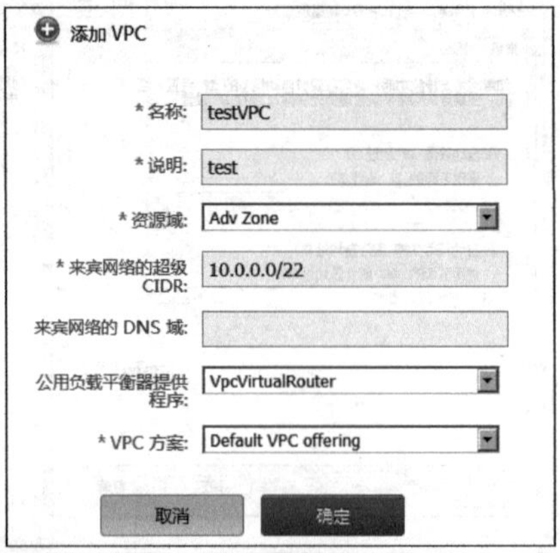

添加 VPC
* 名称: testVPC
* 说明: test
* 资源域: Adv Zone
* 来宾网络的超级 CIDR: 10.0.0.0/22
来宾网络的 DNS 域:
公用负载平衡器提供程序: VpcVirtualRouter
* VPC 方案: Default VPC offering
取消
确定

图 6-64　添加 VPC 网络

在名称中填入testVPC，资源域只能选择高级，来宾网络配置为10.0.0.0/22。VPC方案选择Default VPC offering。单击“确定”按钮进入VPC配置页面，如图6-65所示。

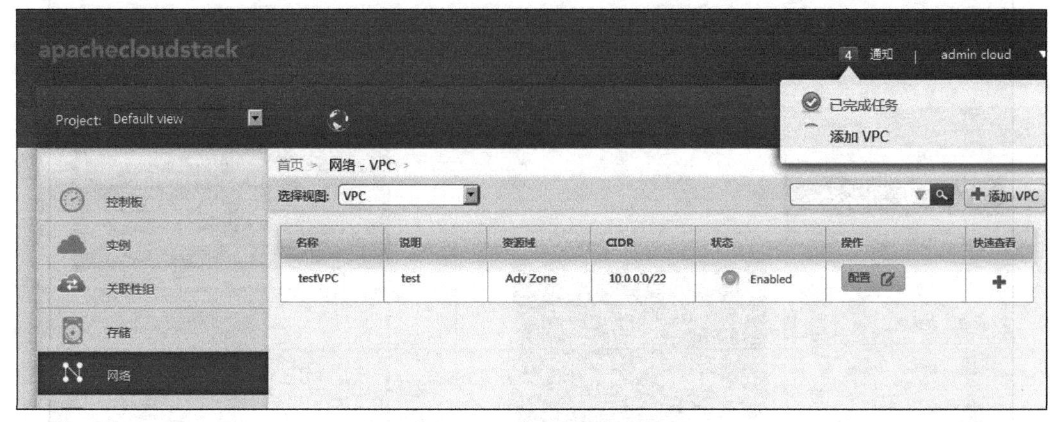

图6-65　进入VPC配置

在VPC配置页面中创建一个虚拟子网，也就是添加新层。网络方案默认便可，设置好网关10.0.0.1及掩码255.255.255.0，如图6-66所示。

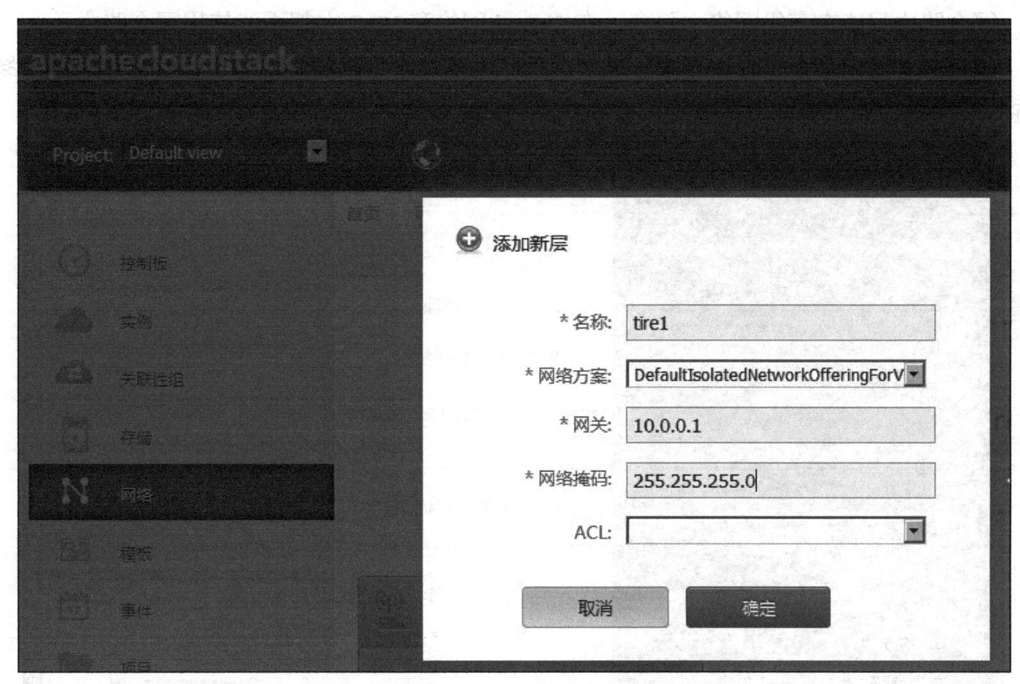

图6-66　建立VPC的新层

查看新建立的VPC新层，如图6-67所示。

7．冗余路由

内部网络与外部网络通信需通过网关进行。如果网关不能使用，会导致内部网络不能与外部网络通信，冗余路由就是为了解决这种单点故障而产生的。

CloudStack使用keepalived实现冗余路由功能，采用的是通用的VRRP协议。冗余路由器组共用一个内网IP地址（网关）和一个外网IP地址。提供冗余功能的两台虚拟路由器应尽量运行在不同的物理主机上。

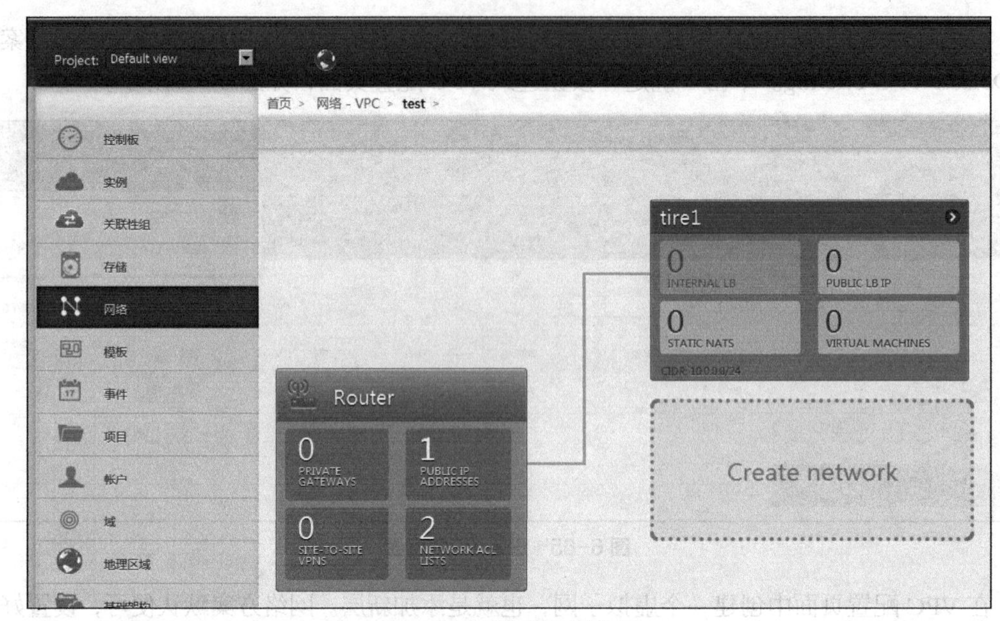

图 6-67　VPC 多层列表页

冗余路由只能在高级网络中隔离，在 Shared 网络和 VPC 中都不能使用冗余路由。

配置冗余路由需在“服务方案”页面选择“网络方案”选项，之后单击“添加网络方案”按钮，如图 6-68 所示。

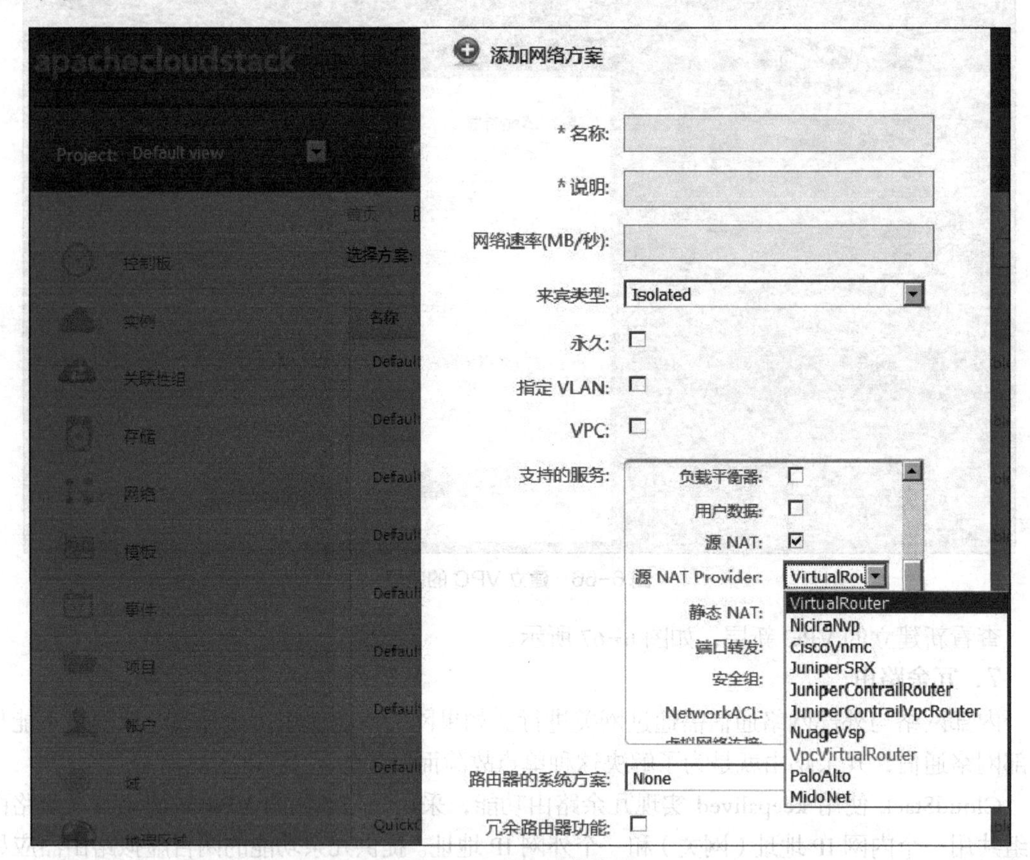

图 6-68　添加网络方案

选择网络方案。来宾类型为“Isolated”（Shared 类型的网络和 VPC 不支持冗余路由）。选中“源 NAT”复选框。

网络建立后，查看刚刚创建的冗余路由器，冗余状态为“MASTER”的是主路由器。主路由器会不停地使用 112 号协议发送组播到 224.0.0.18（确认物理主机允许这个类型的数据包通过）。当备用路由器无法接收主路由器发送的组播包时，备用路由器会在极短的时间内切换为主路由器（3 秒左右）。如果路由器的冗余状态是“Unknown”，可能是 keepalived 出现了问题。如图 6-69 所示。

图 6-69 冗余路由器的状态

6.5 虚拟机磁盘管理

卷为来宾虚拟机提供存储，可以作为 root 分区或附加数据磁盘。CloudStack 支持为来宾虚机添加卷，使之可以为虚拟机提供可扩展的使用空间。在 CloudStack 系统中，也有专门的管理页面用于对虚拟机的磁盘（或称卷）进行管理。每台虚拟机一定有初始的根卷（安装了操作系统的卷），以及扩展存储空间可用的数据卷。一个虚拟机实例上能挂载多少数据卷与所使用的虚拟机管理程序的设置有关，CloudStack 并不对此进行限制。

用户可以任意添加或删除数据卷，挂载或卸载数据卷。需要注意的是，在 CloudStack 4.5.1 中，快照功能是针对卷进行的快照，而非针对虚拟机进行的，也就是不包含内存等实时数据的快照。

6.5.1 添加数据卷

单击“存储”选项，选择“卷”，显示如图 6-70 所示。可以看到创建的 4 个虚拟机实例，所以列表里只会显示一个根卷。可以通过磁盘方案来创建一个新的数据卷。

首页 > 存储 - 卷 >

选择视图：卷　上载卷　添加卷

控制板 / 实例 / 关联性组 / 存储 / 网络 / 模板 / 事件

名称	类型	虚拟机管理程序	VM 显示名称	快速查看
DATA-50	DATADISK	KVM	win7-2	+
ROOT-50	ROOT	KVM	win7-2	+
ROOT-49	ROOT	KVM	win7	+
ROOT-44	ROOT	KVM	windows-server2008	+

图 6-70 卷列表页面

单击右上角的“添加卷”按钮，弹出“添加卷”对话框，如图 6-71 所示。

图 6-71　添加卷

各填写项的含义如下。

- 名称：唯一便于识别的名字。
- 可用资源域：让这个存储在哪个地方有效，这个应该接近要使用这个卷的 VM。
- 磁盘方案：选择存储特性。

单击“确定”按钮，在卷列表中就可以看到新建的卷了。如图 6-72 所示。

图 6-72　新添加的 5G 数据卷

单击卷名，便可查看新数据卷的详细信息，状态为“Allocated”说明创建成功，如图 6-73 所示。显示的空间其实只是预定，未实际占用。

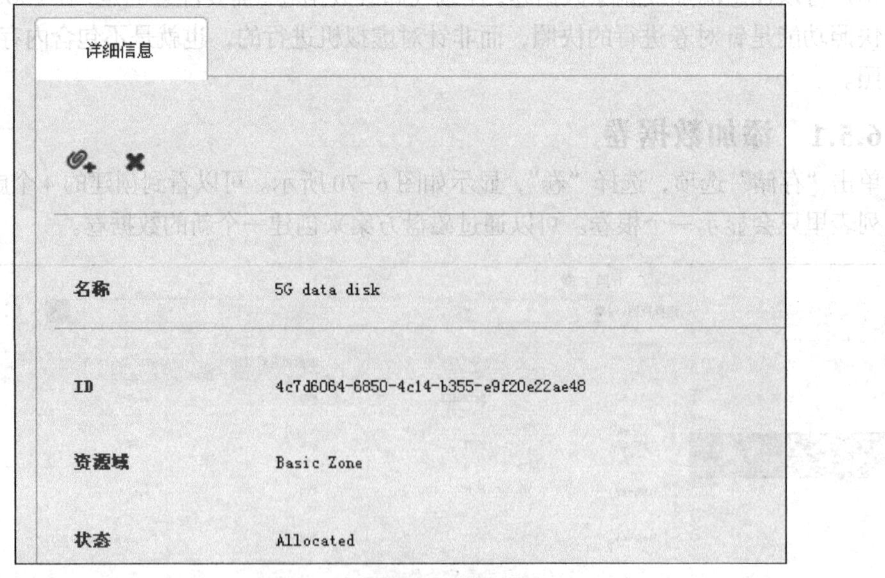

图 6-73　查看新建卷的状态信息

6.5.2 上传卷

创建卷的方法有两种，一种是在 CloudStack 界面上直接创建，另一种是将系统外部已经存在的卷上传到系统中。这种外部的卷叫数据卷，可以当作外部存储挂到所需要的虚拟机实例上。root 管理员、域管理员和终端用户都可以给 VMS 上传已存在的卷。

在“卷”视图（见图 6-70）的右上角单击“上载卷”按钮，开始上传数据卷，如图 6-74 所示。上传卷跟上传模板的方法一样，需使用 HTTP 服务，因此首先需要将上传的卷先放入 HTTP 服务器。

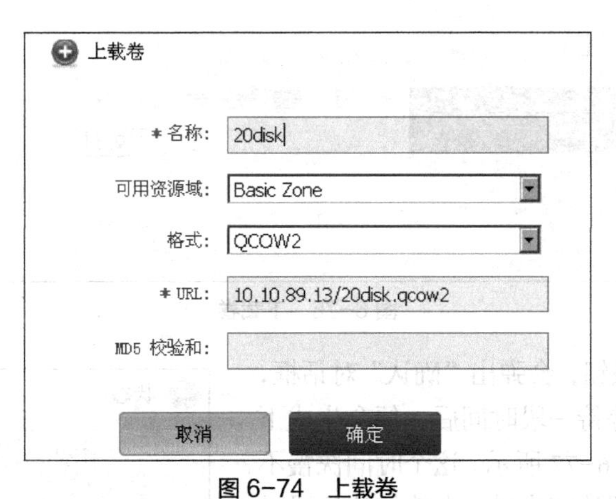

图 6-74　上载卷

各填写项的含义如下。

- 名称：设定卷的显示名字。
- 可用资源域：选择数据卷要上传的资源域。
- 格式：选择卷的文件格式。
- URL：上传卷的 URL，使用 HTTP 协议上传。
- MD5 校验和：匹配校验的信息，用于系统验证上传文件与源文件是否一致。可选。

格式一栏不能随意填写，应选择与所支持的 Hypervisor 相对应的文件格式，各 Hypervisor 支持的文件格式如下。

- XenServer：VHD。
- VMware：OVA。
- KVM：QCOW2。

设置完成后单击“确定”按钮。此处，与之前上传模板的方式其实是一样的，都是通过辅助存储虚拟机进行连接并传输数据。上传卷时需要一定的传输时间，查看新上传的卷的详细信息，待状态变为“Uploaded”时说明上传成功，如图 6-75 所示。

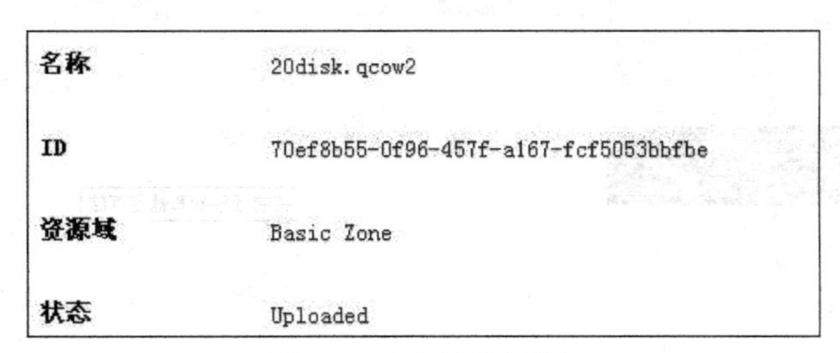

名称	20disk.qcow2
ID	70ef8b55-0f96-457f-a167-fcf5053bbfbe
资源域	Basic Zone
状态	Uploaded

图 6-75　上传卷的状态

6.5.3 下载卷

有上传卷，则对应有下载卷，这样才能方便用户在使用 CloudStack 系统一段时间后对数据进行备份和迁移。数据卷和根卷均可下载。下载卷时需要先将使用此卷的虚拟机停机或者将此卷从虚拟机上卸载，这样做的目的是保证卷内数据在下载过程中不会被修改。卷允不允许被下载，可以在卷的详细信息页面中是否有“下载卷”按钮，如图 6-76 所示。

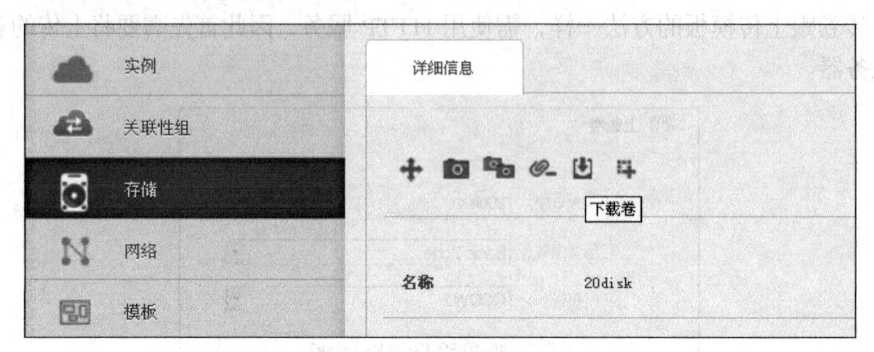

图 6-76　下载卷

单击“下载卷”按钮，会弹出“确认”对话框，单击“是”按钮。在等待一段时间后，便会生成下载的 URL 链接，如图 6-77 所示。这个时间快慢不一，与卷的大小及机器速度有关。在等待的这段时间里，系统将卷文件复制到辅助存储中，然后由辅助存储虚拟机生成下载用的链接。

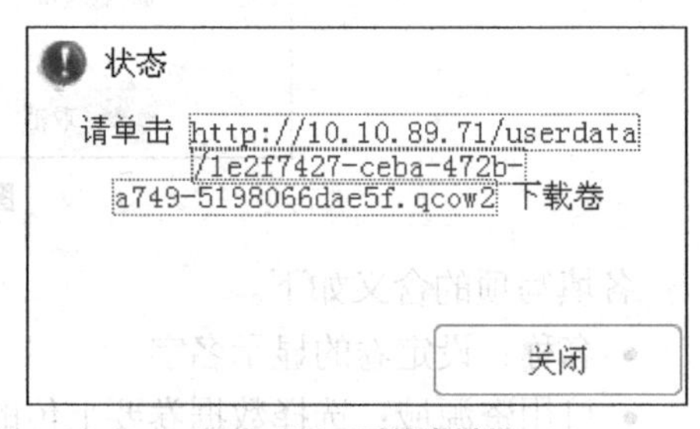

图 6-77　下载卷链接

直接单击链接可由浏览器下载，也可以将链接复制到下载工具进行下载。下载后的文件后缀名为 qcow2，可以将它挂 KVM 的其他 VM 上。

6.5.4 迁移卷

如果由于规划不合理，导致原数据卷所在磁盘空间不足或出现读写性能瓶颈时，需要将卷移动到新存储。这种将数据卷从一个主存储迁移到另一个主存储上，CloudStack 是支持的，但只支持数据卷的迁移，不支持根卷。要将数据卷迁移的条件是在取消附加或者虚拟机停机之后，才能将数据卷进行迁移。即使数据卷与根卷不在同一主存储上，虚拟机仍可以正常使用，这样就可以对存储进行更为方便的管理了。要迁移卷在 CloudStack 控制台界面选择“卷”，进入卷列表页面，单击要迁移的数据卷，显示卷的详细信息，如图 6-78 所示。

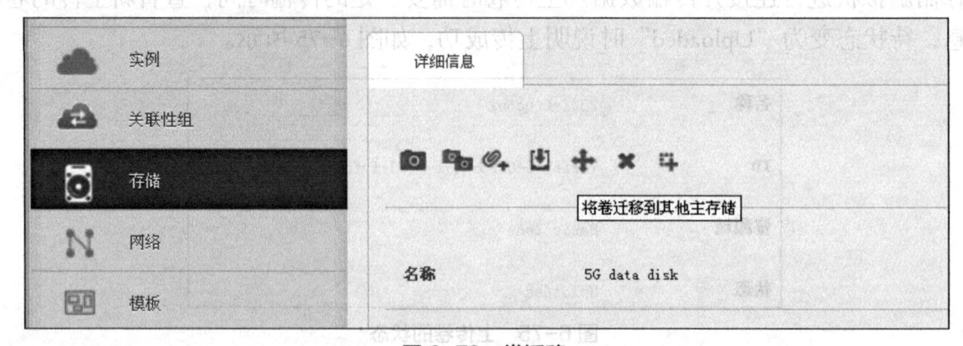

图 6-78　卷迁移

单击“迁移”按钮，会弹出图 6-79 所示的“将卷迁移到其他主存储”对话框，可以在下拉列表中选择新的主存储进行迁移操作。

6.5.5 删除数据卷

在使用数据卷的过程中，还会删除不需要的数据卷。在“卷”视图的列表中，单击需要删除的卷，查看其详细信息。如果该数据卷还被附加到虚拟机实例上，则需要先取消附加磁盘。只有数据卷可以删除，根卷不能在此页面删除，如图 6-80 所示。单击“删除”按钮，会弹出“确认”对话框，确认后执行删除操作。

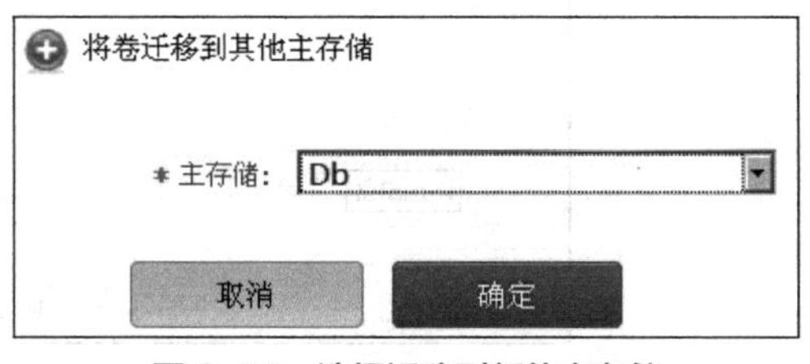

图 6-79 选择迁移到新的主存储

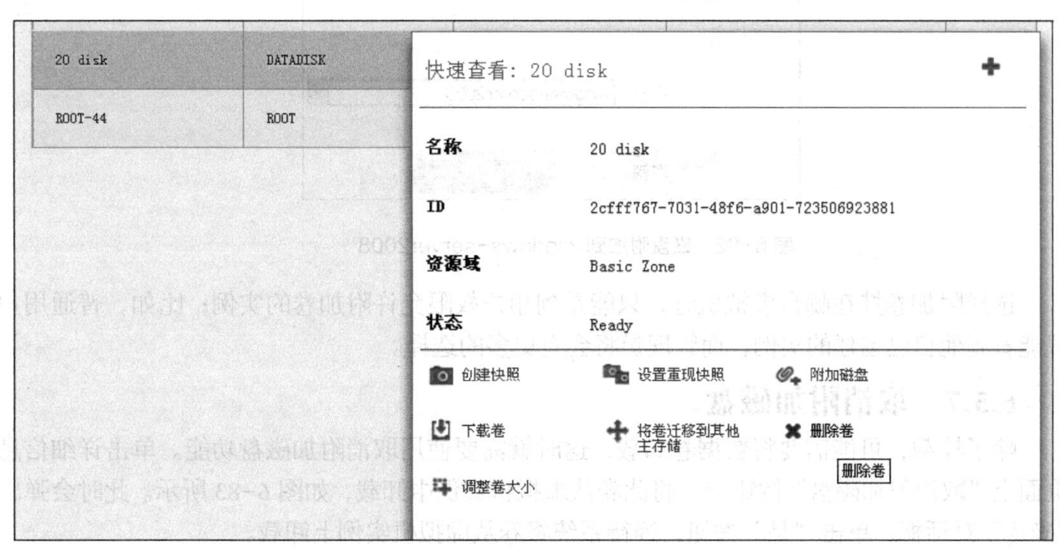

图 6-80 删除卷

卷删除注意事项：删除卷不会删除曾经对卷做的快照。

使用回收程序后，卷就永久地被销毁了。全局配置变量 expunge.delay 和 expunge.interval 决定了何时物理删除卷。

- expunge.delay：决定在卷被销毁之前卷存在多长时间，以秒计算。
- expunge.interval：决定回收检查运行频率。

管理员可以根据站点数据保留策略来调整这些值。

6.5.6 附加磁盘

新添加的数据卷或者从外部上传的数据卷，可以通过挂载的方式来使 CloudStack 系统中的虚拟机实例使用这些新的数据卷，即附加磁盘功能。

选择刚才添加的数据卷，进入数据卷详细页面，如图 6-81 所示，单击“附加磁盘”按钮 进行挂载。

此时会弹出“附加磁盘”对话框，选择此数据卷挂载的目标虚拟机实例，单击“确定”按钮。如图 6-82 所示。

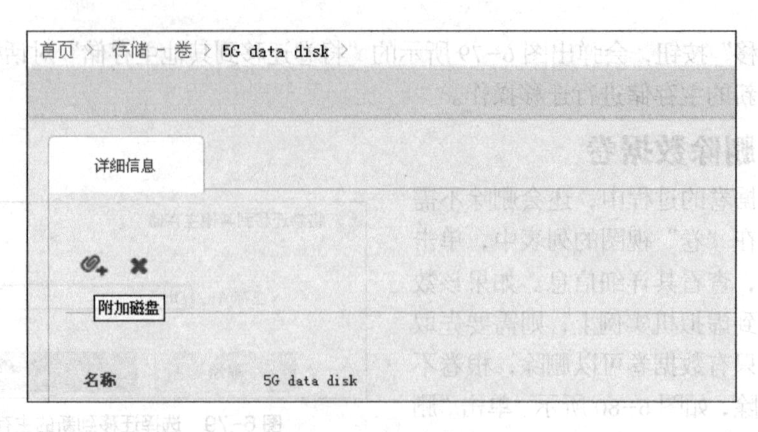

图 6-81　附加磁盘

图 6-82　磁盘附加到 windows-server2008

选择附加卷挂在哪台虚拟机时，只能看到用户权限允许附加卷的实例；比如，普通用户只能看到他自己创建的实例，而管理员将会有更多的选择。

6.5.7　取消附加磁盘

除了挂载，可能需要将数据卷卸载，这时就需要使用取消附加磁盘功能。单击详细信息页面上"取消附加磁盘"按钮，将此卷从虚拟机实例中卸载，如图 6-83 所示。此时会弹出"确认"对话框，单击"是"按钮，等待系统将卷从虚拟机实例上卸载。

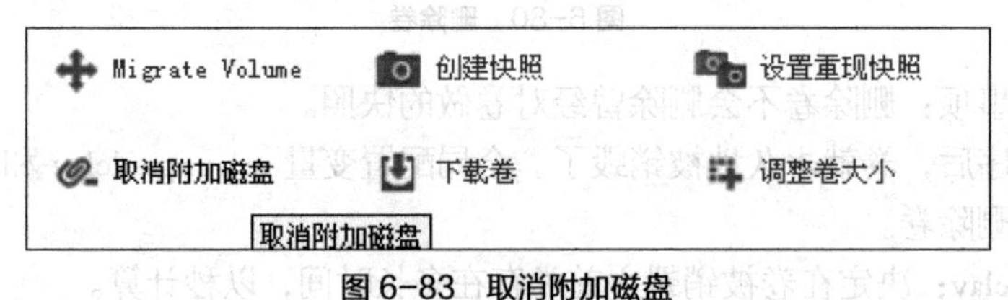

图 6-83　取消附加磁盘

卸载磁盘成功后，此卷的详细信息中就不再有与 VM 相关的内容了。同时，详细信息页面比新添加磁盘时增加了 3 个按钮，如图 6-84 所示。前三个按钮的功能与之前介绍的相同，第四个为下载卷，第五个为迁移卷，第六个为删除卷。增加后三个按钮的原因是：这个数据卷真正被虚拟机所使用，在主存储中创建并写入了数据，这与新建或新上传的模板不同。

图 6-84　取消附加磁盘后卷的状态信息

6.6 本章小结

本章作为 CloudStack 系统的应用章节，是云管理平台的最终落脚点。本章结合云管理需求，较为深入地介绍了 CloudStack 账户和域、服务方案、虚拟机的使用和访问控制以及虚拟机的磁盘管理。

通过对 CloudStack 账户和域的建立和应用的介绍，可以使读者能够掌握域及用户的管理知识以及不同角色的使用方法。而服务方案作为 CloudStack 平台的核心部件，包括计算方案、系统方案、磁盘方案和网络方案，它指定了虚拟机的参数，是一组用户可选择的选项和资源，节省了用户创建虚拟机的工作量。CloudStack 支持虚拟机实例的整个生命周期管理，包括实例的创建、启动、关闭、迁移。对于虚拟机实例的安全防护，可以通过传统的防火墙方式实现，而对于同一个网段的主机，如何防止数据被监听，如何对相应的网络访问数据进行隔离，这对于云安全都是非常重要的。在云管理平台中，不适合采用统一的安全策略来控制每台虚拟机实例的访问权限，在 CloudStack 中，采用安全组的方式由用户自己进行配置是一种好的方法，而使用高级网络功能更能实现防火墙、负载均衡、端口转发、静态 NAT、VPN、VPC、冗余路由功能。云服务能够实现，磁盘管理起着重要的作用，卷为来宾虚拟机提供存储，可以作为 root 分区或附加数据磁盘。CloudStack 支持为来宾虚拟机添加卷，使之可以为虚拟机提供可扩展的使用空间。在 CloudStack 系统中，也有专门的管理页面用于对虚拟机的磁盘（或称卷）进行管理。CloudStack 有两类卷，分别为系统的根卷以及扩展存储空间可用的数据卷。用户可以任意添加或删除数据卷，挂载或卸载数据卷。

PART 7 第7章 轩辕汇云服务平台解决方案

7.1 需求概述

7.1.1 项目背景

目前，很多企业的IT基础设施正在因计划外的增长日益复杂，每次面临新需求、新应用时，就要增加新的服务器。从设备采购、系统部署到业务上线，通常要花费数周的时间，新业务不能得到快速响应。企业的信息化建设与业务发展之间存在着较大差距，企业IT基础架构正面临着巨大挑战。

（1）IT基础架构正向资源共享方向发展。

为能够降低计算成本，众多企业已经或正在考虑对IT基础架构进行整合及虚拟化。如何进一步提高资源利用率、降低管理和基础架构成本，企业需要面对如何实现软件、应用、数据和硬件资源的共享的问题。

（2）企业IT基础架构面临业务支撑灵活度的压力。

在有效控制成本的同时，如何增加IT基础架构的自动化和智能化程度，如何加快部署周期，轻松、灵活地应对快速变化的业务需求，都对企业基础设施提出了更高的需求。

（3）系统管理复杂。

数据库服务器、Web服务器、中间件服务器、Windows平台、Linux平台等，企业数据中心服务器数量多、种类多、管理复杂，面对如此复杂的环境，企业需要在业务系统出现故障时及时解决问题，传统IT管理方式面临挑战。

（4）性能瓶颈。

业务高峰时，业务系统负荷增加，出现性能瓶颈，不能及时响应用户请求，导致用户满意度下降。如何及时响应客户需求，提高用户满意度成为当务之急。

（5）IT采购模式将发生巨大变化。

以往根据项目需求采购设备、部署基础架构的方法，已经不能满足业务变化的要求，新的采购模式应该以有规划的、整体的基础架构升级来适应不断增加的新应用，提高对业务支撑的灵活性。

因此，我们需要换一种思路，从业务角度来考虑IT基础架构。“云计算”的出现使信息技术行业发生重大变革，也为应对数据中心面临的上述挑战提供了解决方法。“云计算”是一种计算模式，在这种模式下，应用、数据和IT资源以服务的方式通过网络提供给用户使用。“云计算”也是一种基础架构管理的方法论，大量的计算资源组成IT资源池，用于动态创建高度虚拟化的资源提供用户使用。云计算是孵化、引领、支撑现代工业发展的必备手段和环节，也是国家倡导和支持发展的创新体系。

7.1.2 项目需求

针对上述面临问题，建设云服务平台已成为推动中小企业信息化提升和进一步发展的动力，促进校企合作的必然选择，具体项目建设需求如下。

（1）构建先进的云服务平台。

云服务平台在规划和建设方面，应起到一个领头羊的作用。并以此推动和提高企业的各个部门的信息化建设。因此信息化平台架构需要具有代表性和先进性。其采用的设计思想、技术标准、设备要求，要采用先进成熟的技术架构、软件和设计方法，系统平台不仅要满足目前的使用要求，而且要适度超前，可以满足今后系统升级和功能扩展的需要。

（2）提升中小企业信息化建设水平。

云服务平台以云计算等新一代信息技术为基础，建立统一的云基础设施，整合共享信息资源，构建适用于企业特色的综合服务平台，企业可以通过网络快速接入云平台，使用平台IT资源、平台应用系统等，让企业管理、办公、运营等快速、低成本、高效率地步入网络化、互联化、自动化。最终提升企业信息化应用程度，提高中小企业信息化建设水平。

（3）丰富校企合作。

云服务平台建设完成后，将促使校企合作形式、内容进一步丰富完善，广度、深度进一步延伸。依托平台的服务内容和模式最终建立起完善的校企合作动力机制和双赢利益驱动机制，实现平台可持续发展。

7.2 建设目标和意义

7.2.1 建设目标

云计算提供了诸多好处，包括改善服务，提高效率和降低总体IT成本。

通过构建一个云计算环境可实现以下目标。

- 能够实现IT服务的快速交付，能够实现更快速的创新。
- 自动配置和部署应用测试环境，更好地模拟生产环境进行测试，提高产品质量。
- 实现资源再激活配置过程的自动化，降低成本。
- 通过使用一种可预知结果的测试方法，达到提高生产力的目的。
- 管理IT环境中的风险，满足合规要求。
- 平稳迁移到新的应用，平稳迁移到新的基础架构，平稳迁移到新部署的解决方案。
- 从一个独立的系统平稳迁移到虚拟化系统环境。

同时，您还会面临以下一些挑战。

- 保证用户满意度：避免资源供给错误导致测试活动受阻碍甚至意外停机。
- 保证产量和收入：确保测试环境下获得与生产环境相同的结果，避免环境问题导致产品质量问题且不能快速确定问题所在。
- 降低劳动力成本：手工配置复杂的环境，导致IT资源不能被高效利用，需要保证整个环境可以更加智能和高效。
- 确保诚信：提供可审核的供给过程，保证合规和政策的执行。
- 降低设备成本：有效进行IT资产管理，清楚安装了什么、装在什么地方、谁在用及使用率。

- 资源共享问题：资源共享程度低、扩展成本高，虚拟化环境不易管理，财务部门需要提供设备使用报告以便进行财务核算。
- 开发和测试人员因手工、低效率的资源分配过程而不能快速获取所需 IT 资源。
- 测试环境需要数周的时间才可配置完成，影响开发进度。
- 软件配置不能被始终如一地执行和追踪，影响软件质量。
- 系统环境的配置对人员技能要求高，意味着留给新项目的时间就越少。
- 配置过程冗长、复杂、易出错，影响生产率。
- 大量的系统配置工作需要手工来完成，导致任务积压，客户不满意。

本平台的总体建设目标是：充分利用政府、学校、企业等优势资源逐步建设成为以学校为主线，以企业为点，信息化为线，公共服务为面，带动各行业及组织共同参与，资源共享、一站式服务的综合性公共服务平台，打造具有特色的面向学校信息化需求及企业的试点示范云服务平台。

平台建成后不仅需要覆盖现阶段企业信息化需求和公共服务信息需求，还需要为未来业务扩展提供一个先进的、可扩展的标准架构体系。平台将主要实现为中小企业提供服务器托管、网站托管、虚拟主机租用，云存储平台、云邮箱平台，OA 平台、自助建站平台等，充分整合优势资源，促进企业综合实力提升，提升企业核心竞争力。

7.2.2 建设意义

建设基于云的基础架构平台，全方位整合企业现有 IT 基础资源，大大提升 IT 资源利用率，降低了 IT 管理难度，通过云公共服务平台丰富了校企合作模式，形成覆盖整个园区的中小企业服务体系。帮助广大中小企业迅速提高信息化应用程度，提升中小企业信息化建设水平，促进共性资源的整合、共享与应用，帮助企业做大做强，优化和完善产业结构，提升区域核心竞争力，最终实现以信息化推动新型工业化，以新型工业化推动产业结构优化升级，促进地区经济建设迈上新台阶的发展目标。

云服务平台是一种按需提供资源的服务模式，通过共享资源池实现，另外，平台利用云计算技术通过按需分配 IT 资源和对 IT 资源使用情况的精确监控和计费等手段，实现资源价值最大化，这对于学校的资金节约和计划的有效性都具有重要的意义。通过云平台建设使得大量 IT 硬件设备，机房资源及电力资源实现最大化的共享和再利用，既保护了已有的 IT 投资，同时根据信息化需求动态调整整个系统需要的电力及冷却系统，是落实节能减排方针的典型。

7.3 项目总体规划

7.3.1 总体规划

云服务平台建设采用先进的云计算技术，总体架构设计由五大部分相互组成，最终以服务形式交付于用户，如图 7-1 所示。

根据前期需求调研和分析，结合中小企业的信息化发展状况和需求，建设基于云的公共服务平台，通过公共云服务平台的建设，将为企业信息化应用的建设和实施提供基础平台保障。整体建设内容包括云基础设施建设、云平台建设、云应用平台建设及统一门户建设。

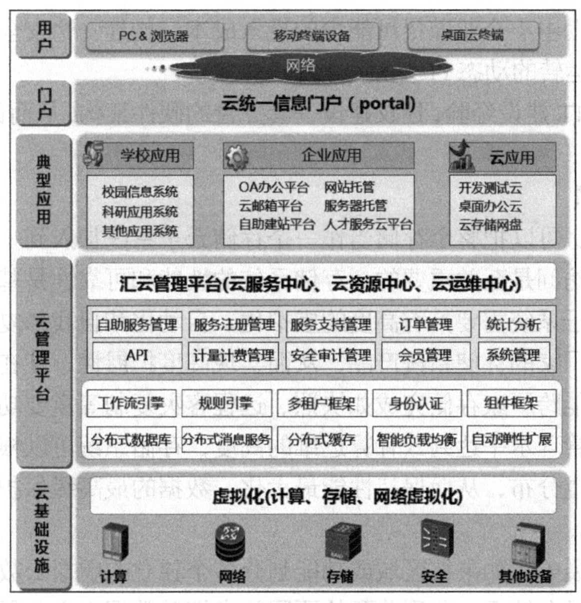

图 7-1　方案整体规划图

建设智能的云基础设施，通过主流虚拟化技术，把物理分散的资源融合为统一的资源池，包括服务器资源池、存储资源池和网络资源池。通过服务器虚拟化、存储虚拟化和网络虚拟化技术，提供基础架构云服务。

云平台提供简单、统一的管理架构，提供丰富的资源管理和交付功能。通过云资源管理功能，把原本静态分配的 IT 基础设施抽象为可管理、易于调用、按需灵活分配的资源，把资源的能力封装为能对外提供按需灵活使用的各类 IT 资源服务，满足各种业务的运营；使用各种运维和监控手段，提供可靠、安全的运维保障体系。

云平台和基础架构云服务提供的是基础的服务平台，而云应用平台服务才是直接面对和支撑业务操作的平台，包括一些学校常用的教学教务管理系统和基于行业特点的业务系统，以及一些基于云的应用平台，如校园信息管理系统、科研应用系统、OA 企业邮箱平台、自助建站、云存储等应用。

最终用户通过互联网，使用各种 PC 浏览器或移动终端设备接入云统一信息门户，通过统一身份认证、访问控制等安全策略控制后，访问平台各种业务应用系统及虚拟资源，为最终用户提供云端服务和体验。

7.3.2　云基础实施规划

1．云基础实施虚拟化

为了解决传统物理服务器部署应用方式所造成的弊端，并支持企业级客户为了加强管理而进行的服务器整合工作，推荐采用虚拟架构解决方案，方案将极大地提高服务器整合的效率，大幅度简化了服务器群管理的复杂性，提高了整体系统的可用性，同时还明显减少了投资成本，具有很好的技术领先性和性价比。

2．服务器虚拟化

IT 系统架构的复杂性和服务器的随意增加是导致数据中心效率低下的主要原因，有效的资源整合是解决问题的关键。本方案提供了基于 VMware 虚拟化技术的服务器以及统一存储整合解决方案。方案以超强的灵活性帮助您搭建高性能的业务平台，可适应快速增长的业务及数据存储需求。帮助中小企业以尽可能少的投入成本，构建一个安全、稳定、易于管理，并能够保证业务连续运转的动态 IT 基础架构。

我们结合行业的 IT 建设经验，建议建设一套完善的硬件架构，从而保证业务系统的安全、稳定的运行。

3．统一数据存储

在云计算平台中，可以把整个存储当作一个存储云子系统加入到一个云计算平台。由于存储系统对保证数据访问是至关重要的，存储系统的性能和可靠性是基本考虑。同时，在云计算平台中，存储云子系统需要具有高度的虚拟化、自动化和自我修复的能力。存储云子系统的虚拟化兼容不同厂家的存储系统产品，从而实现高度扩展性，能在跨厂家环境下提供高性能的存储服务，并能跨厂家存储完成如快照、远程容灾复制等重要功能。自动化和自我修复能力使得存储维护管理水平达到云计算运维的高度，存储系统可以根据自身状态进行自动化的资源调节或数据重分布，从而保持性能最大化、数据的最高级保护，保证了存储云服务的高性能和高可靠性。

在未来云计算扩展中，如果按区域或功能划分多个独立的虚拟云数据中心，存储云也可以灵活地划分成多个子存储云，分别分配给不同的虚拟云数据中心。保证不同的虚拟数据中心数据的安全性与隔离性。

在云计算平台中，存储云的加入是由云平台维护系统管理员进行的，完成对云计算平台中的数据中心划分后，通过云计算管理平台就可以加入存储云子系统到云计算平台中，选择标准的连接协议后，云计算平台会自动地发现存储，系统管理员选择自己需要的存储区域（已完成基本分区及文件系统的划分与格式化），加入到数据中心就变成云计算平台可用的存储云系统。

7.3.3 云服务平台规划

1．规划概述

通过采用硬件设备虚拟化、软件版本标准化、系统管理自动化和服务流程一体化等手段，建设一个以服务为中心的云服务平台，资源的使用方式从专有独占方式转变成完全共享方式，运行环境可以自动部署和调整资源分配，实现资源随需掌控，从而帮助客户建立一个基于业务的资源共享、服务集中和自动化的开放云服务平台。

2．构建云服务平台

云服务平台是云计算环境下的 IT 资源运营管理和服务交付的基础平台，应该包括云资源中心、云服务中心两大功能子系统。云资源中心对异构平台资源统一管理调度，实现资源弹性伸缩、动态迁移、高可用、负载均衡等功能，为云服务中心提供基础支撑。云服务中心为用户提供服务目录、服务流程、服务交付等内容，让用户体验良好的平台服务质量和效果。

3．云服务平台建设原则

在云服务平台建设中，须遵循以下建设原则。

- 高可靠性原则：平台不间断、持续可用；
- 可扩展性原则：可以动态伸缩，满足应用和用户规模增长的需要；
- 资源灵活分配原则：根据业务需求可进行灵活的资源动态分配；
- 信息安全原则：明确的数据安全访问、存储、备份机制；
- 开放性原则：支持跨平台统一管理，支持多种虚拟化技术的统一管理，支持异构存储的统一管理。

4．云服务平台建设要点

每个云平台根据用户群的不同，业务模式的不同，在建设中需要重点考虑的问题也不一样。对于云平台的建设，我们建议根据分步走的规划，特别是在初次搭建云平台的客户，提出以下建设要点。

（1）资源池。

云计算采用池化资源管理。所谓“池”就是公共资源，资源并不属于某一个应用或业务，而是根据其要求，从公共资源池中划分资源。

（2）自动化。

云平台采用服务管理流程化、自动化的方式集中管理，减少人为参与，为平台的规模化扩展提供条件。

（3）易用性。

对于业务系统作为云计算平台的用户，不需要关心资源的来源及原理，只需要登录系统，使用资源。

（4）快速响应。

当业务需求变化的时候，云平台可以通过弹性伸缩机制和自动化来快速响应，以适应业务的变化。

（5）可度量性。

云平台的各种资源服务，如存储、CPU、内存、网络带宽和软件许可证等，是可以监控、控制和计量的。平台可以更好地统计 IT 资源使用率，为服务水平管理提供依据。

（6）高可扩展性。

我们的平台建设规模会随着业务类型增加和业务量的增加而迅速扩展，因此，高可扩展性是平台的重要特征。

（7）高可靠性。

云平台通过多副本容错和计算资源同构可互换来提高服务的可靠性。对于可靠性要求更高的云平台，在资源选择上，我们建议采用可靠性高的服务器和存储。

5．云服务平台建设目标

通过搭建云计算平台，建设统一的云计算业务平台、统一的基础架构支撑平台，集中承载业务应用系统，同时面向用户服务；实现统一管理、统一运维、统一支撑、统一标准，建立健全的一套信息化协调发展的运行机制，创新业务应用模式和管理机制，推动业务基础设施统建共用，提升 IT 基础设施建设和运行维护的专业化水平。

- 建设一套中高性能的云计算基础架构平台，采用通用性强的网络架构，能够同时承载多个业务的运行，并有良好的扩展性。
- 硬件平台支持逻辑分区、动态分区，并对资源的规划和使用有统一的维护和管理系统。
- 服务器：支持高开放性、高移植性、高安全性的 Linux 操作系统，外围服务器可支持 Windows。
- 存储：统一管理、高开发性，支持异构环境，建立统一存储资源池，统一管理业界各存储厂家的主流磁盘阵列产品。
- 支持 Oracle、DB2、SQL Server 等业界主流数据库系统。
- 支持 HTTP、HTTPS、LDAP、SOAP、UDDI 等多种协议。

7.4 云服务平台建设方案

云服务平台建设本着“整体规划，分步实施，实用为本，效益为先”的建设原则，整体建设内容包括云基础设施建设、云服务平台建设、云应用平台建设及统一门户建设。

7.4.1 云基础设施建设

1．硬件选型方案

云基础设施建设硬件设施包括服务器、网络交换机、存储设备及网络安全设备等。

2．存储选型

考虑到平台数据需求，建议选用SAN、NAS混合架构的存储系统，满足云平台现在及未来对存储容量、扩展能力和性能的要求，并有良好的扩展能力，能够持续扩容满足企业云服务平台长期建设要求。如果预算有限，也可以采用软件化的分布式存储Ceph或者GlusterFS。

3．服务器选型

目前基于x86芯片平台的计算能力不断提升，虚拟化功能也相当强大，可以满足广泛的应用系统、中间件、数据库的部署。目前x86单台虚拟机可以支持的CPU数可以达到128颗，内存可以达到1TB，通过HA、FT以及DRS等技术，可以满足对于虚拟机高扩展性能以及业务应用高稳定性的需求，因此，选择高端PC服务器可灵活扩展且具备极佳稳定性的服务器作为对数据库系统、核心应用系统的部署平台，而选择普通PC服务器作为一般应用服务器、中间件服务器等的部署平台，这样可以充分发挥x86服务器成本优势，同时又确保数据库和核心应用系统的安全性和稳定性。

考虑到平台的重要性和稳定性，建议采用国际领先品牌的服务器，配置如表7-1所示。

表7-1 服务器配置表

指标项	建议配置要求
基本配置	品牌机架式服务器，标准机柜安装
CPU	CPU主频≥3.0GHz，配置中CPU内核数量4颗
内存要求	配置内存≥128GB
系统硬盘	配置硬盘≥3块 单盘容量≥146GB 在线热拔插FC硬盘 集成硬件RAID卡，可以实现RAID 0、1、5
I/O子系统	千兆以太网口≥2个 HBA 4GB/s光纤通道接口4个

4．虚拟化选型方案

通过云计算平台管理软件，实现所有服务器整合为一个统一的云计算服务器平台，抽象出统一的硬件资源，包括CPU资源池、Memory资源池、Network资源池、Storage资源池，任意云都可以按需在统一资源池中获得硬件资源并运行。由此实现了统一硬件资源整合，在统一的硬件平台上来实现云的分配、运行和维护，为云计算平台实现高扩展性、高伸缩性提供支撑。

目前主流 x86 底层虚拟化技术（Hypervisor）有四个厂家能够提供，分别是 RedHat 提供的 KVM、VMware、Citrix 提供的 XenServer 和微软提供的 Hyper-V。从底层虚拟化软件的成熟度来看，VMware、KVM、XenServer 基本相当，Hyper-V 还有待进一步努力，同时，在操作系统方面，各个厂家的 Hypervisor 之间是不能相互兼容的。虽然各个厂家的管理平台都有自己的 API 接口，但是都只能管理自己的 Hypervisor，而不能管理其他厂家的 Hypervisor。

从目前的应用来看，PC 服务器的虚拟化技术仅能将一个服务器虚拟化成几个服务器，只是分割的方案，而不能将服务器聚合成大服务器。同时，比较突出的问题就是兼容性问题：每个厂家均能够提供完全管理 PC 的产品，但是各自厂家的东西无法兼容。

VMware 作为主流虚拟化技术，性能更加稳定，功能更加完善，推荐作为首选的虚拟化平台。本方案中，在云平台的 x86 服务器资源池中，使用 VMware 作为底层虚拟化平台。

7.4.2 汇云服务平台方案要点

轩辕汇云服务平台（以下简称汇云平台）是轩辕网络科技股份有限公司完全拥有自主知识产权的云平台，广泛支持 x86 架构服务器和刀片服务器；支持多种虚拟化技术，包括 VMware、KVM、XEN、XenServer、Oracle VM 等。作为完全集成的管理平台，汇云平台可将您的虚拟化环境从“云就绪”状态过渡到真正的“云”环境，如图 7-2 所示。

汇云平台的特点是符合中国用户习惯、安装简单、使用方便、快速见效。借助该方案，您可以在低项目风险的前提下，开始一段身心愉悦的云体验之旅，实现多朵云的统一管理。因此，我们也称之为“汇云”。

图 7-2 汇云服务平台简介图

汇云平台可以实现的功能如下。

（1）云资源管理。统筹管理软硬件资源，提升资源利用率。

- 支持目前多种虚拟化平台的管理。
- 虚拟服务器广泛支持 Windows、Linux 等主流操作系统的各个版本。
- 提供软件库资源，支持软件自动化安装部署。
- 完全支持当前的虚拟化环境，保护您的投资。
- 动态容量扩展，保证持续运行，优化性能。
- 易于使用，无需了解整个基础架构的细节。

（2）云运维管理。自动化运维机制，提升管理效率。

• 提供自助管理界面，全方面了解平台运行情况。
• 全面监控平台软硬件运行状况。
• 提供多种策略设置平台故障报警机制。

（3）云服务管理。高效运营，降低成本。

• 提供用户自助服务管理界面。
• 将交付管理授权给云用户来提高工作效率。
• 通过自动化批准/拒绝，全面避免疏忽，确保最佳运行和云安全。
• 标准化部署和配置，改进合规，通过设置策略、缺省值和模板来减少错误。
• 通过直观的界面，简化对项目、用户、负荷、资源、计费、审批和计量的管理。
• 直观的自助服务门户提供动态处理资源请求及其他的关键云功能。
• 为服务和资源使用情况的监控、报告和规划提供计量支持。
• 通过提高自动化水平、结构化安全性、简单全面的管理和资源共享来提高 IT 效率。
• 云软件部署自动化能够最大限度地加快解决方案部署的创收速度。
• 可与 x86 系统架构下的虚拟化平台轻松集成。

汇云服务平台为云平台提供关键功能。该平台允许数据中心立即接入云特性，数据中心可根据需要随时动态交付资源并且基于云交付基础设施即是服务，从而获得优势。作为完全集成的软件库，汇云服务平台可将您的虚拟化环境从“云就绪”状态过渡到真正的“云”环境。用户可通过基于 Web 的界面快速请求和调配环境。用户可以启动和停止工作负载，调整工作负载的大小，复制或删除工作负载；可以监控和管理工作负载审批流程；可以跟踪资源使用情况以便只为所需资源计量计费；可以创建标准化工作负载或设备。使用汇云服务平台与现有的虚拟化 x86 系统环境配合使用，您将能够快速启动和运行云基础设施。

7.4.3 汇云服务平台方案架构

轩辕云计算方案架构根据逻辑层次，可以分为云资源层、云服务层、云安全层、云运维层、云应用层、访问层，如图 7–3 所示。

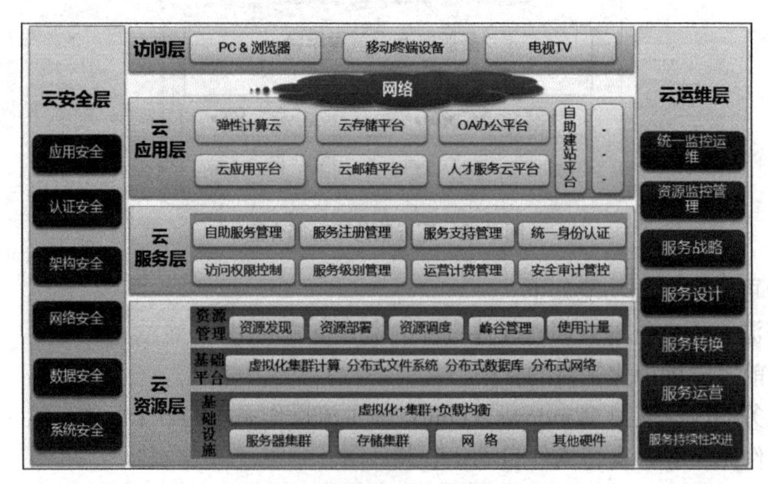

图 7–3 汇云服务平台方案架构图

• 云资源层：是逻辑资源管理、分配、调度、监控、计量的平台。IBM 的虚拟化管理平台，提供了针对逻辑计算资源、逻辑存储资源和逻辑网络资源的监控、管理和调度功能，实现逻辑资源的自动化管理，为用户门户和管理层提供了按需分配的引擎。

- 云服务层：为云计算平台的所有基础架构服务提供统一的服务门户，高效便捷、弹性可扩展地交付各种类型的云服务，用以支撑整个云计算平台的日常运营管理服务。
- 云安全层：主要包含用户认证授权、应用安全、数据安全、系统安全及网络安全。
- 云运维层：为整个云计算平台搭建一套长期运维管理的体系，为云计算平台的长期有效运行提供保障。云计算运维管理体系包括组织管理模式、制度规范体系、技术支撑体系等多个层面的内容，采用云计算技术手段和云计算管理制度结合的方式保障整个公共云服务平台的平稳运行。
- 云应用层：应用层充分利用云平台提供的各种虚拟资源部署企业网上服务平台、综合业务管理平台及后续各应用子系统，对外提供业务服务。
- 访问层：访问层支持多样化的访问方式，如计算机、移动终端、自助终端等。

7.4.4 汇云服务平台功能架构

汇云服务平台由三大部分组成，分别是云资源中心、云服务中心和云运维中心。服务门户向用户和运营管理员提供一个统一操作界面（访问入口），用户通过自服务门户提交服务资源申请，由运营管理员通过运营管理门户进行审批，审批通过后，运营管理模块通过服务开通功能调用资源管理的资源实例，并把最终的资源实例提供给用户使用，当资源服务结束后，服务实例全生命周期管理模块会将资源实例回收，资源重返资源池，供其他服务使用，如图7-4所示。

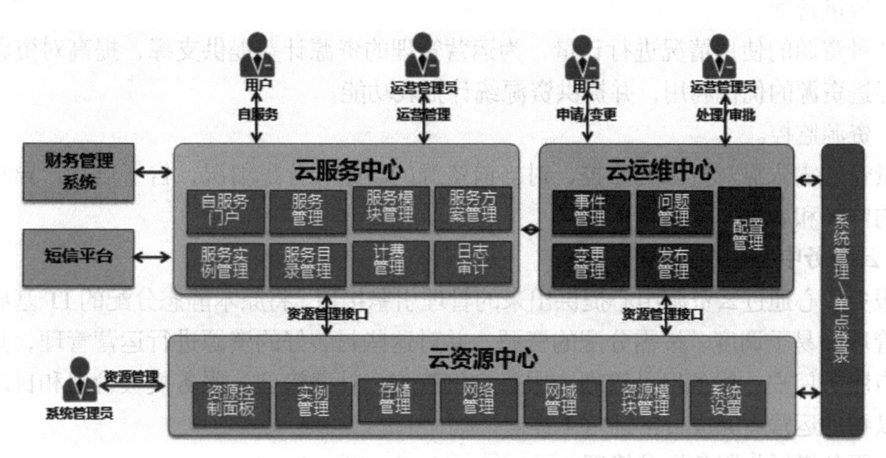

图 7-4　汇云服务平台功能架构图

当用户使用的服务实例发生故障时，用户可在自服务门户的服务目录中提交事件工单，调用运维管理的服务台，启动事件、问题、变更、配置和发布等运维流程。

用户和运营管理员都可以通过各自的门户界面查看资源的使用状况，调用的是运维管理模块的监控功能。

运营管理和运维管理是以资源管理模块为基础，最终是由资源管理模块的功能为上层功能提供服务和接口，资源管理是整个云服务运营管理平台的核心。

1. 云资源中心

云资源中心是基础，实现了计算资源、网络资源和存储资源的虚拟化和池化，通过资源发现、调度、迁移和容量管理，提供了资源的统一管理和调度功能，为各种资源模板的管理和资源实例进行全生命周期的管理。

（1）异构的虚拟化系统支持。

汇云服务平台是基于开放，标准的技术架构研发，支持异构的虚拟化技术，可统一管理VMware、Hyper-V、KVM、Xen 等主流的虚拟化系统。

（2）虚拟网络管理。

对虚拟机 IP 资源的管理、VLAN 的管理，可实现虚拟机 IP 地址的自动分配和回收，支持多个子网和虚拟机的多网卡、防火墙和负载均衡等高级网络功能。

（3）弹性块存储。

通过各种块存储设备，为虚拟机提供额外弹性块存储空间，作为系统盘或者数据盘使用。

（4）通过资源模板管理，实现资源快速自动部署。

对各种异构资源统一管理的基础上，提供针对不同资源类型的资源模板，以实现资源的抽象化和标准化，以便通过模板实现资源的快速自动部署。

（1）资源实例管理功能。

服务门户提供管理员创建、查询、修改和删除资源实例，让最终用户对资源实例进行各种操作，如虚拟机开机、停机、重启等操作。

（2）资源分配、调度与备份。

提供一套资源的分配、调度与备份策略，实现资源动态分配与共享，保障应用的连续性、可靠性与安全性。

（3）容量管理。

对各种资源的使用情况进行计量，为运营管理的资源计费提供支撑，提高对资源的管控能力和促进资源的优化利用，并提供资源统计报表功能。

（4）资源监控。

容量管理需依靠对资源的监控，对当前资源的容量和分配情况，告警信息，异常事件进行有效的监控和展示。

2．云服务中心

云服务中心通过云资源中心提供出来的管理引擎接口，将原本静态分配的 IT 基础设施抽象为可管理、易于调度、按需分配的资源，并对这些封装好的资源进行运营管理，具体包括资源的自服务门户、服务目录管理、服务实例管理、计费管理、服务模板管理和日志审计等功能，以帮助运营者完成日常运营工作。

（1）服务模板与服务目录管理。

将资源池中的各种资源封装为可用的服务模板，并通过服务目录的形式展现在服务门户上，供用户浏览和选择所需的服务。

（2）服务实例生命周期管理。

对服务实例从创建到回收的整个过程进行管理，包括对服务实例的自动部署，用户对服务实例的使用、更改、申请作废，系统对服务实例对应资源的释放和回收等。

（3）计费管理。

运营管理必然涉及对服务的计费，通过对不同规格的服务设置不同的费率，最终根据资源使用情况的计量数据，实现对服务的计费功能。

（4）服务开通审批。

最终用户通过子服务门户，选择了所需的服务后，需要由管理员审批，服务才能交付给用户使用。

（5）日志审计。

平台可记录管理员和用户的所有操作，并在界面显示所有日志以及日志详情，也可以对日志进行查询，基于日志可实现对用户操作的审计。

3．云运维中心

实现面向用户的各种业务需求，并对系统的运行提供保障和支持。在整个平台中负责服务级别管理、容量管理、可用性管理、服务请求管理、服务连续性管理、监控管理和资源调度管理等功能，提供服务支持和交付。

云监控是云运维中心核心模块之一，主要实现对物理资源和虚拟资源的监控和管理，它利用安装在异构环境下的探针代理，采用统一数据采集机制，把性能数据、监控数据、配置数据和告警数据存放在监控数据库，由数据处理层对数据进行性能处理、配置处理、告警处理和关联等处理后，在监控管理界面进行报表展现和查询，方便云管理人员实时进行监控和管理，整个过程都是可视、可控和自动的。

（1）物理系统监控。

针对物理系统的监控和管理技术已经比较成熟，平台主要实现了对网络、主机、服务器、存储、中间件等物理环境的监控和管理，通过采集性能、状态等指标数据，整合流程化和自动化的工具支撑关键业务流程，从而降低人力成本和人为因素造成的风险，保障系统的正常运行，如图7-5所示。

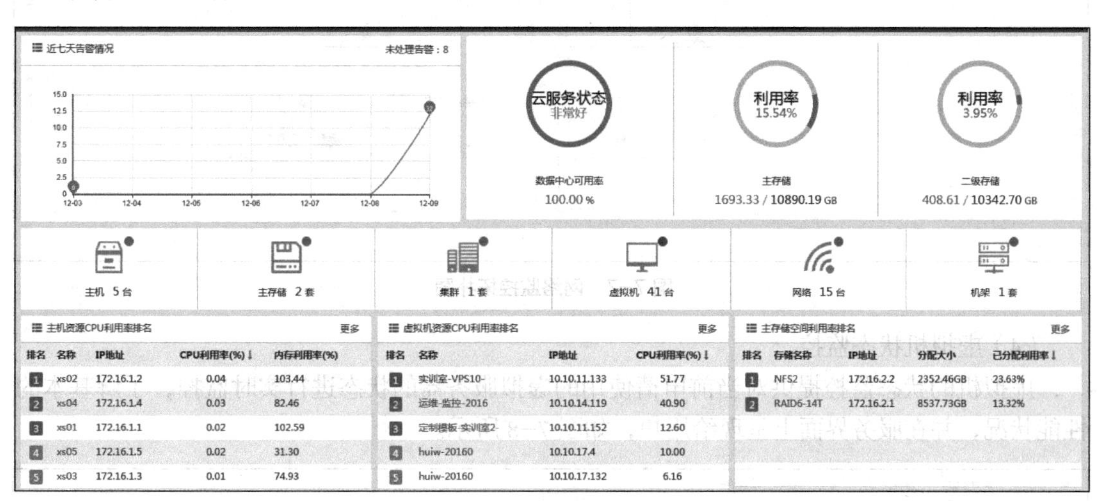

图7-5 系统信息监控图

（2）主机状态监控。

监控系统能对每个主机运行状态是否正常运行进行自动监控，还能进一步对主机的以下组成部件，如CPU、内存、硬盘等的单元状态进行自动监控，提供的监控包括CPU的利用率、系统信息、用户、空闲时间的比例、交换空间的利用率、虚拟内存的利用率、消息队列的情况等信息，如图7-6所示。

（3）网络状况监控。

监控系统在自动获取各网络设备间的连接关系的基础上，能自动查找整个网络的网络设备和信息安全设备，如路由器、交换机、防火墙、入侵监测系统、日志审计系统、防病毒系统等设备，网络监控拓扑图如图7-7所示。

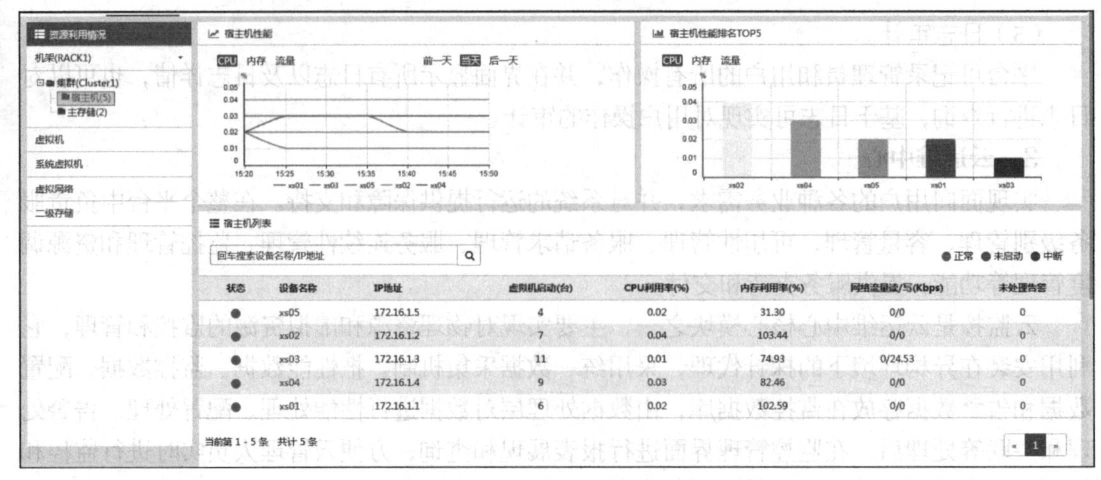

图 7-6　磁盘使用率状态监控图

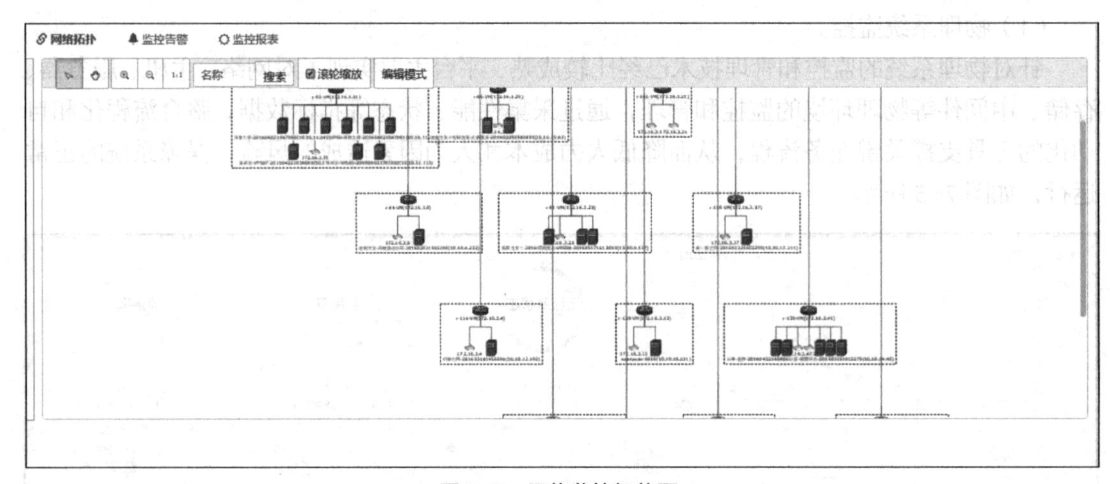

图 7-7　网络监控拓扑图

（4）虚拟机状态监控。

虚拟机的状态监控提供对当前申请使用的虚拟服务器的状态进行实时监控，了解基本的性能状况，并在服务界面上呈现给用户，如图 7-8 所示。

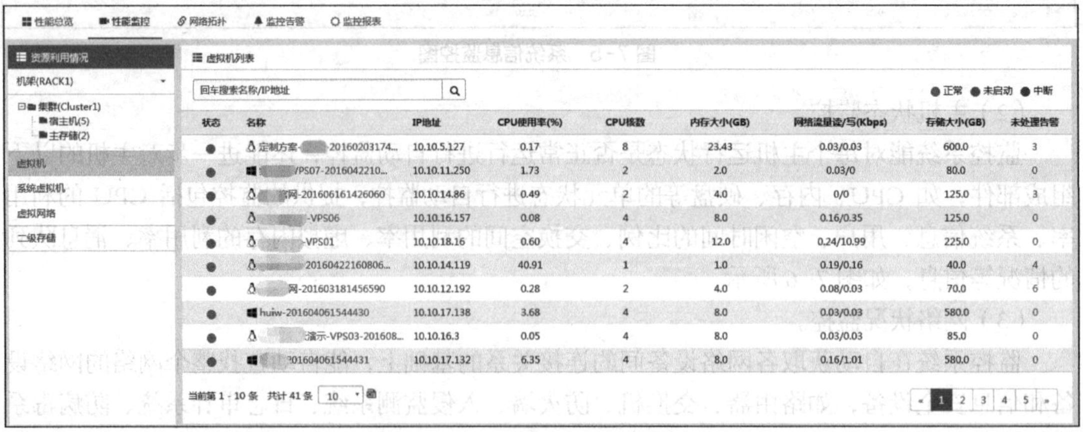

性能总览　性能监控　网络拓扑　监控告警　监控报表

资源利用情况　机架(RACK1)　集群(Cluster1)　宿主机(5)　主存储(2)　虚拟机　系统虚拟机　虚拟网络　二级存储

虚拟机列表

回车搜索名称/IP地址　　正常 未启动 中断

状态	名称	IP地址	CPU使用率(%)	CPU核数	内存大小(GB)	网络流量读/写(Kbps)	存储大小(GB)	未处理告警
●	定制方案-20160203174...	10.10.5.127	0.17	8	23.43	0.03/0.03	600.0	3
●	/PS07-2016042210...	10.10.11.250	1.73	2	2.0	0.03/0	80.0	0
●	网-201606161426060	10.10.14.86	0.49	2	4.0	0/0	125.0	3
●	-VPS06	10.10.16.157	0.08	4	8.0	0.16/0.35	125.0	0
●	-VPS01	10.10.18.16	0.60	4	12.0	0.24/10.99	225.0	0
●	20160422160806...	10.10.14.119	40.91	1	1.0	0.19/0.16	40.0	4
●	网-201603181456590	10.10.12.192	0.28	2	4.0	0.08/0.03	70.0	6
●	huiw-201604061544430	10.10.17.138	3.68	4	8.0	0.03/0.03	580.0	0
●	演示-VPS03-201608...	10.10.16.3	0.05	4	8.0	0.03/0.03	85.0	0
●	201604061544431	10.10.17.132	6.35	4	8.0	0.16/1.01	580.0	0

当前第 1 - 10 条　共计 41 条　10

图 7-8　虚拟机状态图

（5）监控告警事件处理。

来自数据采集层，包括对网络、服务器、操作系统、中间件等系统的告警事件，进行告警定位、告警过滤、告警压缩、告警升级、告警级别重定义、告警清除等操作。

通过数据挖掘技术，对采集到的性能信息以及事件信息通过数据挖掘平台实现监控数据的统计、分析、预测等，如图7–9所示。

性能总览 性能监控 网络拓扑 监控告警 监控报表

告警事件 告警策略

告警事件列表

回车搜索 更多查询

级别	对象	IP	标题	摘要	状态	通知方式	时间
●	监控模板nagios+cacti-201603031449090	10.10.14.251		对象：监控模板nagios+cacti-201603031449090,超阈值，当前:91.7 阈值90.00，连续1次	未处理	短信	2016-12-09 15:20
●	定制方案务-201602251540480	10.10.10.24		原告警编号为：201610091511200008的CPU利用率阈值告警于2016-12-09 15:20:26已恢复正常，当前值：12.61%	已处理	短信	2016-12-09 15:20
●	-VPS05	10.10.16.40		对象：云-VPS05,超阈值，当前:87.94 阈值75.00，连续1次	未处理	短信	2016-12-09 15:20
●	-VPS04-201605171613010	10.10.9.137		对象：习-VPS04-201605171613010,超阈值，当前:87.43 阈值75.00，连续1次	未处理	短信	2016-12-09 15:20
●	低配2C,4G,5M-201605161557030	10.10.9.176		对象：低配2C,4G,5M-201605161557030,超阈值，当前:91.58 阈值90.00，连续1次	未处理	短信	2016-12-09 15:20
●	低配方案二-201605101039500	10.10.9.32		原告警编号为：201610091511200010的CPU利用率阈值告警于2016-12-09 15:20:26已恢复正常，当前值：3.3%	已处理	短信	2016-12-09 15:20
●	定制方案-运营测试-201603230951370	10.10.14.202		对象：定制方案-运营测试-201603230951370,超阈值，当前:81.65 阈值75.00，连续1次	未处理	短信	2016-12-09 15:19
●	-8C24G-20160218	10.1.1.16		原告警编号为：201610091511190003的CPU利用率阈值告警于2016-12-09 15:19:23已恢复正常，当前值：39.08%	已处理	短信	2016-12-09 15:19

图7–9 告警事件处理界面

（6）监控数据报表。

平台通过监控数据的采集、处理与综合报表系统的无缝集成，对一个时间段内指定范围内监控对象的数据以图表的形式进行总结展示，方便管理人员和领导了解物理环境和虚拟资源的运行状态，为相应决策提供实时依据，如图7–10所示。

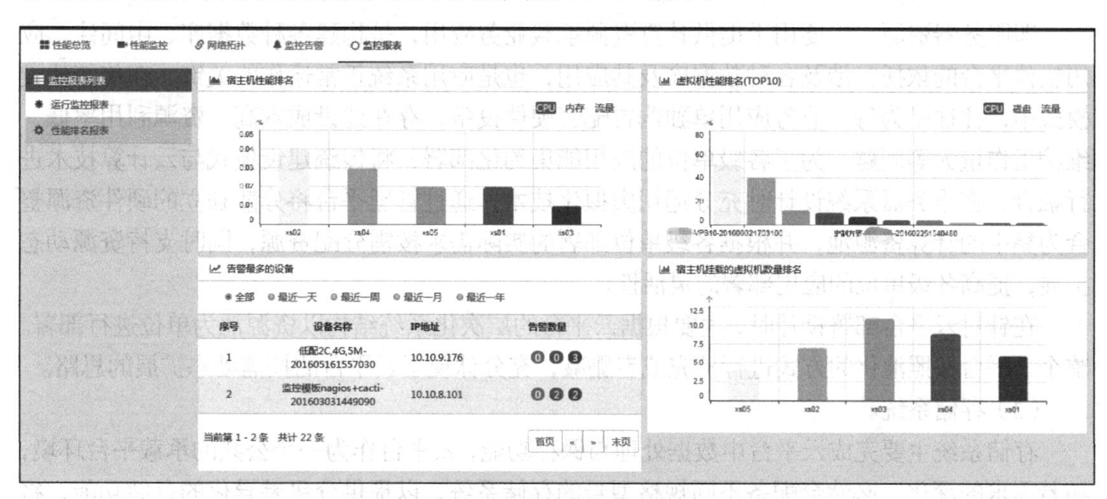

图7–10 监控事件展示界面

7.4.5 汇云服务平台部署架构

汇云服务平台由云管理节点、云计算节点、存储系统以及网络交换机组成，如图7–11所示。各组成部分说明如下。

（1）云管理节点。

主要用于对云平台资源域的资源池进行统一的调度和管理。通过虚拟化技术实现物理设备向虚拟资源的转化，并基于此实现资源的按需分配，应用的灵活部署，可对资源域中所有节点上的资源进行统一管理并提供 Web 接口给管理员和用户，使他们可以对权限内的资源进行访问和操作。云计算管理平台则是实现以上功能的重要基础，其基础架构是否稳定与安全，在面向用户提供服务时至关重要，尤其是大规模的异构环境，要求云基础架构管理软件具有较高的成熟性及稳定性，既要满足现阶段部署及承载需求，也要保证将来扩展、规模扩大时能够平稳过渡。

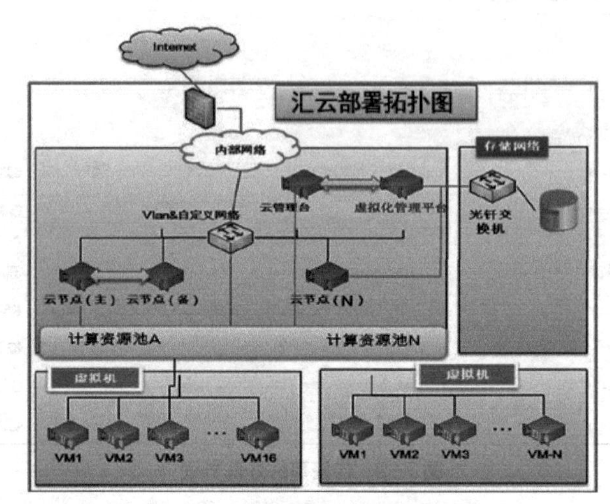

图 7-11　汇云服务平台部署拓扑图

因此，管理平台既可以部署在一台服务器也可以部署在一组服务器群集上，考虑到系统管理的稳定性，应该部署了两台以上服务器来提高管理系统的可靠性。

（2）云节点。

即服务器资源，主要用于提供计算资源承载业务应用，是构建各种数据库、中间件、应用软件平台的依托，涉及各种数据库及其应用，也是应用系统正常运作的关键，在传统建设模式中，往往是为每一业务应用单独购置配套硬件设备，存在建设成本高、资源利用率低、维护工作量大等问题，为了各级单位的应用能集约化部署，将传统建设模式与云计算技术进行融合，在服务器系统设计时充分运用虚拟化技术，通过管理平台将分散独立的硬件资源整合为集中的计算资源池，并根据各级单位部署的实际需求按需分配资源，同时支持资源动态扩展，提高各级单位的应用部署的灵活性。

在针对云平台部署设计时，主要根据云平台的层次化系统结构以资源池为单位进行部署。整个云平台按照池化的方式进行扩充或者删减，充分体现了云平台的按需动态扩展的思路。

（3）存储系统。

存储系统主要完成云平台中数据处理与保存功能，云平台作为一个公共的承载平台环境，随着需求的深化，必然会配备不同规格型号的存储系统，以提供分级差异化的存储功能，将存储空间进行集中整合，进而实现按需分配，最大限度盘活闲置资源。

在存储空间规划时，可按不同的数据存储类别划分为多个独立的存储区域，保证不同的区域数据的安全性与隔离性，不同区域的实现功能如下。

- 映像文件存放区：主要用于保存云平台中的虚拟机操作系统数据。
- 业务数据存储区：主要用于存放业务系统数据及用户数据两块。
- 应用软件模板数据区：主要用于保存操作系统、应用软件、数据库系统的模板，用户可以通过模板进行虚拟机的快速部署。

（4）网络交换机。

提供高速以太网络或光纤网络与存储数据交换功能，通过两两配置实现全双路冗余连接，以提高网络安全及可靠性。

7.4.6 汇云服务平台应用场景

1．资源申请

当终端用户需要申请虚拟资源为应用系统服务时，IT 人员可以在自助服务门户申请资源，申请通过云运营管理员审批通过后，云管理平台将自动创建服务资源，用户即可使用到虚拟服务器资源，免去了冗余烦琐的传统数据中心模式，用户只需关心资源的使用，而不需要考虑服务器的硬件与操作系统安装。当虚拟服务资源使用结束后，云管理平台将自动回收服务资源并加入到资源池，等待用户申请使用，如图 7-12 所示。

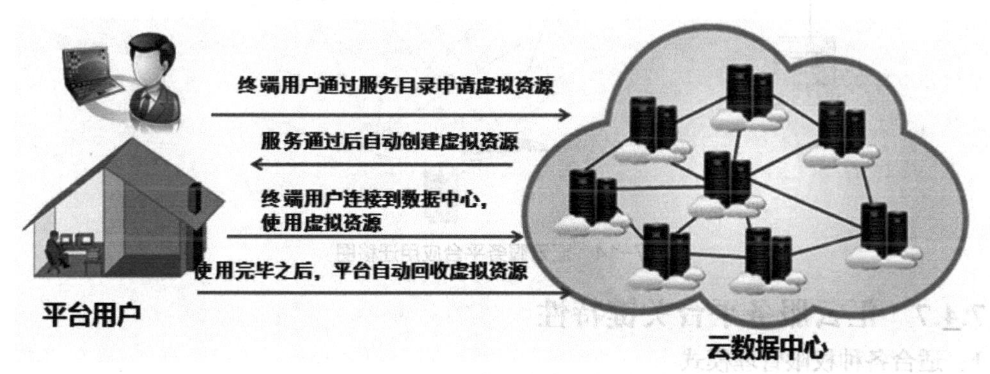

图 7-12　汇云服务平台资源申请示意图

2．应用部署

传统数据中心模式下，发布一项新服务，需要经过购买硬件、安装硬件、测试、安装操作系统、配置、部署等烦琐的步骤，现在基于汇云服务平台服务发布流程，部署及发布一项新服务，云管理员只需在自助式服务界面通过配置向导，可以 1～3 分钟之内部署完成一套全新的云服务，因此大大减少了数据中心管理员软件安装、维护等重复性劳动，提升工作效率，如图 7-13 所示。

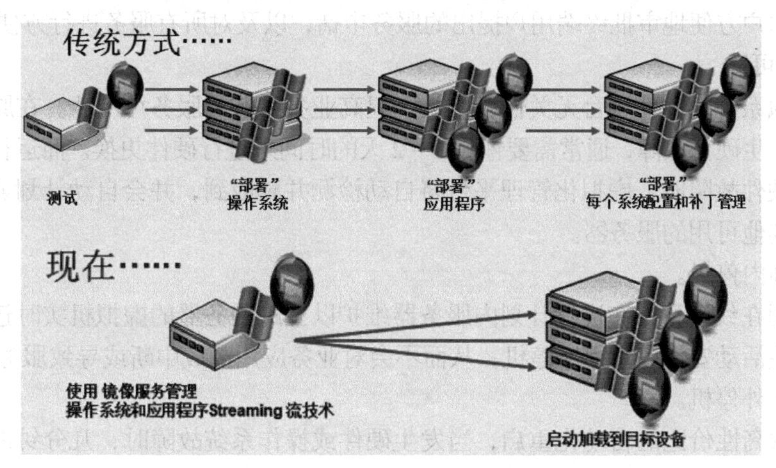

图 7-13　汇云服务平台应用部署图

3．应用迁移

在传统数据中心模式下，要实现应用迁移，需要进行复杂的人工操作，包括操作系统安装、应用安装、应用配置等。现在基于汇云服务平台的应用迁移，云管理员只需在自助管理界面通过迁移管理向导，可以瞬间完成将一个应用程序迁移到另外的服务上面，因此极大减少了数据中心管理员在系统迁移过程中的软件安装、配置等重复性劳动，提升工作效率，也保证了系统的服务连续性，如图 7-14 所示。

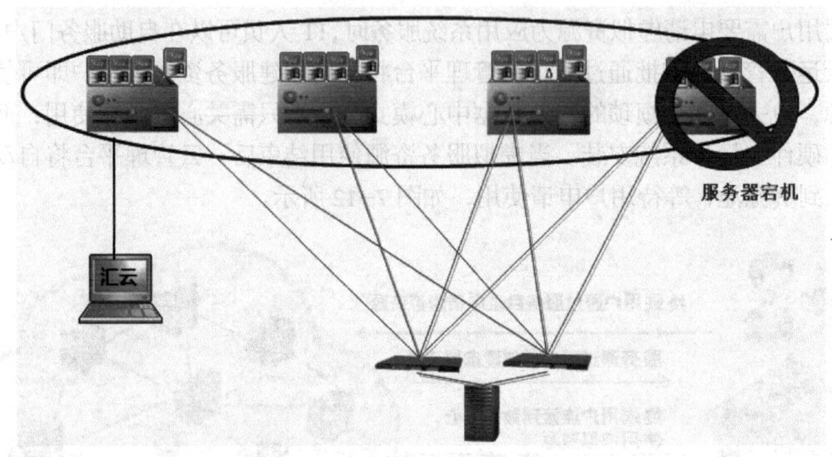

图 7-14　汇云服务平台应用迁移图

7.4.7　汇云服务平台关键特性

1．适合各种权限管理模式

基于企事业单位的角色的访问控制，平台主要分成三种用户权限：终端用户、云资源管理员、云运营管理员。一个是云服务的使用者也就是各级单位（即终端用户），可以通过云自助服务门户能够方便地申请、创建、启动、休眠、唤醒、关闭、销毁虚拟机，以及方便地监控自己账户下所有虚拟机的处理器、内存、磁盘和网络使用状况。另一个云服务的提供者也就是云资源管理员，可以通过云自助管理门户方便地监控整个数据中心，甚至是多个数据中心所有物理机和虚拟机的资源使用状况，并完成在尽可能少的物理机上运行尽可能多的虚拟机以达到节能减排的目的，最后一个是云服务的运营管理者也就是云运营管理员，可以通过云自助管理门户方便地审批终端用户提出的服务申请，以及对所有服务进行方便的管理。

2．安全可靠

由于虚拟系统的硬件平台无关性，将大大提高业务系统的服务可用性。在原有架构中，如果服务器发生硬件故障，通常需要停用 1～2 天的时间来进行硬件更换。而运行虚拟系统的服务器发生硬件故障时，虚拟化管理平台将自动检测并感应到，并会自动计划调度并在资源池中迁移到其他可用的服务器。

（1）计划内停机。

通过使用在线迁移，在进行计划内服务器维护以至跨服务器的虚拟机实时迁移时，将不再需要为这些活动安排应用程序停机，从而不会对业务应用造成中断或导致服务丢失。

（2）计划外停机。

• 可提供高性价比的自动化重启，当发生硬件或操作系统故障时，几分钟内即可实现所有应用程序的重启。

- 可提供持续可用性，使所有应用程序都不会发生任何数据丢失或停机。
- 可为虚拟机提供简单、高性价比、无代理的备份和恢复。

3．系统迁移平滑过渡

某些老旧的服务器面临过保报废，新购的服务器对于老旧的操作系统平台的支持又无法完美兼容，对升级工作造成极大的困扰。在虚拟化平台中能够在体会新一代服务器硬件优越性能的同时，低成本、高效率地满足多操作系统异构平台的应用整合，并实现原有操作系统和应用系统到新系统体系的平滑迁移。

4．业务连续性

每年成百上千的全球数据中心遭遇重大的服务中断。这些商业运行将受到用户错误，病毒，硬件故障和自然灾害等问题的影响。当前业务连续性处于 IT 策略的最前沿，从基层职员到高层 IT 管理的所有人都非常重视它。

成功的业务连续性策略元素应包含：

- 服务器可用计划。
- 包含监控和平台冗余的预防措施。
- 数据保护。
- 灾难恢复策略。
- 有效的人员计划。

使用云管理平台，IT 管理员能改进业务连续性的所有方面，例如：

- 由于主备服务器之间的硬件独立性，使得灾难恢复更快而花费不多。
- 排除计划内的硬件宕机。
- 管理所有虚拟机和监控宿主机的单点控制技术。
- 实现 2N、N+1 的高冗余热备。
- 简化和可重复的自动程序。

5．全方位数据容灾

在云平台中，操作系统安装，备份代理的安装和 Windows 注册表的调整只需做一次，一个完整的已配置的 VM 模板将被存储在 VM 模板库内，云平台能确保：

- 为灾难后的测试和恢复，消除硬件资源方面的障碍。
- 避免系统和备份代理的安装，用虚拟机模板来缩短恢复周期。
- 用标准的虚拟化硬件，使得灾难恢复更加可靠和可重复。

此外，还可以利用 IaaS 平台原有的备份机制，可在虚拟机运行的情况下，对虚拟机进行自动化的周期备份，不中断业务应用的运行，并且指定备份文件所存储的位置，可以是本地亦可以放置异地，当本地服务器或存储出现软件硬件故障时，可以调用异地备份数据快速恢复数据。可与现有或未来部署的容灾系统相结合，多样性的备份机制使用 IT 管理人员在出现极端恶劣的问题时确保数据的安全及完整性。

6．易于部署、易于扩展的动态基础设施

在虚拟化的市场需求中，常常需要一个能够快速搭建、加电即用并且支持动态扩展的基础架构，是集硬件、管理软件与实施服务为一体，简单快速地实现动态的服务器虚拟化解决方案，可帮助用户建设一个高度集成的、灵活的、资源优化配置的服务器虚拟化解决方案，同时协助用户降低成本并加快新业务上线。

IaaS 云平台具备良好的扩展能力，可在不影响当前系统及应用的前提下进行顺利扩展或

者平滑升级，满足长期发展的要求。如：因发展需要，资源利用达到饱和状态需增加新设备时，新增加的设备可直接加入虚拟化平台之中加以利用。

整个系统平台的动态化扩展能力包括了计算资源、存储资源、网络资源以及管理规模和应用服务类型等各方面，如图 7–15 所示。

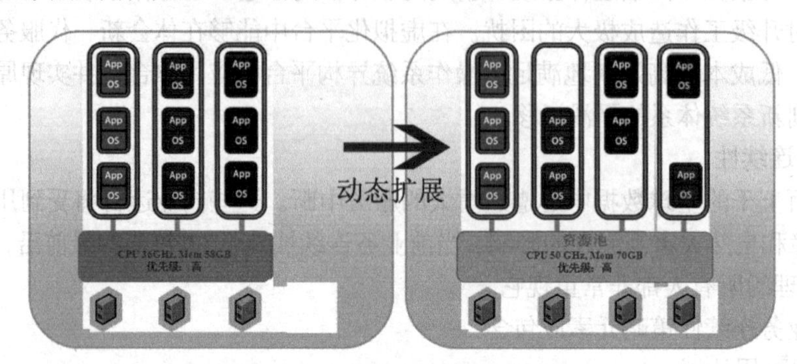

图 7–15　汇云服务平台动态扩展图

7．智能的动态负载

虚拟化平台在创建虚拟机时会根据内置策略选用虚拟机所在的物理服务器。分配策略包括“均匀分布”和“省电模式”。

（1）均匀分布：使各虚拟服务器在性能之内发挥最大作用，配置使用门槛的策略，当服务器的 CPU 利用率达到阈值时，将虚拟机从该服务器移动到另一个合适的服务器，确保在资源池中的服务器没有被过度利用，以提高整个平台资源的稳定性。

（2）省电模式：以较少的服务器的数量运行更多的虚拟机，以节省电力。当服务器的 CPU 在运行 5 分钟时用电量不到 10%，尝试移动到另一台服务器上运行虚拟机，一旦所有虚拟机离开，将关闭已指定的电源配置；当计算节点超过 80%的用电量，上面的虚拟机也将迁移至用电量较低的计算节点上，以保证运行通畅和防止业务崩溃。

这两种选择方案可根据实际需要，进行灵活部署，从而实现动态负载的管理，得更大的能耗节约或者最优化的虚拟机性能，实现低本高效的 IT 运营模式。

8．适于各种规模部署

按照标准方式在每个资源池中部署了服务器、存储、网络等模块，这种架构除了具有良好的基于机柜式的动态扩展能力外，还非常适合大规模的分布式跨数据中心部署，具有分级通信、分域管理特点；从几台服务器的应用无缝扩展到几十台、几百台甚至上万台服务器的规模。

9．提高服务器利用率

通过虚拟化技术对物理服务器的整合，将应用进行集中到虚拟化平台的支撑服务器上，从而提高服务器利用率。从而实现更少的硬件和维护费用、空闲系统资源的整合，提升系统的运作效率，性价比高，持续的产品环境。

7.4.8　汇云服务平台业务价值

根据对学校及园区中小企业对于 IT 资源的需求调研和分析，结合实际应用和技术两个方面，可以依托公共云服务平台为学校及园区企业提供网站托管、开发测试环境、桌面云办公等应用。

1．网站托管

随着互联网和IT技术的发展，大多客户都是通过网络来了解企业产品、企业形象及企业实力，因此，企业网站的形象及正常运行往往决定了客户对企业产品的信心。鉴于佛山高新区里面部分中小企业IT技术能力较弱，也缺乏专业的IT运维管理人员，目前很多企业的门户网站及系统都托管到运营商的数据中心或者是其他网站托管机构，这样不仅费用昂贵，而且受限于地域影响，网络带宽等也难以保障。

因此，可以利用公共云服务平台提供的稳定IT资源（包括计算资源、存储资源和网络资源等）和便捷的自助管理界面及管理工具，企业用户可以非常方便地将网站从其他平台迁移到公共云服务平台，实现平滑过渡，降低迁移难度和成本。

2．开发测试

在传统模式下，科技平均会将50%的IT资源作为软件开发及测试使用，但通常有90%是被搁置的，极大地浪费了企业的资金和IT资源。开发测试云可根据项目开发及测试的动态需求从公共云服务平台申请资源，平台管理员审批通过后系统将快速实现资源动态调整，并快速部署项目所需的开发测试环境交付给企业使用，解决了传统软件开发和测试环境搭建烦琐的流程，加速开发进程，减少测试时间并提高质量，降低企业整体投入。

3．桌面云办公

公共云服务平台可以提供安全、可靠、便于管理、快捷部署、可扩展的云桌面租赁服务，帮助园区中小企业实现办公环境全面外包，使园区企业无需购置任何PC等IT设备，就可根据需要，以租赁付费的形式，向园区管理服务机构申请和使用桌面；园区公共云服务平台还可以提供桌面备份、动态调整配置等更多高级服务，满足用户对安全性、便利性等的要求，企业无需为桌面系统的运维投入资源，提升IT效率，降低TCO。

4．云存储平台

目前，大多数园区企业的办公模式是基于传统PC方式，每个员工使用自己的PC机，重要的业务数据分散存储在这些PC机的本地硬盘中，不能很方便地进行集中管理、存储及备份，这种传统的架构会造成客户端的很多隐患。工作人员的工作环境被绑定在PC机上，出现软硬件故障的时候，业务数据无法访问，工作人员只能被动地等待IT维护人员来修复，因此维护响应能力的不足，直接导致了响应能力的降低，带来的结果就是工作效率低下；同时，病毒攻击、误删除、硬盘损坏、被窃、丢失等无法预知的事件造成数据丢失，也会引起员工不能正常工作，导致业务动荡，这些问题已经严重影响了工作人员的工作效率。如何改变传统的数据存取方式，提高业务人员的移动办公能力，提高企业工作效率，这是目前IT部门急需解决的问题。

针对以上问题，我们通过“云存储”解决方案为客户构建了一个成熟的、适应学校及园区企业业务需求的、技术先进的公共云存储平台系统，用户可以在公共云存储平台上面构建自身独立的存储空间来存储数据。汇云平台服务功能如表7-2所示。

表7-2 汇云平台功能表

汇云服务平台功能	应用场景和业务价值
内置计量计费模块	功能描述：可以实现按使用计费计量，公认的维基百科里定义的云计算的五个特征之一

续表

汇云服务平台功能	应用场景和业务价值
内置计量计费模块	业务价值：即便对于不以营利为目的的IT部门，可以按照这些计量单据量化IT自己的工作业绩，评估各业务部门的资源使用情况
对服务实例的备份功能	功能描述：业务部门在使用了一段时间的虚拟机后，要做个可能带来风险的操作，这时，备份功能可以帮用户对目前的数据做个备份，方便客户操作失败后做数据回退 业务价值：云安全是普遍关心的议题，其中要强调的就是数据的安全，服务实例的备份功能尤其适用于开发测试云的环境中，加快开发测试的效率
丰富的镜像管理	功能描述：借助于汇云可以提供丰富的镜像管理（模板）功能，镜像的统一视图和分版本管理 业务价值：在云管理平台里，镜像（模板）好比商店里的商品，众多商品需要有一个统一的系统去分类、打标签，方便客户快速定位到自己需要的商品，提高客户满意度的同时加快了销售环节
中文界面	功能描述：管理员和用户的操作管理界面全部中文 业务价值：很多本地客户都对云平台有中文化的要求
简单的配置管理	功能描述：平台提供了易用的管理界面，方便管理员的操作和快速上手 业务价值：简单易用、快速见效是大多数客户在云试水阶段对云平台的需求，复杂的管理不仅增加了管理员的维护工作量，而且很难上手，不容易利用起来。云的优势也发挥不出来
用户提交申请时可以修改所需配置	功能描述：客户在提交服务申请的时候可以指定自己所需系统的处理器、内存的大小 业务价值：IT部门所提供的标准配置，肯定满足不了业务部门不断变化的多样的系统配置需求，这个功能把一部分权力下放给云平台用户自己去决定，加快了资源申请流程，提高了满意度

7.5 汇云服务平台安全体系

7.5.1 网络安全

用户可在Internet与汇云管理平台中间部署硬件防火墙加强安全防护，如拒绝服务攻击、典型外网攻击等，只允许受控的IP访问管控服务器，将汇云管理平台的管控服务器与节点群集所在网络分离，只开放管理端口，以保护云控制器不受网络攻击。

为了保护各个云平台中应用系统的网络安全，避免单一应用中毒或木马干扰其他应用，汇云管理平台可自动将不同用户的应用系统自动隔离，即使同一用户也可以轻松创建自己的隔离网络让相同系统的不同角色（如数据库和中间件）也实现隔离。

为了避免服务器被黑客攻击，通过ARP嗅探网络数据，汇云管理平台还在底层做到MAC&IP地址的自动绑定，这样在黑客修改虚拟机的IP或MAC地址时，汇云管理平台的管理系统将自动断开此虚拟机与网络的连接，只能由运维管理员才能够进行恢复。

汇云管理平台还可充分利用第三方的安全平台保护应用系统，将云管理平台的 API 接口开放安全应用。例如，配合防篡改软件，当防篡改软件发现应用服务器被攻破后，立即调用云平台的销毁 API 将虚拟机销毁，同时再调用云平台的创建接口，通过快照创建一个相同内容但密码、IP、MAC 完全不同的虚拟机。

7.5.2 虚机安全

1．虚机使用权限控制

汇云管理平台在不同的层次有不同的管理员权限，让不同的管理员负责管理不同层次上软件管理功能。如操作系统有操作系统管理员，数据库有数据库管理员，应用系统有应用系统管理员。

多级管理员划分使系统更加安全，原因是由于系统管理员只能看到其负责层次的软件管理内容，只要系统的管理制度严格按照层次进行划分，就能够保证系统不被越权访问。如 SQL Server 选择不是集成验证，而是独立验证时，SQL Server 所在的 Windows 2003 操作系统管理员是不能自动获得 SQL Server 的系统管理员权限的，也无法访问到 SQL Server 内的业务数据。

2．共享访问保护

汇云管理平台支持多种虚拟化引擎，这些虚拟化引擎提供相应的技术机制，保护在内存、I/O 等硬件资源共享过程中虚拟机的信息安全，虚拟机之间应该无法互相访问到未经许可的信息。

7.5.3 数据安全

云平台可将不同的业务系统划分到不同的 VLAN 中，进行网络隔离，并设置网络访问控制，只开放安全组必要的访问端口。对于远程访问的端口（如 SSH，RDP 等）只允许特定 IP 访问，严格控制业务数据的直接访问。

同时，用户可设置定期对业务系统的虚拟机和重要的存储卷进行快照（汇云管理平台中虚拟机和存储卷需要分离备份），对业务数据进行备份，这项工作可安排在下班后或在夜间进行，对正常业务运行没有影响。

7.5.4 访问安全

1．数据访问安全

汇云管理平台在数据访问安全方面采取两道机制进行的保护，一是系统提供的访问权限控制，二是数据的加密存放。

由于 Windows 2003 和 Windows 2003 内置的 NTFS 文件系统有一套非常安全的访问控制机制，同时 Oracle 数据库也提供访问权限控制的功能，因此本身在系统一级已经有相当高的安全性。

而汇云管理平台采取了更高级别的安全防护，就是数据的加密保存，所有关键数据在数据库里面都是经过加密再存储的，即使恶意访问者窃取了数据库管理员的密码，也只能看到加密后产生的乱码。

2．传输安全

云平台支持对传递过程中的信息对象本身进行加密处理，在信息数据的上传和下载的过程中，数据都是通过“加密－传输－界面－处理”的过程进行的，因此恶意访问者即使截取了传递信息的内容，得到的只是一堆对其毫无意义的数据，从而保护了信息对象的安全性。

同时还支持通过 Web Server 提供的标准安全加密传输协议，如最为主流的 SSL（安全套接层）协议。通过传输协议一级的加密保护，进一步增强了传递信息传输的安全。

当用户在外出差或者在家需要实现外部接入访问时，系统还支持 VPN 虚拟子网的接入方式，让用户安全接入企业的局域网络。

3．数据隔离

在传统应用系统的网络架构中，会依据不同的系统类型划分虚拟网络，将这些系统进行隔离，甚至同一个业务系统的不同角色（如数据库、中间件）的服务器也会被进行隔离。但是传统模式下需要网络管理员逐一手工配置和管理，这带来了较大的维护工作量的同时，又存在配置管理上的滞后性，而云平台由于可以自动化地对网络进行管理，因此应该允许自动为不同用户构建相互独立的网络，即使运行在同一台物理服务器中的虚拟机也会被进行网络隔离，从而最大限度地避免来自同一台物理服务器其他虚拟机的干扰。另一方面，为了足够灵活和安全的网络能力，云平台应该允许用户快速构建自己的隔离网络，将自己的 1 台或多台虚拟机放入其中，可以设置外部的防火墙访问规则。

4．系统管理用户认证鉴权

云平台的用户身份确认是通过个人数字证书和密码进行的，这样可以确保系统确认用户没有被冒认。同时通过和传递信息内部记录以及日志功能的结合，实现操作的不可抵赖性。

传统的服务器管理中，密码一直作为管理员对服务器的最后一道防线，但是近年来这道防线却越来越弱不禁风，很多管理员为管理方便将所有的服务器密码都设置为自己熟悉的，更有甚者连自己的邮箱、微博的密码也与之雷同，但是新浪、CSDN、SONY 等各大网站或公司的密码泄露事件为这种管理方式敲响了警钟，而一个高度安全的系统中，密钥的使用可以较好地避免这一问题，管理员登录云平台需要输入登录密码，而获取云平台中的虚拟机密码需要个人密钥，即使云平台的密码不幸丢失，那么第三方的人员由于没有保存于用于本地的密钥，从而可以更好地保护虚拟机的安全。

而服务器的身份认证也是非常重要的技术之一，这是因为已经出现很多利用冒认服务器身份骗取用户密码和投放木马程序的黑客技术。通过 SOA 结构下的服务认证技术，确保应用和服务的身份也是确认无误的，同时下载的各种控件也是通过该服务器签名，为用户和机器双方都建立起了良好的信任关系。

5．系统管理角色管理

云平台支持将系统的管理权限进行细分，分配给不同的管理员角色。如：SQL Server 的系统管理员有系统管理员、数据库所有者、数据库操作者、数据库备份操作者和用户等角色。不同的用户角色有不同管理权限，如数据库所有者只能管理自己的数据库，无法访问其他数据库的内容。系统内部权限进一步细分可以防止某些系统内的管理员获得机密的信息。

安全审查机制是通过系统的日志和自动报警实现，系统管理员在系统上进行的操作都有记录，当管理员触及某些机密内容和功能时，系统记录在事务日志内，同时向监管人员发送报警信息。

6．安全接入

VPN 是一种在外部客户端和企业内部网络之间建立安全的传输管道，让客户端能够以局域网用户的身份登录内部网络，安全使用内部各种协议和服务的技术。对于不在企业内部的用户，VPN 是安全和功能结合得较好的解决方案。

对于企业 VPN 的实现方式有两种。

（1）利用防火墙实现。

目前主流防火墙设备，如：先进 Checkpoint 软件防火墙，其特点是能够根据需要增加大量的功能组件，增加新的服务和功能。而 Checkpoint 本身就可以选购 VPN 功能组件，在企业防火墙一级就实现 VPN 的接入接口。并收到防火墙的监控和保护。

（2）利用 Windows 2003 的 VPN 接入服务实现。

Windows Server 2003 本身就内置 VPN 网关的功能，无需额外购买专门的 VPN 软件。在实施基于 Windows 2003 的 VPN 服务时，需要把 VPN 服务器部署在 Checkpoint 防火墙后面，并且在防火墙修改规则，让 VPN 通道所必需的协议和通信端口开放。

Windows 的 VPN 解决方案是一种廉价和稳定的解决方案，但是在性能上和专门的 VPN 设备有所不同。客户如果着重考虑性价比和成本的因素，应该选择 Windows 2003 的解决方案。

7.6 方案优势

（1）强大的研发技术实力和本地化服务保障。

依托公司强大的科研实力，确保用于本项目的公共云平台的技术先进性；此外，我公司总部位于广州天河高新软件园区，可以为该项目提供高效、高质量的本地化服务。

（2）整合资源，降低整体成本。

通过服务器整合大幅度减少物理服务器的数量，提高每个物理服务器的资源利用率，从而降低硬件采购成本。

通过整合硬件资源，可以将现有硬件资源利用率从 5%～15%提高到 80%以上，大大提高了现有资源的利用率。

由于硬件设备数量的急剧减少，相应地，数据中心运营和维护成本也大幅度降低，包括数据中心空间、机柜、布线、耗电量、冷气空调和人力成本。

（3）统一管理、整体部署、提高效率。

通过汇云服务平台可以实现对不同底层虚拟化软件的服务器进行统一管理，从而实现：

- 学校及园区企业不再需要对硬件设施采购，只需要提交一个虚拟资源申请即可，比传统的方式流程更快、更优。
- 对学校及园区企业所需要的资源进行统一部署，可将执行部署的时间缩短 50%～70%。
- 云管理平台统一管理资源池内所有虚拟机，资源池内的虚拟服务器出现故障时通过 HA 或负载均衡等方式可依靠云平台自动迁移策略进行管理维护，提高整体的管理效率。
- 云管理平台统一监控资源池内所有虚拟机及构建资源池基础的所有物理主机的性能及资源利用率。

（4）灵活的资源供给，弹性部署，便于扩展。

灵活的管理特性提供了灵活的资源供给管理，并按照云计算的思路提供了弹性的部署方式和动态化的扩展能力，主要如下。

整个共享资源池可根据学校及园区企业的需求在线增加或减少物理服务器节点及存储节点，满足各级单位对于资源的动态调配，实现根据需要灵活地供给和恢复 IT 资源。

对于虚拟机而言，可以根据各级单位的需求在线增加或删除虚拟服务器。同时，还可根据各级单位对虚拟服务器的资源的需求，手动将服务器部署在共享资源池的某个物理节点。

通过云平台各级单位可以在避免服务器和存储硬件过量供给的情况下，使得峰时和闲时工作量的资源利用都保持在合理水平，从而实现低本高效的 IT 运营模式。

（5）提高服务水平，交付模式自动化。

平台以一种高效的、灵活的、高生产力的方式，完成自动资源配置和供给，通过将所有服务器、存储、网络等资源抽象成一个大的资源池，从而实现了资源的统一管理，并可以按需进行资源调配，显著减少在必要的 IT 操作上的投入，增加对供给的支持并极大提高员工生产力。

通过虚拟机的动态迁移技术减少了业务宕机时间，使硬件维护/故障造成的业务宕机时间从周/天级减少到分钟/秒级。

无需再担心不同厂商软硬件的兼容性、维护和升级等一系列问题。

（6）提升管理运维效率。

云管理平台提供统一的运维管理界面，管理员通过自助管理界面可以对数据中心的硬件资源、虚拟资源进行统一监控、运维管理，大大节省了运维管理成本，并提升了运维效率。

（7）降低运行能耗。

云管理平台可将服务器物理资源转换成池化的可动态分配的计算单元，从具体规划需求出发，在资源池中划分出适合具体业务需要的服务计算单元，不再受限于物理上的界限，从而提高资源的利用率，简化系统管理，让信息化建设对学校以及园区企业业务工作的变化更具适应力，从而构建出信息系统平台的基础。